섬과 바다

역사와 자연 그리고 관광

강봉룡·고석규·박종철·이헌종
이덕안·김경옥·문병채　지음

景仁文化社

서 문

　이 책은 한국학술진흥재단 중점연구소 지원과제 제2단계(2001년 12월~2003년 11월) 연구성과를 간추려 간행한 것이다. 「서남해 도서·연안지역 문화자원 개발과 지역활성화 방안 연구」라는 총괄과제 아래 유형문화자원과 무형문화자원으로 분야를 나누어 연구하고 그 성과를 단행본으로 간행하게 되었다. 이 책은 제1세부분야 유형문화자원에 대한 연구 결과이다.

　근래 우리는 섬과 바다에 주목하고 있다. 호시탐탐 노리는 독도에 대한 일본의 야욕이 노골화되어 가는 가운데 독도 사수의 여론이 들끓고 있고, '대마도는 우리 땅'이라는 맞불 구호도 심심치않게 터져 나오고 있다. 일본의 독도에 대한 욕심은 단순히 독도에 그치지 않고 그 주변의 바다(배타적 경제수역)를 몽땅 차지하겠다는 과욕을 드러낸 것이나 다름없다. 중국의 코앞에 있는 무인도 댜오위타이(釣魚臺), 즉 센카쿠 열도를 둘러싸고 중국과 분쟁을 벌이고 있고, 북방 4개 섬을 둘러싸고 러시아와 분쟁을 벌이는 것 역시 같은 이치다. 이처럼 일본은 바다를 향한 꺼질 줄 모르는 식탐을 드러내고 있다.

　독도의 문제는 독도가 일본의 노골적 야욕의 대상이 되고 있기에 최대의 현안 과제로 떠올라 있다. 그렇다고 독도에만 매달려 다른 섬에 대한 배려를 방기해 버린다면 더 큰 잘못을 범하는 것임을 깨달아야 한다. 어느 섬 하나 중요하지 않은 섬이 없다. 섬은 그 자체로서도 중요하지만 바다 지킴이 역할을 하기 때문에 더욱 중요하다. 동쪽 끝에 있는 독도가 그렇듯이 서쪽 끝의 가거도와 남쪽 끝의 마라도 역시 우리의 바다를 지키는 든든한 버팀목이다. 그러니 절도(絶島), 고도(孤島)에 거주하는 주민들은 우리 바다 영토의 수호자가 아니고 무엇인가? 그럼에도 우리는 그분들에게 그만한 고마움을 표하지도, 보상을 해주지도 못하고 있다. 아예 그런 인식조차 없다.

우리는 왜 섬과 바다를 멀리했고 멀리하려 하는가? 그 원인을 추적하여 바로잡는 것이 역사학의 본분이다. 그 원인을 쫓아 거슬러 올라가면 조선시대의 해금정책(海禁政策)과 공도정책(空島政策)에 다다른다. 해양활동을 금지하고 섬에서 사람을 살지 못하게 한 정책이다. 그 무모한 정책은 조선 500여 년 동안 장기 지속적으로 간단하지 않게 추진되었다. 그 결과 해양 침략세력에게 바다를 내주고 나라를 내주는 최악의 상황에 처했다. 그리고 해방, 뒤늦은 '근대화'를 거쳐 오늘에 이르렀다. 너무도 오랫동안 바다를 방기해 온 역사 관행이 작용하고 있는 탓일까? 우리에게 섬과 바다는 아직도 먼 남의 나라 일처럼 생각하는 경향이 강하다. 역사학에서 섬과 바다를 다루는 경우도 극히 드물다. 그러나 조금만 자세히 들여다보면 고려시대까지는 섬과 바다가 우리에게 가장 중요한 활동과 삶의 터전이었다는 것을 알 수 있다. 그것을 드러내려는 것이 이 책의 첫 의도이다.

서남해의 바다에는 수많은 섬들이 흩뿌려져 있다. 그래서 다도해라 부른다. 수많은 섬들이 중첩되어 바다를 잔잔한 호수로 연출한다. 그래서 만들어내는 '호수바다'의 이미지는 천하 절경이다. 섬과 바다의 만남은 정교한 자연 예술품을 창조해 냈다. 기암괴석과 그에 어울려 펼쳐지는 해양 식생은 가히 선경을 방불케 한다. 섬과 바다가 연출하는 자연의 신비로움은 우리에게 무관심의 세계로 남아 있다. 신비로운 섬과 바다의 베일을 살짝 들추어보려는 것이 이 책의 두 번째 의도이다.

이 책의 마지막 의도는 섬과 바다에 접근하는 자세와 방법을 가다듬으려는 것이다. 이를 위해 몇 가지 화두를 던졌다. 섬 마을을 정비한다면 어떻게 할 것인가? 섬과 바다에 숨어있는 문화의 보물들을 어찌할 것인가? 섬과 바다를 관광 자원으로 활용한다면 어떻게 할까? 섬 주민들이 자신들의 가치를 포장하고 알리는 수단인 정보활용 수준은 어느 정도인가?

　이런 의도들을 이 책에 어느 정도 충실히 담아냈는지는 의문이다. 그 평가는 전적으로 독자에게 맡긴다. 이 책을 펴내면서 20년 넘는 오랜 세월 동안 오로지 섬과 바다만을 생각하며 발로 조사하고 연구해온 선배, 동료, 그리고 후배 교수들의 열정이 새삼 떠오르는 것은 왜일까? 그 열정이 앞으로도 식지 않을 것임을 확인하는 과정일 것이다. 이번에 책을 출간함으로 2단계 연구를 일단 정리할 수 있어서 기쁘다. 연구에 참여해 주신 연구원님들께 이 자리를 빌어 심심한 감사의 말씀을 올리고, 편집과 교정 과정에서 노고를 아끼지 않은 연구소 이은정 조교에게 위로의 말을 전한다. 또한 이번에도 이해타산을 따지지 않고 기꺼이 출판을 담당해 주신 경인문화사 측에게도 감사의 마음을 전해야겠다.

2005년　9월
공동연구자를 대표하여 **강봉룡** 씀

목 차

제2부 활용방안 : 개발 · 관광 · 전산화

1부
이론적 고찰 : 자연·고고·역사

제1장

서남해의 자연 · 지리적 조건

I. 신비하고 자극적인 자연들

1. "스트레스 해소"의 기후조건

서남해 해양기후 현상을 분석해 보면 참 재미있는 사실을 알 수 있다. 사람들이 일반적으로 불쾌감을 갖는 지수가 83임에 비해 압해지역은 75정도이고, 체감온도를 나타내 주는 윈드칠지수(windchill index)가 내륙지역에 비해 10 정도 높고, 쾌청지수 역시 5정도 높은 것으로 나타나고 있다. 즉, 자연에 의해 받는 스트레스가 아주 낮음을 보여주고 있어, 육지에서 스트레스를 많이 받는 사람이 이 곳에 오면 효과를 볼 수 있을 곳이다. 또한, 여름에는 비교적 서늘하며 겨울에는 온화하여 쾌청한 날씨가 유지되는 날이 많고(최난월 26.5℃이고 최한월 2.3℃임), 해수온도 역시 겨울철 난류(쿠로시오해류)의 영향을 받기 때문에 연평균 수온이 12℃로 유지되고 있어 인간에 적합한 기후환경을 제공하고 있다.

서남해 해수는 마음과 몸의 치유효과가 있다. 바다는 생물의 진원지로 알려져 있다. 해수에는 미네랄이 가장 다양하고 풍부하게 함유되어 있으며, 또한 사람 몸의 구성성분과 가장 가깝다고 알려져 있다.

수분과 염분의 비율이 같은 것이 그것이며, 인간 신체를 구성하고 있
는 많은 미네랄이 그것이다. 따라서 해수가 갖는 건강보양의 효과는
크다. 해수욕하면 샤워 효과, 갯바람을 쏘이면 에어로졸 효과, 섬 경
관을 바라보면 리럭스 효과, 해수를 만지면 스트레스해소 효과, 해조
를 몸에 붙이면 해저토백 효과, 해염공기를 마시면 미네랄 흡수 효과
등이 그것이다. 신안이 가지고 있는 이러한 자연자원을 마음과 몸의
치유에 도입하는 개념으로 하는 관광전략이 요구된다. 이러한 관점에
서 다음과 같은 일일 관광스케줄을 담아봤다.

아 침 : 산책로 아침산책
아침식사 : 신선한 어개류 등을 주로 한 식사
오 전 : 운동 중심의 프로그램(마린스포츠, 낚시, 해수욕)
점 심 : 향토요리 중심의 식사
오 후 : 휴양 중심의 프로그램(산림욕, 자연음, 경관, 일몰 등의 감상)
저녁식사 : 친선교류 회식(지역유래, 재미있는 이야기 등에 관한 주민과 대화)
밤(저녁): 숙면을 위한 프로그램(별관찰, 파도소리 경청, 신진운동 등)

2. 원래 육지였던 지질환경

신안 해역은 지질시대에는 중국대륙과 붙어있는 육지였으며, 곳곳
에 크고 작은 호수들이 산재해 있었다. 지금 수심이 깊은 해역은 당
시에는 모두 호수였다. 그리고 호수 주위에는 울창한 수목과 함께 각
종 동식물의 서식하고 있었다. 특히, 중생대 쥐라기 때는 곳곳에 널려
있는 호수의 수림이 우거진 곳에 공룡들이 어슬렁거리며 노닐고 있
었다. 이곳 저곳에서 발견된 규화목과 식물화석들이 이를 대변해 주
고 있다. 압해도 또한 마찬가지로 육지와 붙어 있었다.

그러던 것이, 지금부터 15,000년 전(마지막 빙하기로 추정)부터 신
안 해역에 바닷물이 들어오기 시작했고 약 2,000년 전에는 거의 현재
와 같은 모습으로 되기에 이르렀다. 따라서 지금과 같은 섬과 해안선

이 형성된 것은 거의 최근의 일이라 할 수 잇다.

한반도에 구석기문화가 형성된 것이 BC 10세기경임을 볼 때, 아주 오래 전에 살았던 신안의 선조들은 중국과 연결된 대륙에서 이쪽 저쪽으로 이동하면서 살았었는지도 모른다. 아마 그 때는 황해중앙에 놓인 비옥한 대한강의 지류(황하와 한강이 만나는 해역)가 선사문화의 중심지였을 수도 있다. 이는 실제로 현재 선사시대의 많은 유물·유적들이 신안의 여러 지역에서 발굴되고 있는 것이나, 발해문화권 분포권역이 황해를 둘러쌓고 나타나고 있는 현상과 무관하지 않다고 생각된다.

3. 적조가 발생 못하는 해역

압해도 바다 밑에는 비옥한 점토 혹은 사질토가 두껍게 쌓여있어 갯것과 해초의 농장을 이루고 있다. 뿐만 아니라 얕은 바다에는 김 등의 해초류 양식장이 널려있다. 그러나 이곳에는 지금껏 적조가 발생한 일이 없고 아니 앞으로도 발생하지 못할 것이다. 해안에는 평균 3m 이상의 큰 조차는 해수를 수직적으로 섞고, 빠른 조류흐름(들물은 시계방향, 썰물은 시계반대방향, 사리 때에는 2~3노트의 속력을 보이고 연안과 섬사이 유속은 6~6노트 되는 곳이 많음)은 해수를 수평적으로 섞어버리는 활발한 해수순환 운동은 적조 발생의 틈을 주지 않기 때문인 것으로 보인다.

또한, 이러한 활발한 수직적 해수순환은 저층의 풍부한 영양염류 공급을 활발하게 하여 냉수에 적합한 어종의 생태환경을 제공해 주고 있고, 조류가 활발한 지면과 접하는 해역은 먹이사슬의 기본적인 요소를 구비하게 하여 건전한 생태계를 갖게 하고 있다. 해안에는 부유성 식물이 많고, 어족이 풍부한 어장이 형성되게 한다.

4. 염생식물의 보고

1) 생태조건과 분포차이

염생식물은 갯벌에 자라는 식물로 해수에 잠기는 시간차에 따라 종이나 개체수가 차이가 난다. 갯벌은 해수에 잠기는 시간차에 따라 세 부분으로 나눌 수 있는데, 깊은 쪽으로부터 첫 번째는 최대조금 시에만 들어 나는 해역인 저조위대이다. 이 해역은 거의 물에 잠겨 있는 때가 많은 갯벌지대로 염생식물 중 상대적으로 키가 큰 칠면초 등이 약간 분포하는 경우가 있다. 즉, 개체수가 적고 띄엄띄엄 분포되어 있는 것이 보통이다. 그 다음은 보통 사리 때 일반적으로 갯벌로 노출되는 해역인 중조위대이다. 이 해역은 담수유입이 적고 해수에 잠겨있는 때가 많아 상대적으로 고염도해역을 이루고 있어 고염도식물(칠면초, 퉁퉁마디, 해홍나물 등)이 자고 있는 경우가 많다. 갯벌 중 가장 위쪽인 상조위대는 백중 사리 때에만 물에 잠기는 해역을 말한다. 백중 사리가 아닌 평상시에는 육지로 노출되어 있는 경우가 많다. 담수유입이 쉽고 해수에 잠긴 시간이 짧아 일반적으로 저염도습지식물(갈대, 모세달, 띠)들이 자라고 있다. 지질이 모래일 경우는 저염도 사구식물(해당화, 순비기나무)들이 역시 자란다. 마지막으로 태풍 때를 제외하고 평상시에는 해수에 잠긴 적은 없지만 해풍의 영향을 받는 해역인 제방 위쪽을 중성토양지역이라 하는데, 해송이나 아카시아 등이 자라고 있다.

2) 볼 수 있는 염생식물

염생식물은 크게 갯벌식물과 사구식물로 나누어진다. 먼저 갯벌식물을 보면, 이는 해안성식물과 기수성식물로 나누어진다. 해안성식물은 주로 해수에 잠겼다가 노출되었다가 하는 것이 반복적으로 일어나는 갯벌해역에서 자란다. 주요 식물로는 염도가 높은 곳에 잘 식생(예, 패염전)하고, 잎·줄기가 구분이 안 되며, 한약재(함초)로 쓰이는 퉁퉁마디, 일곱 번 색이 변하며 가을철에 붉으스럼한 모습이 장관을 이루는 것으로 어린 싹 때는 나물로도 쓰이는 칠면초, 어느 정도 간물과 짠물이 섞인 곳의 물의 흐름이 거의 없는 곳이어야 잘 자라는 역시 나물로 사용되어 온 해홍나물, 침수가 일어나지 않는 고지대에 잘 식생하는 나문제 등이 대표적이다.

또한, 기수성식물은 갯벌 중에서도 담수유입으로 어느 정도 탈염이 이루어진 저염도 지대에서 자라는 식물들이다. 여기에는 담수가 많은 곳, 즉 보통 제방을 따라 발달하는 갈대, 갯벌의 담수 골에 잘 나타나는 천일사초, 지체 등이 있다. 이들은 담수로를 중심으로 초기에는 3종(갈대, 천일사초, 지체)이 심한 경쟁을 벌이다 결국 갈대, 천이사초, 지체 순으로 천이 되는 것이 보통이다. 즉, 갈대침입, 사초침입에 의해 햇빛차단, 뿌리발육 미비로 지체는 바다 쪽으로 자꾸 물러나는 변이를 보인다. 이들은 개체 수가 증가하면서 토양에 다량의 유기질을 함유시켜 비옥토로 만들어 간다.

사구식물은 바닷가의 모래나 자갈로 된 토양에서 자라는 식생으로 대표적으로 초본으로 줄기가 약해서 지지(支持)를 위해 옆으로 퍼져 자라는 수송나물, 수송나물보다 줄기가 보다 굵고 단단한 관계로 위로 크는 솔장다리, 염생습지식물 중 유일한 목본식물(높이 50㎝)인 순비기나무, 모래땅에 서식한 초본이기는 하나 뿌리가 얕아 많은 수분을 필요로 한 관계로 배후습지에 군락을 잘 이루고 있으며 이삭이 보리와 같이 생긴 통보리사초, 벼과에 속하며 보통 높이가 88㎝에 이르며 뿌리길이와 줄기길이가 비슷할 정도로 뿌리가 매우 깊게 발달되어 있어 사구의 경사진 곳이나 언덕을 이루는 곳에 군락을 잘 형성한 갯그령, 뿌리가 매우 깊고 잎에 털이 많고 넓으며 거칠고 뿌리가 한약재로 쓰이고 있는(풍 예방) 갯방풍, 뿌리가 매우 깊고 줄기에 가시가 있으며 붉은 색의 꽃이 매우 아름답고 한약재로 쓰이고 있는 해당화 등을 들 수 있다.

〈그림 1〉 해당화

〈그림 2〉 칠면초

〈그림 3〉 갯잔디

〈그림 4〉 갯방풍

3) 지형에 다른 식생차이

지형형성 과정에 따라 착상단계→교란단계→안정상태 등의 변화 패턴을 보인다. 해수작용에 의해 최근 만들어진 모래톱이나 갯벌지대 에는 맨 먼저 착상단계에 직면한다. 전면에 사취(모래톱) 등이 발달되 면서 파랑작용이 안정되면서 부유성이 강한 씨앗(염생식물)이 경계면 (해수와 육지)에 부착하기 시작함에 따라 해수 경계선을 따라 열을 지어 군락지가 생기기 시작한다. 어느 정도 지형형성이 오래되면 이 들 식생이 교란단계를 거친다. 즉 점차 다양한 식생들이 난립하게 되고 치열한 우생 경합을 겪는다. 지형이 아주 오래되면 우생종 만이 남고 나머지는 고사되어 안정상태에 이른다. 즉 교란단계를 지나 안정상태로 접어 들게된다. 이 시기가 되면 외생종도 침범 못할 정도로 군락(대군락)지화가 되어 극히 안정된 상태의 단일 군락지를 발달시킨다.

4) 사구식물의 분포패턴

사구지형은 변화가 심하다. 언덕과 웅덩이가 계속 옮겨 다니는 현상이 목격된다. 식생 또한 지질(모래, 자갈)이 불안정하여 주로 다년생초가 자라며, 뿌리가 깊고 위로 뻣는 것보다 옆으로 자라는 것들이 많은 것이 특징이다. 그리고 고도차 보다 뿌리의 강약이 분포패턴에 영향을 준다. 바다 쪽에서 육지 쪽으로 다음과 같은 분포패턴을 보인다. (해수)→통보리(좀보리)사초→갯그령→순비기나무→중성식물(해송, 아카시아) 순이 그것이다. 그리고 통(좀)보리사초, 갯메골, 모래쥐치(할미꽃과), 백년풀 등의 분포지는 비슷한데, 누가 먼저 점유했냐에 따라 우생종 군락을 나타낸 것이 보통이다.

5) 염생식물의 분포패턴

염생식물들은 대부분이 씨앗이 매우 부유성이 강하다. 따라서 아무리 좋은 생육조건을 갖춘 곳이라 할지라도 물이 빠르게 흐르는 곳보다는 고여있는 곳일수록 왕성한 군락지가 형성된다. 즉 씨앗이 안정적으로 부착할 수 있냐 없냐가 생육에 결정적인 영향을 끼친다. 따라서 물살이 느린 곳, 즉 갯골로부터 먼 곳(갯골과 갯골 사이), 앞에 높은 곳(갯두렁)이 막고 있는 뒤편(바다쪽), 서해의 경우 만의 북서쪽(침식 없고, 점진적 토사퇴적), 즉 침식보다 퇴적이 활발한 곳, 오래된 퇴적지형일수록 식생의 다양성 및 우점종 발생하고 있다.

둘째, 물의 흐름이 안정된 곳이라도 염분도(담수량)에 따라 저염도역>보통해수역>고염도역 순으로 뚜렷이 구분된다. 즉, (고염도)→퉁퉁마디→칠면초→해홍나물→(無植生帶)→갯눈쟁이→나문제 순으로 '고염도역→섞이는 곳→기수역'의 패턴을 보인다.

셋째, 고도 또한 분포패턴에 영향을 준다. 염생식물이 자라기 위해서는 일정 높이를 요구(평균 만조면 즉 최대수면으로부터 1m 내외)하는 것이 일반적이다.

6) 신비의 풀 함초

신안 해역은 온화한 해양기후로 수많은 토종 약용식물이 자생하는 것으로 알려져 있다. 함초 등의 염생습지에서 자라는 약초에서부터, 전호(천식과 거담 치료와 예방에 효과)와 치자(꽃이 유백색으로 6~7월에 엽액이나 가지 끝에서 피며, 열매는 타원형으로 길이가 3~5cm이고 보통 세로로 6개의 모서리가 붙어 있음. 연평균기온 12~14℃에서 자생) 등의 육상에서 자라는 약초까지 전국적 경쟁력을 지닌 것들이 헤아릴 수 없이 많다. 그러나 가장 경쟁력 있는 것은 역시 염생습지에서 자생하고 있는 토종약초들이다. 함초로 일컬어지고 있는 퉁퉁마디를 필두로 나물류인 나문제와 해홍나물, 목본약초인 해당화와 순비기나무 등 이루 헤아릴 수 없이 많다. 이들 중 대표적 퉁퉁마디를 설명하면 아래와 같다. 한·의학, 농림수산, 환경 및 관광의 상호 연계를 통한 신개념의 생태관광 활성화가 요구된다.

퉁퉁마디는 소금을 먹고 자란 풀로 지구상에서 가장 무거운 풀이다. 소금을 주된 영양소로 삼는 생물은 없다. 바닷물 속에서 일생을 보내는 물고기도 소금을 주된 영양소로 삼지는 안는다. 그러나 한가지 예외가 있다. '함초'라는 식물이다. 함초는 바닷물 속에 녹아 있는 소금을 비롯해 칼슘, 마그네슘, 칼륨, 철, 인 등 갖가지 미네랄을 흡수하면서 자라는 생리를 지니고 있다. 우리말로는 '퉁퉁마디'라고 하고 중국의 옛 의학책인 <신농본초경>에는 맛이 몹시 짜다하여 함초(鹹草), 염초(鹽草) 혹은 몹시 희귀하고 신령스로운 풀이라 하여 신초(神草)라고도 적혀있고, 전체 모양이 산호를 닮았다 하여 산호초라고도 한다. 우리말로는 퉁퉁하고 마디마디 튀어나온 풀이라 하여 '퉁퉁마디'라 부르기도 한다.

〈그림 5〉 함초

함초는 10월 중순까지 진한 녹색을 띠며 자란다. 10월 중순 이후에는 온통 빨간색으로 물이 든다. 선인장처럼 잎과 가지의 구별이 없다. 보통 4월 초순 싹이 나기 시작해 꽃은 8~9월에 연한 녹색으로 피고 납작하고 둥근 열매가 10월에 익는다. 잎은 다육질로 살이 찌고 진한 녹색을 띠다가 가을에는 빨갛게 변한다. 줄기에 가지를 여러 갈래로 치며 자라는데 키는 40cm 정도까지 큰다.

함초는 소금을 비롯, 바닷물에 녹아 있는 모든 미량 원소가 농축되어 있으므로 무게가 많이 나간다. 함초는 지구상에서 가장 무게가 많이 나가는 식물이다.

함초는 아무 곳에서나 자라지 않는다 재배조건이 갖춰진 곳에서만 자란다. 소금기가 많은 갯벌일수록 잘 자라면서도 바닷물이나 빗물에 잠기면 곧바로 죽는 성질을 가지고 있다. 즉, 담수 유입이 없고 해수에 잠겨있는 시간이 많으면서도 물이 많이 차지 않는 해역이어야 한다. 또한 부유성이 강한 씨앗이 발아하기 위해서는 파랑작용이 거의 없는 안정된 수역이어야 한다. 상대적으로 수면이 안정되면서도 염도가 높은 폐염전이 적합지라 할 수 있어, 최근 노는 염전이 늘고 있는 신안지역의 재배 전망을 밝게 하고 있다.

함초는 주요성분으로 함초 100g에 칼슘 670㎎, 요오드 70㎎, 나트륨 1333.8㎎, 마그네슘 50㎎, 칼륨 650㎎, 아연 29.6㎎, 철 84.8㎎ 등으로 나타났으며, 이외 구리, 니켈, 망간 등 여러 종류의 미네랄이 다량 함유되어 있고, 글루타민산, 아스파르트산, 티로신, 라이신, 타우린, 등의 아미노산이 함유되어 있는 것으로 알려져 있다(골다공증을 예방하는 칼슘은 우유보다 7배, 조혈작용을 하는 철은 김이나 다시마의 40배, 칼륨은 굴보다 3배, 부족하면 생식기능 저하를 일으키는 바나듐은 동물의 간과 생선 보나 1.5배).

특히, 함초에는 양질의 식이섬유가 풍부한데 함초의 성분 중 50% 가량을 차지하고 있어 대장암 예방에 효과적이다(식이섬유는 하루 권장량이 25~30g 정도이며, 미국에서는 식탁 옆에 식이섬유를 비치해두고 수시로 섭취한다고 함).

또한, 바닷물의 효소가 다량 농축되어 있다(바닷물 1톤 속에 1그램이 들어 있음). 이 효소가 사람의 몸 안에 쌓인 갖가지 독소를 없애고 소장 속에 들어 있는 중성지방질인 숙변과 우리 몸의 혈관과 장기, 혈액, 세포조직 속에 붙어 있는 불필요한 지방을 분해하여 배출한다.

함초의 약리효과와 식품성은 오래 전부터 알려져 왔다. 함초는 오래 전부터 서해안 바닷가 사람들은 나물로 먹어왔던 것으로, 성인병에 특효가 있는 것으로 알려져 있다. 특히 순환기질환(고혈압, 저혈압, 심장병), 변비, 당뇨병 등에 대한 개선효과, 또 피부를 아름답게 해주고 위장기능 강화, 대장암 예방효과 등이다. 현재 함초를 이용해 개발한 요리는 함초비빔밥, 함초국수 함초소금, 함초김, 함초튀김, 함초빈대떡, 함초로 만든 동동주와 김치, 흑미떡, 함초두부 등 수십 가지에 이르고 있으며, 캔음료, 기능성 미용비누, 치약, 향수 등으로 개발되고 있고, 이 외에서 분말, 캡슐, 정, 환, 액즙 등의 형태의 건강식이 개발되고 있다.

함초의 생태적 특성은 특이하다. 먹어도 갈증을 일으키지 않으며, 질병을 갖는 사람이 먹으면 명현반응을 보인다. 함초의 맛은 소금기 많은 바닷물을 먹고 자라 짠맛이 강하다. 그러나 일반소금처럼 그냥

짠 것이 아니라 단맛이 살짝 배인 짠맛이다. 또 짠 것을 먹으면 대개 갈증을 느끼지만 함초에 들어있는 소금은 아무리 먹어도 갈증이 나지 않는 특성이 있는데 이는 바닷물 속에 들어있는 해로운 물질을 걸러내고 생명체에 이로운 물질만으로 농축돼 있기 때문이라고 한다. 함초분말을 가지고 간단한 실험을 해보자. 물을 적당히 부은 컵 두개를 준비한다. 한쪽 컵에는 일반소금을 세 숫가락 정도 넣고 다른 컵에는 함초분말을 짠맛이 확실히 느낄 수 있을 만큼 넣는다. 그리고 한시간 후에 각각의 맛을 보자. 일반소금을 넣은 컵의 짠맛은 처음이나 한시간 후나 변함이 없다. 하지만 함초분말을 넣은 컵은 짠맛이 거의 나지 않는다. 그것은 일반소금은 장시간에 걸쳐 삼투압현상이 진행되지만 함초소금은 아주 짧은 시간에 삼투압현상이 마무리된 것을 알 수 있다.

함초를 먹으면 경우에 따라서는 장이 있는 부위가 뻐근하게 아프고, 콕콕 쑤시거나, 꾸룩꾸룩 소리가 나는 등 일종의 명현반응이 나타나는 사람도 있다고 한다.

또, 함초를 오랫동안 먹으면 경우에 따라서는 변에서 냄새가 심하게 나고, 몸에서

〈그림 6〉 태고적 생태계가 유지되는 갯벌

도 냄새가 나며, 배에 가스가 차고, 졸음이 오며, 머리가 띵해지는 등의 증상이 일시적으로 나타나기도 한다. 그러나 얼마정도 지나면 이러한 증상은 사라지는 것으로 되어 있다.

이는 소장에 쌓인 숙변이 배출되는 현상이라 한다(숙변이 빨리 나오는 사람은 10일쯤만에, 더딘 사람은 1~2개월 만에 검은색이나 흑갈색의 끈적끈적한 숙변이 나오는데 평소보다 2~3배나 많은 양이 나오게 됨).

5. 게르마늄이 섞인 "황토"

최근 게르마늄은 인체의 산소공급 및 두뇌활동 촉진 등의 효과는 물론 신진대사를 원활하게 하고 면역증진에 따른 성인병 예방, 암치료 등에 타월한 효과가 있는 신비의 광물질로 알려져 있다.

이에 따라 게르마늄 농·축산물은 없어서 못 팔 정도로 대도시 소비자들에게 인기를 얻고 있다. 게르마늄 농법은 게르마늄을 유기화하여 작물을 재배하거나 가축 사료로 사용하는 친환경농법이다. 게르마늄에는 동식물에 필요한 산소의 공급 및 신진대사 촉진을 원활하게 하는 성분을 함유하고 있어 이를 사용할 경우 뿌리 활착력이 3배 이상 높고 줄기나 잎사귀도 강해진 것으로 조사되고 있다. 뿌리 활착이 좋아짐에 따라 토양 중에 있는 양분을 고루 흡수해 질이 좋고 신선도가 오래 유지될 뿐만 아니라 증수효과를 가져오며, 또한 토양 속에 잔존해 있는 독성과 중금속 등을 해독시켜 무공해 농산물로 건강증진에도 이점을 준다. 가축에게 이를 섭취시킬 경우는 불포화 지방이 분해되고 분뇨에서도 탄산이나 암모니아 가스 발생이 적어져 폐사율이 줄어드는 것으로 알려져 있다.

서남해 역에서 이들 게르마늄을 다량 함유한 토양에서 생산된 대표적인 것으로 비금도의 시금치와 증도의 "갯벌화장품"을 를 들 수 있다. 비금도 시금치는 "비금섬초"라 하여 자체 브랜드를 만든 후 고유상표로 출원등록(출원번호 95-002174)되어 있다. 비금 시금치는 다량의 게르마늄 토질과 강한 해풍을 받는 관계로 위로 자라기보다는 옆으로 퍼져 자라고 잎이 두꺼우며 적은 섬유질과 당도가 높고 비타민과 철분 및 칼슘 함량이 많아 타 지역의 시금치(하우스 재배나 육지 시금치)에 비해 효능효과가 높을 뿐만 아니라 삶았을 때도 싱싱한 모습 그대로 유지하고 있을 만큼 잘 시들지 않아 20%~30%가 높은 가격에 최고의 것으로 판매되고 있다.

뿐만 아니라 이곳 서남해역의 흙에는 황토중의 황토인 동(東)황토로 된 토질로 이루어져 잇다. 특히 육지와 가까이 있는 압해도 등이 현저하다. 황토는 생명토로 불리는 황토, 그 중에서도 동(東)황토로 이루어져 있다. 흙 중의 흙으로 여겨져 온 황토에는 다량의 광물질(탄산칼슘, 실리카, 알루미나, 철분, 마그네슘, 나트륨, 칼리 등)이 들어 있고, 표면이 넓은 벌집구조로 수많은 공간이 복층구조를 이루고 있어 이 스폰지 같은 구멍 안에는 원적외선이 다량 흡수·저장되어 있다. 이러한 유수한 세월동안 태양에너지 흡수는 쉽게 말해 '태양에너지 저장고'라고 할 수 있다. 또한, 황토 한 스푼에는 약 2억 마리의 미생물이 살고 있어 예로부터 살아 있는 흙(生命土)이라 불리어 왔다. 거기에다가 홍토는 바이오에너지라 할 수 있는 원적외선 방출하고 있어서 세포의 생리작용을 활발히 하고 열에너지를 발생시켜 유해물질을 방출하는 광전효과를 가져다 주어 정화력과 분해력으로 인체의 독을 제거해주는 제독제, 해독제로 사용되어 왔다.

일찍이 중국 고전인 산해경(山海經)에서도 황토는 질병 치료에 효험을 보이는 것으로 묘사되어 있는 것은 우연이 아니라고 볼 수 있다. 실제로 우리 조상들 또한 황토를 걸러 받은 물을 지장수라 하여 눈이 피로해 눈곱이 끼거나 가벼운 안질에 걸렸을 경우에 치료약으로 쓰여왔으며 채소나 과일을 싯는 데에 세제 대용으로 사용해 왔다.

이러한 황토 중에서도 동쪽의 햇살을 가장 많이 받은 동(東)황토를 황토중의 황토로 꼽고 있다. 동 황토란 황토 중의 으뜸으로 가장 기운이 센 아침 햇빛의 에너지를 오랜 세월 동안 직각으로 받아 신비한 효능을 간직한 황토를 말한다. 따라서 우리나라의 황토가 중국에 비해 약효가 뛰어나며, 난온대 기후를 이루는 남도의 바닷가 황토가 특히 그러하다고 볼 수 있다. 특히 신안의 갯벌 중 황토로 되어 있는 곳은 최근 생명의 원소라 불리는 게르마늄이 다량 함유되어 있다. 따라서 이곳 압해도 황토갯벌은 황토 중의 황토이며 여기서 나는 산물은 단순히 식품이 아닌 약용이라 할 수 있을 것이다. 실제로 이곳에서 재배되는 고구마, 마늘, 시금치, 양파 등의 작물은 일반토양 재배작물에 비해 당도와 감칠맛, 육질, 외관 등이 좋고 저장성이 앞서며 생산량도 많다.

게르마늄(Germanium)이란?

1871년 D.I. 멘델레예프가 에카 규소(珪素)로서 그 존재를 예언하였으며, 1886년에 독일의 화학자 C.빙클러, A.브라이하우프트가 아지로다이트(argyrodite) 속에서 발견하여, 독일의 라틴명인 Germania를 따서 게르마늄이라 명명하였다. 아지로다이트 · 게르마나이트 등의 광석이 있으나 극히 드물다.

지각 속에는 넓고 얇게 분포되어 섬아연석(閃亞鉛石)·황화동석 속에 약간 함유되어 있다. 또 암석 속에서 규산염의 규소와 치환하여 미량(微量)이 함유되어 있는데, 이 때문에 클라크수는 0.00065로 제43위이다. 석탄 속에도 농축되어 있으며, 식물에 흡수되어 있는 경우도 많다. 신비의 약리작용을 하는 게르마늄은 원자번호 32, 원자량 72. 59이며, 금속이 아닌 아금속에 속하는 반도체 물질로서 1886년경 독일의 윙글러(Winkler)박사가 자신의 조국의 이름을 따서 게르마늄(Germanium)이라 명명하였다.

이 게르마늄은 유기성 게르마늄과 무기성 게르마늄이 있는데, 우리가 복용할 수 있는 것은 유기게르마늄이다. 이 "유기게르마늄"[Ge-CH CHCOOH]$_2$ _O$_3$]의 화학 구조식을 가진 화합물인 수용성물질로서 생체 안에 쉽게 흡수되며 활성화 작용이 매우 강하므로 세포 하나 하나까지 충분한 산소를 증진시켜 세로를 활성화시킨다. 이 "유기게르마늄"은 식물과 석탄 속에 함유되어 있다.

II. 우이도의 자연

1. 자극적인 해로 "우이도 가는길"

1) 도초 서해안의 기암괴석

목포항을 출발하여 시간반 남짓 가면 외해(外海)가 시작되는 도초도에 기착한다. 도초도 서쪽 해안을 따라 다도해해상국립공원이 펼쳐져 있고 우이도 가는 길목이다.

이 해역은 시발점부터 바닷물이 맑을 뿐만 아니라 주변 풍광이 매우 아름답다. 해안을 따라 늘어서 있는 해안절벽에는 여러 가지 형상을 그려 놓은 기암괴석이 즐비하다. 대표적인 것으로 솥뚜껑바위, 지네무늬용굴, 문바위, 목섬구멍, 목섬절벽, 종달바위, 농간바위 등이 그것이다. 이들을 하나하나 설명하면 재미있다.

도초도 : 우리나라 서남단에 위치한 도초도는 초목이 무성하여 도초(都草)라는 이름을 얻게 된 도초도는 섬의 면적이 약 42.349㎢에 달하며, 해안선 길이는 약 42㎞에 이른다. 여느 섬과 달리 이곳의 섬 주민들은 대부분은 농업에 종사하며 쌀·보리·고구마 등을 생산한다.

도초도는 예로부터 신라와 당나라가 서로 교역할 때 흑산도와 더불어 중국의 장쑤성(江蘇省)을 잇는 중간 기항지였다. 또한 이 섬은 흑산도와 우이도와 더불어 조선시대의 귀양지였다. 1801년, 천주교 박해 사건인 신유사옥 때 천주교 신자이기 때문에 죄인이 되었던 정약전과, 1873년 고종에게 대원군을 규탄하는 상소문을 올렸다가 유배온 최익현선생도 있었다. 도초도는 지주들이 악랄한 수탈을 일삼자 1925년 10월 7일, 농민들이 분연히 일어나 '도초도 소작쟁의'를 일으켜 34일간의 치열한 투쟁을 전개하기도 했던 섬이다.

삼국시대에는 압해, 팔금 등과 함께 백제에 배속되었다가 통일신라시대에는 압해군에 속하였다. 고려시대 역시 압해군에 속하였다가 조선시대 초기와 중기까지는 영광군(靈光郡)에 편입되었다. 조선후기에 이르러는 나주목(羅州牧)에 편입되었다. 지형이 고슴도치처럼 생겼다 하여 도초도라 하였는데 그 후 진도군에 편입되어 도초면(都草面)이라 하였다. 1914년 행정구역 개편에 따라 무안군에 편입되어 10개리를 개편 관할하다가 1962년 법령 제 1176호에 따라 흑산면의 우이도를 편입하여 11개리가 되고 같은 해 6월 1일 군조례 제 35호에 의하여 우이도 출장소를 두었으며 1969년 법령 제 2059호에 의하여 신안군에 편입되었다. 현 도초도는 유인도 45개로 형성되어 있으며 해안선은 74km에 달하고 있다.

솥뚜껑바위 : 오봉산 서쪽 해안에 폭이 40m 이상 됨직한 널따란 원형모양 바위가 물 속에서 둥그런 모습으로 10m쯤 부풀어 올라 있고 중간에 손잡이 모양이 돌출되어

〈그림 7〉 기암으로 이루어진 해안

있어 이 고장 사람들은 예부터 솔댕이 혹은 솥뚜껑 바위라고 한다. 그 형상이 기이할뿐만 아니라 거무스름한 색깔이 푸른 바다와 조화되어 아름답다.

지네무늬용굴 : 발매리 남쪽 해안절벽에는 길이가 15m정도 되는 움푹 들어간 동굴이 있는데, 거대한 지네가 화석이 된 것 같은 무늬가 검은 색으로 그려져 있어 매우 이채롭다. 마치 커다란 지네화석을 보는 듯 하는 느낌을 준다.

종달새바위(일명 문바위) : 발매리 남쪽 남쪽을 향해 돌출되어 있는 끝자락에 종달새바위가 있다. 마치 남쪽을 향해 무언가를 쫓고 있는 듯한 모습이다. 주변의 수직암벽과 더불어 도초 제1경으로 꼽히는 경치를 자랑하고 있다. 예부터 도초에서 가장 풍광이 뛰어난 곳으로 알려져 있으며 메스컴을 통해 알려지면서 갈수록 많은 사람들이 몰려든다.

목섬구멍 : 지남리 천금산 서쪽 해안에서 남쪽으로 쭉 내민 해안(작은 목섬) 끝에는 수직암벽 발달과 함께 매우 아름다운 풍광을 자랑하고 있다. 특히 이곳의 목섬구멍은 둥그런 모양으로 굴이 뚫어져 있어 기이하고 신비감을 준다. 굴이 길지는 않지만 보는 거리에 따라 모양이 다르게 보인다. 가까이 가서 보면 고싸움 놀이에 쓰이는 고 형태로 보이고, 멀리서 보면 그물 망을 내려놓은 형태로 보인다. 또한, 주위의 암벽(목섬절벽)과 더불어 볼거리를 제공해 준다.

　종달바위 : 도초면 지남리 맨끝 바닷가에 위치한 대나무가 많은 곳이라 하여 죽도(竹島) 또는 대선목이라고 불리우는 이 마을에 종달바위란 유명한 바위가 있다. 바닷물 가운데 있는 여러개의 바위가 끊어진 곳이 없이 연달아 이어졌다 하여 종달(從達)바위라 한다. 이 바위는 죽도마을 맨끝 바닷가에서 멀리 바라보이는데 물이 들 때는 보이지 않고 썰물에 볼 수 있다고 한다. 현재 등대가 설치되어 있다.

　농간바위 : 시목해수욕장 입구에 있는 작은 섬이다. 섬 전체가 온통 바위로 되어 있어 기암괴석이 발달해 있고 풍광이 매우 아름답다.

　시목해수욕장 : 남서쪽 엄목리에는 자연적 여건이 전국에서 손꼽히는 관광지인 시목해수욕장이 있다. 이 해수욕장은 3면이 산과 바다로 마치 병풍을 쳐놓은 듯한 포근한 지형에 2.5km의 백사장이 깔려 있고 물이 수정처럼 맑아 여름철이면 해수욕객들의 발길이 끊이지 않는다.

　모래사장이 반원형으로 둥글게 펼쳐져 있는 시목해수욕장은 주변에 감나무가 많다고 해서 시목(柿木)이라는 이름이 붙었다. 타원형의 길고 넓은 백사장에는 군데군데 모래성이 쌓아진 것이 특징이며, 이곳에 서보면 산과 바다 풍경이 그림을 감상하는 것 같은 환상에 젖기도 한다. 나지막한 산자락을 치마처럼 두른 시목해수욕장은 모래밭이 원에 가깝도록 둥글게 펼쳐져 있고 그 기울기가 느슨해서 무척 아담하고 아늑한 느낌을 준다.

　뒷편에는 해송이 빽빽히 들어서 있고 주변 산의 기암괴석이 절경을 이루고 있다. 그래서인지 스케치여행을 하는 화가들이 즐겨 찾는 곳이기도 하다. 그리고 해수욕장 주변에는 바다낚시터가 형성되어 낚시하기에도 좋은 여건을 가지고 있다.

　시목해수욕장은 1999년에 완공한 고급 샤워실과 깔끔한 수세식 화장실이 있어 쾌적한 피서를 할 수 있도록 편의를 도모했다. 또한 백사장 전역에 수려한 나무숲이 있어 그곳에서 야영하는 맛도 색다르다.

해수욕장 주변에는 또한 꽤 아름다운 해안 절벽지대가 있다. 홍도의 해벽이 규암 때문에 붉은 데 비해 이곳은 거무스름하며 구멍이 숭숭 뚫려 있다. 기암괴석이 서쪽 해안을 따라 늘어서 있어 아름다움을 더해준다.

2) 망망대해 무인도들

도초도 하안을 벗어나 우이도로 가는 해로에는 망망대해에 무인도들이 군데군데 떠 있다. 그런데 무인도들은 하나 같이 특이한 모양을 하고 있어 여행객에게 즐거움을 준다.

동물3총사섬 : 도초 해안을 막 벗어나면 오른쪽으로 3개의 무인도가 시야에 들어오는데 앞쪽부터 석황도, 흑도, 소흑도가 그것이다. 석황도는 쥐, 흑도는 하마, 소흑도는 진돗개 형상을 꼭 닮았다. 아무리 봐도 영락없이 닮았다. 동물 3총사들이 바다를 열심히 헤엄쳐 도초도로 건너오고 있는 모습이 매우 재미있다. 역시 날렵한 쥐가 제일 앞서고 하마는 둔하지만 열심히 뒤따른다. 하지만 진돗개는 남쪽 경치도 쪽에 먹을 것이 있는지 방향을 틀고 있어 가장 뒤쳐져 헤엄치고 있다. 보는 이로 하여금 웃음을 자아내게 한다.

경치도대문바위 : 오른쪽의 동물3총사섬를 보다가 왼쪽 해안으로 고개를 돌리면 험악한 악산과 암벽으로 된 커다란 무인도가 문득 시야에 들어온다. 해안 전체가 절벽으로 된 경관이 뛰어난 경치도(京雉島)이다. 경치도 해안절벽의 압권은 서쪽 끝자락 부근이다. 끊어질 듯 이어지면서 서쪽으로 이어지고 있는 돌출부는 오랜 해식작용으로 수없이 깎여 수직암벽과 여러 모양의 기암괴석을 만들어 놓았다. 그 중에서도 특히 대문바위가 압권이며 신비감을 준다.

사백년노송 : 점점이 떠 있는 무인도를 바라보다 보면 어느덧 우이도가 가까워지고 진리선착장으로 들어가는 입구에 하도(賀島)가 보이고 배가 모퉁이를 돌다보면 깎아지른 듯한 암벽 위에 홀연히 한 그루

의 소나무가 청정하게 서 있다. 일부러 심어도 그렇게 키울 수는 없을 듯하게 낭떠러지 암반 속에서 자라고 있다. 그리고 그 옆에는 400년 수령을 자랑하는 소나무 한 그루가 낭떠러지를 기어가듯 가지를 뻗치고 자라고 누어 있다. 천연의 분재 해송인 것이다. 기묘한 자태가 여행객들의 눈길을 잠시 잡는다.

2. 우이도 해안경관

섬 모양이 소 귀를 닮았다해서 이름 붙은 우이도(牛耳島). 전남 신안군 도초면에 속해 있는 우이도는 목포에서 서남쪽 51Km 지점에 위치해 멍섬, 솔섬, 꽃섬, 대섬, 어낙도 등 27개 군도를 거느리고 있는 어미 섬이다.

섬 전체가 산악지대로서 해안가에 마을이 형성되어 있다. 대소의 섬들로 이루어진 이곳은 본래 진도군 흑산면 나주목에 딸린 섬으로서 모양이 소귀처럼 생겼으므로 소구섬, 소구 또는 우개도라 하였다. 1896년 진도군 흑산면에 편입되었다가 1914년 행정구역 개편에 따라 진리, 성촌, 비두리, 저두리, 소우이도를 합하여 우이도리라 해서 무안군에 편입되었다. 1962년 도초면에 편입되고 1969년 신안군에 편입되었는데 1971년 도초면의 우이도출장소가 되었다.

우이도는 관광객들에게 사철 볼거리를 제공해 주고 있는데, 봄에는 붉은 동백꽃이 만발하고 후박나무 천리향이 진동하는 꽃섬이 된다. 여름철은 여느 해수욕장에서는 찾아보기 힘든 해송 숲과 곱디고운 모래가 어우러져 태고적 신비를 연출하고 있다. 가을에는 단풍으로 이름높다. 또 겨울철엔 곱고 단단한 모래 위로 하얗게 부서지는 파도와 사색을 즐기면서 해풍이 모래언덕(사구)에 그려 넣는 무늬를 감상하며 겨울바다를 만끽할 수 있다.

우이도는 대부분이 기암괴석으로 이루어졌지만 곳곳에 해수욕장도 많다. 우이도의 갯벌은 모래가 섞여 잘 빠지지 않는다. 그래서 누구나 호미를 이용해 갯벌을 긁으면 꽃조개를 잡을 수 있다. 갯바위마다 감성돔과 농어, 우럭 등이 많이 잡힌다.

우이도는 사구뿐 아니라 곳곳에 희한한 경관을 가졌다. 어선을 빌어타고 한바퀴 돌아보면 기경의 연속이다. 특히 도리산 서쪽의 해안절벽이 압권이다. 쳐다보노라면 어지럼증이 느껴질 정도로 가파르고 높게 검은 암벽이 섰고, 오랜 해식(海蝕)작용에 온갖 기이한 형상으로 조탁이 이루어졌다. 공룡의 등줄기 형상을 닮았는가 하면 구멍이 숭숭 뚫린 곳도 있다. 그런 절벽 여기저기에는 연초록 팽나무 숲이 장식으로 얹혔다. 조류는 흡사 홍수 때의 강물처럼 도도히 흐르며 작은 암초에 물거품을 일으키고도 있다. 중심지인 진리로부터 시계 반대 방향으로 돌면서 대표적인 기암괴석을 소개하면 아래와 같다.

진리선착장 : 우이도의 관문항이다. 조선시대에는 수영(水營)이이었던 곳이라 한다. 그래서 그런지 선착장에는 400여 년 된 아주 오래된 항만석축을 볼 수 있다. 과거 토목기술 및 항만석축 축조 기술 등을 알려주는 중요한 증거물이어서 현재 문화재로 등록을 추진하고 있다. 과거 선조들의 놀라운 수중 토목기술을 살펴보는 것도 재미있다.

돛대바위 : 우측에서 보면 꼭 돛단배의 돛 같은 형상을 가진 바위이다. 10여m 높이의 검은 천을 두른 영락없는 돛 모양이다. 그러나 정면에서 보면 다르다. 영락없는 돛 모양의 천은 사라지고 솟대만 남아 남자 성기 모양이 된다. 솟대바위가 되는 것이다. 더불어 움푹 패인 안쪽과 결부시켜 보면 여자의 자궁 모양과 꼭 닮았다. 이렇듯 해안 경관이 재미있는 이유는 보는 각도와 생각 차이에서 여러 형상으로 변한다는 것이다. 여하튼 수 십미터의 해안암벽과 더불어 상상에 따라 변화는 돛대바위를 지나면 맑고 고운 띠밭넘어해수욕장이 시야에 들어온다.

띠밭넘어해수욕장 : 우이도 2대 해수욕장 중의 하나로 주변 경관이

아름답고 깨끗한 바닷물과 함께 완만한 경사를 지닌 해수욕장이다. 진리에서 고개를 넘어 약 10여분 정도 걸어서 도착할 수 있다. 민가와 떨어져 있어 불편한 점도 있지만 씻을 개울물도 있어 텐트 등 장비를 가지고 가면 야영도 가능하다. 띠밭넘어해수욕장을 지나 수직암벽과 동백과 후박나무숲이 우거진 산자락을 돌면 우이도 최대의 성촌해수욕장이 나타난다.

성촌해수욕장 : 태고의 신비를 간직한 매우 아름다운 해수욕장이다. 광할한 모래사장이 한없이 펼쳐져 있는 곳에 멀리 한국최대의 사구와 해안암벽이 한 눈에 들어오고 언덕 가로 원색 텐트가 드문드문 놓여 잇는 이국적인 경관을 갖는다. 넓은데 이용객이 적어 발자국이 흔적이 그대로 남겨지는 처녀지 같은 깨끗한 해수욕장이다. 모래 속에서 삐죽삐죽 내밀고 있거나 백옥같이 흰모래 위를 기어다니고 있는 화려한 꽃무늬를 가진 꽃조개가 인상적이다. 해수욕장의 왼쪽에는 다시 수직 암벽이 펼쳐져 있고 조끔 더 가면 투구바위가 나온다.

투구바위 : 보면 볼 수록 마치 벗어 놓은 투구 형상이다. 특히 정면에서 보면 더욱 그러하다. 둥그런 머리와 내민 치양, 그리고 투구 끈까지도 닮았다. 작지만 주위의 검은 암반과 더불어 인상적인 느낌을 주는 바위이다. 왼쪽에 있는 팬더곰바위와 함께 이곳 해역은 마치 동물농장에 온 것 같이 아기자기 하다.

팬더곰바위 : 약 300m에 걸쳐 일렬로 놓여 있는 곳곳에 구멍 뚫린 암벽이 이채로운 경관을 보이는 곳에 마치 팬더곰 모양을 한 바위가 시야에 들어온다. 바다를 응시하고 있는 모습이 헤엄쳐 건너고 싶은데 너무 넓어 못 건너게 된 것에 대한 아쉬움이 눈가에 서려 있어 애처로움을 주는 모습이 측은해 보인다. 팬더곰이 사라지는 시점에서 산정을 쳐다보면 하얀 등대가 보인다.

등대 : 흑산도가 보이고 아득한 서해를 지나 멀리 중국까지도 보일만한 가파른 경사의 산 위에 등대가 외로이 서있다. 암벽에 서 있는 여느 등대와는 달리 동백 등 사철나무가 우거진 비탈진 산에 서 있는

점이 특징이다. 광활한 서해를 지나는 배들의 길을 안내해 주는 중요한 등대 구실을 하고 있다고 한다. 태평양전쟁 때는 인근 도리산의 미사일기지와 더불어 중요한 방어기지 역할을 한 전략적 요충지였다고도 한다.

독립문바위 : 등대 밑 해안가에는 물살이 매우 빨라 활발한 침식으로 인한 50여m의 수직 절벽이 발달해 있고 곳곳에 여러 모양의 기암절벽이 형성되어 있다. 그 중에서도 가장 인상적인 것이 꼭 독립문 같이 생긴 구멍바위이다. 그래서 이곳 주민들은 이를 독립문바위라고 부르곤 한다.

갯바위낚시터 : 물살이 센 이 곳을 돌면 천연 항인 돈목항으로 이어지는 해로로 접어들고 아울러 즐비하게 늘어 선 갯바위낚시터 들을 볼 수 있다. 등대 밑을 시작점으로 납닥여, 농께, 나릿바위, 담장밑 등이 그들이다. 특히 우럭이 잘 잡힌다.

우이도사구 : 멀리서 보면 이 모래언덕은 수목이 쓸려 내려가서 벌건 흙이 드러난 산사태 지역 같다. 그러나 사구의 밑까지 다가가 보면 멀리서와는 전혀 달리, 거대한 모래의 벽으로 일어선다. 사구의 꼭대기에 오르면 희디흰 모래 둔덕 저편으로 짙푸른 바닷물, 초록 숲이 펼쳐지며, 그 풍경은 사뭇 자극적이기까지 하다. 이 모래언덕을 주민들은 산태라고 부른다.

돈목해수욕장 : 모래가 곱기가 이루 말할 수 없고, 깊숙한 만(灣) 안쪽이어선지 떠밀려온 쓰레기도 거의 없다. 다만 한 가지 흠이라면 해변에 숲지대가 없다는 점이다. 과거 이 섬에는 곳곳에 노송 숲이 매우 울창했으나 일제시대부터 60년대에 이르기까지 장작 등속으로 베어내어 팔며 결국 민둥 해변이 되었다.

막 썰물이 지기 시작한 해변에는 누렁 소들이 나와 더위를 식히는가 하면, 사람들이 갈고리로 모래를 파헤쳐 조개를 잡고 있다. 해질 무렵이면 시원한 맥주와 돗자리 들고 돈목 해변으로 나가보자. 성촌 마을 앞 상산 너머로 해가 큼직하게 부푼 채로 가라앉는 멋진 풍광을 볼 수 있다. 여름 하루가 그보다 더 좋을 순 없다.

돈목선착장 : 우이도를 찾는 관광객이면 누구나 입도하는 선착장이다. 원래 기암절벽에 배를 대고 기어서 올라갔는데, 최근에 암반에 방파제를 만들어 선착장을 조성했다. 주변 경치가 뛰어나다. 가장 먼저 관광객을 반기는 것은 우이도 최고봉인 상산봉, 군락을 이루고 있는 후박나무에서 풍기는 향과 천리향 나무 내음, 그리고 큰대치미 해변을 끊임없이 공략하는 파도와 물보라처럼 뿌연 모래바람이 사구를 뒤덮는 광경이다.

농사라고는 거의 없는 우이도 사람들의 생계수단은 자연산 미역채취와 염소방목, 어업이다. 갯바위에서 자라는 김과 미역은 무공해 자연식품으로 그 품질이 뛰어나며 여러 가지 약초를 먹고 자라는 흑염소가 이 섬의 특산물이다.

도리산절경 : 높이 250m에 이르는 둥그런 산이 마치 하나의 섬처럼 물 속에 잠겨 있어 경치가 아름다워 어디를 봐도 예사롭지 않은 산임을 알 수 있다. 해안가로는 50여m에 이르는 해안암벽이 발달해 있고 칠부능선 위쪽을 중심으로 주위에는 후박나무와 동백나무 군락을 잘 형성시키고 있어 선상에서 바라보이는 경관이 매우 아름답다. 예전에는 미사일기지가 설치되고 해군이 주둔해 있었으나 지금은 남아 있는 흔적 사이로 흑염소들이 한가로이 돌아다니고 있다.

자라바위 : 도리산 밑을 감도는 해안 수직암벽을 따라 시선을 돌리다보면 서쪽 내민 끝에 꼭 자라 같이 생긴 바위가 눈에 들어온다. 바다에서 산에 오르기 위해 기어올라온 형상을 띠고 있다. 석양에 검은 색깔과 푸른바다가 대비되어 햇빛에 반사되어 반짝거리는 모습이 특이하다.

비밀해수욕장 : 도리산 서쪽의 해안 절벽 사이에 조그맣고 호젓한 해수욕장이 있다. 평상시에는 물에 잠겨있다고 썰물 때 살짝 모습을 드러냈다 이내 감춰 버린다고 해서 비밀해수욕장이라 부른다. 서양 어느 곳의 나체해수욕장 같은 생각이 드는 곳이다.

호랑이이빨바위 : 마치 호랑이 이빨처럼 뾰쪽뾰쪽한 바위들이 둥그런 타원형으로 솟아 있다. 앞니가 유별나게 사납게 생겼으며 송곳니도 있고 어금니도 있다. 멀리서 보면 약 200m길이에 둥글게 발달되어 있는 입과 그 위쪽의 호랑이 형상의 머리(대가리) 모습과 대비를 이뤄 영락없는 호랑이 이빨처럼 보인다.

홍어바위 : 삼각형으로 깎여진 흰 평면이 수직절벽을 이루고 있는 모양이 선상에서 보면 마치 홍어처럼 보인다. 색깔이 그렇고 모양이 그러하다.

상산봉 : 한여름 뙤약볕 아래만 아니라면 우이도 중앙의 상산봉 (358.6m봉) 구경도 반드시 마저 하라고 권하고 싶다. 성곽 같은 긴 암릉길에 이어 '다도해 풍광의 정수가 바로 이것이구나'하는 기막힌 정상 조망이 기다린다.

특히 이 섬에서 가장 높은 상산봉(359m) 정상에 오르면 '고운 최치원 선생'이 바둑을 즐겼다는 바둑판 흔적을 돌아보면서 우이도의 추억거리를 만들 수 있다.

샤워장 바로 옆 계곡으로 50m쯤 들어가서 왼쪽의 협곡으로 올라간다. 널찍한 길을 500m 걸어 작은 고갯마루에 올라선 다음 목장 문을 열고 내려가면 대초리 마을이다. 집은 여러 채 남아 있지만 거의 모두 빈집이다. 이 마을 아래로 내려가 계곡을 건넌 다음 목장 문을 지나 곧장 계곡 길을 따라 오르면 큰재란 이름의 고갯마루다. 여기서 남쪽으로 내륙에서도 보기 드문 말끔한 암릉길이 치달아 오른다. 헬리포트, 무덤에 이어 가시덩굴에 주의하며 100m쯤 숲지대를 지나면 시원하고도 조망 좋은 암릉이 정상까지 이어진다. 하산은 온 길을 그대로 되짚는 것이 최상이다. 돈목마을까지 되돌아오는 데에 4시간 잡으면 충분하다.

목섬 : 원래는 본도에 붙어 있었는데 해수 침식으로 떨어져 섬이 된 것이다. 그래서 딴 섬이라고도 하고 목(목아지)처럼 생겼다고 해서 목섬이라고도 불리운다. 해식작용으로 동굴과 함께 기암괴석을 만들

어 내고 있어 볼거리를 제공해 주고 있는 섬이다.

3. 우이도 내륙경관

1) 한국 최대의 모래언덕

자극적인 풍경 : 우리나라 최대의 거대한 모래언덕을 이루고 있다. 멀리서 보면 이 우이사구(모래언덕)는 수목이 쓸려 내려가서 벌건 흙이 드러난 산사태 지역 같다. 그러나 사구의 밑까지 다가가 보면 멀리서와는 전혀 달리, 거대한 모래의 벽으로 일어선다. 사구 꼭대기에 오르면 희디흰 모래 둔덕 저편으로 짙푸른 바닷물, 초록 숲이 펼쳐지며, 그 풍경은 사뭇 자극적이기까지 하다. 이런 거대한 모래언덕은 난생 처음 본 도시 사람들은 누구든 흥분하여 신발을 벗어 던지고 맨발로 모래 벽을 기어오르기 마련이다.

이곳 사구는 이제 몇몇 언론을 통해 서서히 세상에 알려지게 됐지만 우이도 사람들은 어린 시절의 놀이터, 지금도 돈목 노인들은 이따금씩 그 어린 시절을 상기하며 모래언덕을 오르고 있다. 이 모래언덕을 주민들은 산태라고 부른다.

길게 사구의 벽에 발자국을 남기며 사구 꼭대기에 올라서서 뒤로 돌아본 순간 누구든 숨이 턱 막혀온다. 이렇게 기이하고도 아름다운 풍광은 이 땅에서는 처음이기 때문이다. 흰빛 일변도로 뻗은 100m의 모래벽 저 아래로 흡사 거대한 원형 경기장처럼 백사장이 펼쳐졌고, 희게 포말지며 파도가 해변으로 몰려오고 있다. 그 뒤 봉긋하게 솟아오른 진초록의 산봉까지 한꺼번에 벅차게 와 안긴다. 사구 여기저기에는 조석으로 바람이 도서며 온갖 기이한 무늬와 형상을 아로새겨 놓았다. 그래서인지 사진작가들에게 매우 인기 있는 곳으로 자리잡고 있다. 매년 많은 사진작가들이 이곳으로 몰려든다.

생성의 비밀 : 연구된 바에 의하면 "이 사구의 북쪽 지형은 타원형

으로 우묵한데 이곳은 조류에 의해 퇴적물이 밀려와 쌓이고 썰물 때 드러난 이 퇴적물은 또 북서풍에 의해 위로 치밀려 올려진 결과"라며 "이러한 과정이 수 천년에 걸쳐 반복됐을 것이다. 이 오묘한 자연의 창조물이라고 할 수 있는 사구는 조류와 바람이 존재하는 한 성장이 계속될 것"이라는 것을 알려 준다. 따라서 지금 이 순간에도 계속 커지고 있다. 결국 이 사구는 조류와 바람의 합작품이다. 사구의 북쪽 지형을 보면 타원형으로 우묵하다. 이곳으로 일단 조류에 의해 퇴적물이 밀려와 쌓이고, 썰물 때 드러난 이 퇴적물을 북서풍이 몰아쳐서 위로 치밀어 올린 것이다. 사구의 수직 고도는 약 50m, 경사면의 길이는 약 100m이다. 상너비 70m, 하너비 50m의 폭이다. 경사도는 70도가 넘는다는 둥 과장되게 전해져왔으나 실제로는 32~33도 안팎이라고 한다.

신비한 전설 : 바람과 모래가 빚어놓은 국내 최대의 은빛 모래언덕으로 그 언젠가 이곳에는 아름다운 자태를 지닌 모래언덕의 전설이 모래바람과 오랜 세월 속에서 살아 숨쉬고 있다.

이 모래언덕을 사이에 두고 성촌, 돈목 두 마을에는 꽃처럼 아름다운 처녀와 소나무 기개를 지닌 총각은 주위사람들의 눈을 피해 캄캄한 밤이면 이곳 모래언덕에서 사랑을 속삭이게 되었다. 성촌마을에 사는 처녀가 매일 밤이면 모래언덕에서 총각을 기다리면 돈목마을에 사는 총각은 오리정도의 거리를 걸어와 사랑을 속삭이고 돌아가곤 하였는데, 어느 날 총각이 처녀를 만나기 위해 해수욕장을 걸어오던 중 갑작스런 모래바람과 높은 파도로 인하여 실종되었고, 그 일을 알게 된 처녀는 매일 밤이면 이곳 모래언덕에 올라와 총각의 혼백을 달래기 위해 정성의 기도를 올리고 있었다 이를 지켜본 산신령은 날로 애처롭게 야위어만가는 처녀의 모습을 두고 볼 수가 없어 심한 모래바람을 일으켜 처녀 역시 어디론가 사라지게 하였는데, 그래서 그런지 지금도 모래언덕 형태가 돈목마을에서 바라보면 그때 처녀 · 총각의 이루지 못한 한을 새겨 두려는지 여자의 신비를 간직한 아름다운 하체부분을 꼭 닮았으며, 혼기의 처녀·총각이 이곳 하체부분에 산신령께 정성의 기도를 드리면 씩씩한 청년과 아름다운 처녀가 만나 백년 해로 한다는 전설이 내려오고 있다. 긴 세월이 흘러간 지금에도 그들의 혼이 이 모래언덕에 살아 있는지 어느 누가 이야기하지 않아도 두 남녀가 사랑을 속삭이던 모래언덕 좌측(돈목) 산등성 가장자리에 관광객이 돌을 하나, 둘씩 올려놓아 돌 봉우리가 생겨났는데 하나는 총각의 혼이요, 하나는 처녀의 혼이라는 애절한 사랑이 전해오고 있다.

〈그림 8〉 사구 정상　　　　　　　　〈그림 9〉 사구 전경

　천혜의 자연학습장 : 첫째는 쉬지 않고 일어나는 자연의 변화를 볼 수 있다. 바람의 방향에 의해 온갖 기이한 무늬와 형상을 아로새긴다. 무늬가 아름답고 형상이 다양하다. 그러면서도 쉬지 않고 그 모양을 바꾸어 놓는다. 관찰하는 것만으로도 무척 재미있다.

　둘째는 다양한 사구식물을 관찰할 수 있다. 사구(모래토양)에서 잘 자라는 식물들(사구식물)과 자라는 모습(수직보다는 수평적 성장)을 재미있게 볼 수 있다. 또한 모래 퇴적층의 두께에 따라, 고도에 따라, 향(向)에 따라 종을 달리하는 식생의 분포를 뚜렷이 볼 수 있다.

　셋째는 자연 운동의 체험을 할 수 있다. 600초 동안 올라가서 30초에 내려 올 수 있는 곳. 보폭이 60센티인 성인이 오를 때, 30센티는 다시 미끄러지고 30센티만 오른다. 즉 절반을 미끄러지고 절반은 오르기가 반복적으로 일어난다. 힘들지만 재미를 준다. 내려올 때는 모래 썰매를 탄다. 뛰어 내려오면 곧 썰매가 된다. 오를 때는 긴 시간이 걸렸지만 내려올 때는 순식간이다.

넷째는 시려워 발 담그기가 어려운 사막의 지하수를 볼 수 있다. 사구 밑 갯바위가 들어 난 여기 저기에서 수정처럼 맑은 생수가 솟아나는 모습은 신비감을 준다. 메마르고 황량한 모래사막 속에 흐르는 지하수 인 것이다. 아프리카 사하라사막 밑에도 엄청난 물(지하수)이 흐른다고 배웠던 것이 실감나는 교육현장이다. 리비아가 그 지하수을 끌어와 사막을 옥토로 바꾸었다는 내용이 이해된다. 정말 수정처럼 깨끗한 지하수다. 한 여름 뙤약볕에서도 발이 시려 담그기가 어렵다.

2) 때묻지 않은 해수욕장

돈목해수욕장 : 도초에서 출발한 여객선(신해3호)을 타고 돈목리 (우이도 2구)에 내려 서쪽 길로 나서면 이내 넓디넓은 모래사장이 펼쳐진다. 모래가 곱기가 이루 말할 수 없고, 깊숙한 만(灣) 안쪽이어선지 떠밀려온 쓰레기도 거의 없다. 다만 한 가지 흠이라면 해변에 숲지대가 없다는 점이다.

막 썰물이 지기 시작한 해변에는 누렁 소들이 나와 더위를 식히는가 하면, 사람들이 갈고리로 모래를 파헤쳐 조개를 잡고 있다. 모래사장으로 계곡 물이 퍼져 흐르기 시작하는 지점의 둔덕에는 선박형상의 샤워장 겸 화장실이 있다.

해질 무렵이면 시원한 맥주와 돗자리를 들고 돈목 해변으로 나가 보자. 성촌 마을 앞 상산 너머로 해가 큼직하게 부푼 채로 가라앉는 멋진 풍광을 볼 수 있다. 여름 하루가 그보다 더 좋을 순 없다. 성급하게 물에 뛰어든 아이가 저만치 바다 속으로 들어섰는데도 허리춤을 넘지 않는다. 이곳 돈목 해변은 수심도 완경사로 깊어지고 만(灣)

안쪽이어서 파도도 약하다.

띠밭넘어해수욕장 : 우이도 2대 해수욕장 중의 하나로 주변 경관이 아름답고 깨끗한 바닷물과 함께 완만한 경사를 지닌 해수욕장이다. 진리에서 고개를 넘어 약 10여분 정도 걸어서 도착할 수 있다. 민가와 떨어져 있어 불편한 점도 있지만 씻을 개울물도 있어 텐트 등 장비를 가지고 가면 야영도 가능하다. 띠밭넘어해수욕장을 지나 수직암벽과 동백과 후박나무숲이 우거진 산자락을 돌면 우이도 최대의 성촌해수욕장이 나타난다.

성촌해수욕장 : 태고의 신비를 간직한 매우 아름다운 해수욕장이다. 광할한 모래사장이 한없이 펼쳐져 있는 곳에 멀리 한국최대의 사구와 해안암벽이 한 눈에 들어오고 언덕 가로 원색 텐트가 드문드문 놓여 있는 이국적인 경관을 갖는다. 넓은데 이용객이 적어 발자국 흔적이 그대로 남겨지는 처녀지 같은 깨끗한 해수욕장이다. 모래 속에서 삐죽삐죽 내밀고 있거나 백옥같이 흰모래 위를 기어다니고 있는 화려한 꽃무늬를 가진 꽃조개가 인상적이다. 해수욕장의 왼쪽에는 다시 수직 암벽이 펼쳐져 있고 조끔 더 가면 투구바위가 나온다.

〈그림 10〉 성촌해수욕장 I

〈그림 11〉 성촌해수욕장 II

비밀해수욕장 : 도리산 서쪽의 해안 절벽 사이에 조그맣고 호젓한 해수욕장이 있다. 평상시에는 물에 잠겨있다고 썰물 때 살짝 모습을

드러냈다 이내 감춰 버린다고 해서 비밀해수욕장이라 부른다. 서양 어느 곳의 나체해수욕장 같은 생각이 드는 곳이다.

3) 성곽같은 암릉 "상산봉"

돈목리(우이도 2구) 선창에 도착하면, 가장 먼저 관광객을 반기는 것은 우이도 최고봉인 상산봉이다. 한여름 뙤약볕 아래만 아니라면 우이도 중앙의 상산봉(358.6m) 등산을 반드시 마저 하라고 권하고 싶다. 산꼭대기 부근이 커다란 수직의 암봉들로 이루어져 있다. 우이도 어디에서 봐도 보일 만큼 우뚝 솟아 있으며 안개와 구름에 가려져 있는 경우가 많아 신비로움을 준다. 성곽 같은 긴 암릉길에 이어 '다도해 풍광의 정수가 바로 이것이구나'하는 기막힌 정상 조망이 기다린다. 특히 이 섬에서 가장 높은 상산봉(359m) 정상에 오르면 '고운 최치원 선생'이 바둑을 즐겼다는 바둑판 흔적을 돌아보면서 우이도의 추억거리를 만들 수 있다.

오르는 길 또한 지루함보다는 즐거움을 준다. 흑염소들이 한가로이 거닐고 있는가 하면 꽃길이 나타나 천리향이 진하게 코끝을 적시기도 하고, 내륙에서도 보기 드문 암릉길이 걷게도 되며, 동백 혹은 후박나무 숲길이 100m 이상 놓여 있기도 한다. 돈목해수욕장 샤워장 바로 옆 계곡으로 50m쯤 들어가서 왼쪽의 협곡으로 올라간다. 그윽한 꽃향기가 천리를 간다는 '천리향'내를 맡으며 한발한발 거리를 좁혀 가는 산행은 시간의 흐름을 아쉽게 해준다. 비교적 넓직한 산길을 따라 500여m 걸어 작은 고갯마루에서 목장 문을 열고 내려가면 대초리 마을이다. 450여 년 전 최초로 우이도에 사람이 정착했다던 마을이다. 집은 여러 채 남아 있지만 거의 모두 빈집이다. 이 마을 아래로 내려가 계곡을 건넌 다음 목장 문을 지나 곧장 계곡 길을 따라 소나무 숲이 울창한 오솔길을 오르면 큰재란 이름의 고갯마루가 나온다. 고갯마루에서 남쪽으로 내륙에서도 보기 드문 말끔한 암릉길이 치달아 오른다. 헬리포트, 무덤에 이어 가시덩굴에 주의하며 100m쯤 숲지대를 지나면 시원하고도 조망 좋은 암릉이 정상까지 이어진다.

정상에는 신라시대 최치원이 당나라 유학길에 들려 바둑을 두고 갔다고 전해지는 최치원 바둑바위가 놓여 있어 인근 비금도의 최치원 샘(우물)과 더불어 2천년 전 선조들의 발자취를 느끼게 한다. 뿐만 아니라 정상에서 바라본 주위의 검은 암봉(기암괴석)과 멀리 다도해의 점점이 떠 있는 섬들과 푸른 바다 조망은 마음까지 시원하게 해준다.

하산은 온 길을 그대로 되짚는 것이 최상이다. 돈목마을까지 되돌아오는 데에 4시간 잡으면 충분하다.

4) 흑염소 방목장

천혜의 방목조건 : 우이도 흑염소는 마치 몽골 초원에서 행해지는 것과 같이 완전한 방목 형태로 자연 속에서 키워지고 있다. 새끼를 낳고 키울 움막도 지어주지 않는다. 지천에 널려 있는 갖가지 자연풀과 약초만 먹고 스스로 자란다. 몬순기후 지역의 억센 풀잎을 먹고, 찬 겨울을 이기며 자란다. 겨울에는 먹이가 부족하기 때문에 껍질이 딱딱한 1m 이내의 나무까지도 먹어치운다.

우이도가 방목의 최적지인 또 다른 이유는 섬 전체가 바위로 생겨 염소가 좋아하는 벼랑과 비탈진 곳이 많으며, 난류에 접하는 해역에 위치한 관계로 온화한 날씨로 사철 먹이 공급이 가능한 상록수나 초본식물이 많은 점이다.

염소습성의 이용 : 이곳 흑염소 방목은 염소들의 습성을 잘 이용하고 있다. 염소는 수컷 중심의 집단생활을 한다. 즉, 수컷을 따라 이동하면서 일가를 이루고 살아가는 습성이 있다. 따라서 우이도 사람들은 수컷만을 묶어 놓고 암컷과 새끼들을 고삐 없이 자유롭게 방목시킨다. 암컷들은 여지간 해서는 수컷 주위를 벗어나지 않는 습성을 이

용한 것이다. 만약 수컷이 태어나면 1년 이내에 없애버리기 때문에 한 마리의 수컷을 따라 일가를 이루면서 방목시킬 수가 있는 것이다. 이는 오랜 경험에서 배어난 지식이 아닌가 한다.

그러나 가끔은 사고(잃어버림)가 나기도 한다. 암컷들의 발정기가 되는 시기는 암컷들이 산정에 올라가 사타구니를 쳐들고 계곡을 향해 암내를 풍기며, 가끔 어떤 수컷은 가족을 저버리고 수 십리를 단숨에 뛰어가 버리게 되고 남은 암컷들은 흩어져 버리는 경우가 종종 있기도 한다. 또한 암컷이 새끼를 낳을 좋은 자리를 찾아 헤매다가 길을 잃고 무리를 떠나 버린 경우도 종종 있다. 그러면 주인은 큰 손해를 보게 된다.

염소 약초요리 : 이러한 억센 비바람을 맞고 자연 속에서 약초를 먹고 자란 우이도 흑염소는 육지인들에게 대단히 인기가 있다. 보통 한 마리를 요리하면 15명 내외가 배불리 먹을 수 있다. 또한 냉동 처리되어 서울까지도 하루만에 배달되고 있다. 약초 성분이 들어 있어 신경통에 좋다고 알려져 있으며, 노린내가 적게 나며 육질이 연한 것이 특징이다.

Ⅲ. 비금도의 자연

1. 자연풍광의 이색지대

비금도는 목포와 45.1km 떨어진 섬으로, 주변 섬 82개(유인3, 무인79)를 거느리고 있는 한 개의 면을 형성하고 있다. 인구는 약 5천명 정도되며, 법정리 13, 운영리 35, 반 103개의 행정구역으로 되어 있다. 또한, 산업구조는 농수산업 93%, 상업 기타 7%으로 구성되어 있으며,

타 도서에 비해 답과 염전이 많은 편이다.

비금도의 북서 해안가의 해수욕장은 경관적으로 운치가 있어 관광지로 개발 가능성이 높은 지역으로 알려져 있다. 섬의 형상은 동서가 길고 남북이 짧으며 동으로는 성치산맥이 뻗쳐있으며 중간에 마산이 크고 작게 고지를 이루고 서쪽으로는 선왕산맥이 높고 낮게 이루어져 우람하며 그 사이에 평야가 형성하여 있다. 북으로는 황해바다에서 밀려온 모래로 형성된 명사십리 백사장이 있어 여름철 가족동반의 휴가 피서지로 최적지를 자랑하고 있다. 동남해안 일대로는 20여km 방조제를 축조하여 농토 1600여ha와 천일염전 720여ha를 형성하여 보호하고 있어 주민의 생명선이 되고 있다.

〈그림 12〉 비금도 위치

〈그림 13〉 비금도 관광자원

2. 수십여개 섬이 하나로

마을형성은 이미 삼한시대 유랑하던 유족이 당두에 최초 입도하여 생활근거지로 정착하면서 시작되었다고 본다. 이후 삼국시대와 조선시대 유배 및 유랑민들이 정착하여 다양한 씨족이 분포하게 되었다. 당초 수십여 개의 섬으로 이루어졌고, 배가 드나들던 구지(곶) 11개소가 있었다. 그러나 조선 중기부터 주민들이 방조제를 계속적으로 막아 갯벌을 토지화하면서 1980년대 이후 면적 51.53㎢의 현재와 같은 하나의 섬으로 되었다. 그래서 지금도 마을마다 생활문화 차이가 다른 섬보다 크다.

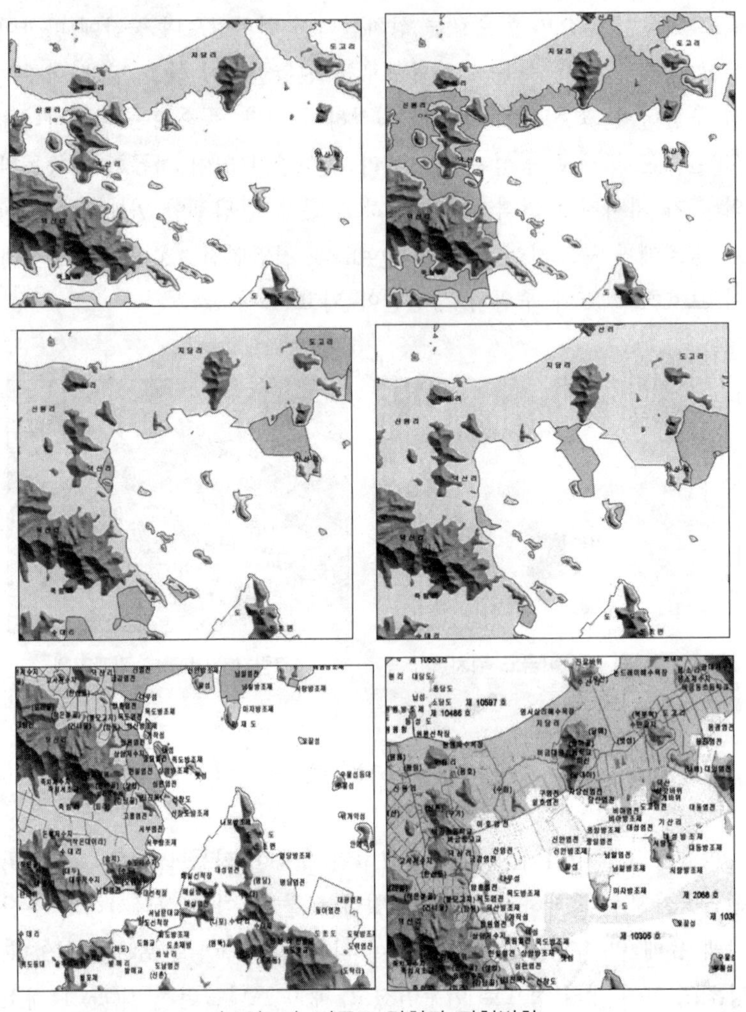

〈그림 14〉 비금도 간척과 지형변화

3. 다양한 생업이 병존한 섬

초기 도서민들은 이곳 섬의 지형이 대부분 산지나 백사장 이루어진 조건 때문에 어업이 생업활동의 주가 될 수밖에 없었다. 그러나 차츰 주민수의 증가와 경제력 확대는 대규모 토목사업을 가능하게 하였고, 이는 간척사업으로 이어져 마을 앞의 낮은 해안지대를 매립해 나갔고 확보된 농지를 바탕으로 생업의 무대를 내륙으로 옮겨갔다. 즉, 어업에서 농경으로 바꾸어갔던 것이다. 과거에는 조성된 간척지에서 논농사가 행해졌으나, 금세기에 들어 경제작물인 시금치, 마늘 등으로 다각화되어갔다. 일제시대 이후 보급된 천일염 기술은 이들을 소금생산지로 바꾸어 갔다. 그러다 1990년대에 들어 중국산 소금의 도입과 함께 가격이 하락하여 경쟁력이 낮아지고 또 한편으로는 해산물 수요 증대와 양식기술의 발달에 힘입어 폐염전을 전환하여 새우(대하) 양식업이 성행하였다. 그러나 최근 수온상승으로 인한 심한 폐사현상(흰점바이러스)과 타지역 새우와의 차별화가 안되어 지역특산품의 역할을 제대로 할 수 없게 되자 광어 양식장 등으로 교체하는 등 대책마련에 고심하고 있다.

이와 같이 비금도 사람들은 바다(어업)→농경(1950년 이전)→천일염(1950~1990)→새우양식(1990~1997)→광어양식(1997년 이후)"순으로 주 생산이 변해오고 있다. 이러한 결과는 이 곳 섬에 논경지, 시금치 농장, 염전, 양식장 등 다양한 생업공간을 한 곳에 특색 있게 병존시킬 수 있게 하여 다양한 생업체험관광으로 활용 가능하게 하고 있다. 또한 그 결과는 시금치, 천일염, 새우젓 등이 지역특산물로 자리잡게 하고 있다.

4. 기능이 다른 세 포구

삼한시대 유랑하던 유족이 당두에 최초 입도 생활근거지로 정착한 이 곳은 아주 긴 거주 역사를 지니고 있다. 당초 10여 개의 섬으로 형성되었으나 사람이 정착하면서 인력으로 방조제를 막아 현재의 마을을 형성하였으며 당시 배가 드나들던 구지(곶) 11개소가 현재도 그 흔적을 남기고 있어 그 역사를 말해준다. 이들 11곳이나 되는 구지들은 그동안 끊임없는 간척사업결과 지형이 변하면서 그 역할을 뚜렷이 하는 세 유형의 항구로 합해졌다. 송치, 가산, 원평항이 그들이다. 이들은 각기 다른 기능을 가진 이 지역의 주요 출구이다. 송치가 여객이 주라면 가산은 화물이 주고, 원평항은 지금은 많이 쇠퇴했지만 어항으로 이름난 곳이다.

송치항은 목포와 흑산도(홍도)를 잇는 중간기착지에 위치해 있어, 가장 빈번하고 큰 여객선이 접하는 곳이다. 따라서 옛날부터 교통의 중요한 요지였다. 현재는 인근 도초도와 연도교(서남문대교)가 이곳에 건설된 후 또 다른 관광자원 역할로 많은 관광객을 끌어 모으고 있으며 낚시터로 그리고 도서간 교통 정착지로 큰 역할을 하고 있다.

가산항은 70년대 이후 간척사업으로 본섬과 이어지면서 새로운 교통기지로 부각된 후, 현재 비금도에서 생산되는 소금, 시금치의 최대 출구가 되고 있다. 여름에는 항상 소금가마들이 산처럼 쌓여 있으며, 겨울에는 시금치 다발이 역시 쭉 늘어서 있고 차들이 매우 번잡하게 왕래한다.

섬의 북쪽에 자리잡고 있는 원평항은 북서쪽으로 광대한 외해에 접하고 있어 옛날부터 서남해 최대의 어항으로 손꼽혀왔다. 현재도 제3종 어항으로 지정되어 있고 지난 20여 년 간에 총공사비 85억원을 투자하여 방파제 480m, 방조제 400m, 파제제 75m, 물량장 360m, 호안도로 500m 등의 현대적 시설이 갖춰져 있다. 그리고 인근에는 다수의 좋은 낚시터들이 자리잡고 있어 지금도 겨울철에는 낚시를 즐기는 여행객들이 성시를 이루고 있다.

〈그림 15〉 여객수송항 송치 선착장

〈그림 16〉 물류수송항 가산 선착장

5. 전설이 서리고, 괴기스런 거대 암석들

이 섬은 약 20억 년 전후의 암석들로부터 현세의 충적층까지 다양한 암석이 분포되어 있다. 그러나 대부분은 약 8, 9천만년 전에 형성되는 것으로 보이는 화산암 및 화산쇄설암(특히, 응회암)이고, 곳곳에 이들을 뚫고 관입한 거대한 화강암 덩어리가 노출된 곳에는 장관을 이루고 있다.[1] 이들은 신기한 모양이나 색상을 띄고 있어 여러 전설과 함께 신비감을 더해주고 있다. 대표적인 것이 성치산의 용혈(龍血), 떡메산의 바둑판바위와 우산바위 등이다.

성치산 용혈은 용방죽에 살던 용이 어린이들의 똥를 빨게 되자 더 이상 견디지 못하고 멀리 보이는 이 곳(용혈) 절벽을 뚫고 승천했다는 전설이 전해오고 있으며, 떡메산은 멀리서 떠 내려와 비금면 용소리에 앉으려는 것인데 용소리에 채 이르기 전 마침 아이 난 여인이

---

1) 화강암은 지구 지각 깊은 곳에서 생성된 마그마가 지표로 올라오면서 냉각 고결 된 암석으로 석영, 장석, 운모들로 구성된 아주 단단한 암석인데, 화산활동이 거의 끝나 가는 말기에 관입 되었다.

피문은 속옷을 빨고 있다가 이것을 보고 "떠온다, 떠온다 떡메산" 하고 소리쳤더니 공중에 떠있는 산이 지금의 도고마을에 내려앉아 형성되었다는 전설과 함께 이산에는 장군이 두던 바둑판이 바위에 새겨져 있고 우산처럼

〈그림 17〉 떡메산의 화강암덩어리

생긴 우산바위가 흔적을 남기고 있다고 전해져 오고 있다.

내월리로 가는 길에 오른쪽 선완산 쪽을 쳐다 보면 괴이한 봉우리 하나가 무섭게 내려다보고 있음에 끔쩍 놀란다. 여우처럼 생긴 삼각형의 얼굴, 좌우로 잘 돌릴 수 있는 머리, 긴 목처럼 보이는 앞가슴, 가시가 많이 난 앞다리와 함께 영락없는 범아제비 형상이다. 세찬 기운을 품고 악마와 같은 무서운 용모로 적이 나타나거나 또는 건들면 앞발을 높이 들고 날개를 펼치어 대들 듯이 떡 하니 버티고 있다. 사뭇 위협적이다. 특히, 월포마을에서 보는 숭애봉은 공포감 마저 느끼게 하기에 충분하였다. 마을 사람들은 오랫동안 숭애봉의 괴기한 무서운 형상에 짓눌려 살아왔다. 그러나 언제까지 자연의 험상궂은 모습에 두려운 존재로 살수만은 없었다. 마을 사람들은 그 보다 더 무서운 존재가 무엇인가를 찾게 되었다. 궁리 끝에 눈 꼬리를 치켜 뜬 무시무시한 얼굴 형상을 지닌 마을수호신을 만들기로 했다. 마을 사람들은 힘을 합쳐 괴기스런 숭애봉에 대항할 석장승을 다듬고 무섭고 세찬 기운을 불어넣은 후 숭애봉이 범아제비 바위가 잘 보이는 들판에 마주보게 세워 그 기운을 막게 하였고, 이 후로는 마을에 안녕과 평안이 계속되고 있다. 주민들에겐 수호신으로서의 가치와 의미가 함북 부여된 장승이 월포리 가는 길목에 지금도 놓여 있다.

오늘날 다른 의미로 생각해 보면, 호랑이에 못지 않은 위용을 떨치는 산으로 신안 섬들에 있는 산들 중에서 범이란 뜻으로 좋게 해석해 볼 수도 있을 텐데, 여운이 남는 석장승이다.

6. 섬에 '사막'이?

「모래나 자갈로 뒤덮이고 식물과 물이 거의 없는 벌판」. 사막에 대한 국어 사전적 정의다. 그렇다면 여기도 사막이라 할 수 있을까. 물은 없고 식물도 거의 없다. 비금도 북쪽 명사심리해수욕장 뒤쪽 비금사장(飛禽沙場)이 있다. 이곳은 언덕 너머에 숨어 있어 그동안 빛을 보지 못했던 지역이다.

해수욕장 뒤쪽으로 올라서면 해안을 따라 끝없이 펼쳐져 있는 엄청나게 넓은 모래언덕임을 알게 된다. 하지만 사하라나 고비 사막 같은 메마른 사막은 아니다. 토양이 연약한 모래인데다 바람이 거세 웬만한 나무는 애초부터 뿌리를 내리지 못했다. 대신 「삐비」라 부르는 들풀, 해당화 등 속칭 사구식물이 가득 자라 모래밭(사장) 표면을 덮고 있다. 뜨거운 햇살에 바싹 마른 들풀들이 고개를 떨구고 있다. 이들의 적은 바람이다. 풀들은 사방에서 불어대는 바람에 속수무책으로 흔들린다. 줄기들이 뿌리에 얽매인 채 바람에 떠밀리며 쓰러지면서 그려 놓은 무수한 동심원이 무척이나 아름답다.

그런가 하면, 어떤 곳은 풀 한 포기 자라지 않는 유연한 곡선의 언덕이 햇빛을 받고 있다. 모래 위에는 지난밤 작은 동물이 남기고 간 발자국이 찍혀 있다. 언덕 아래로 조심스럽게 내려왔다가 뭔가에 화들짝 놀라 잽싸게 달아나는 그 놈 모습이 눈에 선하다.

이국적 풍경에 사진작가들에 인기를 모으고 있는 이곳이 한국의 또 다른 사막 비금사장인 것이다.

7. 이국적인 서쪽해안

비금도 서쪽 해역은 현재 다도해해상국립공원의 비금도초지구에 해당된다. 이곳은 약 20억 년 전에 형성된 것으로 보여진다. 그래서 20억 년 전후의 것부터 신생대 4기 및 현세의 토양에 이르기까지 넓은 범위의 암석들이 함께 나타나고 있다. 또한, 오랜 지질시대를 거치는 동안 수많은 변동과 변화를 겪어 왔었다. 1억 년 전 중생대 백악기 후반에 수회 내지는 수십 회의 화산활동이 있었고, 부분적으로 이들 암석(화산암과 응회암2))이 인근 변성퇴적암들과의 접촉으로 변화된 편마암도 나타나고 있다. 즉, 응회암 등의 화산암과 변성암, 화강암 등이 함께 분포되어 있다. 그리고 다양한 암석에 따른 구성성분과 형성시기의 차이는 절리모양이나 암석색상을 달리하게 해 아름다움을 연출하게 하고 있다. 규암3)이 섞인 곳은 그 물리적 성질로 인해 불그스름한 경관을 연출하고 있으며, 변성암이 분포한 곳은 갖가지 모양으로 쪼개지고 금이 가 있어 신비감을 더해 주고 있다. 또한 화강암이 관입한 곳은 커다란 바위덩이가 괴기한 형상을 그려내고 있다. 그리고 풍화·침식·퇴적·융기·침강작용의 결과 중생대 백악기의 경상계에 속하는 암류 지역은 해안절벽과 해식동굴, 화강암과 선캄브리아기의 변성암 지역은 모래가 가득 쌓인 사빈(해수욕장) 평지를 만들어 놓고 있다.

또한 이 해역은 50m에 이르는 깊은 수심과 북서풍에 의한 파도작용이 활발하여 돌출된 곳에는 웅장한 벼랑바위(해식애)와 동굴(해식

---

2) 응회암은 화산이 분출할 때 배출되는 화산회 및 화산재들의 성분들이 집적되어 형성된 것으로 대개 회갈색을 띠나 부분적으로 암갈색을 띠기도 하는 암석이다.
3) 차돌과 마찬가지로 사암이 변성되어 더욱 단단히 굳어진 것으로 석영성분이 95%이상인 암석이다. 또, 조직이 매우 치밀하고 견고해 어떤 암석보다 물리적인 풍화, 침식에는 강함.

동), 너덜바위(파식대) 등이 기암괴석으로 발달되어 있고, 들어간 곳
에는 모래해변(사빈)이 잘 발달되어 있어 피서지로서의 천혜의 환경
을 만들고 있다. 특히 모래해변은 가늘고 두꺼운 모래가 완만(1~2도)
하게 형성되어 있어 천연 활주로 혹은 차량통행 도로로 이용될 수 있
을 만큼 단단하여 이곳에서는 각종 체육행사가 가능하다. 대표적인
것으로는 폭이 150m에 달하고 길이가 4㎞에 이르는 원평해수욕장이
알려져 있으나, 낙조가 특히 아름다운 하누넘해수욕장은 이국적인 경
관으로 뛰어난다. 그리고 주변에는 죽도, 구분사리, 매설 등 크고 작
은 섬들이 많아 선상관광이 용이하고 낚시터를 지니고 있는 가는목
해수욕장 또한 경관이 아름답다.

〈그림 18〉 해변도로(하누넘 가는 길)　　〈그림 19〉 잘 발달된 해식애와 시스텍

이곳 해안은 산세가 험하여 인적이 드물고 조류의 먹이가 풍부해
습새, 바다제비 칼새 등의 해조류(海鳥類) 집단서식지가 되고 있어 큰
경관자원이 되고 있다. 특히, 이 곳에서 멀지 않는 곳에 위치한 칠발
도는 암반으로 이루어져 있고(해발 105m), 암반사이에는 빈 공간이
많으며 섬의 상층부에 사질토와 잡초가 번성하여 조류의 번식지로
최적지를 이루고 있어 현재 국가 제322호[4]로 지정되어 있을 만큼 서
남해 최대의 경관자원으로 인정받고 있다.

---

4) 1982년 11월 4일 지정됨.

뿐만 아니라, 암벽 사이에는 천혜의 해수욕장이 널려 있다. 대표적인 것이 원평, 하누넘, 가는목 해수욕장이 그것이다

원평해수욕장은 길이 4㎞, 폭 150m(간조시)에 펼쳐져 있으며, 황해 바다에서 밀려오는 모래로 형성되었으며 간조시 차량이 통행할 수 있고 각종 체육행사를 할 수 있다. 원평 해수욕장이 있는 명사십리는 붉은 해당화를 품고 하얀 모래가 십리를 두고 펼쳐진 아름다운 곳이다. 특히 원평 해수욕장의 수평선 너머로 지는 석양의 낙조는 너무도 아름다워서 지는 해를 보고 바다 속으로 빨려 가는 황홀감에 묻혀버린다고 한다. 특히, 이곳은 바닷물이 맑고 해수욕장으로써 갖가지 여건들이 고루 갖추어져 여름철이면 피서객이 찾아든다. 명사십리 주변 모래밭에는 해당화 나무들이 자라고 있어 꽃철이며 해당화가 만발하고 꽃내음은 이곳을 찾는 사람들에게 향춘의 정취를 마음껏 느끼게 한다. 해수욕장 옆으로 잇대어 있는 바다에서는 돔, 농어, 장어 등이 잡히는 낚시터까지 있어 사철 태공들의 발길이 끊이지 않는다. 매년 봄이나 가을철이나 되면 각급학교 학생들과 면내 남녀노소들이 소풍 나와 아름다운 경치와 자연을 감상하고 해당화에 심취하기도 한다.

하누넘해수욕장은 비금면 내월리에 위치하며, 길이 1㎞, 폭 50m(간조시)에 이른다. 다도해의 절경으로 이루어진 다도해해상국립공원 내에 위치하고 있으나 도로 및 교통이 불편하여 지금까지 찾는 사람이 많지 않았으나 96년도에 약 5㎞의 임도개설로 인하여 피서객이 날로 증가하고 있으며 하누넘 해수욕장에서 바라보는 낙조는 천연기념물 332호인 칠발도와 함께 어우러져 그야말로 장관이다.

가는목해수욕장은 비금면 내월리 내포에 소재하며, 길이 1.5㎞, 폭 50m(간조시)에 이른다. 흑산 홍도간 항로권의 일부에 속하며 주변에는 죽도, 구분사리, 매설등 크고 작은 섬들이 많아 선상관광이 용이하고, 어느 곳에서나 낚시를 즐길 수 있다.

8. 한국 최초의 천일염산지 구림염전

비금도 남동쪽은 복잡한 해안선으로 파랑작용이 잔잔하고 수심이 얕아 조류작용이 활발하여 넓은 갯벌(간석지)을 발달시키고 있다. 그리고 이 갯벌에는 주민들이 오래 전부터 20여km가 넘는 긴 방조제를 축조하였고, 약 1600여ha의 농지와, 720여ha의 염전을 가꾸어 주민의 생명선이 되고 있다.

염전은 평안도 주을염전으로 징용 갔던 박삼만씨가 해방 이후 1946년 고향(구림리) 갯벌을 막아 구림염전을 개척하면서 시작되었다. 따라서 구림염전은 우리나라 최초의 천일염이 된 샘이어서 비금의 염전은 그 역사가 깊다. 그러나 최근 값싼 중국 소금이 수입되면서 갈수록 폐염전이 늘어나고 있다. 현재 남아있는 주요염전으로는 가산염전, 대동염전, 남일염전, 비아염전, 구림염전, 덕산염전, 망동염전, 상암염전, 수대염전, 서부염전, 중앙염전 등이다.

소금은 현재 침체 일로에 있지만 생각 외로 엄청난 부가가치 생산이 기대되는 산물이기도 하다. 특히 갯벌 천일염은 성인병 치유에 효과적이란 것이 입증되고 있으며, 화염은 건강에 좋을 분만 아니라 김치 맛이 좋은 것으로 알려져 있다.

9. 삶아도 시들지 않는 시금치

비금도는 토양에 다량의 게르마늄이 함유되어 있다. 게르마늄은 인체의 산소공급 및 두뇌활동 촉진 등의 효과는 물론 신진대사를 원활하게 하고 면역증진에 따른 성인병 예방, 암치료 등에 타월한 효과가 있는 신비의 광물질로 알려져 있다. 때문에 게르마늄 농·축산물은 없어서 못 팔 정도로 대도시 소비자들에게 인기를 얻고 있다.

게르마늄 농법은 게르마늄을 유기화하여 작물을 재배하거나 가축

〈그림 20〉 비금도 염전지대

사료로 사용하는 친환경 농법이다. 게르마늄에는 동식물에 필요한 산소의 공급 및 신진대사 촉진을 원활하게 하는 성분을 함유하고 있어 이를 사용할 경우 뿌리 활착력이 3배 이상 높고 줄기나 잎사귀도 강해진 것으로 조사되고 있다. 뿌리 활착이 좋아짐에 따라 토양 중에 있는 양분을 고루 흡수해 질이 좋고 신선도가 오래 유지될 뿐만 아니라 증수효과를 가져오며, 또한 토양 속에 잔존해 있는 독성과 중금속 등을 해독시켜 무공해 농산물로 건강증진에도 이점을 준다. 가축에게 이를 섭취시킬 경우는 불포화 지방이 분해되고 분뇨에서도 탄산이나 암모니아 가스 발생이 적어져 폐사율이 줄어든다.

이들 게르마늄을 다량 함유한 토양에서 생산된 대표적인 것으로 시금치를 들 수 있다. 이는 "비금섬초"라 하여 자체 브랜드를 만든 후 고유상표로 출원등록(출원번호 95-002174)되어 있다. 비금 시금치는 다량의 게르마늄 토질과 강한 해풍을 받는 관계로 위로 자라기보다는 옆으로 퍼져 자라고 잎이 두꺼우며 적은 섬유질과 당도가 높고 비타민과 철분 및 칼슘 함량이 많아 타 지역의 시금치(하우스 재배나 육지 시금치)에 비해 효능효과가 높을 뿐만 아니라 삶았을 때도 싱싱한 모습 그대로 유지하고 있을 만큼 잘 시들지 않아 20%~30%가 높은 가격에 최고의 것으로 판매되고 있다.

비금도에서는 현재 650ha(년평균)의 면적에 노지재배 형태로 가을 파종 하여 12월 상순경~다음해 2월말(약100일)에 걸쳐 수확하고 있다. 타지 농촌에서의 겨울철은 보통 농한기로 한해동안의 농사일을 마치고 휴식을 취할 수 있는 계절이나 이곳 비금도는 그와는 반대로 겨울철이 오히려 제일 바쁜 시기이다. 마을 농가마다 울력으로 아침부터 오후 늦게까지 시금치를 캐느라 여념이 없으며 이러한 작업상황이 농민들간에는 대화의 장이 마련되는가 하면 서로간의 일손을 도움으로써 우대감 형성은 물론 협동심 공동심을 엿볼 수 있는 사랑방 같은 느낌까지 풍기게 한다.

10. 천혜의 해조류번식지 칠발도

칠발도는 행정구역으로 보면 비금면 고서리(飛禽面 古西里)에 속해 있으며 목포에서 43마일 떨어져 있는 서남해상에 외롭게 떠있는 총면적 0.3㎢의 작은 섬이다. 4면이 바다로 둘러싸인 섬에는 뱃길을 밝혀주는 유인등대가 홀로 서있을 뿐 1년 내내 바람소리와 파도소리만이 고도의 정적을 가를 따름이다. 나무 한 그루 없이 1년초인 잡초만이 우거진 인적 없는 이 섬은 사람의 발길이 없어 새들이 안전하다. 특히, 이 섬은 암반으로 이루어진 섬(해발 105m)으로 암반사이에는 빈공간이 많고 섬의 상충부에는 사질토와 잡초가 번성하고 조류의 번식지로 최적지를 이루고 있다. 여기에는 우리나라 토속새인 바다쇠오리, 슴새, 바다제비, 칼새 등 희귀한 조류가 무려 26종이나 서식하고 있다. 이러한 연유로 1982년 11월 4일에 천연기념물 제322호로 지정되었다.

바다제비와 슴새는 이섬의 북쪽 사초과의 풀밭사이 바위틈새에서 번식한다. 칼새는 이 섬에서 잠깐 밤을 보내고 손살같이 바다 위를 날아다니며 먹이 사냥을 하고있는 모습만을 볼 수 있다. 바다제비는 무리 지어 해마다 찾아와 번식하고 있다. 물갈퀴가 있는 것이 특징이다. 이밖에 칠발도는 이동 중에 있는 많은 새들이 날개 짓을 멈추고 휴식을 취할 수 있는 중요한 위치에 있다. 그래서 몇 종류의 새들은 이동 중에 아예 이곳에 둥지를 틀기도 한다. 백로, 휘파람새, 때까치, 바다직박구리 등을 직접 목격했다. 새들이 날아와 섬을 하얗게 덮고 울음소리를 내면 이 장관에는 보는 사람들로 하여금 탄성을 연발케 한다. 1938년 일본인 조류학자 小林, 石燈 두 사람에 의해 조사 확인된 바에 따르면 이 섬에는 바다쇠오리, 바다제비, 슴새, 칼새가 서식하는데 칼새는 암벽 틈바구니에서 살고 돌과 돌사이, 그리고 풀나무 밑에 접시모양의 둥우리를 짓고 있음이 밝혀졌다. 이 새집은 사초과에 딸린 모락을 입으로 뜯어다가 타액으로 풀과 풀을 연결해서 지은 것이라고 한다. 조류연구가 이정우도 칠발도에는 바다쇠오리만 줄잡아 5천마리 이상이나 서식하며 알을 까는 장면도 목격했으나 부화즉시 날아가 버리고 알도 2개 이상 부화하지 않는 특성이 있다고 했다. 바다제비는 5~6월에 산란하며 칼새는 4~5월에 둥우리를 짓고 교미에 들어가는 현상을 볼 수 있다고 한다.

목포여객선 터미널에서 흑산도를 오가는 쾌속선으로 50여분만에 신안 비금도 수대리항에 도착하며 이곳에서 사선으로 또 50여분간 서해로 나가야 만이 이 섬을 볼 수 있다. 하얀 등대시설을 머리에 이고 바다 위에 떠있는 듯한 이 섬은 가파른 암벽으로 이루어져 있으며 동도와 서도가 본섬을 호위하는 형국이다. 역사가 오래된 이등대는 망망대해의 외로움을 이겨내고 이곳을 지나는 각종 선박들의 길잡이 노릇을 톡톡히 하고 있다. 표지관리사 들의 막사와 빗물을 정수하는 저수조 그리고 태양열 집전판 들이 이곳을 안식처로 잠시 쉬었다가는 바다새들의 배설물로 하얗게 얼룩져 있다.

Ⅳ. 흑산도의 자연

1. 푸르다 못해 검게 보인 섬

전남 신안군 흑산면 어미섬. 이 섬을 중심으로 홍도, 대둔도, 영산도, 다물도 등 흑산군도를 이룬다.우리 나라 행정 구역상 최 서남단에 위치한 흑산도는 북쪽으로는 홍도, 남쪽으로는 상태도, 소흑산도 등 부속섬 들의 교통 중심지이다. 동경125도 26분, 북위 34도 41분, 면적 19.7 평방km, 해안선 길이 41.8km, 인구 5천여명이 거주하고 있다. 크고 작은 유인도 11개, 무인도 89개의 총 1백 개 섬으로 이루어진 대규모 군도이다. 다도해 해상국립공원으로 지정될 만큼 섬 주변의 기암괴석과 갖가지 이야기들이 담긴 동굴들이 널려 있다. 배를 타고 섬 주위를 일주하는 해상 유람은 흑산도 관광의 백미이다. 서해라고 믿어지지 않을 만큼 아름다운 블루 토파즈 빛 바다와 기암괴석들이 눈을 뗄 수 없게 만든다.

흑산도는 산과 바다가 푸르다 못해 검게 보여 붙여진 이름이다. 이곳은 전형적인 아름다운 어촌으로, 홍도를 비롯하여 국민적 관광지로 자리잡은 영산도, 태도군도, 가거도, 만재도 등 수많은 섬을 넓은 오지랖으로 껴안고 있다.

흑산도는 옛날 유배의 섬에서 60년대에는 어업 전진기지가 들어선 풍어의 섬으로 그리고 1970년 이후 홍도의 절경이 널리 알려지면서부터는 홍도관광을 위한 발딛이 섬 역할을 해오다가 1980년 이후로 영산팔경 등 스스로 볼거리를 장만해서 머물렀다 가는 섬으로 탈바꿈하고 있다. 또 최근에는 근해에서 오징어가 많이 잡혀 풍어의 섬으로서 옛 영광을 되찾고 있다.

흑산도에 33경, 진리석탑 및 석등, 진리지석묘군, 처녀당, 상라산성

지, 면암최익현유적지, 사촌서당 등이 자리잡고 있고, 가거도에는 패
총, 전통가옥 등과 경관이 뛰어난 상록수림의 원림이 분포 등 관광자
원 또한 풍부하다.

2. 자연의 고문서 "장도"

흑산도 동쪽 2㎞쯤 떨어진 곳에 장도라는 섬이 있다. 섬에는 해발
267m를 이루는 제법 큰 산을 깃점으로 약 180~200m에 이르는 산등
성이가 병풍처럼 둘러쳐져 있고 그 중앙에 분지형태의 습지가 거의
5만평 가량이나 펼쳐져 있다. 분지형 습지는 흑산도 본도 쪽으로 경
사진 곳을 따라 개울을 만들며 흘러내리고 있다. 그래서 섬 하면 흔
히 물이 귀한 곳으로 알려져 있지만, 이곳 장도는 이 습지의 영향으
로 예전부터 물이 풍부해 인근을 지나는 어선들이 배에 물을 선적하
곤 했던 곳으로 이용되어져 왔다.

습지의 바닥에는 수 천년 동안 채 썩지 않은 식물들이 쌓인 이탄층
(泥炭層)5)이 두껍게 층을 이루고 있어 스펀지처럼 빗물을 담아주는
역할을 하고 있으며, 이층 속에는 썩지 않고 남아 있는 식물줄기, 꽃
가루 따위가 들어 있다. 이들을 분석하면 습지의 생성연대를 알 수
있어 수천 년에 걸친 그 지역의 기후 변화와 식물의 변천과정 설명해
낼 수 있다. 특히 이곳 습지는 고층·중층·저층습원6)이 한 곳에서

---

5) 보통 식물이 죽으면 박테리아 같은 미생물에 의해 분해되어 땅 속에 묻
   히게 되는데 기온이 낮고 습기가 많은 습지에서는 식물이 죽은 뒤에도
   썩거나 분해되지 않고 그대로 쌓여 연못 같은 형태로 짙은 갈색의 층을
   이루게 되는데 이것을 '이탄층(泥炭層)'이라 함
6) 장도습지는 아래로부터 갈대와 사초 등이 자라는 '저층습원', 이탄이 소
   규모 쌓여 있는 중간에는 예자풀이나 진퍼리새 등이 자라고 있는 '중간
   습원', 그리고 그보다 더 이탄이 두껍게 쌓여 있어 오직 빗물만으로 자
   랄 수 있는 물이끼류 등이 나타나고 있는 '고층습원' 등이 한 곳에 구분
   되어 나타나고 있음.

나타나고 있어 다양한 동·식물 서식 환경을 담고 있어 가치가 더욱 크다. 그야말로 종합적인 자연의 '자연의 고문서' 또는 '타임캡슐'인 것이다. 따라서 장도습지는 한국 서남해역 더 나아가 우리나라 고지질 환경 및 기후변화를 쥐고 있는 열쇠인 것이다.

현재 이곳에는 약 400여종의 식물과 30여종의 나비 등 다양한 생물이 서식하고 있다. 특히, 계곡에는 이 습지에 의해 정화된 1급수 물이 흐르고 있어 가재, 또 지금은 거의 자취를 감춘 토종 식용달팽이도 눈에 띄고 있다.

3. 귀신을 불러들이는 "초령목"

초령목은 흑산도 진리 산 77번지(당산) 성황림에 위치한다. 초령목은 목련과에 속하며, 학명은 Michelia compressa(Maxim)이다. 초령목은 난대수종으로, 상록활엽수이다. 우리나라에서 자생하는 군락은 없고, 일본과 대만에서 자생한다. 초령목의 우리 나라 이름은 '귀신나무'이다. 일본에서는 빗죽이 나무 혹은 신목이라 부른다. 초령목이라 불리게 된 까닭은 일본 사람들이 신단 앞에 초령목가지를 늘어놓고 신령을 불러낸다는 뜻에서 붙여졌다고 한다. 흑산도 주민들 역시 가지를 꺽어 불전에 꽂아 영령을 부르는데 사용하였다. 대만에서는 '대만함소' 혹은 '편함소'라 칭한다.

흑산도 진리 초령목은 높이는 20m이고 수령은 500여년이 넘은 것으로 추정되며, 제주도와 흑산도에서만 서식한 수목으로

〈그림 21〉 초령목

거의 멸종되었다. 초령목은 봄철에 가지 끝에 흰색 꽃이 피고, 밑부분은 붉은 빛이 감돈다. 주머니처럼 생긴 열매 속에는 붉은 종자가 2개씩 매달려 있다. 흑산도 진리의 초령목은 현재 고사되었으나 주변에 어린 초령목 30여 그루가 자생하고 있고, 1992년 10월 26일 천연기념물 제369호로 지정되었다.

3. 한국의 "알카트라즈"

흑산도 진리2구 앞에는 옥섬(獄島)이란 조그마한 섬이 하나 있다. 면적 0.02㎢, 해안선길이 1,26km 정도 되는 섬인데, 그 크기나 역사적 의미에 있어서 미국 샌프란시스코에 있는 알카트라즈 섬(Alcatraz Island)과 매우 유사한 면이 있어서 흥미롭다.

옥섬은 울창한 해송과 동백나무로 뒤덮여 있어 경관이 매우 아름다우며, 해안에 단애가 형성되어 있고, 마을 앞 바닷가로부터 대략 150m 정도 떨어져 있을 뿐만 아니라 수심 또한 3~5m에 이르고 있어 요새와 같은 분위기를 느끼게 한다. 실제로 이 섬은 조선시대 수군진이 진리마을에 설치되어 있을 때 죄수들의 감옥으로 쓰였던 섬이다. 바로 한국의 알카트라즈인 것이다. 오늘날까지 옥섬(獄島)으로 부르는 이유가 여기에 있다. 흑산도에는 흑산현과 일종의 수군진인 흑산진7)이 설치되어 있었다. 현재 섬에는 죄수에게 비바람을 피할 수 있는 움집으로 사용되었던 동굴(약 2m길이), 마당처럼 생긴 취사바위, 죄수가 식량을 얻기 위해 낚시를 했던 거북머리바위 등이 남아서 죄수들의 애환을 전해주고 있다.

이 섬은 또한 모세의 기적과 괴이한 풍수지리를 체험할 수 있는 곳

---

7) 조선 초기에는 별장(무관 종5품) 1명, 군관 2명, 이(吏) 1명, 지인(知印) 2명이 있었으며, 우수영에서 관장하였고(여지도서, 나주목 진보), 후에 수군만호가 설치되기도 하였다(대동지지, 나주목 진보).

이다. 이 곳은 물이 들 때는 두 개의 섬으로 되지만, 빠질 때는 하나의 섬으로 되어 걸어다닐 수 있다. 물아래 다리(모세의 기적)를 체험할 수 있는 것이다. 또한, 물이 빠질 때 보면 마치 거북이 형국을 지니고 있다. 마을 쪽의 자갈들은 거북의 배설물, 큰 산등성이는 거북의 등, 그리고 앞의 작은 섬은 꼭 거북머리처럼 보이는 것이 누가 봐도 예사롭지 않다. 이곳 마을 사람들 역시 옛날부터 이를 풍수적으로 해석해왔다. 거북이가 똥을 싸고 바다로 나가는 형국을 보이고 있어서 (들어오는 형국이어야 하는데) 마을이 가난을 벗어나지 못한다고 생각해 오고 있다(실제로 인근의 별 볼일 없던 예리나 읍동, 진리1구 등의 마을은 훨씬 선진화되어 있고 경제적으로도 부유하다).

또한, 인근에는 배낭기미해수욕장이 있다. 깨끗한 모래와 바닷물로 경사가 완만한 천연해수욕장으로 길이는 600m 폭은 80m에 이르며, 주변에 흑산도 아름다움의 일부를 이루고 있는 학바위, 칠성동굴, 도승바위, 촛대바위, 어머니바위, 물개바위, 쌍용바위, 홍어동굴 등 흑산도의 비경을 한눈에 조망할 수 있는 지리적인 곳에 위치해 있다.

〈그림 22〉 흑산항

〈그림 23〉 흑산항의 옥섬

현재, 섬의 산 정상에는 1970년대 초(박정희 대통령 시절)에 세워진 정자(우산각)가 있어, 이곳에서 내려다보면 흑산항이 한 눈에 들어오며 만 안에 줄지어 설치되어 있는 양식장 모습이 그림같이 보인다.

전망대로서의 관광적 가치가 큰 곳이다. 현재 선착장 끝에서 30m 정도만이 육지와 미연결되어 있다. 이 구간을 아름다운 무지개구름다리 형식으로 연결시키고, 산책로를 조성한다면 또 다른 관광명소가 될 것이 분명하다.

알카트라즈 섬

미국 샌프란시스코의 피셔먼스워프(Fisherman's Wharf)에서 3km정도 떨어진 곳에 있는 작은 섬이 있는데, 이곳이 '알카트라즈(Alcatraz) 섬'이다. 알카트라즈는 스페인말로 '펠리컨' 이라는 뜻인데 1775년 스페인 탐험가가 붙인 이름이다.

섬에 처음으로 요새가 세워진 것은 1853년 미국 육군에 의해서였고, 1856년에 군 형무소가, 1933년에는 연방 형무소로 지정되었다. 그 후 30년 동안 섬은 미국에서 가장 질 나쁜 범죄자를 수감한 곳으로 악명을 떨쳤다.

연방 형무소였을 당시 투옥된 2백 여명의 죄수는 주로 은행 강도, 연쇄 살인범 등으로 다른 감옥에서 도저히 교정할 수 없는 범죄자가 대부분이었다. 유명한 인물로는 마피아의 제왕인 '알 카포네', 유괴범으로 악명 높았던 '머신건 케리' 등이 이곳에서 옥살이를 했다.

바위투성이의 가파른 요새처럼 세워진 감옥, 빠른 조류와 낮은 수온 때문에 살아서는 결코 탈옥할 수 없는 '악마의 섬'으로 불렸다. 기록상으로 모두 14회에 걸쳐 36명의 죄수가 탈출을 기도했지만, 대부분 1시간 이내에 잡히거나 바다에 빠져 죽었다. 그러나 단 한번, 1962년 6월 11일 프랭크 모리스(Frank Morris)를 비롯한 세 명의 죄수가 통풍구를 통해 탈옥에 성공하여 사라진 후 지금까지 아무도 이들을 보지 못했다고 한다. 이 후 감옥은 폐쇄되고 한때 인디언들이 소유권을 주장한 일도 있었다.

현재는 니콜라스 케이지 주연의 영화 '더 록(The Rock)'으로 더욱 유명해져 관광지로 활성화되어 있다.

피셔먼스워프에서 약 15분 후에 섬 선착장에 도착한다. 이곳에서 섬에 대한 설명과 지도가 있는 자료를 구한 후 약 1시간이면 모두 돌아볼 수 있다.

〈그림 24〉 알카트라즈 감옥

〈그림 25〉 알카트라즈섬 원경

4. 거시기가 둘인 "홍어"

홍어는 가오리와 비슷하게 생긴 것으로 몸이 마름모꼴로 폭이 넓으며 머리는 작고 주둥이는 돌출되어 있다. 꼬리의 등쪽 중앙부분에는 수컷의 경우 1줄, 암컷은 3줄의 날카로운 가시가 줄지어 있다. 수컷은 배지느러미 뒤쪽에 2개의 생식기가 있어 한번에 두 마리의 암컷과 교미할 수 있다. 운 좋은 낚시꾼은 한 마리를 낚으면 두 마리를 덤으로 잡기도 한다.

흑산 홍어는 화끈하고 찰기 진 감칠맛이 다른 지역 것과는 비교가 되지 않는다. 특히 군산이나 인천근해에서 잡는 것 보다 착 달라붙는 찰진기가 뛰어나다. 홍어를 즐겨 먹는 사람들은 생것을 두엄더미에 파묻어 잘 삭히면 나오는 약간 상한 맛인 오감을 관통하는 톡 쏘는 맛(역설적인 향수)을 갖는 살과 오돌오돌 씹히는 뼈와 함께 즐긴다. 이런 짜릿한 미각에 자극되어 많은 사람들이 홍어를 찾게 된다. 그리고 이곳에서는 막걸리 안주로 먹는 홍탁, 삶은 돼지고기를 얇게 썰어 배추김치와 함께 먹는 삼합, 회를 만들어 먹는 홍어회, 내장을 국으로 끓인 홍어애국 등의 형태로 곧잘 먹는데 그 맛은 말로써 형언하기 어려울 정도다.

흑산도 홍어가 유명해진 것은 오래 전이다. 선조들이 흑산도에서 고기를 잡아 육지에 팔러 나갈 때 달포가 걸려 뭍에 도착하면 대부분의 고기가 상해 먹지 못하였으나 유독 홍어만이 먹어도 탈이 나지 않아 그 때부터 며칠씩

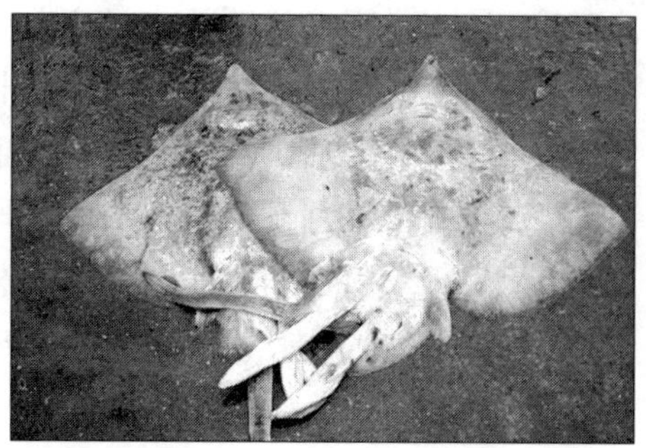

〈그림 26〉 신안 홍어

보관하였다가 먹는 전통이 내려왔다 한다.『본초강목』에는 태양어(邰陽魚)라 하고, 모양이 연잎을 닮았다 하여 하어(荷魚)라고도 하였으며, 생식이 괴이하다 하여(두 개의 생식기를 지님) 해음어(海淫魚)라고도 하였다.『자산어보』에는 분어라 하였고 속명을 홍어(洪魚)라 하였다.

홍어는 바닷물의 온도에 따라 움직이고 뻘과 자갈이 섞인 사질층에서 서식하는데 미끼 없이 주낚으로 잡아 올린다. 매년 추위가 몰아치는 11월부터 이듬해 2월까지 성어기이나, 이 때 해양환경 악화로 위험이 뒤따르고 게다가 연간 100톤의 적은 양밖에 잡히지 않아 품귀현상에 값이 비싸 구하기가 힘들 정도다. 산지에서 8kg짜리 홍어 한 마리 값이 50만~60만원이나 대도시 주문이 쇄도하고 있다.

V. 압해도의 자연

1. 한국 도로의 끄트머리 "압해도"

압해도는 현재 목포와 연륙교 공사가 한창 진행 중에 있는 섬이다. 현재는 목포로부터 신의주와 부산으로 이어져 있는 국도①번과 ②번이 곧 이곳으로 연결될 것이다. 뿐만 아니라 서해고속도로, 남서해안 관광도로 또한 이곳에서 끝난다. 우리나라 가장 기본적인 도로의 끄트머리, 남도 2천리 서남해안 일주도로 상에 놓여 있는 압해도는 한국 서남단 다도해 섬들 가운데 육지인 목포와 가장 가까운 섬이다. 곧 한국 도로의 끄트머리 섬인 것이다.

압해도는 도시와 육지, 그리고 인근의 크고 작은 섬들의 엄호를 받으며 한가운데 떠 있는 느낌이 든다. 수리적으로 북위 34도에 부근에 위치해 있고, 자연지리적으로 우리나라 서남단 다도해에서 육지 쪽인 동쪽으로 바다 건너 무안군 삼향면과 청계면, 서쪽으로는 바다건너 암태면, 그리고 남쪽은 바다 건너 해남군 화원면, 북쪽은 바다 건너 지도읍과 이웃하고 있다. 또한, 가장 가까운

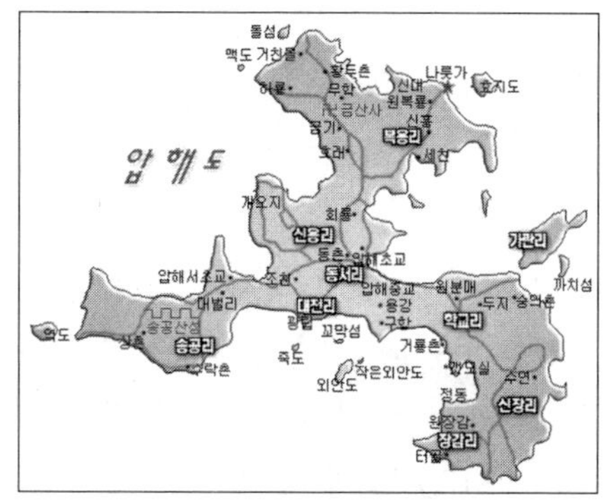

〈그림 27〉 압해도 모습

육지항만(목포)과 1km 정도 떨어져 있어 정기 여객선과 연락선을 통해 왕래한다. 한국 서남해 중심항인 목포에서 가장 가까운 섬이기에 시내버스처럼 철부도선이 자주 운항하여 어느 섬보다 교통이 좋다. 워낙 육지와 가깝고 농사 지을만한 땅도 많아 딱히 부족할 것 없는 그런 대로의 부자 섬이다.

2. 계속 커 온 섬

압해도는 크고 작은 80개의 섬(유인도 17, 무인도 63)으로 구성되어 있으며, 면적이 49.109㎢ 해안선길이가 81.9km나 되는 큰 섬이다.

압해도 원지형은 약 12개의 유인도와 십수 개의 무인도로 구성되어 있었다. 또한 각 섬들은 해안선의 드나듬이 매우 복잡하였고 깊숙한 만을 이룬 곳에서는 갯벌습지가 쭉 펼쳐져 있는 광경을 보이고 있었다. 그러던 것이 해수에 의해 인근 가까운 섬끼리 자연퇴적으로 연결되어져 왔다. 또한 여기에 주민들이 끊임없는 간척사업을 하기 시작하여 많은 평야가 생겨나고 논·밭으로 가꾸어지기 시작해 오늘날과 같은 압해도 모습이 되었다. 기록에 남아있는 자료만 보아도 압해도는 1700여 년부터 120여 곳에 이르는 방대한 간척사업이 행해

진 것으로 전해지고 있다(신안군 방조제대장 참조). 조선시대 이루어 졌던 토목사업 대부분이 기록에 누락된 것이 더 많다는 고려를 해보면 실로 어마어마한 규모의 간척사업이 행해졌으리란 생각을 가질 수 있다.

이러한 대규모 토목사업 결과, 압해도는 매우 드나듦이 복잡한 해안선을 갖는 섬 모습에서 해안선이 단축된 비교적 둥근 모습을 지닌 오늘날과 같은 섬으로 되었다. 또한 임야면적(14.52㎢)에 비해 상대적으로 논(10.44㎢)과 밭(15.07㎢) 등의 경작지 면적이 넓은 섬이 되었다. 오늘날 압해도가 평야지대가 많아 농산물이 풍부하고 양호한 조거지가 많아 많은 주민이 거주할 수 있게 되어 여러 곳에 다양한 역사문화유적을 많이 남게 하였던 배경에는 이러한 압해도의 지형형성과 변화과정이 작용했다고 보여진다.

3. 고대 동아시아 '바닷길의 핵'

바다와 섬과 강은 해양문화가 발달할 수 있는 3대 요소이다. 일찍부터 바다는 생업의 현장이자 인적 물적 자원의 유통로였고, 섬은 삶의 공간이면서 바다 유통로를 연결해 주는 징검다리 내지는 휴게소였으며, 강은 바다와 내륙을 연결해 주는 연결통로로 활용되었다. 신안은 이러한 3대 요소가 잘 구비된 지역으로서 일찍부터 해양문화가 잘 발달하였다.

압해도는 바다로 나가는 길목과 동시에 육지로 들어오는 길목이기도 하였다. 또한 영산강으로 통하는 결절점 이어서 내륙 깊숙한 곳과의 교류가 가능했다. 이러한 지리적 특성으로 고대로부터 왕인이나 장보고 등이 다녀갔거나 활동한 길이며, 고려시대에는 왕건의 진출로와 삼별초 군들의 퇴각로였으며, 조선시대에는 이순신 장군의 활동무대였고 일제시대에는 드넓은 호남·나주평야의 농산물 수탈로로 활용되기도 했다.

〈그림 28〉 송공산성터의 흔적

〈그림 29〉 압해 정씨 시조묘

해안을 따라가는 이 항로는 비교적 순탄하여 예로부터 소형선박도 안심하고 항해할 수 있는 뱃길을 제공한 관계로 이곳이 한반도와 중국 그리고 일본을 잇는 해상교역로의 중심이 되다 보니 육지보다도 오히려 더 중요한 위치를 차지하고 있었던 것이다. 궁성에서 일어난 일도 다른 육지지방에서는 몇 달이 걸려도 알지 못하는 일들을 이 섬 지방에서는 일주일이면 알 수 있었다고 하며, 중국 낙양에서 정치적 싸움 소용돌이 속에서 피난해와 이곳에 정착한 고대 중국 관료들도 많았다. 그 중에 대표적인 것으로 당나라 시대 중국 관료였던 압해 정씨 시조묘가 지금까지 남아있다.

4. 섬에도 온천이⋯

압해도 서남부 대천리의 수락촌에서 보다 서쪽으로 돌아가면 움푹 들어간 분지형태의 계곡이 눈에 들어온다. 누가 보더라도 예사 계곡이 아님을 느끼는 곳이다. 송공산을 뒤로하고 두 갈래 산등성이 갈라진 곳 사이를 가운데 두고 남쪽으로 급경사를 이루고 낮아지다가 항아리처럼 골짜기를 이루고 있다. 이곳은 예부터 '온정(溫井)골'이라

일컬어져 온 곳으로 나병
환자와 같은 몹쓸 피부병
환자들이 이곳에서 치유했
다고 전해져 오고 있다. 계
곡수가 고여있는 언저리에
는 엄동설한에도 유달리
육송이 푸르게 자라고 있
는 것을 볼 수 있을 뿐만
아니라 끝자락에는 온대림

〈그림 30〉 송공산에서 내려다 본 온정골

의 대표적인 식생인 대나무가 울창하게 자라 있는 것을 볼 수 있다.
계곡으로 들어가 골짜기에 흐르고 있는 계곡에 손을 담가보니 겨울
인데도 그리 차갑지가 않다. 섬에서 온천욕을 가능하게 하는 곳으로
서 앞으로 개발 잠재력이 큰 곳임을 느꼈다.

개발되지 않은 천연의 온천수, 어쩐지 깨끗하게 느껴져 효험이 있
게 보인다.

5. 한국의 슐레스비히홀슈타인

독일의 슐레스비히홀슈타인이 여기도 있다. 압해도 갯벌은 생명의
원천이며 생활의 터전이다. 바닷물이 빠지면 흑갈색으로 드러나고 석
양을 받아 반짝 반짝 빛을 내면 아프리카 흑인을 만났을 때 느껴지는
강한 생명력이 꿈틀거림을 느끼는 곳이다. 갯벌은 생물학적 변화를
담고 있다. 셀 수 없이 많은 해양식물, 무척추동물, 어류, 양서류, 파
충류, 조류, 포유류 등이 서식하고 있으며, 매년 수십만 마리가 날아
드는 철새의 중간 휴식처이자 털갈이하고 알을 낳아 부화하는 곳으
로 새들의 낙원을 이루고 있다. 갯벌생태계는 갯벌의 성분특성에 따
라 그 다양성을 달리하는데, 특히 압해도 갯벌은 뻘갯벌, 모래갯벌,

자갈갯벌, 혼합갯벌 등 그 종류가 많아 식생 또한 다양하게 서식하고 있다. 갯벌낙지, 갯벌석화, 전통고기잡(독살 등)이 등이 이루어지고 있고, 해안에는 가무락조개, 통죽물, 피뿔고동, 물레고동, 홍합, 진주, 담치, 밴댕이, 망둥어, 봉장어 등을 잡을 수 있다.

〈그림 31〉 하룡리 갯벌

　날씨가 좋으면 제방을 따라 자전거를 타고 달리고, 배를 타고 갯벌 연안을 따라가며 새와 식생을 관찰하고, 썰물이 되면 직접 갯벌을 걸으며 자연을 느끼는 공간이다. 뿐만 아니라 친절한 이곳 주민들로부터 토착지식(갯벌과 날씨, 물때의 움직임)을 상세하게 얻어 갯벌산책이나 자연학습을 효과적으로 할 수 있다.

　오래 전부터 신안군은 '안정되고 지속 가능하며 오염 없는 갯벌'이라는 목표를 갖고 접근해 친근감을 갖고 자발적인 욕구에 의해 자연스럽게 보전하는 방법을 통해, 무조건 인간의 접근을 막는 방법보다는 '인간과 자연이 조화롭게 사는 공간'을 조성하는 측면에서

〈그림 32〉 태고적 생태계가 유지되는 압해도 갯벌

독일의 「슐레스비히홀슈타인 갯벌국립공원」의 성공사례를 눈여겨보며 관광자원화를 위해 노력하고 있고, 갯벌보존회를 구성하고, '갯벌생태계보호구역'으로 지정하는 일도 추진하고 있다.

태곳적부터 내려온 자연 그대로를 간직한 "하룡갯벌"이 눈에 들어온다. 새벽 햇살이 마을을 보듬기 시작한다. 민가엔 아직 불이 켜져 있고 뽀얀 운무가 걷히지 않았지만 동트기 전 이미 갯벌로 빠져나갔던 아낙들은 어느새 싱싱한 낙지 몇 마리를 꿰차고 마을 어귀로 돌아온다. 저녁 무렵이면, 바닷물이 빠져 흑갈색으로 들어 난 갯벌이 석양을 받아 반짝 반짝 빛을 내고 아프리카 흑인을 만났을 때 느껴지는 강한 생명력이 꿈틀거림이 느껴진다. 갯벌이 생명의 원천이며 생활의 터전임을 느끼게 한다.

여기는 압해도의 북쪽에 있는 하룡마을이다. 이곳 갯벌은 특히 넓다. 갯벌도 성분에 따라 급을 달리하는데 이 곳 갯벌은 생명의 토양으로 불려지고 있는 황토갯벌이다. 또한, 갯골을 따라 흐르는 물골이 많아서 갯것이 특히 흔하다. 낙지, 운저리, 굴, 꼬막, 해태와 감태, 서렁게, 농게 등 이루 헤아릴 수 없다. 간혹 낚시꾼들이 찾아와 돔이나 숭어, 광어를 잡으나 유독 다른데 보다 많이 잡히는 것이 낙지다. 한 때는 40여 가구 이상 될 때도 있었지만 자꾸 도회지로 떠나는 통에 현재는 노인들만 남은 쓸쓸한 갯마을이다. 마을에는 축사 하나 없이 지금껏 청정해역을 가꿔 오고 있다. 그래서 이곳 갯벌은 압해도에서도 특히 손상되지 않은 태곳적부터 내려온 자연 그대로의 지형변화와 생물학적 변화를 볼 수 있는 곳이다. 셀 수 없는 해양식물이 서식하고, 수많은 철새들이 휴식하고 알을 낳고 부화하는 곳이기도 하고, 고기 또한 기름진 뻘에서 먹이를 취하기 때문에 다른 곳에서 잡히는 것과는 전혀 다른 맛이 난다. 또한, 날씨가 좋은 날엔 제방을 따라 자전거를 타고 달려 볼만한 곳이고, 배를 타고 갯벌연안을 따라가며 새와 식생 관찰, 썰물이 되면 갯벌을 걸으며 자연의 신비감을 느낄 수 있는 곳이다.

〈그림 33〉 위성으로 촬영된
서남해 갯벌모습

그래서 압해도는 예부터 갯것이 풍부할 뿐만 아니라 맛이 좋기로 소문나 있다. 이곳 갯벌은 손상되지 않은 태곳적부터 내려온 자연 그대로의 지형변화와 생물학적 변화가 살아 있다. 셀 수 없는 해양식물이 자라고 있고 새끼와 알을 낳아 부화하는 모습을 볼 수 있는 곳이다. 압해 세발낙지는 압해도의 특산품이긴 하지만 유감스럽게도 수량이 별로 없어서 많은 사람이 즐기지는 못한다. 세발낙지란 말 그대로 발이 가는 낙지를 말하는데 그 맛이 타의추종을 불허하는 감칠맛이 난다. 압해도의 세발낙지는 거의 대부분 압해도와 인근 목포 지역에서 소비된다. 물론 수량에서 한정되어 있으므로 그 값은 상당히 높은 편이다. 낙지의 양식 기술이 개발되어 여러 지역 사람들이 압해 세발낙지의 맛을 볼 수 있는 날이 오기를 기다린다.

낙지 외에도 압해도 갯벌에는 가무락조개, 통죽물, 피뿔고동, 물레고동, 홍합, 진주, 담치, 밴댕이, 망둥어, 붕장어 등 다양한 갯것이 서식하고 있어서 관광객이 어느 때고 채취가 가능하다.

6. 섬나라에 피는 배꽃의 유혹

어느 쪽으로 고개를 돌려봐도 온 통 배 밭이다. 해안을 향해 비스듬이 펼쳐진 배밭에 하얀 배꽃이 흐드러지게 필 때면 사진작가, 그림 그리는 이들이 이곳으로 몰려드는데, 아는 사람들은 섬나라에 피는 배꽃의 유혹만큼 강한 것이 없다고 극찬한다. 녹푸른 봄바다와 초록 풀밭, 그 위에 하얀 배꽃, 그리고 배꽃을 둘러싼 탱자나무 울타리, 그 너머의 청보리밭, 이런 것들이 자연스럽게 어루어져 한 폭의 수채화를 그려내고 있는 복룡리, 이름 그대로 참 복 받는 곳이다. '경관조망 포인트'를 찾아서 포토존(Photo Zone) 등을 조성하여 조망 및 사진촬영 등을 위한 배려하는 계획이 아쉽다.

　현재 이곳에는 290여 농가가 모두 배밭을 가지고 있고, 압해 배는 당도가 높을 뿐만 아니라 과질이 좋아 매년 540여 톤을 미국으로 수출하고 있으니, 황토밭과 배나무, 바닷바람이 이곳 사람들에게 안겨 주는 행복은 대단한 것이다.

제2장

전라남도 도서지역 일대의 구석기유적 분포와 문화적 성격*

I. 연구현황과 구석기유적 분포

전남지역에서 도서지역 일대에 대한 조사를 본격적으로 실시하게 된 것은 최근 전국적으로 시도되고 있는 문화유적분포지도 작성과 지역별 문화유적 보고서를 작성하는 과정에서 이루어졌다. 목포대학교 박물관에서는 지난 1997년부터 1999년까지 나주시와 영암군에 대한 종합조사를 실시하였는데 그 조사과정에서 많은 구석기시대 유적이 발견되었다. 또한 목포대학교 도서문화연구소에서는 지속적으로 도서지역에 대한 집중적인 조사를 해오고 있었는데 1997년도부터 구석기시대에 대한 조사도 병행하게 되었다.

1997년 5월부터 8월까지 목포대학교 박물관에서는 나주시의 의뢰를 받아 종합조사를 실시하였고 그 과정에서 많은 구석기유적을 확인하였다(최성락·이영문·이헌종·김건수 1999). 구석기 유물산포지는 나주 동강면과 공산면을 가로지르는 삼포강 일대에 집중 분포

---

* 이 논문은 2003년도에 전라남도 도서지역에 대한 그동안의 발표된 연구성과를 종합하여 일본어로 번역 소개하였던 「全羅南道島嶼地域一帶の 舊石器遺蹟分布と 文化的性格」(東アジアの島嶼 海洋文化研究, 2003) 논문을 다시 옮긴 것임을 밝혀둔다.

하고 있다. 이 조사에서 나주 동강면에서는 13지점, 공산면에서는 8지점, 그밖에 세지면 2지점, 산포면 4지점, 봉황면 1지점, 노안면 1지점, 나주시 1지점 등 모두 30개 지점이 발견되었다(李憲宗 1997a, 1998a).

영암지역에 대한 구석기시대 유적 조사는 목포대학교 박물관에서 1998년 4월부터 1999년 2월까지 실시한 영암군의 문화유적지도를 만드는 과정에서 이루어졌다. 조사단은 나주 지역에 대한 조사와 연계해서 삼포강과 바닷가 주변에 위치한 저평한 구릉지를 중심으로 조사하였다. 그 과정에서 15지점의 구석기시대유적이 확인되었다(文化遺蹟分布地圖 1999).

또한 도서지역에 대한 연구에는 도서문화연구소에서 지속해오고 있는 섬 지역에 대한 종합조사과정이 중요한 토대가 되었다. 현재까지 섬 조사는 완도, 신안을 중심으로 이루어졌으며 그 가운데 완도군 체도에서 1지점, 신안군 압해도에서 8지점의 구석기시대 유적이 확인되었다(이헌종 1998c, 2000a).

최근 조사과정에서 확인된 대부분의 유적들은 삼포강을 끼고 양 언덕에 집중되어 있으며 일부 영산강 하류에 입수하는 지류들과 연접한 언덕에서 구석기시대의 유적들이 확인되고 있다. 이 영산강유역에서 발견된 유적들은 모두 낮게 형성된 언덕에 주로 분포하고 있으나 그 보다 한 단계 높은 고지대에도 구석기시대의 유물들이 분포하고 있다. 이 삼포강 일대는 영산강하구언이 만들어지기 전에 바닷물이 가까이 있었던 지역이다(이헌종 1997a:116-117).

도서지역에서는 지표채집 뿐 아니라 이미 발굴된 장년리 당하산유적(최성락.이헌종 2000), 무안공항부지 시굴조사에서 확인된 피서리 유적(최성락.이헌종.김영희 2001), 나주 공산면 금곡리 용호 유적(호남문화재연구원 2000) 등에서 구석기시대 유적이 확인되었다. 장년리 당하산유적 발굴과정에서 주변지역 지표조사 결과 장교리 월봉, 장년리 당마산, 석창리 I, II, III 등 5개 지점의 구석기시대 유적이 확인되었다.

2002년도 3월부터 4월까지 시행된 해남지역에 대한 지표조사과정에서 산이면과 화원면에서 역시 구석기시대 유적이 확인된 바 있다.

이러한 최근 지표조사 결과를 통해서 볼 때 최근의 해안선과 내륙과 인접한 도서지역에 고인류가 지속적으로 점거했다는 다양한 자료가 확인되고 있다.

Ⅱ. 구석기문화의 지역별 특징

서해안 도서지역의 유적들은 대체로 표고 13~25m 범위에서 발견되고 있으며 낮은 구릉과 제 2단구 상에 위치하고 있다. 현재 13~14m의 언덕은 함평만이나 영산강 하구언 뚝이 만들어지기 전에 현지형상에서도 바닷물이 근접하여 있던 지역이다. 현재 유적의 위치는 해수면이 하강하였다면 넓은 고원이거나 섬 지역의 경우 산자락의 약간 평평한 사면이었을 것이다.

현재까지 나주 동강면과 공산면을 가로지르는 삼포강 일대에 집중 분포하고 있는 구석기유적은 30여지점이 넘는다. 이 유역을 중심으로 형성되고 있는 구석기유적들은 이 지역의 문화적 보편성과 다양성을 시간 뿐 아니라 공간적인 의미까지 포함하여 연구할 수 있는 자료가 될 것으로 보인다.

1. 영산강 하류지역 석기의 기술형태학적 성격

영산강 하구언이 만들어지기까지 밀물시 바닷물이 들어왔던 이 지역의 구석기유적은 현재 영산강유역 하류에 흘러드는 삼포강 양안에

위치하고 있는 구릉에 넓게 분포하고 있다(지도 1). 이 삼포강 오른쪽
에는 나주 동강면 및 공산면이 있다. 이 지역에서 확인된 유적으로는
동강면에서 옥정리 I, 옥정리 II, 장동리 용동, 장동리 월감 I, 장동리
월감 II, 장동리 2구, 대전리 서정, 대전리 상촌, 장동리 수문I, 장동리
수문II, 월량리, 진천리, 곡천리 등 13개 유적이, 공산면에서 화성리 I,
화성리 II, 금곡리 I, 금곡리 II, 금곡리 III, 상발이, 복룡리 I, 복룡리
II 등이다(李憲宗 1997a, 1998a).

삼포강 왼쪽은 영암군에 속한다. 영암지역에서 발견된 유적은 서
호리 세련동, 화소, 도장리 장사, 수산리 조감, 신학리 우암, 원룡리
원룡, 와우리 태봉, 구산리 화정동, 신홍리 남해포 I, II, 신흥리 꼬막
동, 금지리 송내 I, II, III, IV 이다(文化遺蹟分布地圖 1999). 하지만 송
내는 구릉 정상부에 넓게 분포하고 있다고 보는 것이 타당하여 한 유
적으로 보아도 무방하다.

이와 같이 지금까지 발견된 영산강 유역 하류지역에서 보고된 구
석기유적은 총 34개 지점에 이른다. 발견된 석기들은 크게 1차생산물
과 몸돌석기, 격지석기들로 구성되어 있다.

1차생산물로서 이 지역의 몸돌은 모두 세 가지로 분류될 수 있을
것이다(이헌종 1997a). 첫 번째 몸돌군은 석영제 자갈돌의 자연면을
타격면으로 활용하여 격지나 돌날격지를 떼어내는 기술적 속성을 갖
고 있다.

두 번째 몸돌군은 타격면 위치의 표면 전주위를 타격하여 타격면
을 조성하고 깊은 대각선 박리를 통하여 돌날격지를 떼어내는 기술
적 속성을 갖고 있다. 세 번째는 자갈돌의 전 주위를 돌아가며 방사
상 박리를 시도하여 격지를 떼어내는 기술을 말한다. 이 방법은 오래
전부터 사용된 매우 보편적인 방법이라고 할 수 있다.

이러한 몸돌로 볼 때 제작 당시 일관되게 한 지점으로부터 타격면
주변을 돌아가며 연속적인 박리를 시도한 사례가 많기 때문에 오렌
지조각떼기(Orange slice technique)방식의 격지들이 많이 보인다. 한가

지 주목할 것은 격지들 중 작업면 전체를 포괄하는 큰격지나 돌날격지들이 발견되고 있다는 점이다.

석기는 크게 몸돌석기와 격지석기로 나눌 수 있다. 영산강 일대에서 발견된 몸돌석기들은 찍개, 주먹도끼, 대·소형 여러면석기, 찌르개, 칼형도끼 등이 주를 이룬다. 주먹도끼, 찌르개 및 칼형도끼 등의 수량은 미미하며 기술형태학적으로도 전형적인 성격을 보이고 있지 않다. 이러한 석기구성은 동아시아 찍개문화의 석기구성과 유사하다. 격지석기는 큰 격지상의 홈날석기, 돌날격지상에 만든 홈날석기, 긁개 등이 보인다.

찍개는 삼포강일대에서 확인된 대부분의 구석기 유적에서 확인되고 있다. 찍개는 크게 외면찍개와 양면찍개로 나뉘어 지는데 이 영산강유역에서 발견된 석기들 가운데 양면찍개가 상당량 발견되고 있다. 양면찍개는 타원형의 자갈돌 끝에 일단 단면으로 박리하고 그 면을 타격면으로 활용하여 서너 차례 박리를 시도하여 만들어졌다. 날은 외면찍개와 마찬가지로 둥근날과 가로날을 갖고 있다. 뭉툭한 끝날을 조성한 이후 주변 가장자리에 연속적으로 작업을 진행시킨 경우도 있다. 대전리 상촌, 화성리 II 등의 찍개의 경우는 기술적으로는 여러면석기와 유사하지만 전 주위를 양쪽에서 중심쪽으로 박리를 하여 비교적 뾰족한 끝날 혹은 둥근날을 만들어 주목할 만하다.

외면찍개의 경우 둥글거나 타원형의 자갈돌을 석재로 선택하여 자연면을 타격면으로 삼아 한쪽 끝에 날부분을 조성하는 것들이 일반적이며 주로 둥근날과 가로날을 갖고 있다. 날을 만들 때 수직으로 가파르게 박리하여 날카로운 날을 만드는 경우와 끝부분을 수차례 박리하여 무딘 날이 조성된 경우가 있다.

전남지역의 자갈돌석기전통을 갖고 있는 유적들에서 발견되는 가장 두드러진 석기의 하나는 여러면석기이다. 이 석기는 타격을 시작할 때 두 자연면을 타격면으로 이용하여 그 전 주위를 돌아가며 박리를 진행시켜 원구에 가깝도록 만들어져 있다. 이 석기들 가운데 소형의 여러면석기들도 적지 않게 발견되었다. 소형 자갈돌이나 큰 격지나 부스러기의 주위를 돌아가며 박리하여 준원형이나 타원형에 가까운 형태를 갖고 있다. 이 석기들 가운데 일부는 망치로 사용되었을 가능성도 높다.

도끼류는 단면 주먹도끼(uniface)(옥정리 II, 수문 II), 칼형도끼(화성리 II), 양면 주먹도끼(biface)(화성리 II)가 수습되었다. 단면 주먹도끼는 원석에서 떼어진 큰 격지 혹은 얇은 자갈돌의 전 주위를 한 방향으로 돌아가며 박리를 시도하였고 그 과정에서 둥근날이 형성되었다. 칼형도끼는 큰 격지를 떼어내면서 한쪽 측면에 형성된 날카로운 자연날을 그대로 남겨두고 여러 거친 부분은 간단한 잔손질을 가하여 무디게 만들었다. 또한 일부 지점에 추가적인 작업을 시도했던 곳도 보인다. 하지만 이 지역에서 발견된 주먹도끼류의 석기들은 정형성을 가지고 있지 않다. 하지만 당시 구석기인들은 환경에 적응하는 과정에서 뾰족한 끝날을 만들고 도끼의 기능을 할 수 있는 날을 조성하고자 하는 인식은 존재한 것으로 보인다. 이 석기는 장동리 용동유적, 도장리 장사유적 등에서 수습되었다. 장동리 용동의 석기는 입자가 곱고 두께가 비교적 얇은 자갈돌을 대각선으로 반파하고 다시 그 마주보는 면을 큰 대각선 타격으로 박리하여 뾰족한 끝을 만든 단순한 방법으로 제작되었다.

2. 압해도 및 기타 섬 지역 석기의 기술형태학적 성격

압해도는 행정구역 상 전라남도 신안군 압해면에 해당한다. 지형적으로 압해도의 동쪽에는 무안군 삼향면과 청계면이, 남쪽에는 목포가, 북쪽으로는 망운면이, 서쪽으로는 암태도와 자은도가 인접해 있다. 이러한 지형조건은 현재 압해도가 섬으로 되어 있기는 하지만 썰물 당시 나타나는 현재의 상황으로 만 보아도 내륙과 거의 연결되어 있는 양상이라고 할 수 있다. 또한 압해도는 일반적인 섬 지형과는 달리 산이 낮은 편이며 구릉지대가 잘 발달하였다. 또한 압해도 전역에 걸쳐 4기 퇴적도 잘 남아있어 지질층위상 구석기시대 유적이 발견될 가능성이 높았다.

압해도에서 석기가 발견된 지점은 모두 8개 지점이다(지도 2). 대표적인 유적은 분매리 신기유적과 갯모실유적, 동서리 월포유적, 학교리 목교V 유적, 장감리 터골I 유적, 복룡리 세천II유적, 대천리 반월유적, 송공리 상촌유적 등이다(李憲宗 2000a).

이들 유적에서 확인된 석기들은 모두 석영을 석재로 사용하였다. 몸돌은 세천 II유적에서 확인되었다. 이 석기는 평평한 자연면을 타격면으로 활용하고 수직박리하여 돌날격지를 생산하는 전형적인 이 지역 자갈돌석기전통의 몸돌이다. 이 몸돌은 영산강유역에서도 보편화되어 있는 몸돌이다. 발견된 석기들 중에서 가장 우세한 것이 여러면석기이며 그밖에 찍개와 찌르개가 확인되었다. 한편 월포에서 발견된 "몸돌-찍개"는 자갈을 일부분 양면으로 방사상 박리하여 마치 주판알 형태의 석기를 만들었다.

이 유적들은 현재의 해수면 가까이의 언덕과 소하천변에 위치하고 있어 유적 형성시기의 기후를 중심으로 하는 환경조건에 대한 연구가 중요하게 되었다. 현재 확인되고 있는 압해도의 구석기유적은 전남 도서지역과 비슷한 환경조건에서 확인되고 있으며, 유물도 자갈돌석기전통을 유지하고 있는 것이 특징이다.

완도 체도의 신학리 신흥에서는 1점의 여러면 석기가 발견된 바 있고(이헌종 1998c), 해남에서는 산이면과 화원면에서 주로 여러면석기, 찍개 등 자갈돌 석기들과 석창편으로 추정되는 후기구석기 최말기의 대표적인 석기가 1점 발견되었다.

Ⅲ. 유적의 분포와 문화적 성격 및 편년

도서지역 대부분에는 토양쐐기를 포함한 4기퇴적층이 잘 남아있다. 그것은 먼바다에 위치한 섬에서도 마찬가지이다. 특히 주목되는 토양쐐기는 나주 동강면 장동리 용동유적과 월감 Ⅱ유적에서 잘 보여준다. 또한 지역의 하천에 면해있는 여러 지역에 노출된 단면에는 토양쐐기가 상당히 잘 발달해 있다. 이 토양쐐기들은 대단히 안정적으로 분포하고 있다.

단구형성 및 퇴적, 토양쐐기, 산소동위원소 곡선을 사용한 최근 분석연구에 의하면 자갈돌석기전통을 가진 유적들이 125,000년을 넘지 않을 것으로 인식되고 있다. 이러한 연구 성과는 최근 구석기연구에서 널리 받아들여지고 있으며 상부와 하부 토양쐐기를 이용하여 상대편년의 중요한 기준으로 활용되고 있다(이동영 1992, 1995, 1996, 1997). 전남지방에서도 이러한 쐐기 혹은 토양의 색에 초점을 맞추어 상대편년의 기준으로 삼는 경향이 있다(이헌종 1997a,1998b: 이기길·최미노·김은정 2000:255-257).

하지만 전남 도서지역 일대에서 확인되고 있는 토양쐐기의 양상은 기존에 알려진 것과 달리 매우 다양하다는 것을 보여주고 있다. 최근 발굴된 장년리 당하산유적 및 옥산지구의 지층양상(최성락·이헌종 2000)과 무안공항부지에 대한 시굴조사과정에서 지층에 대한 종합적인 고찰이 이루어졌다(최성락·이헌종·김영희 2001). 이들 지역에서의 지층해석도에서 보여지는 것처럼 서로 가까운 지점일지라도 하부 암반층의 구조에 따라 퇴적양상이 다르게 나타날 수 있으며, 퇴적이 일정하게 이루어졌더라도 다양한 침식과정에 따라 현격한 차이를 보여줄 수 있음이 밝혀졌다.

결과적으로 토양쐐기가 추운 기후에 의한 결과라는 점에는 이의가 없으나 주빙하지역에서 이러한 다양한 형태의 토양쐐기가 나타나는 것은 일시적인 추위의 결과에 따라 항상 일정한 패턴으로 나타나지 않는다는 것이 보여주는 것이다. 특히 최근 발굴조사과정에서 동일한 지역에서도 퇴적양상에 따라 토양쐐기의 구조와 양상이 다양하게 나타나는 것은 토양쐐기 자체를 단순히 두 극한 기후환경에 따른 거시적 양상으로만 보아서는 안된다는 것을 말해 준다.

도서지역에서 발견된 집중 산포지의 석기는 대부분 자갈돌석기전통을 유지하고 있다. 그동안 전남지역에서 발굴되어 중기구석기시대로 분류된 유적 중 자갈돌석기전통을 유지하고 있는 유적은 우산리 곡천 하층(李隆助·禹種允 1990), 화순 대전유적 IVa(윤용현 1990; 李隆助·尹用賢 1992), 광주 치평동유적(이기길·이동영·이윤수·최미노 1997) 등이다.

함평 장년리 당하산 유적(최성락·이헌종 2000)은 죽내리 1문화층(이기길·최미노·김은정 2000)과 석재의 선택과 기술-형태적으로 비슷한 시기의 석기문화로 확인되고 있다(이헌종 2000b). 이 유적들에서는 주먹도끼와 정교한 잔손질된 석기가 포함된 격지석기 전통이다. 이러한 석기전통을 유지하는 유적에는 우선 정교한 잔손질이 가능한 석재를 채택하고 있다는 점이 특징이다. 최근 들어 무안 피서리 유적에서 안산암제 석기들과 격지들이 수습되었으며, 나주 공산면 용호동에서도 이와 관련된 석기들이 문화층에서 확인된 바 있다(호남문화재연구원 2000).

한편 자갈돌석기전통이 일반적인 삼포강 일대에서도 대형격지들이 다수 확인되었으며 돌날격지를 떼어낸 몸돌들도 다수 확인되고 있다. 이러한 기술형태적 정황은 그 편년을 중기구석기시대로 모두 규정하기는 어렵다. 이들 유적들에 대한 층위별 발굴이 진행될 때 이 문제를 주목하여 보아야 할 것이다.

이러한 격지석기제작전통은 전남지방에서 일반적으로 나타나는 특징을 보여주고 있으며 유적의 층위에 따라 중기구석기시대에서 후기구석기시대로 넘어가는 과도기 성격의 유적도 발견되기를 기대해 볼 수 있을 것이다(이헌종 1997b).

도서지역에서 전형적인 후기구석기시대의 유적은 장년리 당하산 유적에서 확인되고 있다. 이 유적의 후기구석기 문화층의 석기로는 어떤 문화현상을 파악하기에 용이하지 않다. 다만 이 유적에서 주목할 것은 전남지역의 여러 유적에서 확인되고 있는 호온휄스제 세형몸돌과 소형돌날 뿐 아니라 석영제로 만든 여러 면석기, 톱날석기, 대형긁개, 홈날석기, 찌르개 등이 함께 확인되고 있다는 점이다. 이러한 현상은 죽내리 최상층에서도 동일하지는 않지만 유사한 석기구성을 이루고 있다. 이러한 석기구성은 전남지방 만의 특징은 아닌 것으로 보인다. 끝으로 해남 화원지역의 석창편은 후기구석기 최말기의 구석기유적의 존재가능성을 보여주는 중요한 유물이다.

Ⅳ. 도서지역 고인류의 주거양상

그동안 조사에서 유물이 집중되어 나타난 유적을 중심으로 도서지역을 점거했던 고인류는 특징적인 주거패턴을 갖고 있다. 현 영산강 하류에 흘러드는 지류인 삼포강 일대는 1970년대에 영산강 하구언이 축조되기 이전에 해수면의 변동에 따라 바다의 영향을 계속 받던 곳이었다(조경만 1994: 46). 동강면 장동리 수문마을에서는 기원전 2세기로 추정되는 패총이 발견되고 있어서(국립광주박물관·한국토지공사 1997: 232) 이 지역까지 바닷물이 진입하였고 바다의 식생을 생계에 활용했음을 보여주는 것이다. 이것은 서남해안 일대의 해수면상승과 그와 연관된 지질 및 지형변화와 퇴적양상에 대한 추측을 가능하게 해 준다.

삼포강 일대에 분포하고 있는 단구나 언덕은 현재 강으로부터 2~4km 범위 내에 주로 분포하고 있다. 이 지역은 2km를 넘는 곳에

작은 야산들이 있어 산으로부터 강까지 단면을 보면 "낮은 산-언덕
-1차 범람원성 단구(작은 자갈이 널리 분포하고 있음)-평야-강"으
로 이루어져 있다. 구석기유적은 언덕에 분포하고 있다. 이 언덕에 형
성된 퇴적은 대부분 사면으로 이동한 퇴적이다. 결국 산으로부터 강
에 혹은 바닷물에 이르기까지 2km내의 범위 안에서 그들의 생계가
이루어졌을 것으로 보인다. 사냥이나 채집과정에서 잠시 이 지역을
벗어날 수 있을 지는 모르지만 결국 되돌아와 점거하던 곳은 이 삼포
강 일대의 구릉상이었을 것이다(이헌종 1997a). 이 유적군에서 다수의
유적이 집중 분포하면서도 유물은 그다지 집중화되지 않는 양상은
당시 구석기인들이 현 삼포강일대의 전 지역을 하나의 큰 생활영역
으로 확보하고 살면서 자유롭게 이동한 현상이라고 보여진다.

　결국 이 지역의 구석기유적의 분포양상은 어느 한 곳을 영구주거
지역으로 두고 항상 되돌아와야 하는 당시 구석기인들의 행위 영역
(activity areas)에 대한 구속력을 지닌 자연환경조건을 갖고 있지는 않
은 듯하다. 공산면 화성리II유적의 경우 비교적 오랜 시간 정주하게
되는 계절적 임시주거유적 가능성이 있기는 하지만 이 유적을 제외
하고 나머지 유적은 오히려 일시거주지역(eposodic area)의 성격을 벗
어나지 못한 것으로 보여진다(이헌종 1998a).

　특히 내륙과 연접한 지역에서 발견된 구석기시대 유적은 해남, 무
안, 영광, 함평 등 대부분 해안가에 연접한 언덕에 위치하고 있다. 이
것은 해안가를 따라 집중 분포하는 구석기시대의 유적 분포 양상과
그와 연관된 주거 패턴에 시사하는 바가 크다고 할 수 있다. 섬지역
에서 발견된 대표적인 구석기시대 유적은 이미 언급한 바 있는 압해
도와 완도 등 섬과 연접한 낮은 구릉에서 확인되고 있다. 최근 조사
에 의하면 내륙과 가까운 섬에서 구석기 유물산포지가 확인될 뿐 먼
바다 즉 신안의 장산도, 지도, 흑산도, 비금도, 완도의 금당도 등에서
는 구석기시대 유적이 확인되지 않았다.

　이러한 정황 증거는 한 가지 가설을 설정할 수 있는 자료가 된다고

생각된다. 현재 바닷가에 위치하는 구릉에 다수의 구석기유적이 존재하는 것은 생계자원활용에 적합한 환경적인 이점을 갖고 있었기 때문에 많은 구석기시대 사람들이 점거하며 이동했던 결과의 산물로 보인다. 이들 유적의 위치는 해수면과 연접하고 있기는 하지만 특별한 기후변동 없이는 현재 범람하지 않은 곳에 있다. 하지만 최근 조사결과들을 받아들인다면 현재 해안가 일대에서 확인된 유적들은 일정한 규칙성이 있다. 즉 현재의 바닷가나 가까운 섬 지역에 국한되어 구석기시대 유적이 확인되고 있으나 비슷한 환경조건과 지형조건을 갖고 있는 내륙에서 먼 섬 지역에서는 구석기시대 유적이 아직 발견되지 않았다. 그 이유는 해수면이 하강했을 때 유적의 위치가 지금보다 훨씬 낮은 곳에 위치했다면 그 당시 현 지형은 구석기시대인들이 활동하기에 적합하지 않은 환경이었을 가능성이 높다.

따라서 동일한 환경조건 임에도 불구하고 내륙과 섬지역에 구석기시대 유적의 존재 여부가 이같이 대체로 구분된다면 내륙의 바닷가에 점거하던 구석기인들이 내륙으로부터 먼 섬으로 이동할 특별한 이유를 찾지 못했을 것이며 가까운 섬지역에는 계절적으로 달리 나타나는 환경변화에 따라 단순한 시도를 통해 이동하여 국지적인 경제활동을 했을 가능성이 높다. 결국 도서지역에서 발견되는 유적들은 현재와 비슷하거나 약간 낮은 기후 싸이클을 갖고 있는 시기에 왕성하게 활동한 구석기시대 사람들의 잔재일 가능성이 높다고 할 수 있다.

하지만 이 자료는 현재 남아있는 많은 변수로 인해 다양한 검증과정을 거쳐야만 한다. 아직 도서지역에 대한 전반적인 조사가 끝나지 않았으며 기후환경변화와 퇴적층의 싸이클에 대한 문제, 퇴적층 상에 남아있어야 할 해수면 상승에 대한 많은 증거 등 기후 지질학적 측면에서 다양한 연구결과가 앞으로 나와야 할 것이다. 또한 앞으로 바닷가로 이동한 구석기시대인들의 정신체계(mental system)과 필요성, 바다자원의 활용 여부와 자원확대 가능성, 생계체계의 다양성 등에 대한 연구를 통해 이 지역 구석기시대 사람들의 생활체계의 구조적인 특성을 파악해 보고자 한다.

V. 맺음말

전라남도 도서지역의 많은 유적들은 일정한 자연환경의 제약을 받으며 형성되었다고 생각된다. 발견된 석기들은 대부분 자갈돌석기전통을 유지하고 있다. 석기는 주로 몸돌, 찍개류, 여러면석기 등이 주로 발견되고 있다. 그밖에 주먹도끼(biface, uniface), 칼형도끼 등 우리나라의 편년에 중요한 역할을 할 석기들도 발견되고 있다. 하지만 그 수량이 많지 않을 뿐 아니라 기술형태적으로 전형적인 특성을 보이지 않은 것으로 보아 이러한 석기제작이 보편화되지 않은 것으로 보인다. 따라서 이 지역에서 보이는 석기전통는 찍개전통의 석기문화를 근간으로 하고 있다고 생각된다. 한편 응회암, 안산암, 유문암, 저색 실트암 등의 새로운 석재를 바탕으로 형성된 격지석기문화는 강한 지역성을 보여주고 있다고 생각된다. 이러한 전통의 다양성은 전남지역 뿐 아니라 한반도의 중기구석기시대를 이해하는데 주목해야할 문화현상인 것이다. 이 지역에서 전형적인 후기구석기시대의 유적은 함평 장년리 당하산 유적에서 발굴 확인되었으며 화원지역에서의 석창편의 발견은 후기구석기 최말기의 유적들의 폭넓은 분포 가능성을 보여주고 있다.

도서지역 고인류의 생활패턴은 어떤 특정한 지역을 설정하여 영구 주거지역으로 활용하는 양상이 아니고 도서지역 제 2단구 상에 형성되어있는 구릉의 전 지역을 자연스럽게 오가며 그들의 생계를 유지하는 양상을 보여주고 있다.

끝으로 최근 조사결과들을 받아들인다면 현재 해안가 일대에서 확인된 유적들은 일정한 규칙성이 있다. 즉 대륙과 연관된 지점과 가까운 섬 지역에 국한되어 구석기시대 유적이 확인되고 있다는 것이다. 특히 이 유적들은 대부분 일정한 레벨에 위치하고 있으며 문화적 성격도 자갈돌석기전통으로 나타나고 있다. 현재의 환경과 비슷한 조건을 갖고 있는 어느 시기의 기후 싸이클과 연관된 집중 산포 유적으로 보인다.

【참고 문헌】

1999,『文化遺蹟分布地圖－全南 靈巖郡－』, 全羅南道.靈巖郡·木浦大學校博物館.

국립광주박물관·한국토지공사, 1997,『光州 水莞地區 宅地開發豫定地 文化遺蹟 地表調査報告書』.

윤용현, 1990,『화순 대전 구석기 문화의 연구』, 청주대학교대학원 석사학위 논문.

이기길·이동영·이윤수·최미노, 1997,『광주 치평동유적』. 조선대학교 박물관·광주광역시 도시개발공사.

이기길·최미노·김은정, 2000, 『순천죽내리유적』, 조선대학교박물관·순천시청·익산지방국토관리청.

이동영, 1992,「한국 동해안지역의 제4기 지층발달과 층서적 고찰」『博物館紀要』8, 단국대학교 중앙박물관.

______, 1995,「선사유적지층의 형성시기와 고환경 해석을 휘한 지질연구」『한국상고사학보』20, 한국상고사학회.

______, 1996,「한반도 문화유적지층의 지질학적 특징」『古文化』49, 한국대학박물관협회.

______, 1997,「제4기 층서」『한국의 지질』, 대한지질학회.

李隆助·尹用賢, 1992,『和順 大田 舊石器時代 집터 復元』, 忠北大學校 先史文化研究所.

李憲宗, 1997a,「榮山江流域 新發見 舊石器遺蹟群」『湖南考古學報』5號, 湖南考古學會.

_____, 1997b,「우리나라 후기구석기시대의 석기제작기술의 다양성」『수양개와 그 이웃들』:第2回 國際學術大會, 丹陽鄉土文化硏究會, 忠北大學校博物館.

_____, 1998a,「榮山江流域 舊石器遺蹟의 分布와 硏究方法」『地方史와 地方文化』, 創刊號.

_____, 1998b,「우리나라 舊石器時代 자갈돌石器傳統의 保守的 性向에 대한 試考」『慶熙史學』22, 慶熙史學會.

_____, 1998c,「莞島의 先史遺蹟과 遺物」『島嶼文化』16, 島嶼文化硏究所.

_____, 2000a,「押海島 先史遺蹟의 新發見」『島嶼文化』18, 島嶼文化硏究所.

이헌종, 2000b,「호남지역 중기구석기문화의 최근 연구성과」『수양개와 그 이웃들』, 제5회 국제학술회의.

조경만, 1994,「영산강 유역 농촌의 자연이용 체계와 변동」『문화역사지리』6, 한국문화역사지리학회.

최성락·이영문·이헌종·김건수, 1999,「나주시의 고고유적」『羅州市의 文化遺蹟』, 羅州市·木浦大學校博物館.

최성락·이헌종, 2000,『장년리당하산유적』, 목포대박물관, 한국토지공사.

최성락·이헌종·김영희, 2001,『무안공항 건설지역내 문화유적시굴조사보고』, 목포대학교박물관·서울지방항공청.

호남문화재연구원, 2000,『나주 공산우회도로구간내 문화유적 시굴 및 발굴조사 현장설명회자료』(재)호남문화재연구원, 익산지방국토관리청.

황용훈·신복순, 1994,「죽산리 구석기유적 발굴조사보고」『보성강·한탄강유역 구석기유적 발굴보고서』, 문화재관리국 문화재연구소.

제3장

장보고의 암살과 서남해지역 해양세력의 동향

Ⅰ. 머리말

　　최근 장보고에 대한 관심이 커지고 연구가 활성화되면서 동아시아 국제 해상무역을 주도했던 장보고의 긍정적인 활동상들이 서서히 드러나고 있다. 그러나 장보고의 암살과 관련된 부분에서, 그리고 그가 서남해지역에 남긴 영향력 부분에서는 여전히 부정적인 평가가 지배적이다. 이에 대한 부정적 평가는 다음과 같이 요약할 수 있다. ① 동아시아 국제 해상무역을 주도하던 장보고가 정치적 야망을 실현하기 위해 과욕을 부린 결과 암살이라는 비극적인 최후를 맞게 되었다는 것, ② 그가 청해진을 중심으로 국제 해상무역을 주도하는 과정에서 서남해지역의 여타 해양세력들을 억압하여 제대로 활동하지 못하게 하였다는 것, 그리고 ③ 장보고가 암살되면서 서남해지역 해양세력이 그들의 해양활동 역량을 마음껏 발휘할 수 있게 되었다는 것 등이 그것이다.

　　장보고가 국제 해상무역에서 달성한 위업이 아무리 크다 하여도, 그가 정치적 야망 때문에 몰락했다고 한다면 그것까지도 반드시 긍정적으로만 평가할 필요는 물론 없다. 역사는 한 인물의 功과 함께 그의 過에 대해서도 냉엄한 평가를 요하기 때문이다. 그러한 過가 사실이라고 한다면 장보고의 암살은 준엄한 역사의 심판으로 간주될 수 있을 것이고, 오늘날 정경유착의 비정상적 관행에 대한 훌륭한 역사적 반면 교사로도 삼을 만하다. 그렇지만 이는 지금까지 장보고의 그 過가 엄밀한 사실에 입각한 평가였다는 것을 전제로 할 때만 유효한 것이다.

필자가 살펴본 바에 의하면, 그간 장보고의 過에 대한 평가는 사실관계를 엄밀하게 따져본 결과물이라기보다는 막연한 선입견에 의존하는 경향이 있다는 것을 발견하였다. 또한 장보고의 '청해진체제' 하에서 서남해지역 해양세력이 억압당하여 제대로 자신의 해양능력을 발휘하지 못했으리라고 판단한 것 역시 재고의 여지가 있다는 것을 느끼게 되었다. 이에 필자는 본고를 통해서 그간 장보고의 過의 영역으로 평가받아오던 암살과 둘러싼 여러 사안들에 대해 이의를 제기하고 새로운 의견을 제시하고자 한다. 이는 장보고라는 한 인간에 대한 종합적 평가와 관련된 문제이기도 하지만, 오늘날 우리가 장보고를 해양활동의 모범적 선례로 선양하고자 할 때 반드시 걸러야 할 필수적인 현안이기도 하다.

필자는 본고에서 기왕의 견해를 비판하면서 하나의 대안적 견해를 제시하고자 한다. 그렇다고 필자의 견해가 절대적으로 옳다고 고집부리려는 것은 아니고, 기왕의 통설들에 대해 다시 한번 다르게 생각할 수 있는 여지도 있다는 생각을 공유하고, 차후 이에 대한 활발한 논쟁의 실마리만이라도 마련되었으면 하는 소박한 마음에서이다. 학계의 좋은 조언을 부탁한다.

II. 장보고의 암살과 그 성격

1. 암살 사건의 개요

9세기 전반 동아시아 국제 해상무역을 주도하던 장보고는 결국 염
장이란 자의 손에 암살당함으로써 최후를 맞이하였다. 그의 암살 시
기에 대해서는 세 가지의 설이 전해져 오는데, ① 神武王代(839년) 설
과1) ② 846년(문성왕 8) 설,2) 그리고 ③ 841년(문성왕 3) 설이3) 그것이
다. 이중 ①의 설은 주로 張保皐 女의 納妃 문제를 둘러싸고 왕실과
장보고 사이의 갈등을 설명하는 중에 장보고의 암살에 대해 막연히
언급한 것에 불과한 것으로 암살 시기에 관한 한 신빙성이 약하다.
문제는 ②와 ③의 설인데, ③의 설에 따라 841년에 암살된 것으로 보
는 것이 일반적이며,4) 필자 역시 이에 동의한다.

일반적으로 사서는 장보고의 암살에 대해 그의 반란 행위에 대한
신라 왕실의 징벌이라는 시각으로 다루고 있지만, 신라 조정의 음모
에 의해서 屠殺된 것으로 보는 견해도 만만치 않다.5) 이제 여기에서
장보고 암살 사건의 개요를 살펴보고, 이를 둘러싼 몇 가지 의문점들
을 제기해 보기로 한다.

장보고 암살 사건의 내막은 대충 이러하다. 836년에 홍덕왕이 후사
없이 죽자, 홍덕왕의 堂弟로서 上大等의 位에 있던 均貞이 왕위 계승
에서 제 1순위자로 떠올랐다. 균정의 아들 祐徵은 妹壻인 禮徵과 金

---

1) 『三國遺事』 卷2 神武大王 閻長 弓巴條.
2) 『三國史記』 卷11 新羅本紀11 文聖王 8年 春條.
3) 『續日本後紀』 卷11 承和 9年 正月 乙巳條.
4) 鄭淸柱, 1993, 「張保皐관련 史料 검토」 『張保皐 해양경영사 연구』, 이진,
   p.403.
5) 주 22) 참조.

周元系의 金陽과 더불어 균정을 지지했다. 이에 대해 흥덕왕의 아우 金忠恭의 아들로서 당시 侍中의 位에 있던 金明은 利弘 등을 포섭하여 憲貞(균정의 형)의 아들인 悌隆을 지지하면서 왕위쟁탈전에 뛰어들었다. 양 파벌은 치열한 시가전을 벌였으며, 결국 김명이 지지한 제륭이 왕좌에 올라 僖康王이 되었다. 균정은 그 쟁투의 와중에 피살되었고 그의 아들 祐徵과 그를 지지하던 金陽 등은 殘兵을 거두어 청해진을 찾아가 장보고의 보호를 받는 신세가 되었다.

그런데 838년에 중앙에서 上大等 金明은 侍中 利弘 등과 함께 자신이 옹립한 희강왕을 핍박하여 자살케 하고, 김명 스스로 왕위에 오르는 정변을 일으켰다. 閔哀王이 그였다. 민애왕 김명으로서는 당연히 자신이 올라야 할 왕위에 오른 것으로 자위할 만한 이유도 있었다.[6] 그렇지만 우징은 자신의 아비(균정)와 임금(희강왕)을 죽인 민애왕을 반역자로 규정하여 징벌할 것을 장보고에게 요청하였고, 장보고는 그 요청을 받아들여 청해진의 군사를 일으켜 민애왕을 죽이고 우징을 왕위에 추대하였다. 이가 神武王이다.

여기에서 장보고의 비극은 싹트기 시작했다. 신무왕(혹은 그의 아들 문성왕)은 장보고의 딸을 왕비로 삼을 것을 약속하였는데, 群臣들이 반발하여 이를 좌절시켰다. 이에 신라 조정이 장보고의 동향을 두려운 마음으로 지켜보던 중, 무주 출신 염장을 사주하여 장보고를 암살하기에 이르렀던 것이다.

____

6) 민애왕 김명은 흥덕왕의 아우 金忠恭의 아들이다. 충공은 흥덕왕 초기에 상대등의 위에 올라 왕의 개혁정치를 주도한 인물로서, 일찌감치 왕위 계승권자로 지목되었을 것이다. 그런데 충공이 일찍 죽으면서 그 아우 균정이 상대등으로 임명되었던 것이고, 흥덕왕이 죽자 균정은 상대등으로서 왕위계승을 당연시했던 것으로 보인다. 김명은 이에 반발하여 제륭을 추대하여 왕위계승전을 전개하여 승리를 거두고, 급기야 자신이 추대했던 희강왕을 逼殺시킨 뒤 그의 최후 목표인 왕위 등극까지 성취했던 것이다(李基東, 1980, 「新羅下代의 王位繼承과 政治過程」『歷史學報』 85 ; 1984,『新羅骨品制社會와 花郞徒』, 일조각, pp.162～166 참조).

여기에서 우리는 장보고의 암살 사건과 관련하여 다음과 같은 몇 가지 문제를 재음미할 필요가 있다. ① 장보고가 왕위 쟁탈전에 개입하게 된 동기의 문제, ② 納妃를 둘러싼 권력관계의 동향 문제, ③ 장보고가 과연 난을 일으키려 했는가의 문제 등이 그것이다. 이러한 문제들을 판단하는 가장 중요한 기준은 역시 '당시 장보고가 과연 정치적 야망이 어느 정도였는가'라는 물음에서 찾아야 할 것이다. 이제 이러한 문제점들을 차례로 검토해 보기로 하자.

2. 장보고가 왕위쟁탈전에 개입하게 된 동기

장보고가 왕위 쟁탈전에 관여하게 된 것은 흔히 알려진 바대로 그의 정치적 야망을 실현하기 위한 것이었을까? 이와 관련하여 먼저 다음 기사를 살펴보자.

> 祐徵은 청해진에서 金明의 簒位 소식을 듣고 청해진 대사 弓福에게 이르기를, "김명은 임금을 죽이고 자립하였고, 利弘도 君·父를 함부로 죽이었으니 하늘을 같이할 수 없는 원수요. 원컨대 장군의 병력에 의하여 임금과 아비의 원수를 갚고자 하오"라 하였다. 궁복이 말하기를, "古人의 말에 義憤한 일을 보고도 가만히 있는 것은 無勇한 사람이라 하였으니 내 비록 용렬하나 명령에 따르겠습니다"라 하였다. 드디어 군사 5천을 내어 그의 친구 鄭年에게 주어 말하길, "그대가 아니면 禍亂을 평정하지 못할 것이다"라 하였다.[7]

장보고가 왕위 쟁탈전에 개입하게 된 것은 김명이 희강왕을 逼殺한 직후인 838년의 일이었다. 김우징은 김명의 희강왕 핍살 사건에 대해 신하가 임금을 죽인 무도한 행위로 규정하고 장보고의 개입을 설득하였던 것이고, 장보고는 이 사건을 '禍亂'으로 간주하고 '義로운

---

7) 『三國史記』 卷10 新羅本紀10 閔哀王 卽位年 2月條.

일'에의 동참을 선언하기에 이르렀다는 것이다. 일단 우리는 여기에서 장보고의 왕위 쟁탈전 개입 동기가 義憤, 즉 '禍亂의 평정'에 있었음을 엿볼 수 있다. 그러나 대부분 연구자들은 이 구절을 그대로 받아들이지 않고 장보고가 왕위 쟁탈전에 개입하게 된 동기를 그의 정치적 야망에서 찾으려 한다. 과연 그럴까? 이 문제를 따져보기 위해 우선 전후 사태의 진전 과정을 검토할 필요가 있다. 시간 순서에 따라 사태의 전진 과정을 간략하게 정리해보면 다음과 같다.8)

- 836년 12월 균정이 패하여 죽고, 우징과 김양은 달아남.
- 837년 8월 우징이 청해진 장보고에 찾아가 의탁함.
- 838년 정월 김명이 희강왕을 핍살함.
- 838년 2월 김양이 청해진 장보고에 찾아가 의탁함. 우징이 장보고에게 擧兵 요청함. 장보고는 군사 5,000인을 정년에게 주어 거사하게 함.

우징은 836년 12월에 김명 일파에게 패하여 8개월 여를 숨어 지내다가 殘兵을 수습해서 837년 8월에 청해진에 피신해 들어갔다. 그리고 그는 838년 2월에 장보고에게 거병을 요청했으며, 장보고는 이에 응했다. 우징이 장보고에게 의탁한지 7개월만에 일어난 일이었다. 그렇다면 우징은 그 7개월 동안 장보고에게 거병을 요청하지 않았을까? 아마도 집요하게 거병을 요청했을 것이지만, 장보고가 이에 응하지 않았을 가능성이 있다. 균정과 제륭 사이의 왕위쟁탈전은 왕위계승권자들 사이에서 으레 일어날 법한 사건이었기 때문에, 이에 개입할 명분이 없었을 것이기 때문이다. 그런데 장보고가 거병하기 전에 김명이 희강왕을 핍살한 일(838년 정월)과 김양이 청해진에 찾아온 일(838

---

8)『三國史記』卷10 新羅本紀10 僖康王·閔哀王條 ; 같은 책 卷44 列傳4 金陽條 참조.

년 2월)이 있었으니, 장보고가 우징의 거병 요청에 응한 것은 김명이 희강왕을 핍살한 일과 관계 있을 것으로 보아 좋을 것이다. 김양 역시 모처에 숨어 지내다가 김명이 희강왕을 핍살한 소식을 듣고 청해진에 합류했을 가능성이 큰 것이다. 실제 위 기사에서 우징이 '김명의 찬위 소식을 듣고' 장보고에게 거병을 요청한 것으로 되어 있다.

그렇다면 장보고는 우징의 요청에도 불구하고 명분없이 정쟁에 개입하는 것을 거부하다가 신하가 임금을 시해하는 반역 사건이 일어나자, 비로소 義憤의 명분을 내세워 개입했다고 할 것이다. 다만 이에 대해서 장보고가 우징을 받아들인 것 자체가 그의 정치적 야망을 보여주는 것이 아닌가 하고 반론을 제기할 수 있다. 그렇지만 장보고는 자신에게 도움을 청하여 의탁해온 인물들을 배척한 일이 없었다는 것을 상기할 필요가 있다. 일찍이 적대적 관계에 있었던 鄭年이 굶주림을 견디지 못해 찾아왔을 때나 후에 염장이 청해진에 찾아왔을 때도 장보고는 우징과 마찬가지로 기꺼이 받아주었다. 장보고와 정년의 적대적 관계를 익히 알고 있던 唐代의 시인 杜牧은 장보고가 정년을 기꺼이 받아들인 것에 대해, 안록산의 난을 맞아 郭汾陽이 사사로운 적대감을 떨치고 李臨淮를 용납한 미담에 비유하여 감복해 마지않았으며, 장보고를 仁義之心과 明見이 있는 인물이라 극찬하기도 했던 것이다.9) 또한 염장을 의심없이 받아들였다가 그에게 속아서 암살당했던 것이야말로 장보고의 사람됨을 엿볼 수 있는 더없이 좋은 예가 되겠다.

이로 볼 때, 장보고가 우징을 받아들인 일을 가지고 그의 정치적 야망 운운하는 것은 섣부른 감이 있다. 결국 장보고는 처음 우징의 설득에 반응을 보이지 않다가 신하인 김명 등이 희강왕을 죽이고 왕위에 오르는 사건이 터지자 비로소 우징의 설득을 받아들여 '禍亂을 평정하는 義로운 일'임을 내세워 동참을 선언하기에 이르렀다고 할

---

9) 『樊川文集』 卷6 張保皐 鄭年傳.

것이다.[10)]

이러한 장보고의 왕위 쟁탈전에의 개입 시점은 그의 정치적 성향을 파악하는데 시사하는 바가 크다. 먼저 장보고는 정치적 사건에 가능하면 개입하려 하지 않았을 가능성이 크다는 점이다. 만약 그가 정치에 관심이 컸다면, 우징이 청해진에 들어왔을 때 주저함이 없이 곧바로 그와 결탁해서 행동에 옮겼을 것이기 때문이다. 장보고의 재당 시절의 행적을 더듬어 보면 이러한 그의 정치적 성향에 대한 이유를 대개 짐작할 수 있다.

일찍이 장보고는 당에 건너가 서주 무령군의 소장직에 올라서 당 황실에 대항하던 평노치청의 번수 李師道 세력의 진압전에 참여하면서, 황실에 대항하는 정치적 도전이 얼마나 무모하고 무상한 것인가를 절감했을 것이다. 이사도의 정치적 야망 실현에 재당 신라인들이 감수해야 했을 희생도 장보고에겐 무심히 넘겨지지 않았을 것이다. 그리하여 이사도 세력을 진압한 직후에 그가 무령군 소장직에서 스스로 물러나서 새로이 추구한 것은, 재당 신라인사회를 결집해서 이를 정치적 야망 실현에 이용하기보다는 국제 해상무역의 분야에 연결시킴으로써 상생의 길로 이끄는 일이었던 것이다.[11)] 그리고 보면 두목이 장보고를 仁義之心이 충만하고 明見이 있는 사람이라 치켜세웠던 것도 장보고의 이러한 원칙과 성향을 익히 알고 있었기 때문인 것으로 보인다.

이러한 장보고의 원칙은 귀국 후에 '청해진체제'를 건설하면서도 견지되었을 것이다. 그러다가 837년에 우징이 청해진으로 피신해 들어오면서, 장보고는 자신도 모르게 중앙의 정치판에 서서히 빠져들게 되었던 것 같다. 즉 중앙에서 신하가 왕을 죽이는 사건이 일어나자,

---

10) 杜牧은 장보고가 중앙의 왕위쟁탈전에 간여한 것에 대해서, 반역자를 주살한 것으로 보고 이를 우호적으로 평가하고 있다(윗 주와 같음).

11) 姜鳳龍, 「장보고의 '청해진체제' 건설과 성공 비결」『장보고와 미래 대화』, 해군사관학교 해군해양연구소 참조.

우징은 장보고의 義憤에 불을 붙여 참여를 유도했던 것이고, 장보고
는 그에 설복당하여 결국 헤어날 수 없는 정치판에 빠져들고 말았던
것이다. 杜牧이 평했던 仁義之心이 충만한 그의 성품이 그로 하여금
義를 쫓아 정치판으로 쏠리게 했던 반면에, 또 한편의 성품인 '明見'
으로도 정치판 개입 이후 자신에게 닥칠 비극적 운명을 예견하지 못
했던 셈이다.

3. 장보고 딸의 納妃 문제

이제 두 번째의 문제, 장보고의 딸 納妃를 둘러싼 권력관계의 동향
에 관한 문제를 짚어보기로 하자. 장보고 딸의 納妃에 관해서는 서로
다른 두 가지의 기사가 전한다.

> 가) 神武大王이 潛邸할 때 俠士 弓巴에게 말하기를, "내겐 이 세상
> 에서 같이 살 수 없는 원수가 있소. 그대가 나를 위해 그를 없
> 애 주고 내가 왕위에 오르게 되면, 그대의 딸을 왕비로 삼겠
> 소"라고 하였다. 궁파는 이를 허락하고 마음과 힘을 같이 하여
> 군사를 일으켜 서울에 쳐들어가서, 능히 그 일을 성공시켰다.
> 왕은 이미 왕위를 빼앗았으므로 궁파의 딸을 왕비로 삼고자
> 하니, 群臣들이 극력으로 간했다. "궁파는 미천한 사람이니 임
> 금께서 그의 딸을 왕비로 삼는 것은 옳지 못합니다" 왕은 그
> 말을 따랐다.[12]
> 나) (문성)왕이 청해진 대사 弓福의 딸을 취하여 次妃를 삼으려 하
> 자, 朝臣들이 간하기를 "부부의 도는 인간의 큰 윤리입니다.
> … 지금 궁복은 海島의 사람이거늘 어찌 그 딸을 왕실의 配偶
> 로 삼을 수 있겠습니까"라 하니 왕이 그 말에 따랐다.[13]

『三國遺事』의 가) 기사는 장보고 딸 납비 논의가 神武王代에 이루

---

12) 『三國遺事』 卷2 神武大王 弓巴 閻長條.
13) 『三國史記』 卷10 新羅本紀10 文聖王 7年(845) 3月條.

어진 것처럼 되어 있는 반면에, 『三國史記』의 나) 기사는 文聖王 7년 (845)의 일인 것으로 되어 있다. 또한 전자는 王妃로, 후자는 次妃로 納妃하는 것으로 되어 있어 각각 다르다.

먼저 이중에서 나) 기사에서 납비 논의가 문성왕 7년(845)에 이루어 진 것처럼 되어 있는 것은 문제가 있다. 이는 장보고의 암살 시점을 846년으로 볼 경우에는 문제가 없겠으나, 841년으로 보는 것이 옳다 고 한다면 장보가 암살당한 후에 납비가 논의된 셈이 되어, 이는 성 립할 수 없게 된다. 그런데 앞에서 살폈듯이 장보고의 암살 시점은 841년으로 보는 것이 옳다고 하겠으므로, 나) 기사의 기년은 그 이전 으로 재조정되지 않으면 안될 것이며, 필자는 이를 문성왕 2년(840)으 로 보고자 한다.

그렇다면 납비 논의가 신무왕 대에 이루어졌다는 가) 기사는 잘못 된 것일까? 이에 대하여 신무왕의 재위 기간이 4개월밖에 안된다는 점을 감안하여 납비를 논의할 겨를이 없었을 것으로 보고, 이를 무시 하려는 견해도 있지만,[14] 필자는 신무왕 대에도 납비를 둘러싼 논의 가 있었을 가능성에 무게를 두고 싶다. 그렇다면 신무왕 대에 장보고 의 딸을 王妃 혹은 太子妃로 들일 것을 논의하다 군신들의 반대로 좌 절되었다가, 문성왕 2년에 이르러 다시 재론되었지만 문성왕이 이미 왕비를 들인 상황이라 次妃로 들일 것이 논의되었을 것으로 볼 수 있 지 않을까? 그렇지만 이때도 군신들의 반대로 좌절되었다.

그렇다면 여기에서 주목해야할 점이 있다. 그것은 국왕은 장보고 딸을 妃로 맞는 것에 대해 적극성을 띠고 있었던 것에 반해, 군신들 은 이를 극력 반대하여 저지했다는 점이다. 실제 신무왕은 즉위하자 마자 장보고를 感義軍使 食實封二千戶로 삼았고,[15] 문성왕도 역시 즉 위하자마자 鎭海將軍으로 삼고 章服을 하사하였으니,[16] 두 父子王은

---

14) 金庠基, 1933 · 34, 「古代의 貿易形態와 羅末의 海上發展에 就하여」 『震 檀學報』 1 · 2.

15) 『三國史記』 卷10 新羅本紀10 神武王 卽位年條.

장보고의 공적을 잊지 않고 신뢰하고 있었음을 보여주고 있다. 그렇다면 우리는 다음과 같이 추론해볼 수 있지 않을까 한다.

신무왕과 문성왕이 장보고에게 특별한 작호를 내리고 그의 딸을 납비하려 했던 것은, 장보고의 공훈을 높이 평가했기 때문이기도 하겠지만, 한편으로는 왕위를 위협하는 권신들의 발호 가능성에 대비해 장보고의 힘을 빌어 왕위를 지키려는 의도도 작용하지 않았을까 한다. 이점에서 실제 바로 직전에 신하 김명이 자신이 추대한 희강왕을 핍살하여 왕위를 찬탈한 사건이 일어난 바 있었으며, 또한 장보고가 거느린 군사력의 위력은 이미 왕위 쟁탈전에서 민애왕 김명을 제거하는 과정에서 발휘된 바 있었다는 사실을 상기할 필요가 있겠다.

그렇다면 국왕이 장보고의 딸을 납비하려는 시도에 대해 반기를 들었던 중심 인물은 누구였을까? 가장 가능성이 큰 인물은 신무왕 김우징을 추대하는데 앞장섰던 金陽이다. 잠시 그 가능성을 살펴보자.

김양은 일찍이 흥덕왕 사후에 균정을 추대하려다가 김명 일파에게 패하여 균정의 아들 우징과 함께 청해진에 피신하여 와신상담 기회를 엿보던 중, 838년 장보고의 擧兵에 힘입어 平東將軍의 軍號를 띠고서 민애왕 김명을 타도하고 우징을 신무왕으로 즉위시키는데 앞장선 바 있다. 신무왕과 문성왕에게 김양은 장보고와 더불어 일등 공신에 해당되기에 마땅한 인물이었던 것이다. 그런데 신무왕과 문성왕은 장보고에 대해서는 특별 작호를 내리고 그의 딸을 납비하고자 하는 등 특별한 배려를 하였음에 반해, 김양에게는 어찌된 영문인지 일체의 관직 제수 기사가 보이지 않는다.17) 이는 신무왕과 문성왕이 장보

---

16) 『三國史記』 卷11 新羅本紀11 文聖王 卽位年 8月條.

17) 『三國史記』 列傳의 金陽條에 보면 문성왕이 蘇判 겸 倉部令에 제수하였고 얼마 있다가 侍中 겸 兵部令에 轉任하였다고 하나, 新羅本紀의 神武王과 文聖王條를 보면 김양에 대한 관직 제수 기사가 일체 없다. 新羅本紀에 의하면 문성왕대에 시중 임명과 改任 기사가 5회에 걸쳐 나오고, 상대등의 경우는 2회가 나오고 있지만, 김양에 대한 시중 제수 기사는 보이지 않는 것으로 보아, 그의 관직 제수는 후에 追贈된 것일 가능성이

고의 힘을 빌어 중앙의 실권을 장악하고 있었을 김양의 정치적 야망에 대해 견제하려 했음을 보여주는 것이 아닐까 한다.

김양은 이에 대해 群臣들을 동원하여 海島 출신임과 신분의 側微함을 내세워 장보고 딸의 납비 시도를 두 차례에 걸쳐 좌절시키는 한편, 최대의 정치적 위협 대상 인물인 장보고를 제거하려는 음모를 꾸몄을 가능성이 있다. 그 때 마침 閻長이 장보고 제거의 행동 대장을 자처하고 나서자, 김양이 그를 사주하여 장보고를 암살케 하고, 중앙의 막후 실권자로 부상했을 것으로 추측된다. 이 점에서 김양이 일찍이 淸海鎭을 管內에 둔 武州의 都督을 지낸 바 있었다는 사실과 閻長이 武州人이라는 사실을 결부하여, 김양이 염장을 사주하여 장보고 암살을 주도했을 것으로 본 선행 연구를[18] 주목하려 한다.

이렇게 본다면, 장보고의 딸 납비 문제는, 장보고의 의도나 희망사항과는 별도로, 장보고의 힘에 의존하여 왕위를 유지하려는 君權과 장보고와 국왕의 관계를 차단하려는 臣權 사이의 파워게임적 양상을 띤 것으로 볼 수 있을 것이다.

4. 장보고는 난을 일으키려 했는가

이제 장보고가 과연 난을 일으키려 했는가의 문제를 검토해볼 차례이다. 일반적으로 염장에 의한 장보고 제거를, 장보고가 난을 일으켰던 것 혹은 난을 일으키려 했던 것에 대한 응징으로 보려는 것이 『삼국사기』와 『삼국유사』의 기본적인 기조인 것 같다. 그렇지만 두 사서 사이에 미묘한 차이가 찾아지고 있는데, 이러한 차이점을 좀더 면밀히 검토할 필요가 있겠다.

먼저 『三國史記』에서는[19] 納妃가 좌절되자 이를 원망하여 淸海鎭

크다.
18) 浦生京子, 1979, 앞 논문, pp.64~65.

을 근거로 반란을 결행한[據鎭叛] 것으로 되어 있는 반면, 『三國遺事』에[20] 의하면 장보고가 群臣들의 반대로 자신의 딸 納妃가 좌절되자 심하게 불만을 표출하면서 '난을 도모하고자'[欲謀亂] 했다거나, 혹은 '장차 불충하려'[將爲不忠] 했다 하여 그가 난을 일으킬 가능성이 있었음만을 지적하고 있다. 앞에서 살폈듯이 장보고 딸의 납비를 둘러싼 문제가 국왕과 김양 사이의 파워게임적 성격을 반영하는 것이라 할지라도, 납비의 관철 여부가 당사자인 장보고와 전혀 무관할 수는 없었을 것이다. 따라서 납비가 좌절되면서 자신을 신임하던 왕권이 크게 위축되고, 김양을 중심으로 한 臣權이 부상하는 것에 대해서 장보고가 모종의 대응책을 강구하였을 가능성은 있겠다. 그렇다고 이런 가능성을 가지고서 장보고가 정치적 반란을 모의하거나 결행했을 것으로 단정하는 것은 성급한 바가 있다.

이와 관련하여 조선시대 두 史書의 史論에 나타난 장보고의 죽음에 대한 평가는 곱씹어 볼만한 대목이 있다.

> (다) 지금 (장보고가) 모반했다는 말만 있고 모반의 형상은 없으니, 어찌 그의 공을 시기하고 이익을 탐하는 무리가 없는 사실을 꾸며내어 임금과 신하 사이를 이간질한 것이 아니라고 할 수 있겠는가. 왕은 어찌하여 이를 살피지 않고 아첨하는 사람들의 말만 듣고서 도적과 같은 모략을 행하게 하고 간사함을 이를 수 있게 하였단 말인가. 장보고는 이미 천하에 重名을 얻었는데 갑자기 不道한 오명을 뒤집어썼으니 천하 후세에 누가 이것을 밝혀낼 수 있겠는가.[21]
>
> (라) 장보고의 忠勇과 勳業은 국가의 기둥이나 주춧돌 같은 신하라 할만한데도 중상하는 말이 한번 제기되자 마침내 屠殺하고 말았다. 이 때 김양은 국정을 담당하면서도 구하는 소리를 한 마디도 하지 않았으니, 이는 어찌 처지와 형적이 비슷한 까닭에

---

19) 『三國史記』 卷11 新羅本紀11 文聖王 8年 春條.
20) 『三國遺事』 卷2 神武大王 弓巴 閻長條.
21) 『東國通鑑』 卷之11 新羅紀 文聖王條.

혐의쩍어서 감히 말할 수 없었던 것인가. 참으로 한스럽다.[22]

다)는 『동국통감』의 장보고에 대한 사론의 일부이다. 이에 의하면, 민애왕을 죽이고 우징을 신무왕으로 세우는데 앞장섰을 뿐 아니라, 고려시대의 사서인 『삼국사기』와 『삼국유사』에서 신무왕과 문성왕 대에 반란을 일으켰거나 일으키려 했다고 평가한 장보고에 대해서, 굳이 '도적과 같은 모략'을 받아 억울한 누명을 쓴 것으로 판단하여 두둔하고 있다. 이 사론은 금남 최부가 쓴 것으로 알려지고 있는데, 최부의 사론은 성리학의 명분론에 입각해서 인물과 사안에 대해 포폄한 것이 대부분이라는 점을 염두에 둘 때,[23] 장보고에 대한 윗 사론의 내용은 매우 이례적이라 할 수 있다. 또한 라)에 나타나 있듯이 『동사강목』의 저자 안정복도 그의 사론에서 장보고가 중상모략에 의해 '屠殺'된 것으로 단정하고, 장보고의 억울한 죽음에 대해서 김양의 책임론을 펴고 있다.

여기에서 우리는 '장보고는 난을 일으키려 했는가'라는 질문을 다시 한번 음미해보고, 흔히 장보고의 반란설을 기정 사실화하는 것에 대해서 의문을 가질 필요가 있을 것이다.

이상으로 장보고의 암살을 둘러싼 몇 가지 문제를 살펴보았다. 그 결과 장보고는 중앙 정치권에서 벌어진 왕위쟁탈전의 와중에서 어쩔 수 없이 개입하게 되었고, 또한 자신의 의도와는 달리 자신의 딸 납비의 문제가 중앙 정치권의 주요 쟁점으로 떠오르면서, 결국 염장의 손에 암살당하는 비운의 주인공으로 전락했을 가능성이 있음을 알게 되었다. 그렇다면 장보고는 君權과 臣權 사이의 갈등 속에서 왕위쟁탈전이 무상히 전개되며 음모와 술수가 판치던 당시 중앙 정치판의 희생양이었다 할 것이다.

---

22) 『東史綱目』 第5上 己巳年 文聖王 8年條.
23) 全德在, 1994, 「동국세년가·동국통감」 『한국의 역사가와 역사학』 상, p.158.

Ⅲ. '청해진체제'의 해체

1. 염장의 청해진 관리

장보고가 청해진을 중심으로 동아시아 국제 해양무역을 주도해간 '청해진체제'는 장보고의 죽음과 함께 새로운 국면을 맞이하였다. 이와 관련하여 먼저 염장에 의한 장보고의 암살 장면을 살펴보기로 하자.

> 술을 나누며 매우 기뻐하던 중에 염장은 궁파의 장검을 빼어 궁파를 베어 죽였다. 휘하의 군사들이 놀라서 모두 땅에 엎드렸다. 염장은 이들을 이끌고 서울로 가서 왕에게 復命하기를, "이미 궁파를 베어 죽였습니다"라 하니, 왕은 기뻐하여 그에게 상을 내리고 阿干의 벼슬을 주었다.[24]

장보고의 암살 장면은 『삼국유사』의 윗 기사가 가장 상세하다. 이에 의하면 거짓으로 신라왕에게 미움을 받았다 하여 장보고에게 내투한 염장이 장보고와 술을 나누어 마시던 중에 그를 죽이고 청해진의 군사들을 압도하여, 왕으로부터 상과 아찬의 벼슬을 받았다는 것이다. 이후 청해진은 다음 기사에 나타나 있듯이 당분간 암살자 염장의 관할 하에 들어갔던 것으로 보인다.

> 신라인 李少貞 등 40여명이 筑紫大津에 도착하였다. 大宰府에서 사자를 보내어 온 까닭을 물으니, 우두머리인 少貞이 말하였다. "장보고가 죽고 그의 副將 李昌珍 등이 반란을 일으키고자 하자, 武珍州 列賀 閻丈이 군사를 일으켜 토벌하여 평정하였으므로 지금은 이미 아무 걱정이 없습니다. 다만 적의 무리들이 網을 빠져나가 문득 당신

---

24) 『三國遺事』 卷2 神武大王 弓巴 閻長條.

들 나라에 도착하여 백성들을 소란스럽게 할까 두렵습니다. 만약 그 쪽에 도착한 배 중에서 공식문서를 가지지 않은 자가 있으면, 청컨대 있는 곳에 엄히 명하여 심문하여 잡아들이십시오. 또 지난해 廻易使 李忠과 揚圓 등이 가지고 온 물건들은 곧 부하 관리와 죽은 장보고 자손들에게 남겨진 것이니 바라건대 빨리 보내 주십시오. 이런 까닭 으로 염장이 筑前國에 올리는 牒狀을 가지고 찾아뵈러 왔습니다."[25]

이에 의하면 閻丈[閻長]이 장보고의 副將이었던 李昌珍의 반발을 진압하고, 842년에는 이소정 등 40여인을 일본 筑前國 大宰府에 사신 으로 보내어, 청해진에서 탈출한 장보고 부하들을 검거하는데 협조를 부탁하는 한편, 지난해 장보고가 파견한 회역사 이충 · 양원과 그들이 싣고온 무역품들을 되돌려 줄 것을 요청하고 있다. 여기에 나오는 이 소정은 장보고 휘하에서 활동하던 인물로 추정되는데,[26] 그렇다면 염 장은 이창진처럼 자신에게 반발하는 인사들을 제거하고, 이소정처럼 자신에게 귀복한 장보고 휘하 인물들을 통솔하면서 청해진의 조직을 관리했던 것으로 볼 수 있다.

그런데 염장은 장보고를 암살하고 반발 세력을 무마할 때 武珍州 [武州] 別駕의[27] 직에 있었던 것으로 되어 있는데, 이는 그가 왕년에 武州의 도독을 역임했던 金陽과 연결된 인물일 가능성을 뒷받침해 준다. 그렇다면 『삼국유사』의 앞 기사에서 염장에게 상과 아찬의 관 등을 내린 이는 명목은 왕이었다 하여도 실제로는 김양의 힘이 작용 했을 것으로 보아 좋을 것이다. 그렇다면 결국 염장이 장보고를 암살 한 것은 김양으로부터 청해진 관리권이라는 반대급부를 보장받고 결 행했을 가능성이 크다고 하겠다.

이처럼 염장은 청해진을 관리하면서, 윗 기사에 나타나 있듯이, 일

---

25) 『續日本後紀』 卷11 承和 9年 春正月 乙巳條.
26) 권덕영, 2002, 「신라 하대 서 · 남해 海賊과 張保皐의 해상활동」『대외문 물교류연구』, (재)해상왕 장보고기념사업회, p.15.
27) 윗 기사에 나오는 列賀는 州의 차관직인 別駕의 오기로 보인다.

본에 사신을 보내 장보고가 보낸 무역품들을 되돌려 줄 것을 요청하기도 하였던 것이다. 그러나 일본 公卿들은 이러한 염장의 요청을 거절하기로 의견을 모았으며, 이어서 일본으로 탈출한 장보고의 부하들에 대한 처리를 논의하는 중에서 다음과 같은 사실을 밝히고 있다.

> (公卿들이) 또 말하기를, "李忠 등은 廻易의 일을 마치고 본국으로 돌아갔는데, 그 나라에서 난리를 만나 무사히 도착할 수가 없어 다시 筑前大津에 온 것입니다. 그 후 於呂系 등이 귀화하여 와서 '우리들은 장보고가 다스리던 섬의 백성입니다. 장보고가 작년(841) 11월에 죽어서 편안하게 살 수 없는 까닭에 당신 나라에 온 것입니다'라 하였다. …"라 하였다.

이충 등이 회역의 일을 마치고 귀국했다가 장보고가 암살 당한 것을 알고 일본으로 다시 돌아왔던 점, 於呂系를 위시로 하여 장보고가 다스리던 청해진의 백성들이 다수 귀화해 온 점 등을 논의하고 있다. 장보고 암살 이후에 염장의 다스림을 받으면서 장보고의 부하들은 혹은 이창진처럼 군사적으로 염장에게 대적한 부류도 있었던 것이고, 이충·양원·어려계 등처럼 일본에 망명한 부류도 있었음을 알 수 있다.

장보고의 부하들 중에는 염장의 탄압을 피하여 중국으로 망명을 떠난 부류도 있었을 것이다. 청해진 병마사를 역임하고 장보고에 의해 당에 賣物使로 파견된 적이 있던 崔暈이 그런 부류의 인물이었다. 이는 엔닌이 845년 7월 9일에 연수현의 신라방에서 國難을 만나 도망하여 이곳에 머물고 있는 최훈을 만났다고 적고 있는 것에서 알 수 있는 바이다.28) 엔닌이 말한 '국난'이란 장보고의 암살 사건을 지칭하는 것임은 물론이다.

이처럼 염장은 장보고를 암살한 후에 그를 대신하여 청해진을 장

---

28) 『入唐求法巡禮行記』 卷4 會昌 5년 7月 9日條.

악·관리했던 것을 알 수 있다. 그는 반발하는 청해진 세력에 대해 강력하게 진압해 가는 한편, 일본에 사신을 보내 망명한 장보고 부하들을 쇄환하고자 하였는가 하면, 廻易使가 가져간 물건과 사람들을 반환해 줄 것을 요구하기도 하였던 것이다. 기록에 전하지는 않지만 염장은 당에 대해서도 비슷한 요구를 했을 가능성이 있다.

2. 청해진의 혁파와 벽골군으로의 사민

염장에 의해 관리되어 오던 청해진은 그나마도 851년에 이르러 철폐되기에 이르렀다. 이는 '淸海鎭을 혁파하고 그곳 사람들을 碧骨郡으로 옮기었다'라는[29] 짧막한 徙民 기사를 통해서 알 수 있다. 신라가 청해진을 혁파하고 청해진 사람들을 사민시킨 이유에 대해서 흔히 청해진의 장보고 세력을 마지막으로 발본색원한 조치로 보고 있다. 그러나 이는 장보고가 죽은 지 이미 10년이나 지난 후에 새삼스럽게 그런 조치를 취할 필요가 있었을까 하는 의문이 든다. 그리하여 최근에는 염장이 청해진의 군사력을 기반으로 서남해의 새로운 위협세력으로 대두하는 것을 사전에 차단하기 위해 청해진을 혁파한 것으로 이해하려는 새로운 관점이 제시되기도 하였다.[30] 이는 염장이 단순한 관리자의 차원을 넘어서서 청해진의 군사조직을 자기 세력화하려는 조짐이 감지되어 염장을 장보고처럼 제거한 것으로 본 것이다.

필자는 이의 가능성을 인정하면서도 또 다른 관점을 제시해보고 싶다. 그것은 851년 경에 이르러 염장에 의한 청해진 관리체제가 더 이상 필요하지 않은 상황이 조성되어 청해진을 혁파하고 그 관리자

---

29) 『三國史記』 新羅本紀 文聖王 13年 2月條.
30) 최광식 외, 2003, 『천년을 여는 미래인 해상왕 장보고』, 청아출판사, p.264.

인 염장을 중앙으로 불러들였으리라는 관점이다. 이 관점의 구상은 다음과 같은 가정을 전제로 한다. ① 먼저 장보고가 중앙 정치권의 사주를 받은 염장에게 암살당한 사건은 청해진뿐만 아니라 장보고의 막강한 영향력 하에 있던 서남해지방 해양세력에게 하나의 충격으로 받아들여졌다는 가정, ② 신라 정부는 이들의 발호 가능성에 대비해야 했고, 따라서 염장의 청해진 관리체제의 주된 임무는 이들을 통제하는 일에 맞추어졌다는 가정이 그것이다. 이런 가정 하에서 851년에 청해진을 혁파했다는 것은, 염장이 10여 년에 걸쳐 청해진을 관리하면서 서남해지방 해양세력을 안정적으로 통제할 수 있게 되었음을 의미하는 것이 된다.31)

이런 관점을 받아들일 경우 해명해야 할 또 하나의 의문이 제기된다. 그것은 청해진을 혁파했으면 되었지 청해진 사람들을 굳이 집단 사민시킬 필요까지는 없지 않았겠느냐는 의문이 그것이다. 이는 청해진 사람들의 집단 사민 조치를 청해진 군단의 무장해제 조치인 것으로 간주하고 제기한 의문이다. 즉 10여 년에 걸친 염장의 관리로 더 이상 문제가 없게 되어 청해진을 혁파한 것으로 파악한 앞서의 주장에서 볼 때, '청해진 군단의 무장해제'란 새삼스러운 조치로 여겨질 수밖에 없을 것이기 때문이다. 여기에서 우리는 청해진 사람들의 집단 사민 조치의 성격에 대해서 살펴볼 필요를 느끼게 된다. 이와 관련하여 주목할 것은 청해진 혁파 후에 청해진 사람들을 벽골군(오늘의 전북 김제)으로 옮기었다는 점이다. 왜 하필 사민의 대상지역을 벽골군으로 정했을까 하는 의문인 것이다.

---

31) 서남해지방 해양세력의 통제에 대한 자신감을 갖게 되면서 청해진을 혁파하게 되었다는 이 관점은, 추후 해양세력의 발호 가능성이 다시 발생할 경우에 이들에 대한 새로운 통제체제를 재건할 것이라는 점을 염두에 둔 것이다. 이 점에서 필자는 신라 정부가 889년에 '서남해방수군'을 파견한 것을, 다시금 결집의 움직임을 보이기 시작한 서남해 해양세력을 재차 통제하려는 시도였다고 파악하고 싶다. 이에 대해서는 다음 장에서 상술하기로 하겠다.

이 의문에 응답할 만한 직접 자료가 없는 상황에서, 필자는 일단 벽골제의 수축문제와 관련하여 청해진 사람들의 사민 문제에 대한 설명을 시도해 보기로 하겠다. 잘 알려져 있듯이 벽골군은 이미 4세기 경부터 대규모의 벽골제를 축조하여 우리나라 最古·最大의 담수호를 조성한 곳이며, 이와 함께 서해 바다의 간척을 병행하여 광활한 可耕 농지를 확대해 오던 곳이었다는 점에서, 청해진 사람들의 벽골군 이주는 벽골제의 수축과 간척 사업에의 사역이라는 경제적 목적과 관련이 있을 것으로 여겨질 수 있기 때문이다. 좀 부연해 보기로 하자.

역대로 진행된 벽골제 수축의 과정은 험난한 바다의 조수와 싸우는 힘겨운 과정의 연속이었던 것으로 나타나고 있다.[32] 그런데 잘 알려져 있듯이 청해진 사람들은 동북아 바다를 좌지우지하던 사람들로서, 바다의 속성에 관한 한 누구보다도 잘 파악하고 있었을 것이기 때문에, 신라 국가가 이를 감안하여 그들을 벽골군으로 집단 이주시켜 벽골제의 수축에 활용했을 것으로 볼 수 있지 않을까 하는 것이다. 이와 관련하여 벽골제와 관련한 설화 중에 역시 바다에 익숙한 제주 사람들도 동원한 흔적이 있다는 것까지[33] 참고한다면 다음과 같은 추론이 가능해진다. 청해진이 더 이상 필요 없게 된 상황과 벽골제 수축이라는 국가적 사업이 절실해진 상황이 겹치면서, 청해진은 혁파되고 청해진 사람들은 제주도 사람들과 함께 벽골군으로 사민되어 벽골제 수축에 투입되었다고 할 것이다.

청해진 사람들이 벽골제 수축에 동원되었다고 한다면, 그들은 벽골제 주변의 저습지대를 可耕農地化시키는 간척 사업에도 투입되었을 가능성이 크다. 이와 관련하여 벽골제의 기능을 검토할 필요가 있다. 먼저 벽골제는 모악산에서 발원하는 원평천·두월천·금구천·연포천 등 크고 작은 물줄기의 길목을 막아서 담수호를 조성한 일종

---

32) 김병학, 2000, 『벽골제와 벼농사』, 김제문화원, pp.81~98.
33) 김병학, 윗 책, p.260.

의 대규모 제방으로서, 오늘날의 다목적댐을 연상시키는 기능을 수행했던 것으로 보인다. 또한 벽골제는 서해 바다와 인접한 지점에 남북으로 길게 축조되었으므로, 만조 시에 바닷물이 하천의 물줄기를 통해서 역류하는 것을 차단하여, 이미 갯벌화 혹은 저습지화되어 있는 저지대의 간척을 용이하게 하는 기능도 수행했을 것이다. 이러한 저지대의 간척 사업에 청해진 사람들이 투입되었으리라는 것은 충분히 예상할 수 있는 바이다.

이 점에서 해상왕 장보고의 분신들이라 할 청해진의 사람들이 벽골제의 수축과 간척사업에 투입된 것이야말로 '碧海水田'의 호남평야 형성사에서 또 하나의 장보고 신화를 재현한 셈이었다 할 것이다.

Ⅳ. 서남해지역 해양세력의 재결집과 신라 정부의 대응

1. 서남해지역 해양세력의 재결집 조짐

841년에 장보고가 암살당하고 염장에 의해 관리되던 청해진의 조직은 851년에 혁파되고 그 주민들마저 벽골군(오늘의 김제)으로 사민 조치됨으로써 완전 해체되었다. 그렇다면 장보고에 의해 결집되어 막강한 위력을 발휘하던 서남해지역 해양세력의 운명은 어떻게 되었을까?

이에 대해 지금까지의 연구는, 장보고의 '청해진체제'에 가위눌려 제대로 해양능력을 발휘하지 못하던 서남해의 해양세력이 각기 개별적으로 대내외 교역활동을 마음껏 전개할 수 있게 되었다고 보는 것이 일반적이었다.34) 이 관점에 서게 되면 장보고 암살 이후에 서남해

지역 해양세력의 활동은 더욱 활발해졌다고 볼 수 있다.

그러나 이는 서남해지역 해양세력이 국제 해상무역을 조직적으로 주도하던 장보고의 '청해진체제'에 편승하여 상당한 경제적 이득을 보았을 가능성을 무시한 발상으로서, 받아들이기 어렵다. 장보고는 서남해지역 해양세력에 대한 억압자나 착취자로서보다는 그들을 국제 해상무역의 세계로 이끈 지도자로 보는 것이 타당하다고 여겨지기 때문이다. 이렇게 본다면, 장보고 암살 이후에 서남해 해양세력은 오히려 그 결집력을 상실하고 개별 분산적으로 소규모 해양활동만을 영위할 뿐인 초라한 지위로 전락했다고 보는 정반대의 관점이 성립할 수 있다. 이 관점에 의하면 장보고 사후 서남해지역의 해양능력은 오히려 현저히 위축되었다고 볼 수 있게 된다.

이중 필자는 후자의 관점에서 보아야만 나말여초기에 서남해지역을 둘러싼 여러 세력집단의 쟁패전 양상을 제대로 파악할 수 있다고 생각한다. 이제 이런 관점에서 장보고 사후 분산적으로 활동한 서남해지역 해양세력의 동향에 대해 살펴보기로 하자.

먼저 장보고가 암살되고 청해진이 혁파되는 그 시점에는 서남해지역 해양세력이 이렇다할 움직임을 보여주지 않고 있다는 점이 주목되는데, 이는 그 즈음에 크게 위축되어 있던 그들의 면모를 반영하는 것으로 보아 좋을 것이다. 결국 851년에 청해진을 혁파한 것에 대해, 퇴락한 이들에 대한 통제와 감시의 필요성을 더 이상 느끼지 못했기 때문일 것으로 파악한 것도 이러한 맥락과 통한다.

그런데 9세기 말에 이르면 사정은 달라진다. 서남해지역에서 유력한 해양세력의 움직임이 포착되기 시작하는 것이다. 이는 이 시기에 이르러 이 지역에서 무언가 세력결집의 기운이 일어남을 반영하는 것으로 간주할 수 있겠다. 압해도의 능창을 통해서 이러한 기운의 일

---

34) 李基東, 1999, 「후삼국 고려초기 한·중 해상교역의 개황」『장보고와 21
　　세기』, 혜안, p.158.

면을 살펴보기로 하자.

> (왕건은) 드디어 광주 西南界 潘南縣 포구에 이르러 첩자를 적의
> 경계에 놓았더니 壓海縣의 賊首 능창이 海島 출신으로 水戰을 잘하
> 여 水獺이라고 하였는데 도망친 자들을 불러모으고 드디어 葛草島의
> 小賊들과 결탁하여 태조(왕건)가 이르기를 기다려 그를 맞아 해치고
> 자 하였다. 태조가 여러 장수들에게 말하기를 "능창이 이미 내가 올
> 것을 알고서 반드시 도적과 함께 변란을 꾀할 것이니 賊徒가 비록
> 소수라고 하더라도 만약에 힘을 아우르고 세력을 합하여 앞을 막고
> 뒤를 끊으면 승부는 알 수 없는 노릇이니 헤엄을 잘 치는 자 십 여인
> 으로 하여금 갑옷을 입고 창을 가지고 작은 배로 밤중에 갈초도 나
> 룻가에 나아가 왕래하며 일을 꾸미는 자를 사로잡아서 그 꾀하는 일
> 을 막아야 될 것이다"라 하니 諸將이 다 이 말을 따랐다. 과연 조그
> 마한 배 한 척을 잡아보니 바로 능창이었다. 궁예에게 잡아 보내었더
> 니 궁예가 크게 기뻐하여 능창의 얼굴에 침을 뱉고 말하기를 "海賊
> 들은 모두가 너를 추대하여 괴수라고 하였으나 이제 포로가 되었으
> 니 어찌 나의 신묘한 계책이 아니겠느냐" 하며 여러 사람 앞에서 목
> 베었다.[35]

이 기사는 912년경에 왕건이 영산강 하구에서 견훤의 주력함대를
격파하고 나주에 머물다가 수도인 철원으로 귀환하는 과정에서 적대
적인 압해도 능창과 대결하는 전과정을 전해주고 있다. 여기에서 왕
건과 궁예는 능창을 卑下하여 '賊首' 혹은 '해적의 괴수' 등으로 표현
하여 도적의 우두머리로 치부하고 있으나, 이를 달리 해석할 여지도
있다. 즉 '수전에 능하여 수달이라 불리었다'라든가 왕건이 스스로
'승부를 알 수 없는 노릇'이라고 평했던 점, 그리고 궁예가 능창에 대
해서 해적들이 추대하여 괴수로 삼았지만 자신의 신묘한 계책에는
당해내지 못했다는 식의 과장된 언사를 구사했던 점 등을 볼 때, 능
창은 위세가 만만치 않은 해양세력이었음을 알 수 있게 된다. 다시

---

35) 『高麗史』 卷1 太祖世家1 卽位前 記事.

말해 '小賊을 아우른 賊首' 혹은 '해적의 괴수'라 함은 서남해 해양세력을 결집하여 중심 세력으로 떠오르고 있던 능창의 위세를 빗대어 卑稱한 것으로 볼 수 있지 않을까 한다.[36]

그런데 기왕의 연구에서는 능창을 친견훤세력으로 파악하는 것이 일반적이다.[37] 그러나 윗 기사에는 능창이 친견훤세력이었다는 흔적은 어디에도 보이지 않는다. 왕건과 궁예가 능창에 대해서 언급할 때도 견훤과의 관련성에 대한 대목은 전혀 없다. 그럼에도 불구하고 능창을 친견훤세력으로 간주한 것은 무엇 때문일까? 아마도 그것은 윗 기사에 나타나 있듯이 능창이 왕건과 마지막까지 군사적 대결을 불사했다는 것에서, '왕건의 적은 곧 견훤의 우군'이라는 논리를 적용하여 유추한 것이겠다. 이러한 유추는 곧 서남해지역 해양세력의 독자적 실체를 인정하지 않고 친견훤세력과 친왕건세력으로 양분하여 본 것에서 연원한다. 그렇지만 능창을 친견훤세력도, 친왕건세력도 아닌 제3의 독자세력으로 볼 여지는 없는 것인가? 윗 기사에 의거할 때, 오히려 이 가능성이 더 커 보인다. 이제 이런 관점에서 능창의 세력 근거지와 활동 시기를 중심으로 이 문제를 재검토해 보기로 하자.

능창이 근거한 곳은 압해도를 중심으로 하는 도서지역이었고, 그가 활동한 시기는 9세기 말~10세기 초였다. 압해도는 지정학상 매우

---

36) 권덕영은 "능창이 왕건의 진격로를 방해한 것은 결과적으로 견훤에게 도움을 주는 행위였다. 따라서 능창을 견훤의 휘하에서 반독립적으로 활동하던 서·남해의 해적으로 파악하고자 한다"고 하여 친견훤적 성격의 '海賊'으로 규정하였다(권덕영, 2002, 앞 논문, p.26). 여기에서 능창을 '해적'으로 파악한 것은 왕건과 궁예의 言說을 그대로 받아들인 것으로 이해되는데, 그들의 언설은 어디까지나 자신에 저항하는 세력을 의도적으로 卑稱한 것으로 보아야 할 것이다. 따라서 당시 호족들이 전국적으로 일어나 독자 세력화하던 것과 마찬가지로 능창 역시 서남해 해양세력을 결집하여 독자 세력화한 인물로 보는 것이 타당하다.

37) 申虎澈, 1983, 『後百濟 甄萱政權 硏究』, 一潮閣, p.32 ; 권덕영, 2002, 윗 논문, p.26.

중요한 영상강 하구에 위치하고 있고, 고대이래 서남해 도서지역 행정 편제의 중심지로서의 지위를 유지하였다.[38] 또한 壓海 혹은 押海라는 명칭은 '淸海'나 '鎭海'처럼 '바다를 鎭護한다'는 의미로서, 압해도는 그 명칭 상에도 청해진이 설치된 완도처럼 서남해 연안 해로 및 해양 방어 상의 최고 추요지였음을 반영하고 있다.[39]

여기에서 능창이 그런 압해도를 거점으로 활동했던 시점이 장보고가 제거된 지 반세기가 지난 후였고, 그 시기에는 전국적으로 호족들이 봉기하여 독립 세력화하는 기운이 크게 일어나고 있었다는 점을 상기할 필요가 있다. 바로 이 시점에, 이미 장보고를 중심으로 국제 해상무역을 주도해본 경험이 있는 서남해지역 해양세력 사이에 재결집의 기운이 일어나게 된 것은 극히 자연스런 일로 받아들일 수 있을 것이다. 그렇다면 서남해지역의 추요지였던 압해도의 해양세력 능창이 그 재결집의 중심인물로 떠올랐을 것으로 파악하는 것 역시 자연스런 일이 아닐까?

이와 관련하여 앞 기사에서 왕건과 궁예가 능창을 비하하며 발설한 언설 중에서 은연중 능창의 해양력을 크게 평가한 대목이 있음을 상기할 필요가 있다. 그중, 이미 견훤의 주력함대마저도 격파한 왕건에게 능창이 '승부를 알 수 없는' 막강한 해양력의 소유자로 비추어

---

38) 압해도는 백제시기에 阿次山郡으로 불리던 것이 통일신라시기에 壓海郡으로 개명된 이후에 고려시대에도 壓海郡 혹은 押海郡으로 칭해지면서 郡格을 유지했다. 윗 기사에서 壓海郡이 아닌 壓海縣으로 되어 있는 것은 다른 기록과 다른 것으로 착오일 가능성이 크다(姜鳳龍, 2000「압해도의 번영과 쇠퇴」『島嶼文化』 18, pp.31~32).

39) 1256년에 몽고의 車羅大장군이 70여 척의 배를 동원하여 압해도를 공격하였지만 패하여 퇴각한 일이 있었다(『高麗史節要』卷之17 高宗安孝大王4 高宗 43年 6月條). 차라대가 압해도를 공격한 것은 강화도의 고려정부가 바닷길과 강길을 통해서 인적·물적 자원을 전국으로부터 공급받는 것을 차단하기 위함이었던 것으로 판단되며, 몽고가 대군을 동원하고도 압해도를 함락시키지 못했던 것은 그만큼 압해도의 해양방어체제가 강고하게 갖추어져 있었다는 것을 보여준다.

지고 있었다는 것은 특히 주목할 만한 대목이다. 또한 '小賊을 아우른 賊首'라는 표현에서 능창이 서남해지역 해양세력 결집의 중심 인물이었을 가능성을 엿볼 수 있다.

그런데 윗 기사에 나타난 왕건과 능창의 대결 시점이 912년 경의 일로 되어 있으니, 능창의 대두 시점은 이보다 다소 앞선 9세기 말경부터였을 것으로 추정할 수 있다. 그렇다면 841년에 장보고가 암살당하고 10여 년 간의 염장 관리체제를 거치면서 크게 위축된 서남해지역의 해양세력은 9세기 말부터 압해도의 능창을 중심으로 재결집의 양상을 띠기 시작했다고 할 것이다. 이에 대해서 신라 정부는 다시금 위협을 느끼게 되었을 것이고, 그들을 통제·해체할 방안을 모색하지 않으면 안되게 되었을 것이다. 신라 정부가 그 대응 방안으로 채택한 것이 889년의 '서남해 방수군' 파견이었다고 할 수 있다.

2. 신라 정부의 대응 : '서남해 방수군' 파견

다음 기사에 나타나듯이 신라 정부는 '서남해 방수군'을 파견하였다. 이는 서남해지역에 무언가 심각한 움직임이 일어나고 있음을 감지하고 이를 억압·통제할 필요성을 느꼈기 때문이 아닐까? 우선 관련 기사를 살펴보자.

㉠ (견훤이) 종군하여 왕경에 들어갔다가 서남해의 防成에 나아가, 창을 베개삼아 베고 적을 기다리는 등 그 용기가 항상 士卒들에 앞서 그 공로로 裨將이 되었다. ㉡ 唐 昭宗 景福 원년은 신라 진성왕 재위 6년이다. 아첨하는 신하들이 왕의 곁에 있어 정권을 농간하고 기강이 해이해지고 기근이 겹쳐 백성들이 유리되고 도적들이 봉기하였다. 이에 견훤은 은근히 반심을 품고 무리들을 모아 서울 서남주현들을 진격하니 가는 곳마다 호응하여 그 무리가 한 달만에 5천인에 달하였다. ㉢ 드디어 武珍州를 습격하여 스스로 왕이라 하였지만 공공연히 왕을 일컫지 않고 '新羅西面都統·指揮兵馬制置·持節都督

全武公等州軍事・行全州刺史・兼禦史中丞・上州國・漢南郡開國公
・食邑二千戶’라 自署하였다.[40]

   윗 기사는 내용 상 크게 세 부분으로 이루어져 있다. ㉠ 부분은 견
훤이 ‘서남해 방수군’에 참여하여 군공을 세워 비장이 되었다는 내용
이고, ㉡ 부분은 견훤이 ‘서남해 방수군’의 일원으로 참여한 지 한 달
만에 5천의 대군사를 거느릴 수 있게 되었다는 내용이며, ㉢ 부분은
무진주에 입성하여 왕에 버금가는 위세를 누리게 되었다는 내용이다.
   그런데 윗 기사에는 ‘서남해 방수군’의 파견 시점이 명확하게 나타
나 있지 않다. 다만 견훤이 무진주(오늘의 광주)에 입성할 때까지의
전과정이 892년(당 소종 경복 원년, 진성왕 6년)에 이루어진 것처럼
기술되어 있다. 그러나 필자가 고증한 바에 의하면, 892년은 견훤이
무진주에 입성한 해일 뿐이고, 처음 ‘서남해 방수군’을 파견한 시점
은 889년으로 보는 것이 타당하다.[41] 즉 신라 정부는 889년 ‘서남해
방수군’을 파견하였는데, 裨將으로 참여한 견훤이 신라에 반심을 품
고 ‘서남해 방수군’의 군사지휘권을 장악하여, 「경주→진주→순천→
광주」로 진군하는 과정에서 호족세력을 아우르면서 단계적으로 독립
세력화했다고 볼 것이다. 견훤이 광주에 입성한 시점이 892년이었던
것이다.
   그렇다면 신라 정부가 889년에 ‘서남해 방수군’ 파견을 결행한 이
유는 무엇일까? 그것은 앞에서 추정한 바와 같이 그 즈음에 서남해지
역에 심각한 위협세력이 대두하고 있었던 것과 관련이 있을 것이다.
그렇다면 그것은 압해도의 능창 세력을 중심으로 서남해 해양세력이
결집하여 독립 세력화해가고 있던 추세와 관련이 있을 것임에 분명
하다. 9세기 전반기에 장보고를 중심으로 막강한 경제・군사복합체

---

40)『三國史記』卷50 列傳 甄萱條.
41) 자세한 고증은 姜鳳龍, 2001, 「견훤의 세력기반 확대와 전주 정도」『후
    백제 견훤정권과 전주』, 주류성, pp.82~87 참조.

로 구축된 '청해진체제'를, 9세기 중반에 장보고의 암살과 10여 년 간의 염장 관리체제를 통해서 붕괴시킨 바 있던 신라 정부의 입장에서 볼 때, 압해도의 능창을 중심으로 다시금 강력한 세력으로 결집되어가는 서남해지역의 상황을 그대로 방치해 둘 수만은 없었을 것이다. 889년 신라 정부의 '서남해 방수군' 파견 결행은 이러한 사정이 작용했을 것이다.

그런데 889년에는 전국적으로 호족세력들이 봉기하여 무정부적 상황이 연출되고 있었던 것을 염두에 둘 때,[42] 신라 정부가 대군을 징발하여 '서남해 방수군'으로 파견하였다는 것은 의외의 일이 아닐 수 없다. 이는 곧 서남해지역을 사수하는 것이 신라 정부에게 무엇보다도 절실했다는 것을 의미한다. 여기에는 장보고의 '청해진체제'에 대한 기억도 작용했겠지만, 서남해지역의 경제적 중요성이 더 본질적인 문제로 작용했을 것으로 보인다. 즉 서남해지역은 서해와 남해를 연결하는 국내 해상 교통망의 결절점에 해당할 뿐 아니라, 장보고이래 동아시아 국제 항로의 요충지가 되어 있었으며, 장보고가 조성했을 것으로 추정되는 대규모 청자 생산단지가 해남 화원일대에 있었다는 것 등이 고려되었을 것이다.[43] 신라 정부가 '서남해 방수군'을 파견한 것은, 이런 지역이 독립적인 해양세력에 의해 장악된다고 할 경우, 그렇지 않아도 전국적으로 호족들이 봉기하는 최악의 국면에서 상황이 더욱 걷잡을 수 없는 방향으로 흘러가리라는 위기의식이 작용했다 할 것이다.

이처럼 최악의 상황에서 단행되었을 '서남해 방수군' 파견은 결과

---

42) 『三國史記』 卷11 眞聖王 3年(889년)條를 보면, 「국내 여러 州郡에서 貢賦를 바치지 아니하여 國庫가 텅비고 用度가 궁핍해지자, 왕이 사자를 보내어 이를 독촉하니 이로 인하여 곳곳에서 도적이 벌떼와 같이 일어났다」고 기술하여 당시의 심각한 상황을 전해주고 있다.

43) 姜鳳龍, 2002, 「해남 화원·산이면 일대 靑磁窯群의 계통과 조성 주체세력」 『全南史學』 19, pp.564~566.

적으로 견훤의 야망 실현의 발판을 마련해 준 셈이 되고 말았다. 즉 견훤은 진군의 과정에서 '서남해 방수군'의 지휘권을 장악하고 진주와 순천을 잇따라 접수하였으며, 892년에는 무주(오늘의 광주)에 입성하여 스스로 왕이라 자부하면서 '新羅西面都統·指揮兵馬制置·持節都督全武公等州軍事·行全州刺史·兼禦史中丞·上州國·漢南郡開國公·食邑二千戶'를 自署하기에 이르렀던 것이다. 여기에서 주목해야할 것은 견훤이 全州(오늘의 전북)와 武州(오늘의 전남)와 公州(오늘의 충청도)의 3州 都督軍事와 行全州刺史를 칭했다는 점이다. 이는 곧 견훤이 광주에 입성하면서부터, 전주를 중심으로 전남·전북·충청 지역을 아우르는 국가 건설을 염두에 두고 있었음을 의미한다. 과연 견훤은 900년에 전주로 옮겨가 定都하고 백제의 재건을 선언하기에 이르렀다.

그런데 여기에서 의문이 남는다. 견훤이 892년에 광주에 입성하면서부터 전주를 중심으로 국가 건설을 계획하였다고 한다면, 왜 이를 즉각적으로 단행하지 않고 8년이나 지난 900년에 이르러서야 결행했을까? 필자는 이에 대해, 견훤이 그의 최종 목적지였던 서남해 도서 연안지역을 접수하는데 어려움이 있었기 때문일 것으로 파악한 바 있다. 결국 견훤은 서남해지역 해양세력의 저항을 압도하지 못하고 세월만 지체하다가 900년에 이르러 전주로 옮겨 일단 백제의 건국을 선언하고, 전열을 가다듬어 서남해지역 공략을 계속했다.44) 그런데 여기에 903년부터는 왕건이 개입하게 되면서, 능창을 중심으로 결집된 서남해 해양세력과 외래의 견훤, 그리고 왕건의 3자간에 서남해지역의 경제권과 해상권을 둘러싼 대쟁패전이 전개되었던 것이다.45)

---

44) 姜鳳龍, 2001, 앞 논문, pp.97~99.
45) 이에 대해서는 姜鳳龍, 2003, 「羅末麗初 王建의 西南海地方 掌握과 그 背景」『島嶼文化』 21 참조.

V. 맺음말

이상에서 장보고의 암살과 그 성격 문제, 그 이후 염장의 청해진 관리체제 문제, 그리고 청해진 해체 이후 서남해지역 해양세력의 동향을 새로운 시각에서 검토해 보았다.

먼저 장보고의 암살에 대해서는 그의 정치적 과욕이 자초한 것이라는 부정적인 평가가 이제까지 주종을 이루어 왔지만, 이는 엄밀한 사실 관계나 전후 맥락을 따져보지 않고 『삼국사기』나 『삼국유사』에서 막연히 제시한 장보고의 반란 가능성을 받아들인 것으로 판단되었다. 그리하여 본고에서는 장보고가 왕위쟁탈전에 개입하게 된 동기의 문제와 장보고 딸의 納妃 문제 등을 재검토하고 장보고가 과연 난을 일으키려고 했는가 라는 질문을 던지면서 이를 여러 모로 따져 보았다. 그 결과 장보고가 왕위쟁탈전에 개입한 것은 당시에 어쩔 수 없는 상황에서 이루어진 것이고, 納妃 문제 역시 王權과 臣權의 갈등 구도 속에서 결국 장보고가 자신의 의지와 상관없이 정치적 희생양으로 전락하는 변수로 작용했을 가능성을 제시하였다.

다음에 장보고 암살 후 10년만인 851년에 단행된 청해진 혁파 조치의 이유에 대해, 그간 장보고세력의 발본색원이라는 관점에서 보려는 것이 일반적이었던데 반해, 최근에는 10년 간 장보고를 대신하여 청해진을 관리하면서 세력을 키워왔을 염장을 제거하기 위한 조치였다는 견해까지 제시되었다. 이에 대해 필자는 장보고가 암살된 지 10년이나 지난 후에 청해진을 혁파했다는 것은 새삼스러운 감이 있다고 보고, 혁파의 이유를 장보고나 염장세력의 제거와 연관시키는 것보다는 더 이상 청해진이라는 군사기지가 필요 없게 된 사정에서 찾아야 할 것으로 판단하였다. 즉 염장이 10여 년에 걸쳐 청해진을 관리한 결과 서남해 해양세력이 제압되어 발호 가능성이 현저히 줄어들었기 때문에 필요성이 줄어든 군사기지 청해진을 혁파하고 그 관리자 염장을 소환했을 것으로 본 것이다. 그리고 청해진 사람들을 벽골군으로 사민시킨 것에 주목하여, 벽골제의 수축과 벽골제 주변 저습지 혹은 갯벌지역의 간척 사업에 바다를 잘 아는 제주도 사람들과 함께 청해진 사람들도 동원한 것으로 이해하였다.

마지막으로 청해진 혁파 이후 서남해지역 해양세력의 동향에 대한 문제이다. 이에 대해서, 그간 장보고의 억압에 의해 제대로 해양 역량을 발휘하지 못하던 서남해지역 해양세력들이 장보고 사후에 비로소 활발한 해상활동을 전개할 수 있었던 것으로 파악되어 왔다. 이에 대해 필자는 장보고의 암살과 10여 년에 걸친 염장의 통제·관리로 말미암아, 동아시아 국제 해상무역을 주도하던 '청해진체제'가 붕괴되면서 이에 동참하여 경제적 이익을 성취하던 서남해 해양세력들이 오히려 퇴락의 길을 걸었을 것으로 판단하였다. 그리고 851년에 단행된 청해진 혁파에 대해서는, 퇴락한 서남해 해양세력에 대한 통제 필요성이 줄어들면서 단행된 것으로 파악하였다. 또한 청해진을 혁파한 지 몇 십년의 세월이 흐른 뒤에 서남해지역 해양세력 사이에서 압해도의 능창을 중심으로 재결집의 기운이 일어나자, 신라 정부는 이들을 압도할 필요성을 다시 느끼게 되어 889년에 '서남해 방수군'을 파견하였으며, 이로부터 서남해지역은 새로운 국면을 맞게 된 것으로 보았다.

제4장

고려시대의 해양문화와 국사교과서 서술

Ⅰ. 머리말

해양사란 바다와 섬과 강을 무대로 하여 살아온 사람들의 삶의 발자취이다. 바다는 고기잡이를 하는 생업의 공간일 뿐 아니라 국내외 유통 및 교류를 매개해주는 교통의 공간이기도 하다. 또한 섬은 바다 속에서 삶을 영위하는 생존의 공간이고, 강은 바다와 육지를 연결해주는 통로의 공간이다. 따라서 해양사는 바다와 섬과 강의 공간을 넘나드는 역동성을 지닌다.

그런데 그간 한국사 연구에서 해양사 분야는 별로 주목받지 못했다. 그간 우리의 인식이 지나치게 육지 중심의 사고에 머물러 있었기 때문이다. 그러나 현재의 입장에서 우리 해양사를 뒤돌아 볼 때, 고려시대까지는 역동적인 해양활동의 흔적들을 뚜렷하게 찾아볼 수 있다. 즉 완도의 장보고, 압해도의 능창, 강화도의 최씨정권, 진도와 제주도의 삼별초 등은 섬을 거점으로 활동한 해양세력의 현저한 사례들이다. 또한 최근에 흑산도의 읍동마을에 통일신라~고려시대의 국제 해양도시적 흔적들이 확인된 바 있고,[1] 그밖에 여러 섬들에서도 고대 해양 방어시설인 성곽들이 속속 찾아지고 있다. 한강·대동강·예성

---

1) 목포대 도서문화연구소, 2000, 『黑山島 上羅山城 研究』.

강·임진강·영산강·낙동강 등의 江上에서도 해양세력과 관련된 고려 이전의 유력한 도시의 흔적들을 찾아볼 수 있다. 낙동강의 김해, 영산강의 나주, 예성강의 개성, 임진강 하구의 정주 등이 그러한 예에 속한다. 조금만 관심을 가지고 들여다보면 바닷가의 이름 없는 포구들에서도 고려시대 이전의 해양도시를 얼마든지 찾아볼 수 있다.

그렇다면 우리의 인식이 처음부터 육지 중심의 사고에 경도되어 있었던 것은 아닌 셈이다. 개방의 창구인 바다가 우리의 인식 속에서 사라진 것은 아마도 고려 말~조선 초의 空島政策과 海禁政策에서 연원한다고 할 수 있다. 그리하여 이로 인해 조선의 극단적인 쇄국정책이 초래되었고, 그 영향이 오늘날에까지 미쳐서 우리의 폐쇄적인 인식구조를 규정하고 있다고 보는 것이 필자의 생각이다.2) 그간 해양사 분야가 주목받지 못한 이유인 것이다.

이런 이유로 고려시대 해양사 역시 체계적으로 연구되지 못했다. 그러니 국사교과서에서 고려시대 해양관련 내용이 제대로 서술되지 못한 것은 이상한 일이 아니다. 이러한 사정 때문에 연구 성과를 파악하고 이에 의거하여 국사교과서의 서술 내용을 검토하는 식의 통상적인 분석 방식을 본고에서 취하기는 어렵겠다. 이에 다음과 같은 편법을 동원하려 한다.

먼저 고려시대 해양사의 체계를 주로 필자의 견해에 따라 제시하기로 한다. 비록 담론의 수준에 불과한 것이기는 하지만, 고려시대 해양사 관련 국사교과서 서술 내용을 분석하는데 하나의 임시적인 논점으로 삼을 수는 있다고 본다. 이 논점에 따라 현행(7차 교육과정) 중·고등학교 국사교과서에 서술된 해양사 관련 서술을 적출하여 그 문제점과 제안점을 제시하고자 한다.

본고의 이 작업은 고려시대 해양사 연구를 위한 종합적인 문제 제기의 성격을 띰과 동시에 앞으로 국사교과서에 반영되어야 할 해양

---

2) 姜鳳龍, 2002, 「한국 해양사의 전환: '海洋의 시대'에서 '海禁의 시대'로」 『島嶼文化』 20.

사 관련 내용 서술의 방향을 모색하는 계기가 되리라 생각한다. 이를
둘러싼 활발한 논의가 전개되길 기대한다.

Ⅱ. 해양세력 왕건이 세운 고려

고려를 건국한 왕건이 해양세력이었음은 일찍부터 제기되었다. 우
선 예종대(1146~1170)에 金寬毅가 저술한『編年通錄』에[3] 나타난 왕
건의 先代에 대한 설화적인 기록을 분석하여, 「虎景－康忠－寶育－
辰義－作帝建－龍建－王建」으로 이어지는 왕건의 先代가 국제 해상
무역을 통해서 개경 일대의 유력한 해양세력으로 성장해 간 과정을
밝힌 연구가 주목된다.[4] 개경 일대는 예성강과 임진강과 한강이 어우
러져 있고, 이들이 바다와 만나는 지점에 강화도 등의 섬들이 방파제
처럼 버티고 있어서, 해양활동을 위한 최적의 해양조건을 갖추고 있
다고 할 수 있다.[5] 따라서 왕건의 선대가 바로 이러한 지역을 무대로
하여 국내외 해상무역을 주도하여 유력한 해양세력으로 성장하였으
며, 왕건이 이를 기반으로 하여 궁예를 극복하고 급기야 후삼국을 통
일할 수 있었다는 지적은 설득력이 있어 보인다.

왕건이 궁예 휘하에 있던 초기 단계에서 탁월한 능력을 본격 발휘
했던 것이 주로 해전에서였다는 점을 염두에 둘 때, 이러한 연구는
비록『편년통록』과 같은 설화적 기록을 통한 연구이긴 하나 주목할
만한 가치가 있다고 할 수 있다. 이점에서, 왕건이 궁예로부터 海軍大

---

3) 『高麗史』卷1 太祖世家.
4) 金哲埈, 1964, 「後三國時代 支配勢力에 대하여」『李相伯博士回甲紀念論
   叢』, p.262 ; 朴漢卨, 1965, 「王建世界의 貿易活動에 대하여 － 그들의 出
   身究明을 中心으로 － 」『史叢』10 ; 河炫綱, 1988, 「『編年通錄』과 高麗王
   室世系의 性格」『韓國中世史硏究』, 일조각.
5) 尹明喆, 1999, 「江華지역의 해양방어체제 연구」『사학연구』58・59.

將軍 혹은 百舡將軍 등의 최고 해군지휘관으로 임명받아[6] 자기 휘하의 해군 선단을 운용하여 나주지역의 서남해 해양세력을 무난히 접수하면서 비로소 그의 명성을 본격적으로 알리게 되었다는 것은 매우 중요한 의미를 지닌다. 왕건은 그 과정에서 후삼국의 한 축을 이루고 있던 견훤과의 해전에서 대승을 거두었고, 또한 서남해 해양세력을 자기 세력화함으로써 궁예를 극복할 수 있는 기반을 공고히 할 수 있었다는 점에서, 그의 서남해 해전은 추후 후삼국 통일의 초석이 되었다고 할 수 있다.

그런데 왕건의 서남해 진출 성공은, 해양세력과의 연대망을 구축한 그의 치밀한 사전 공작의 결과물이었음도 주목할 필요가 있다.[7] 먼저 예성강 하구에 위치한 貞州(오늘날 개풍군 풍덕)의 유력한 해양세력인 柳天弓의 딸을 첫째부인[후에 神惠王后]으로, 그리고 나주 목포의 해양세력인 吳多憐의 딸을 둘째 부인[후에 莊和王后]으로 삼은 것은 이러한 해양세력의 연대망 구축을 위한 정략결혼으로 볼 수 있다. 또한 강진 무위사에 주석하고 있던 당대 최고의 고승 炯微 스님을 포섭했던 것도 불교 신앙의 힘을 빌어 서남해 해양세력을 평화적으로 자기 세력화하기 위한 포석이었다고 할 수 있다. 뿐만 아니라 당진 지역의 해양세력으로 추정되는 복지겸과 박술희도 이 때 이미 왕건에게 포섭되었을 가능성이 점쳐지고 있다. 그렇다면 왕건은 궁예의 적극적인 지원 하에 '개경지역－당진지역－나주지역'의 해양세력과 연대하여 견훤과의 서남해 해전에서 승리하였고, 이를 토대로 하여 궁예를 극복할 수 있었다고 할 수 있다.

왕건은 고려 건국 및 후삼국 통일의 과정에서도 해양세력에 대한 우호적 연대망을 유지·강화하려는 데에 주력하였다. 고려 건국 후에 왕건이 그의 최대 해양 연대세력인 나주 지역을 중시하는 일련의 정

---

6) 『東國通鑑』 卷61 神德王 3年條.
7) 姜鳳龍, 2003, 「羅末麗初 王建의 西南海地方 掌握과 그 背景」 『島嶼文化』 21.

책을 폈던 것은 그 현저한 예이다. 고려 건국 직후에 나주 지역을 '羅州道大行臺'라는 특별 행정구역으로 편제하여 前 廣評省 侍中인 具鎭을 나주도대행대 시중으로 임명하는 등의 파격적인 조치를 취했던 것이나,[8] 917년에 궁예에게 타살되었을 것으로 추정되는 무위사 주지 출신의 형미 스님에게 先覺大師라는 존호를 내리고, 그에 대한 성대한 다비식을 919년에 개경에서 거행했던 것,[9] 그리고 나주 출신 장화왕후 소생의 王武를 자신의 후계자로 지목하고 당진 출신의 박술희를 그의 후견인으로 지목했던 것 등은 나주지역에 대한 왕건의 각별한 관심을 반영한 것이라 할 수 있다.

이런 맥락에서 볼 때, 왕건이 우호적 해양세력의 기반을 확대한 것이야말로 자신을 후삼국 통일의 최후 승리자가 될 수 있게 한 중요한 요인이었음을 부인하기 어려울 것이다. 따라서 이후 고려 국가가 해양정책을 중시하고 이를 적극 지원했을 것은 충분히 예상할 수 있는 바이다.

Ⅲ. 해양강국 고려의 재발견

1. 고려－송 사이의 해상무역과 高麗商의 활동

그 자신이 유력한 해양세력이었던 왕건이 서해와 남해의 해양세력을 결집하면서 고려를 건국하고 후삼국을 통일하기에 이르렀다고 한다면, 그 후 고려의 해양정책은 매우 적극적으로 전개되었을 것이고, 고려인의 해양활동 역시 크게 활성화되었으리라는 것은 쉽게 예상할

---

8) 朴漢卨, 1985, 「羅州道大行臺考」 『江原史學』 1.
9) 「先覺大師烱微遍光靈塔碑」 『朝鮮金石總覽』.

수 있다. 우선 宋商과 高麗商의 활동상을 통해서 고려 해양활동의 역동적인 모습을 엿보기로 하자.

우리측 자료인 『高麗史』에 의하면 송상이 고려에 내항한 기사는 1012년(현종 3)의 최초 기사로부터 1278년(충렬왕 4)의 마지막 기사에 이르기까지 총 129회에 이르고, 고려에 내항한 송상의 총인원은 5,000여명에 달했던 것으로 되어 있다.[10] 고려가 이처럼 송의 민간 상인의 내항 사실을 기록으로 상세히 남겼다는 것은 매우 이례적인 일로서, 그만큼 고려의 송상에 대한 관심이 지대했음을 반영한다고 할 수 있다.

『宋史』高麗傳에 의하면 "(고려) 王城에 華人(=중국인)이 수백명 있는데, 閩 땅 사람들이 많다"고 했는데, '민'이란 강남의 福建 지역을 지칭한다. 이는 송상의 활동상과 함께 그들의 출신지를 보여주는 기사이다. 실제 『고려사』에 나오는 송상들의 출신지를 보면 주로 중국 강남 연안의 항구도시, 즉 廣州·明州·杭州·蘇州·楚州·福州·泉州 등지의 출신인 것으로 나타나 있다. 그런데 이들 항구들은 唐代 이후 아라비아 및 동남아시아의 여러 나라와 국제 해상교역이 활발하게 이루어져 오던 要港이었다는 점을 염두에 두면,[11] 고려에서의 송상의 활동은 곧 중국과 고려 사이 뿐 아니라 아라비아 및 동남아시아의 여러 나라와의 교류를 매개하는 기능도 수행했다고 할 것이다. 실제 고려에는 송상 뿐 아니라 아라비아(大食國) 및 동남아시아 여러 나라의 상인들도 다수 찾아와서 교역활동을 전개하기도 했던 것이다.[12]

거란이나 여진과의 관계 때문에 고려와 송 사이에 공식적인 관계

---

10) 金庠基,「高麗前期 海上活動과 文物의 交流 - 禮成江을 중심으로 - 」『東方史論叢』, 서울대출판부, pp.447~453.

11) Hugh R. Clark, 1993,「8~10세기 韓半島와 南中國間의 貿易과 國家關係」『張保皐 해양경영사연구』, 이진, pp.270~274.

12) 金庠基, 1974,「高麗의 海上活動」『東方史論叢』, 서울대출판부, pp.455~456.

가 위축되었던 기간에도 송상의 활동은 전혀 위축되지 않은 것으로 나타나고 있어, 정치적 관계에 하등 영향을 받지 않았음을 보여준다. 더 나아가 송상들은 북방의 거란이나 여진과의 관계로 인해 악화된 양국의 외교 관계를 중재하는 일까지 수행하기도 했다. 예를 들어 1069년에 송 황제는 福建의 轉運使 羅拯에게 조서를 내려, 고려에 渡航하는 泉州 출신의 상인인 黃愼과 洪萬 등의 편에 단절되어 온 양국 국교의 재개 의사를 타진한 적이 있었다. 이에 고려는 民官侍郎 金悌를 단장으로 하는 110여 명의 대규모 사절단을 송에 파견함으로써, 양국의 통교 관계가 다시금 재개되었던 것이다.[13]

이처럼 宋商의 활동은 우리측 사서나 중국 사서에 상세히 나타나 있는 반면에, 高麗商의 활동상에 대한 기록은 거의 남아 있지 않다. 이에 대해 두 가지의 상반된 견해가 제기된 바 있다. ① 동아시아 해상무역을 송상이 전적으로 주도했다고 보는 견해와[14] ② 송상 못지 않게 고려상도 동아시아 해상무역에서 크게 활동했다고 보는 견해가[15] 그것이다. 우리측 사서는 물론 중국측 사서에도 고려 상인에 대한 기록이 거의 없는 마당에, 의당 ①의 견해가 타당하다고 해야겠으나, ②의 견해 역시 귀담아 들을 여지는 있다. ②의 견해가 주장하는 바는 대개 이러하다. 우리측 기록에서 송상의 내항 사실을 상세히 기술한 것은, 고려가 송과의 무역에 대해 국가적 차원의 지대한 관심을 가지고 있었음을 반영하는 것으로 볼 수 있으며, 반면 중국측 기록에서 고려 상인에 대한 기록을 거의 남기지 않은 것은 중국 사관이 고려 상인의 내항 사실을 중국 정사에 일일이 기록할 필요성을 느끼지 못했기 때문일 거라는 것이다.

필자는 ②의 견해에 동의를 표하고 싶다. 왜냐하면 고려 상인의 활

---

13) 祁慶富, 1997,「10~11世紀 韓・中 海上交通路」『한중문화교류와 남방해로』, 국학자료원, pp.173~175.
14) 高柄翊, 1991,「麗代 東아시아의 海上交通」『震檀學報』71・72, p.303.
15) 고병익의 윗 논문에 대한 홍승기의 토론, 『진단학보』71・72, p.401.

동상이 중국 정사에는 보이지 않지만 중국 민간인이 남긴 기록에는 단편적으로나마 나타나 있기 때문이다. 예를 들어 宋人 張邦基가 쓴 『墨莊漫錄』이나 李心傳이 쓴 『建炎以來繫年要錄』 등에 고려 상인이 銅器를 獻上하거나 판매했다는 기록을 남기고 있는 것이다.[16)

실제 송 당국자 중에는 고려상의 활동에 대해 혹평한 이들도 있었지만 대체적으로는 호의적으로 받아들였던 것 같다. 고려상의 활동을 혹평했던 대표적인 인물은 '구법당' 정객의 한 사람이었던 蘇軾(1036~1101년)이었다. 그는 고려 상인의 활동을 엄격히 통제할 것을 주장하면서 만약 그러지 않는다면 "고려의 교활한 상인들이 시도 때도 없이 조공을 핑계로 들어와 중국을 소란케 할 것이고, 중국의 간사한 무리들이 고려로 간다는 것을 내세우고서 거란과 통하게 되어 큰 우환이 될 것이다"라 주장하기도 했던 것이다. 소식의 고려 상인 통제론은 기본적으로 거란의 위협에 대한 과잉 반응으로 나온 것이었지만 반드시 그런 것만은 아니었다. 그는 "(고려 상인이 가져온) 고려의 조공품은 모두 노리개와 같이 불필요한 것이지만, 송이 지출하는 비용은 모두 백성의 고혈이다"는 식의 주장을 펼치기도 했으니, 이런 그의 주장에는 고려와의 통상이 곧 송의 경제적 손실이라는 인식을 담고 있는 것이다.

그러나 소식 등의 극단적 주장은 수용되지 않았고, 송에서의 고려 상인들의 활동은 보장받았던 것으로 보인다. 송은 고려 사신이나 상인들의 편의를 위해 호화로운 高麗亭이나 高麗館을 곳곳에 건립하였고, 이에 대해 소식은 상소를 통해 혹은 詩作 활동을 통해 연이어 불만을 토로할 뿐이었다.[17) 12세기 초에는 樓異의 건의를 받아들여 明州(오늘의 영파)에 고려와의 통교 관계를 특별 관리하는 高麗司라는 전문기구를 설치하기에 이르렀고, 이곳에 高麗館을 건립하기도 했으

---

16) 黃寬重, 1991, 「宋 · 麗貿易與文物交流」 『震檀學報』 71 · 72, p.344.
17) 이상 蘇式에 대한 설명은 鮑志性, 1997 「蘇東坡와 高麗」 『한중문화교류와 남방해로』, 국학자료원 참조.

니,[18] 고려관 터는 오늘날까지도 영파에 남아 전해지고 있다. 또한 13세기 전반의 상황이긴 하지만 명주 지방에서는 고려 상선에 대해서는 入口稅(오늘날의 관세)를 1/19만을 징수하여, 1/15의 세율을 부과한 타국 상선에 비해 특권을 부여하기도 하였던 것이다.[19]

이처럼 고려 상인의 활동에 대해 宋人이 혹평을 가했든, 혹은 보장을 했든 간에 분명한 것은 고려상들이 송에서 활발한 활동을 전개하고 있었다는 점이다. 이런 사정들을 감안할 때, 정사에 고려상에 대한 기록이 없다 하여 고려상의 활동 사실을 부정하는 것은 잘못된 생각임을 알 것이다. 여기에서 더 나아가 당시 고려가 송과의 교역 뿐 아니라, 海禁정책을 펴고 있던 일본과의 교역에도 관여하면서,[20] 동아시아 해상교역을 매개해주는 중심 역할을 수행했다는 점도 주목할 필요가 있다. 그렇다면 고려는 동아시아 해양활동에서 종속적인 위치에 있었다기보다는 이를 주도하는 위치에 있었을 가능성이 크다고 볼 것이다.

이와 관련하여 고려의 수도 개경은 세계인이 왕래했던 국제도시였다는 점을 주목할 것이다.[21] 예성강구에 있는 벽란도는 개경에 출입하는 국내외 사람들이 일정한 통관절차를 밟던 곳으로 당시 세계인으로 크게 붐볐던 것으로 알려지고 있다. 이러한 모습을 이규보는 다름과 같이 읊고 있다.[22]

潮水가 들고나매 오고가는 배는 머리와 꼬리가 잇대었더라. 아침에 이 다락 밑을 떠나면 한 낮이 채 못되어 돛대는 南蠻의 하늘에 들어가누나. 사람들은 배를 가리켜 물 위의 驛馬라 하나 나는 바람 쫓는 駿馬의 굽도 이에 비하면 오히려 더디다 하리 … 어찌 區區히 南

---

18) 『宋史』卷354, 樓異傳.
19) 金庠基, 1985, 『高麗時代史』, 서울대출판부, p.167.
20) 金庠基, 1974, 앞 논문, pp.456~458.
21) 2001년 10월 20일 방영, KBS 역사스페셜 '천년전 국제도시 개경' 참조.
22) 金庠基, 1974, 앞 논문, p.461에서 재인용.

蠻의 지경뿐이랴. 이 뱃길을 빌리면 어느 곳이고 오르내리지 못할 줄이 있으랴.(『東國李相國集』 卷16 又樓上觀潮贈同寮金君詩)

당시 고려 수도의 개경에 외국 배가 매우 빈번하게 왕래하였으며, 또한 개경에서 배를 타고 매우 빠른 속도로 외국으로 건너가기도 했음을 알려준다. 이런 국제도시 개경에서 외국인들은 고려인들과 더불어 자연스럽게 공생해 갈 수 있었다. 고려가요 '쌍화점'에서, 고려여인과 回回人(아라비아 상인) 사이의 수작 장면이 너무도 자연스럽게 묘사되어 있는 것에서도, 우리는 조선과 다른 고려의 개방적 성향을 생생하게 느껴볼 수 있다. 고려의 해양 개방정책은 고려인으로 하여금 자유분방하고 개방적인 삶을 가능하게 하였다. 그만큼 고려는 '해양강국'의 면모를 가지고 있었다고 할 것이다.

2. 국호 'Korea'의 해양사적 연원

해양강국 고려의 가능성은 오늘날 'Korea'라는 국호의 연원을 통해서도 살필 수 있다. 오늘날 국제사회에서 우리의 공식 국호는 'Korea'이다. 南은 'South Korea'이고 北은 'North Korea'이다. 우리는 남과 북이 애써 '한국'과 '조선'이라는 각기 다른 국호를 고집하고 있는데, 국제사회에서는 Korea라는 동일 국호로 불러주고 있으니, 한편으론 고맙기도 하고, 한편으론 부끄럽기도, 우습기도 하다. Korea란 국호는 왕건이 세운 '高麗' 왕조에서 연원하는 것이니, 이점에서 고려왕조는 남북의 분단 상황을 청산하고 화해할 수 있는 조그만 빌미를 우리에게 제공해주고 있는 셈이다. 따라서 이는 의도했든 안했든 간에 고려가 우리에게 남겨준 훌륭한 문화유산이라 할 수 있다.

우리 역사에서 사용된 국호를 열거해 보자면, 고려 이외에도 (고)조선, 한국(삼한), 고구려, 백제, 신라 등이 있고, 오늘날 남과 북이 각기 다른 한국과 조선이라는 국호를 쓰고 있다. 그럼에도 무슨 연유로 서구인들은 우리의 국호를 유독 '고려'에서 연원하는 'Korea'로 부르게 된 것일까? 그 연원을 찾아 올라가다 보면, 먼저 서양 선교사가 남긴 16세기의 기록과 만나게 된다.

먼저 임진왜란을 전후한 시기에 일본에는 선교활동을 하고 있던 예수회 선교사들이 머물러 있었다. 그들은 그들의 선교 활동상을 연례보고서의 형식으로 작성하여 로마의 예수회 본부에 보냈는데, 특히 임진왜란이 일어난 1592년에는 임진왜란의 전황을 상세히 기술한 『1592년 예수회 연례보고서 부록편』을 작성하여 보냈다. 여기에 당시 조선인들에 대한 이야기가 포함되어 있다. 그런데 여기에서 주목해야 할 점은 그들이 조선이란 국호 대신에 '코라이(Coray)'란 국호를 쓰고 있다는 점이다. 즉 '코라이'인들의 성향과 기질에 대한 이야기, '코라이' 포로에 대한 이야기 등을 전하고 있다.

다음에 스페인 신부 루이스·데·구스만이 일본에서 활동하던 신부들이 작성한 자료에 근거해서 1601년에 저술한 『선교사들의 이야기』라는 저서가 있다. 여기에서도 역시 국호를 '코라이(Coray)'라 쓰고 있는데, '코라이' 병사들의 이야기, '코라이' 신하들의 이야기, '코라이' 정복과정에서 일본이 겪은 난관에 관한 이야기 등을 전하고 있다.

더욱 생생한 것은 천주교신자인 小西行長의 요청으로 종군하여 1593년 12월 27일에 직접 조선 땅을 밟은 스페인 출신의 그레고리오·데·세스뻬데스 신부가 조선에서 그가 겪었던 경험을 써서 보낸 편지의 내용이다. 여기에서 그는 하나님의 뜻으로 '코라이' 왕국에 가게 되었음을 밝히고, 당시의 전황을 생생하게 전하고 있다.23) 당시엔 고려라는 왕조는 이미 사라졌고 조선이란 왕조가 엄존하는 상황에서 이들은 하나 같이 나라 이름을 '고려'에서 연원하는 '코라이'라

---

23) 朴哲, 1999, 「서구인이 본 임진왜란」 『새롭게 다시 보는 임진왜란』, 진주박물관.

칭하고 있는 것이다. 이는 유럽의 고지도에서도 마찬가지로 나타나고 있다.

1996년 11월에 주한 포르투갈 문화원에서 개최한「지도 제작기술에서의 동서양의 만남전」에 포르투갈인 마우엘 고디뇨 드 에리디아가 16세기 초에 제작한 아시아지도가 전시되었는데, 그 지도에서 한국과 일본 사이의 바다를 'Mar Coria'로 표기한 것이 확인된 바 있었다.24) 그리고 경희대 무역학과 김신 교수가 소장한 유럽의 고지도 중, 1720년에 영국에서 제작된 지도에는 동해를 'Sea of Corea'라 표기되어 있고, 1748년 프랑스에서 제작된 지도에는 'Mer De Coree'라 표기되어 있는 것이 확인되기도 하였다.25) 또한 중국 復旦大의 吳松弟 교수는 '동해 지명과 바다 명칭에 관한 국제학술세미나'(1998년 10월 27일, 서울 한국프레스센터)에서 1700~1826년 사이에 제작된 유럽의 고지도 30여장을 분석하여 동해를 'Mer De Corea', 'Sea of Corea', 'Gulf of Corea' 등으로 표기한 지도 15장의 사례를 소개한 바 있다.26)

유럽 고지도에서 동해를 어떻게 표기하였는가에 대한 우리의 관심은 '일본해'가 아닌 '한국해' 혹은 '동해'라 표기함이 정당하다는 것을 주장하기 위한 것에 집중되었고, 이점에서 매스컴의 스폿라이트를 받았다. 그리하여 이는 정부 차원의 관심으로 옮겨져서, 2001년에 미국 남가주대 한국전통문화도서관에 소장되어 있는 180여 점의 고지도와 영국 국립도서관 소장의 16~19세기의 동해 관련 지도 90점을 조사하는 국가 프로젝트가 수행되었고, 그 결과 대다수 지도가 'Sea of Corea', 'Sea of Korea', 'Mer De Coree', 'Zee Van Korea' 등으로 표기되어 있음을 역시 확인하였다.27)

지도에서의 이러한 표기들을 확인한 것은 두 가지 점에서 매우 중

---

24) 朝鮮日報 1996년 11월 6일자.
25) 金新, 1997,『잃어버린 동해를 찾아서』
26)『동아일보』1998년 10월 28일자.
27)『동아일보』2001년 6월 21일자, 8월 13일자.

요한 의미를 지닌다. 첫째, 동해가 결코 '일본해'로 표기될 수 없다는 국민적 관심사를 재확인해 주었다는 점이다. 정부와 매스컴이 보여준 지대한 관심은 대개 이 점에 집중되었다. 이 점도 물론 중요하지만 필자가 더 주목하고자 하는 것은 왜 바다 이름을 '조선해'가 아닌 '고려해'로 표기했을까 하는 점이다. 이는 국제사회에서 우리의 공식 국호를 'Korea'라 칭하게 된 연원을 해명할 하나의 단서로 삼을 수도 있겠다는 생각 때문이다.

조선은 임진왜란 이전에는 서양인들에게 거의 알려지지 않은 은둔의 나라였다. 그래서 서양의 선교사에게 조선은 풍문으로만 전해져 '야만인 탈탈족이 사는 섬나라'라는 식으로 잘못 알려져 있었다. 그러다가 조선은 1592년 임진왜란을 계기로 일본에 와있던 서양선교사들에게 재발견되었던 것이다. 그런데 그들은 문헌에, 그리고 지도에 '조선'이란 국호 대신에 '고려'를 지칭하는 'Coray', 'Coria', 'Coree', 'Corea', 'Korea' 등으로 표기하였다. 왜 그랬던 것일까?

현재로서 이 문제는 더 이상 추적할 길이 없어, 아직 미스테리로 남아 있다. 다만 생각해 볼 수 있는 것은, 그들의 먼 역사적 기억 속에 남아 있던 '고려'라는 왕조가, 임진왜란을 전후해서 재발견된 '조선'을 통해서 되살아난 것으로 볼 수 있지 않을까? 그들에게 은둔의 나라 '조선'보다는, 비록 먼 기억 속의 왕조이긴 하지만 '고려'가 더욱 강렬하게 호소했을 가능성이 크다는 것이다. 그렇다면 '고려'는 무엇으로써 그들에게 그토록 오랫동안 강렬한 인상으로 남게 했을까? '해양강국 고려'라는 담론이 그 유력한 해답을 제시해 줄 수 있지 않을까 한다. 앞에서 살펴보았듯이 해양 개방국가로서의 고려는 동아시아 뿐 아니라 아라비아 상인을 통해서 유럽에까지 널리 알려져 그들의 기억 속에 전승되어 왔던 것이다.

Ⅳ. 해양과 운명을 같이 한 고려

1. 고려 강화도정부의 抗蒙과 '해양력'

고려는 해양과 각별한 인연을 맺은 국가라 할 수 있다. 해양을 기반으로 하여 일어났고, 해양과 더불어 발전하였으며, 최후의 운명을 해양과 같이했다고 여겨지기 때문이다. 몽고의 침략과 삼별초의 항쟁 및 몰락이라는 일련의 과정을 통해서 고려의 최후가 해양과 긴밀한 관련이 있음을 살펴보기로 하자.

1231년 몽고가 침입을 시작하자 고려는 그 이듬해에 최씨정권의 주도 하에 전격적으로 강화도로 천도를 단행하였다. 여기에서 고려는 몽고의 집요한 침략에 저항하여 40년 가까운 장기간 동안 버텨냈다. 결국 1270년에 고려는 몽고에 굴복하여 개경으로 환도하고 말았지만, 유라시아대륙을 석권한 초강대국 몽고에 저항하여 그처럼 장기간을 버텨낼 수 있었던 사실만은 주목할 필요가 있다.

우리는 흔히 고려가 몽고의 침략에 장기간 버텨낼 수 있었던 배경을 海戰에 취약한 몽고의 사정에서 찾으려 할 뿐, 고려의 저력에서 찾으려 하지 않는다. 그렇지만 여기에서 한번 뒤집어 생각해 볼 수는 없을까? 이런 새로운 관점에 서게 되면 우리는 고려의 장기 저항의 원동력으로 고려의 강력한 해양력을 주목할 수 있게 된다.

일반적으로 해양력은 '해군의 군사력'과 '海路의 운용능력'에서 나온다고 할 수 있다. 해군의 군사력이란 병선의 건조 및 보유 능력과 잘 훈련된 해군에 의해서 규정되며, 해로의 운영능력이란 강길과 바닷길을 통해서 인적 물적 자원을 무난히 조달 할 수 있는 능력을 의미한다. 그렇다면 고려 해군의 군사력은 어느 정도였을까? 몇 가지 사례를 통해서 우리는 막강한 고려 해군의 군사력을 엿볼 수 있다.

즉 ① 1270년에 고려 국왕이 몽고에 굴복하여 개경으로의 천도를 전격적으로 선언하자 삼별초가 이에 불복하여 진도로 옮겨갈 때 1,000여 척의 배를 동원했다는 사실과[28] ② 1274년에 몽고가 1차 일본원정을 위해 고려에게 전함 건조를 요구하자 고려가 이에 응해 대선 300척과 소선 600척을 불과 4개월 여만에 건조했던 사실,[29] ③ 그리고 원정 중에 태풍을 만났을 때 중국에서 온 배는 모두 부서졌으나 오직 고려 배들만은 온전했다는 사실[30] 등이 그것이다.

강화도의 최씨정권이 막강한 해군력의 배양과 함께 심혈을 기울였던 또 하나의 과업은 해로의 운영능력을 극대화시키는 일이었다. 최씨정권은 이를 위한 일련의 조치를 실행에 옮겼는데, 여기에서는 두 가지의 사례를 소개하기로 한다.

먼저 첫 번째 사례는 白蓮結社와 修禪結社라는 두 불교결사체를 적극 후원하는 일이었는데, 이는 해로의 요충지에 위치한 서남해지역의 해양세력을 포섭하기 위한 조치였다. 백련결사는 강진만에 연접해 있는 만덕산의 백련사에서 圓妙國師 了世(1163~1245)가 일으킨 결사체이고,[31] 수선결사는 순천 조계산(당시는 송광산)의 송광사(당시는 길상사)에서 普照國師 知訥(1158~1210)이 일으킨 결사체였다.[32] 그런데 지눌의 뒤를 이어 修禪結社의 제2조가 된 眞覺國師 慧諶(1178~1234)의 탑비가 월출산 남쪽 기슭에 세워진 것으로 보아, 혜심에 의한 수선결사는 백련결사와 마찬가지로 영암·강진과 긴밀한 관계 속에서 운영되었을 가능성이 크다.[33] 그렇다면 요세와 혜심이라는 당대

---

28) 『高麗史節要』 18卷 元宗 11年 6月條.
29) 『高麗史』 世家 元宗 15年 6月 辛酉條.
30) 王惲, 『秋澗先生大全集』 卷40 汎海小錄(高柄翊, 1991, 앞 논문, pp.302에서 재인용).
31) 高翊晋, 1983, 「圓妙國師 了世의 白蓮結社 - 思想的 特質을 中心으로 - 」 『韓國天台思想研究』, 東國大佛敎文化研究所.
32) 秦星圭, 1984, 「高麗時期 修禪社의 結社運動」 『韓國學報』 36.
33) 閔賢九, 1973, 「月南寺址 眞覺國師碑의 陰記에 대한 一考察」 『震檀學

최고의 두 고승에 의해 주도된 불교결사운동이 모두 서남해지역에서
일어났다는 말이 되는데, 이는 곧 해양을 배경으로 활동한 서남해지
역 토호세력의 저력을 반영하는 것이라 할 수 있다. 더욱이 요세와
혜심이 모두 강화도의 최씨 집권자들과 긴밀한 관계를 맺고 있었다
는 점은 매우 심장한 의미를 내포한다.[34]

합천 태생의 了世가 각처를 편력하다가 강진의 토호 崔彪·崔引·
李仁闡 등의 청으로 백련사에 주석한 것은 13세기 초반이었다. 이후
그는 서남해지방의 토호와 관리들의 적극적인 후원 하에 1232년에
普賢道場을 개설하고, 1236년에는 眞淨天頙으로 하여금 '백화결사문'
을 짓게 함으로써 백련결사운동을 본격 개시하였으며, 그 이듬 해에
강화도에 있던 高宗은 요세에게 선사의 칭호를 내렸다.

최씨 집권자들도 요세를 적극 지원하였다. 康宗의 庶女이며 최충
헌의 부인인 靜和宅主는 백련사에 무량수불을 조성하여 주전에 봉안
케 했고, 최우는 '묘연연화경'을 보현도량에서 조판하는 것을 후원하
였다. 그리고 최씨정권에 참여한 유력인사들이 다수 백련사에 입사하
였으며, 최씨집권하의 대표적 文士인 崔滋가 요세의 비명을 찬하기도
했다. 이러한 일련의 사실들은 최씨정권이 요세의 백련결사운동에 얼
마나 지대한 관심과 정성을 기울였는가를 보여준다. 이는 곧 요세를
尊崇해 마지않는 서남해지방 토호세력의 환심을 사기 위한 최상의
방책이기도 했을 터이다.

진각국사 혜심에게 기울인 최씨집정자들의 정성은 요세에 대한 것
을 능가했다. 최충헌은 혜심에게 選試도 거치지 않고 승계를 수여하
는 특혜를 베풀었는가 하면, 최우는 자신이 직접 수선사에 入社하였
고, 두 아들 만종과 만전을 혜심에게 보내어 법제자가 되게 하였다.
뿐만 아니라 최우는 수선사에 막대한 토지를 희사하였고, 1245년에는
수선사의 분사격인 禪源寺를 강화도에 세우고 자신의 원찰로 삼기도

報』36.
34) 金塘澤, 1981, 「高麗 崔氏政權과 修禪社」『歷史學硏究』10.

하였다. 이에 대해 혜심은 최우에게 '그의 훌륭한 정치는 村野에 있
는 무지한 부인이나 어린애들도 칭찬하지 않음이 없다'는 내용의 편
지를 보내는 등, 그를 정신적으로 후원해마지 않았다.

그런데 혜심의 탑비는 수선사의 本社가 있는 송광사에 세워지지
않고, 월출산 남록의 월남사에 세워졌다. 1234년 순천지역의 月燈寺
라는 절에서 혜심이 入寂하자 여기에서 茶毗式을 행하고, 그의 靈骨
은 곧 廣原寺(오늘날 송광사에 딸린 廣遠庵)로 옮겨져 장사지내고 부
도에 안치하였으며, 圓照之塔이라는 탑호가 사액되었다. 따라서 그의
탑비는 원조지탑이 있는 광원사에 세워지는 것이 마땅하다 하겠는데,
멀리 떨어진 강진의 월남사에 세워졌던 것이다. 그것도 그의 입적 후
16년이나 지난 1250년에 襄陽公 恕와 최우를 위시로 한 강화도 최씨
정권의 실세들이 대거 참여한 가운데 대대적인 입비의식을 거행하면
서 그의 탑비가 세워졌던 것으로, 탑비의 陰記에 나타나 있다.35) 이는
강화도의 최씨정권이, 혜심을 존숭해마지 않던 서남해지역의 토호세
력을 佛心을 이용해 포섭함으로써, 해로의 요충지인 서남해지역의 해
로 운용능력을 높이려는 정치적 의도가 작용한 것으로 볼 것이다.

해로의 운영능력을 높이기 위한 두 번째 조치로 팔만대장경 조판
사업을 들 수 있다. 팔만대장경의 조판 사업은 최씨정권의 2대 집권
자 최우의 주도 하에 1236년에 착수하여 16년만인 1251년에 완료한
일대 국책사업이었다. 符仁寺에 소장되어 오던 초조대장경이 1232년
에 몽고군에 의해 소실되자, 최우는 이규보로 하여금 몽고군의 격퇴
와 국가의 평안을 기리는 祈告文을 작성하게 하고, 새로운 대장경(팔
만대장경)의 조판에 착수했던 것이다.36)

즉각 강화도에 대장경 조판을 관장하는 大藏都監이 설치되고, 남
해도에 그 分所라 할 分司大藏都監이 설치되었다. 팔만대장경 조판
사업은 강화도와 남해도를 잇는 바닷길을 넘나들며 수행되었던 것이

---

35) 閔賢九, 1973, 앞 논문.
36) 閔賢九, 1979, 「高麗의 對蒙抗爭과 大藏經」『韓國學論叢』 1.

다. 남해도를 포함하는 晉州 일대는 최충헌이 晉康侯로 봉해지고 식읍으로 받게 되면서부터 최씨정권과 관계를 맺기 시작했으며, 이후로 최우 집정기 때는 진주를 중심으로 경상도와 전라도의 남부 일대에 광대한 경제적 기반을 구축하고 있었다. 남해도에 분사교정도감을 설치한 것은 최씨정권과의 긴밀한 관계가 있었기에 가능한 일이었던 것이다. 여기에서 좀 더 적극적으로 생각하면 강화도에 대장도감을 설치하고 남해도에 분사대장도감을 설치하여 팔만대장경의 조판이라는 大役事를 시작한 것은, 佛力으로써 서해와 남해를 잇는 바닷길의 네트워크를 유지·강화하려는 정치적 의도가 작용했을 가능성이 크다고 하겠다.

그런데 팔만대장경의 완성 시점(1251년)이 앞서 살핀 혜심의 탑비 건립 시기(1250)와 거의 일치한다는 점에서, 두 사안은 별개의 것이라기 보다는 공동의 목적 달성을 위해 주도면밀하게 기획된 일련의 정치행위라는 혐의가 짙다. 즉 혜심의 탑비를 건립하는 성대한 기념식을 해로의 요충지인 서남해지역의 월남사에서 거행하고, 그 이듬해에 강화도와 남해도에서 팔만대장경의 완성 사실을 반포했던 것은 「강화도-서남해지역-남해도」로 이어지는 해로 운용능력의 극대화를 꾀하려는 최씨정권의 정치적 기획이었을 가능성이 크다 할 것이다.

이처럼 막강한 해양력, 즉 해군의 군사력과 해로의 운용능력이 뒷받침되었기에, 고려 강화도정부는 막강 군단을 자랑하는 몽고군의 집요한 공격을 버텨낼 수 있었던 것이다. 몽고도 결국 이를 눈치챘던지, 1250년대 중반 경부터 해로의 요충지에 위치한 섬들에 대한 공격에 나섰다. 해로의 차단작전이었다. 1256년에 몽고의 총사령관 車羅大는 남해의 여러 섬들을 공격하도록 명을 내렸고, 고려는 300여 척의 배를 보내어 이를 막게 하였다. 급기야 차라대는 전함 70여 척이라는 대규모 함대를 직접 인솔하여 서남해의 최고 요충지에 위치한 押海島에 대한 공격에 나서기도 했지만, 결국 격렬하게 저항한 압해도민들에게 패하여 물러날 수밖에 없었다.[37] 고려가 300여 척을 동원하여 몽고군의 도서 공격에 대처했던 점, 특히 압해도민들이 몽고의 주력 부대를 퇴치시켰던 점 등은 고려 국가의 해양 방어능력을 다시 한번 보여준 사건이었다.

압해도에 대한 대규모 공격이 실패로 돌아간 이후에도 몽고는 도서연안지역에 소규모 공격을 계속하였다. 예컨대 1256년 서해 연안항로의 요충지인 아산만 지역을 공격한 것이라든가, 같은 해의 北界 艾島 공격, 이듬해의 神威島 및 서해도의 昌麟島 공격 등이 그것이다.38)

2. 고려 국왕의 개경 천도와 삼별초의 진도 '천도'

압해도 공격에서의 패배로 해로 차단작전에 실패한 몽고는 고려를 무력으로 굴복시키는 것이 쉽지 않다고 판단했던지, 도서·연안지역에 대한 소규모 공격을 계속하면서도 한편으로는 고려와의 강화에도 적극성을 보이기 시작했다. 즉 1258년에는 이제까지 講和 조건으로 집요하게 내세워 오던 '고려 국왕의 親朝'에서 한 걸음 물러나 '태자의 入朝'로 조건을 하향 조정하여 제시해 왔던 것이다. 이와 때를 같이하여 60여 년간의 장기집권을 유지하며 항몽 전선을 주도해오던 최씨정권이 무너지고 말자, 강화도 고려정부의 항몽 의지는 급속히 꺾여 갔다. 결국 1259년에 고려 태자의 몽고 입조가 결행되면서, 고려와 몽고 사이에 강화의 계기가 마련되었다. 이후 최씨정권에 이어 대두한 무인 정권인 김준 정권과 임연·임유무 정권마저 무너지자, 고려정부는 국왕(원종)과 문신들의 주도 하에 1270년 5월 23일에 개경으로의 환도를 전격 단행하였다. 이는 곧 몽고에 대한 굴복을 의미하는 것이었다. 이로써 고려 왕조는 이후 80여 년 동안 몽고의 정치 간섭을 받는 처지로 전락하였다.

---

37) 『高麗史節要』 卷之17 高宗安孝大王4 高宗 43年 6月 條.
38) 尹龍爀, 1994, 「몽고의 침략과 항전」 『한국사』 20, p.237.

최씨정권의 충실한 수족이 되어 항몽의 최일선에서 명성을 떨치던 삼별초 전사들에게 고려의 개경 환도는 충격이었고 사형선고나 진배 없었다. 이는 항몽의 과정에서 최씨정권과 동지적 관계를 유지해오던 서남해지역의 해양세력에게도 마찬가지였을 것이다. 그리하여 삼별초는 고려 정부의 출륙 환도의 방침에 응하지 않았다. 이에 대해 개경 환도를 단행한 원종은 장군 張之氏를 강화도에 파견하여 삼별초를 혁파해 버리고 명부를 거두어 갔다. 이것이 삼별초 전사들을 더욱 자극하였고 급기야 봉기를 일으키게 한 직접 계기가 되었다.

6월 1일에 삼별초는 裵仲孫 장군의 지휘 하에 난을 일으켜 강화도를 점령하고 왕족인 承化侯 王溫을 추대하여 고려왕으로 삼았다. 3일 후인 6월 3일에 1,000 여 척의 배를 동원하여 공사의 재물과 자녀들을 모두 싣고 강화도 鳩浦를 출발하여 남쪽으로 향했다. 최종 목적지 진도에 도착한 것은 강화도에서 떠난 지 70여 일 만인 8월 19일이었다. 강화도에서 진도까지 항해하는데 70여 일이라는 긴 시일이 소요된 내막에 대해서는 알려진 바가 없지만, 아마도 항해의 과정에서 서해안의 도서·연안지역을 경략하면서 이에 대한 지배권을 점검하려는 일종의 해상 시위를 전개했던 것으로 봄이 타당하다.[39] 그렇다면 이는 곧 삼별초가 서남해의 제해권을 유지·강화하려는 사전 포석으로서의 성격이 강하다고 하겠다.

삼별초가 최종 목적지로 진도를 선택했던 것은, 서남해지역 해양세력이 몽고와의 항쟁을 전개하는 과정에서 최씨정권과 동지적 관계를 유지해 왔다는 점이 고려되었을 것이다. 이는, 최씨정권이 요세와 혜심을 통해서 강진·영암세력과의 긴밀한 관계를 맺으려 했다는 점, 압해도인들이 몽고의 대규모 함대를 격퇴시켰다는 점 등을 통해서 살필 수 있는 바이다. 서남해지역의 해상세력은 항몽의 동반자로서 삼별초의 진도 入居 과정에도 깊숙이 개입했을 가능성이 크다.

---

39) 金庠基, 1948, 『東方文化交流史論攷』, 을유문화사, p.167.

삼별초는 진도의 용장사를 중심으로 주위의 산세를 활용하면서 대규모 산성을 축조하였다. 이것이 용장산성이다. 그리고 용장산성의 내부에 산을 의지하여 계단식 축대를 쌓아 올려 터를 잡고 여기에 궁궐을 축조하였다. 용장산성의 궁궐터는 개경의 궁궐터인 만월대를 모방하여 조성된 것으로 알려져 있다.

용장산성은 진도의 주요 출입항인 碧波津에 면한 천연의 요새지였다.[40] 더욱이 용장사는 일찍이 최항이 머문 적이 있을 정도로 최씨정권과도 긴밀한 관계를 맺고 있었다. 따라서 삼별초의 진도 입거는 우발적으로 이루어졌다기보다는 삼별초세력과 서남해지역의 해양세력이 연대하여 연출해낸 주도면밀한 기획의 결과물이라 할 것이다.

삼별초는 진도를 중심으로 서남해의 제해권을 확고히 장악해 갔다. 먼저 진도에 입거한 지 3개월만에 제주도를 점령하였다. 당시 개경 정부가 피해 상황을 몽고측에 알린 기록에 의하면 그 즈음에 삼별초는 30여 개의 섬들을 점거하고 제해권을 장악하였으며, 장흥·나주·합포(마산)·금주(김해)·동래·거제 등의 전라·경상 연안을 장악하여 내륙지역으로 영향력을 확대해 간 것으로 전한다.[41] 그리고 이를 기반으로 남해도에 劉存奕을 파견하는 등[42] 그 주위의 섬들을 통솔하고 제해권을 강화하는 조치를 취했다. 이와 함께 삼별초가 강화도에서 진도로 이동하는 과정에서 서해의 도서·연안지역에 대한 지배권을 점검했으리라는 점까지 염두에 둔다면, 삼별초는 진도를 중심으로 서남해의 해양세력을 결집하여 일종의 해상왕국을 건설했다고 할 수 있겠다.

삼별초는 승화후 온을 고려 '황제'로 칭함으로써 몽고와 대등한 고

---

40) 姜鳳龍, 2003, 「진도 관문 碧波津의 고·중세 해양도시적 면모」『광주·전남의 도시발달과 그 문화적 맥락』(역사문화학회 2003년도 전국학술대회 발표요지문) 참조.

41)『高麗史』卷27 元宗世家 12年 3月條.

42) 尹龍爀, 2000, 「삼별초 진도정부의 수립과 전개」『고려 삼별초의 대몽항쟁』, 일지사, pp.183~184.

려의 정통 왕조임을 자처하기도 하였으니, 이는 몽고제국의 속국으로
전락한 개경의 고려 정부를 명분에서 압도하려는 의도를 드러낸 것
이라 할 수 있다. 더 나아가 일본에 사신을 파견하여 해양을 매개로
일본과 정치·군사적 연대를 시도하기도 했다. 최근에 일본에서 발견
된 외교문서에 의하면 삼별초 진도정부는 "강화도에 천도하여 약 40
년을 지냈고 또 진도로 천도하였다"고 밝히고 있는데, 이는 삼별초가
진도 入居를 '천도'의 차원에서 단행한 것임을 분명히 한 것이다.[43]
　삼별초 진도정부의 영향력은 날로 확대되어 갔다. 경상도 밀성(밀
양)의 군민들이 봉기하여 수령을 죽이고 '진도 정부'에 호응하였고,
개경에서는 관노가 일어나 다루가치와 고려 고위관리를 죽이고 '진
도 정부'에 투항하고자 하였으며, 경기도 大部島 주민들은 몽고인 6
인을 죽이고 '진도 정부'와 연결하고자 하였다. 이렇듯 '진도 정부'가
위세를 크게 떨치게 되자 멀고 가까운 여러 지방의 관원들이 진도에
들어가 '고려황제' 온을 알현하려는 자들까지 생겨날 정도였다.[44] '진
도 정부'의 해양국가 건설 시도는 성공을 거두는 듯했다.

3. 삼별초 진도정부의 패망과 空島 조치

　삼별초에 대한 개경정부와 몽고 연합군(여·몽연합군)의 공격은 삼
별초가 처음 진도에 입거할 때부터 시작되었다. 그렇지만 번번이 대
패당하기 일쑤였다. 이후 삼별초 진도정부의 진용이 갖추어지고 그
영향력이 확대되어감에 따라, 개경정부와 몽고의 위기의식도 점차 고
조되어 갔다. 그리하여 여·몽연합군은 진도정부를 공격하기 위한 전
쟁 준비에 박차를 가하였으며, 결국 1271년 5월 중순에 총공세를 펼

---

43) 石井正敏, 1978, 「文永八年來日の高麗使について－日本通交史料の紹
　　　介－」『東京大史料編纂所報』12 ; 尹龍爀, 2000, 「삼별초의 진도항전」
　　　『고려 삼별초의 대몽항쟁』, 일지사, pp.206～211.
44)『高麗史』卷103 金應德傳.

쳐서 방심하고 있던 삼별초정부를 무너뜨리고 말았다.

裵仲孫은 南桃浦에서 전사당하였고, 승화후 왕온 역시 남으로 피신하던 중 여·몽연합군에 잡혀 참수당했다.[45] 部將 金通精은 삼별초의 잔여 세력을 모아 金甲浦를 통해서 탈출, 최후의 후방기지인 제주도로 입거하여 항거를 계속하였다. 제주도의 삼별초세력은 방어시설을 구축하고, 1271년 하반기부터 서남해의 도서·연안지역에 대한 공격을 감행하게 된다. 이는 제해권의 유지를 위한 전략적 포석이었다. 이들의 활동영역은 전라도와 경상도 연안지역 뿐 아니라 충청·경기도의 연안지역에까지 미쳤다. 개경으로 향하는 조운선을 약취하였는가 하면 개경에서 파견한 수령을 체포 혹은 사살하기도 함으로써, 개경정부를 공포에 몰아넣었다. 이런 상황에 대해『고려사』에서는 "적이 이미 제주에 들어가서 내성과 외성을 쌓고 그 성이 험준하고 견고한 것을 믿고 날로 더욱 창궐하여 수시로 나와 노략질하니 해안지방이 숙연해졌다"고 기록하고 있다.[46] 제해권은 제주도 삼별초세력의 수중에 놓여졌던 것이다.

여·몽연합군은 충분한 전쟁준비의 과정을 거쳐 1273년 4월 초경에 제주도에 대한 총공격을 감행하였나. 이들은 160척에 분승한 1만여 병력으로 나주 반남현의 영산강에서 출진하여 제주 동쪽 해안인 함덕포로 상륙, 삼별초군을 제압하였다. 이로써 삼별초는 강화도에서 봉기한 이후 만 3년 만에 완전 진압 당하고 말았다.

---

45) 오늘날 진도의 쌍계사로 넘어가는 고개 마루에 왕온의 묘라 전하는 무덤이 있고, 그 고개를 왕무덤재라 부를 뿐만 아니라, 그 일대를 왕온의 '머리를 논했다'는 의미로 '論首洞'이라 칭하고 있어, 왕온이 참수당한 사실이 전설로나마 전해지고 있다. 그리고 그 고개 마루를 내려가다 보면 '대분통'·'떼무덤'이라 불리는 저평한 평야지대에 이르게 되는데, 이는 참패당한 삼별초군의 주검들로 떼무덤을 이루었고, 이에 대해 진도 주민들이 크게 분통하게 여겼음을 전해주는 것이다. 진도정부와 진도 주민들이 혼연일체가 되어 여·몽연합군과 치열한 항쟁을 벌였음을 시사해준다.

46)『高麗史』卷27 世家27 元宗 13年 6月 乙卯.

삼별초세력이 완전 진압되면서 서남해의 도서연안지역을 근거로 하여 삼별초에 동조하던 해양세력들은 산발적으로나마 저항을 계속했으며, 여·몽연합군은 이들을 賊徒로 규정하여 대대적으로 탄압해 갔다. 그런데 이 즈음에 왜구의 침탈이 나타나는 것으로 보아, 삼별초의 몰락과 왜구의 침탈이 무언가 상관 관계가 있을 가능성이 크다고 여겨진다. 이를 좀더 부연해 보자.

『고려사』에서 왜구의 침탈행위가 처음 확인되는 것은 1223년(고종 10)이며, 이후 5년간 왜구의 출몰은 소규모·산발적으로 이어졌다. 이에 대해 고려왕조는 1227년 일본에 사신을 보내 엄중 항의하였고, 일본측에서는 편지를 보내어 왜구의 침탈행위를 사과하면서 우호통상 관계를 맺을 것을 청하였다. 이후 왜구의 출몰은 기록상 30여 년간 자취를 감추게 된다.[47] 이는 당시 고려의 해양력이 왜구를 압도한 결과로 볼 수 있겠다. 그런데 왜구가 나타나지 않는 이 기간은 강화도 고려정부의 대몽항쟁기와 겹치는 시기여서, 왜구를 압도한 고려의 해양력이란 곧 강화도정부의 그것을 의미하는 것이겠다.

이후 왜구의 침탈은 1260년대에 들어 산발적으로나마 다시 나타났다가, 1350년대를 넘어서면서 침탈의 빈도와 규모가 증대되며, 이와 함께 고려왕조는 섬을 비워버리는 空島 조치를 취하였다. 『신증동국여지승람』 등의 지리지를 보면, 당시 공도의 대상이 된 섬으로 남해도·거제도·진도·압해도·장산도·흑산도 등이 찾아지는데, 이들 섬들을 空島化한 이유로 왜구의 침탈을 들고 있다. 공도화한 시점은, 거제도가 1271년(원종 12),[48] 진도가 1350년(충정왕 2),[49] 그리고 남해도가 공민왕대(1351~1374)인[50] 것으로 되어 있고, 나머지 섬들은 공도화의 시점이 명기되어 있지 않다.[51]

---

47) 羅鍾宇, 1994, 「홍건적과 왜구」『한국사』 20, pp.395~398.
48) 『新增東國輿地勝覽』卷32 巨濟縣 建置沿革條.
49) 『新增東國輿地勝覽』卷37 珍島郡 建置沿革條.
50) 『新增東國輿地勝覽』卷31 南海縣 建置沿革條.

그런데 이들 섬들을 보면 하나같이 군현이 설치될 정도로 비중있고, 전통적으로 해양세력의 중요 근거가 된 섬들임을 알 수 있다. 따라서 왜구의 침탈을 이유로 이들을 공도화시켜 버렸다는 것은 선뜻 이해하기 어렵다. 오히려 이러한 섬들의 방어 능력을 충실화하여 왜구에 적극 대응하는 것이 더욱 마땅하지 않았겠는가 하는 생각이 앞선다. 더욱이 거제도를 공도화시킨 1271년이란 시점은 삼별초가 진도를 중심으로 서남해안을 석권하던 그 시기와 겹치고 있어서, 고려의 공도 조치는 일차적으로 서남해 토착 해양세력이 삼별초와 연계하여 저항한 것에 대한 탄압책으로 실시된 것이 아닐까 하는 의문마저 든다.

이런 견지에서 공도화의 대상이 된 섬들을 볼 때, 대몽 항쟁의 중심지였던 섬들이 망라되어 있다는 점이 주목된다. 압해도는 1256년에 몽고의 車羅大로부터 대규모 공격을 받은 적이 있었고, 남해도는 강화도정부가 팔만대장경 조판 사업을 일으키면서 分司大藏都監을 설치할 정도로 대몽항쟁에서 중시되던 곳이었으며, 진도는 삼별초가 입거하여 대몽항쟁의 새로운 기지가 건설된 곳이었던 것이다. 그렇다면 이들 섬들에 대한 고려왕조의 空島 조치는, 앞에서 의심한 바와 같이 여·몽세력에 대한 저항세력을 제거한다는 의도에서 시작되었을 것이며, 이후 왜구의 침탈이 증대되어 가자 섬 지역의 잔여 삼별초 저항세력과 왜구의 연대 가능성을 우려하면서 공도 조치를 확대해 갔을 것으로 보는 것이 합리적이겠다.

이런 맥락에서 다음과 같은 추론이 가능하다. 먼저 진도 삼별초세력의 저항이 한창이던 1271년의 시점에 거제도를 1차 공도 조치의 대상으로 삼았던 것은, 진도에서 비교적 멀리 떨어져 있는 거제도세력이 삼별초세력과 연대할 가능성을 사전에 차단하고자 함이었을 것이다. 왜냐하면 이 시점에 왜구의 침탈행위는 거제도란 큰 섬을 통째로

---

51) 『新增東國輿地勝覽』 卷35 羅州 古跡條.

비워버릴 정도로 심각하지 않았기 때문이다. 그렇다면 진도와 남해도에 대한 공도화를 비교적 늦은 시점인 충정왕 및 공민왕 연간에 단행했던 이유는 무엇일까? 그것은 이렇게 설명할 수 있겠다. 삼별초 주력세력이 제주도에서 최종 진압됨에 따라 삼별초의 중심 기지 역할을 담당해오던 진도와 남해도에 대한 탄압 조치가 취해졌을 것이고, 이후 왜구의 침탈이 증대함에 따라 잔여세력이 왜구와 연대할 가능성이 우려되면서 거제도에 이어 이들마저 內地로 옮겨버리는 2차 공도 조치를 취했을 것으로 볼 것이다.

삼별초세력과 그 동조세력을 賊徒로 간주하던 고려왕조의 입장에서, 삼별초세력(혹은 그 잔여세력)과 왜구의 연대 가능성에 대한 우려는 충분히 상정할 만한 일이었겠다. 이런 견지에서 볼 때, 고려의 공도 조치는 1차적으로는 서남해의 저항 해양세력에 대한 대대적인 탄압을 의미하는 것이겠으며, 2차적으로는 그들과 왜구와의 연대 가능성을 사전에 차단하기 위한 조치를 의미한다 할 것이다. 따라서 이러한 공도 조치는 서남해 해양세력의 붕괴를 가속화시켜서, 결국은 왜구 침탈을 더욱 부추기는 부작용을 초래하기도 했을 것이다. 실제 2차 공도화 조치가 취해지는 1350년대 이후부터 왜구의 침탈은 그 빈도와 규모에서 급격히 증대되는 추세를 보여주고 있다. 결국 공도 조치는 해양국가 고려의 해양력을 약화시키고, 海防體制를 붕괴시키는 결과를 가져왔으며, 급기야 고려왕조의 멸망으로 이어지게 했다고 할 수 있다. 그러고 보면, 고려왕조는 해양과 운명을 같이했던 셈이다.

고려 말의 공도 조치는 조선시대에 들어 법제화 과정을 거쳐 空島政策으로 정착되었고, 여기에 명의 海禁政策까지 충실히 追隨하면서, 폐쇄국가의 길로 본격 접어들었다.

V. 중·고등학교 국사교과서 서술의 문제점과 제언

이상에서 고려시대의 해양사에 대한 몇 가지 논점을 살펴보았다. 필자 개인의 견해가 지나치게 강하게 반영된 한계가 있긴 하지만, 이는 해양사에 대한 연구가 아직 미미한 현 상황에서 어쩔 수 없는 바라 생각되며 앞으로 많은 논의가 이루어지기를 기대하고 싶다. 여기에서는 이상에서 살핀 논점에 따라, 중·고등학교 국사 교과서에 나타난 왕건 및 고려시대 해양관련 서술을 분석하여[52] 그 문제점과 개선방안을 모색해 보기로 하겠다.

1. 왕건에 대한 서술

1) 중학교 국사교과서 서술

『송악 출신의 왕건은 궁예의 신하였는데, 후백제의 배후 지역인 금성(나주)을 점령하는 등 큰 공을 세워 시중의 지위에 올랐다. 반면에, 궁예는 미륵불로 자칭하면서 주변 사람을 의심하고 실정을 거듭하여 민심을 잃어갔다.

이에 신하들이 궁예를 내쫓고 왕건을 국왕으로 추대하였다. 왕건은 나라 이름을 고려라 고치고 연호를 천수라 하였으며(918), 이듬해에 철원에서 송악으로 도읍을 옮겼다.』(91쪽)

---

52) 제7차 교육과정에 의거해서 2002년에 편찬된 중·고등학교 국사교과서를 분석의 대상으로 삼았다.

2) 고등학교 국사교과서 서술

『왕건은 본래 송악 지방의 호족 출신으로서 예성강 하구를 중심으로 중국과의 해상 무역을 통하여 성장한 호족들과 연합하여 세력을 강화하였다. 그후 궁예의 신하가 되어 한강 유역을 점령하는 등 영토 확장에 공을 세웠다. 특히, 수군을 이끌고 금성(나주)을 점령하여 후백제를 배후에서 견제하는데 큰 공을 세워 광평성 시중의 지위에까지 올랐다.

고려를 세운 왕건은 통일 역량을 키우기 위해 안으로는 지방 세력을 흡수 통합하고, 밖으로는 중국의 5대 여러 나라들과 외교 관계를 맺어 대외 관계의 안정을 꾀하였다.』(73쪽)

3) 문제점 및 제언

중학교 교과서에서는 왕건이 해양세력으로서 해양활동을 했다는 언급이 전혀 없다. 이에 비해 고등학교 교과서에서는 왕건이 해상 무역을 통해서 성장하였고, 수군을 이끌고 나주를 점령하였음을 언급하여, 왕건과 해양의 관련성에 유의한 흔적이 보인다.

그러나 이것만으로는 부족하다고 생각된다. 즉 왕건의 해양적 기반과 해양활동이 고려를 건국하고 후삼국을 통일하는데 결정적인 요소였다는 점을 강조할 필요가 있지 않을까 한다. 예를 들어 정주 유천궁의 딸 및 나주 오다련의 딸과의 결혼이나 강진 무위사 주지였던 형미 스님과의 교류 등 일련의 사안들이 해양 주도권을 선점하기 위한 왕건의 노력이었음을 언급해도 좋지 않을까? 이는 왕건이 건국한 고려의 해양정책과 연결되는 중요한 문제이므로, 좀더 부연할 필요가 있다고 생각된다.

2. 고려의 해상 무역활동에 대한 서술

1) 중학교 국사교과서 서술

『고려는 건국 이후 문호를 열고 송을 비롯하여 거란, 여진 등 외국인의 출입을 자유롭게 허용하는 등 개방적인 대외 정책을 폈다. 거란과의 전쟁이 끝난 후 대외 관계가 안정되면서, 고려는 송나라와 활발한 교류를 하였다. 고려는 사신, 학자, 승려들을 송에 보내어 발달된 문물을 적극적으로 받아들여 각종 제도를 완비하였다. 반면에, 송은 고려와의 관계 개선을 통해 주변의 이민족을 견제하려 하였다.

한편, 고려는 대외 무역을 장려했으므로 멀리 아라비아 상인들까지 무역을 하러 고려에 왔다.

우리나라가 '코리아'라는 이름으로 서방 세계에 처음으로 알려진 것도 고려 왕조의 이러한 개방적인 대외 정책에서 비롯되었다. 고려의 외교정책은, 거란과 송 등 여러 나라와의 관계에서 온건책과 강경책을 적절히 활용하면서 실리적인 대외정책을 통해 국익을 추구하는 것이었다.』(100쪽)

2) 고등학교 국사교과서 서술

『고려 후기에 이르러 도시와 지방의 상업 활동이 전기보다 활발해졌다. … 개경의 상업 활동은 점차 도성 밖으로 확대되었으며, 예성강 하구의 벽란도를 비롯한 항구들이 교통로와 산업의 중심지로 발달하였다.

지방 상업에서는 행상의 활동이 두드러졌다. 조운로를 따라 미곡, 생선, 소금, 도자기 등이 교역되었으며, 새로운 육상로가 개척되면서 여관인 원이 발달하여 이곳이 상업활동의 중심지가 되었다.』(154쪽)

『통일신라 시대부터 서해안의 호족들을 중심으로 발달했던 사무역이 고려에 들어와서는 국가의 통제를 받았다. 점차 중앙집권화되면서 그동안 성행하였던 사무역은 쇠퇴하고 공무역이 중심이 되었다. 국내 상업이 안정적으로 발전하면서 송, 요 등 외국과 무역도 활발해졌다. 예상강 어귀의 벽란도는 대외 무역의 발전과 함께 국제 무역항으로 번영하였다.

고려의 대외 무역에서 가장 큰 비중을 차지한 것은 송과의 무역이었다. 고려는 서해안 해로를 통하여 송으로부터 왕실과 귀족의 수요품을 수입하는 대신에 종이, 인삼 등 수공업품과 토산물을 수출하였다.… 일본과도 무역을 하였으나 송, 거란 등에 비하여 그리 활발하지는 않았다. 일본은 11세기 후반부터 내왕하면서 수은, 유황 등을 가지고 와 식량, 인삼, 서적 등과 바꾸어 갔다.

한편, 대식국이라 불리던 아라비아 상인들도 고려에 들어와서 수은, 향료, 산호 등을 팔았다. 이들을 통해서 고려의 이름이 서방세계에 널리 알려지게 되었다.

원의 간섭기에는 공무역이 행해지는 한편으로, 원과 교역하면서 금, 은, 소, 말 등이 지나치게 유출되어 사회적으로 물의가 일어날 정도였다.』(155~156쪽)

3) 문제점 및 제언

이 부분은 중학교 교과서 서술이 고등학교 교과서 서술보다 짧지만 오히려 요령있게 정리한 것으로 판단된다. 고려 건국 후에 문호를 열고 개방적인 대외 정책을 펼쳤다는 점, 대외무역을 장려하여 멀리 아라비아 상인들까지 고려에서 무역을 하였다는 점, 그리고 이로부터 오늘날 서방 세계에서 '코리아'라 지칭하게 된 연원을 이끌어 낸 점 등은 당시의 실상을 비교적 정확히 정리한 것이다.

반면 고등학교 교과서의 서술은 자세하긴 하나 약간 혼란스럽다. 고려 전기에 사무역이 쇠퇴하고 공무역이 중심이 된 것을 강조함으로써, 송상과 고려상에 의해서 활성화되었던 사무역의 실상이 무시되었고, 더욱이 상업의 발달이 고려 후기에 이르러 이루어졌고, 이에 따라 벽란도가 국제 무역항구로 대두한 것 역시 고려 후기의 일인 것처럼 서술되어 있어 오해의 여지가 있다.

고려는 이미 태조 왕건 대부터 개방적인 해양정책을 추진하였고, 그로 인해 공사무역이 발전했으며, 이를 보호하기 위한 방어체제도 잘 정비되어 있어, 전형적인 해양강국의 면모를 갖추고 있었음을 드러낼 필요가 있다고 여겨진다.

3. 몽고와의 전쟁에 대한 서술

1) 중학교 국사교과서 서술

『고려와 몽고는 한동안 긴장 상태를 유지했으나, 결국 몽고의 침입으로 전쟁이 시작되었다(1231). 당시 고려는 백성들과 관군이 하나가 되어 몽고군에 맞서 끝까지 성을 지키었다. … 최씨 정권은 모든 주민이 섬이나 산성에 들어가서 몽고군에 항전하도록 하고, 수도를 개경에서 강화도로 옮겼다.

최씨 정권은 민심을 모으고 부처의 힘으로 몽고군을 물리치기 위해 강화도에서 팔만대당경 조성 사업을 시작하였다. 팔만대장경판은 대몽 항쟁의 산물이며, 우리가 자랑하는 문화 유산의 하나이다. 그러나 대구 부인사에 보관하고 있던 대장경의 판목과 경주 황룡사 9층탑 등은 몽고군에 의해 불타는 피해를 입었다.』(111~112쪽)

2) 고등학교 국사교과서 서술

『강화도 고려 정부는 주민들을 산성과 섬으로 피난시키고 항전과 외교를 병행하면서 저항하였다. 한편, 지배층들은 부처의 힘으로 외적을 방어하겠다는 마음으로 팔만대장경을 조판하였다. 그러나 고려가 몽고의 침입에 끈질기게 저항할 수 있었던 것은 무엇보다도 일반 민중들이 용감하게 대항하였기 때문이다. …

강화도의 고려 정부는 수로를 통해서 조세를 걷어 들여 명맥을 유지할 수 있었으나 장기간의 전쟁으로 국토는 황폐해지고 백성들은 도탄에 빠지게 되었다.』(86~87쪽)

3) 문제점 및 제언

고려가 몽고에 대항하여 끈질기게 저항할 수 있었던 배경을 일반 민중들의 용감한 저항에서 찾으려 한 것은 중학교나 고등학교 교과서에서 공통적으로 나타난다. 또한 팔만대장경의 조판을 부처의 힘을 빌어 외적을 방어하기 위한 방편으로만 설명한 것 역시 마찬가지이다.

이러한 서술의 사실성이 강조될 필요는 있다. 다만 이것만을 유라시아대륙을 석권한 막강제국 몽고의 침입을 40년 가깝게 저지할 수 있었던 이유로 삼기에는 무언가 아쉬운 면이 있다. 이와 함께 고려의 막강한 해양력을 부각시키고, 팔만대장경 역시 강화도에서 남해도까지의 바닷길을 확보하기 위한 방편이기도 하였음을 부연하게 된다면 좀더 보완될 수 있지 않을까? 고등학교 교과서에서 강화도 고려 정부가 수로를 통해서 조세를 걷어 명맥을 유지할 수 있었음을 언급한 것은 그나마 진일보한 것으로 평가할 수 있겠다.

4. 삼별초에 대한 서술

1) 중학교 국사교과서 서술

『무신 정권의 군사적 기반이었던 삼별초는 개경 환도에 반대하여 대몽 항쟁을 계속하였다. 이들은 강화도에서 멀리 진도로 내려가여·몽 연합군과 싸웠다.

진도가 함락되자 그 일부는 다시 제주도로 근거지를 옮겨 항쟁을 계속하였으나 결국 진압되었다. 그러나 이와 같은 삼별초의 대몽 항쟁은 고려인의 자주 정신을 보여준 것이었다. 이로써 40여 년 간에 걸친 몽고와의 전쟁은 끝났다.』(113쪽)

2) 고등학교 국사교과서 서술

『그러나 고려 정부가 개경으로 환도하자 대몽 항쟁에 앞장섰던 삼별초는 배중손의 지휘 아래 반기를 들었다. 이들은 장기 항전을 계획하고 진도로 옮겨 용장성을 쌓고 저항하였고, 여·몽 연합군의 공격으로 진도가 함락되자 다시 제주도로 가서 김통정의 지휘 아래 계속 항쟁하였다. 이처럼 삼별초의 장기적인 항쟁이 가능하였던 것은 몽고군이 접근하기 어려운 지리적 이점과 몽고에 굴복하는 것에 반발하는 일반 민중들의 적극적인 지원이 있었기 때문이었다.』(87쪽)

3) 문제점 및 제언

삼별초가 진도와 제주도를 거치면서 대몽항쟁을 전개했던 것에 대해 중학교 교과서에서는 고려인의 자주정신의 발로로 평가한 반면, 고등학교 교과서에서는 평가 없이 단순 서술로 그쳤다.

그러면서 정작 중요한 진도와 제주도에서의 삼별초의 활약상은 생략되어 있다. 즉 1,000여 척의 배를 거느리고서 서남해의 해양세력을 규합하여 해양왕국을 건설하고 정통 고려왕조임을 선언하였으며 삼남지방을 석권하였고, 더 나아가 일본과의 정치·군사적 연대를 시도했던 삼별초의 활동상은 중요한 사안임에도 불구하고 전혀 언급하지 않았다.

삼별초의 항전과 몰락이 해양강국 고려의 마지막 불꽃이 타올랐다
꺼져버린 의의를 지닐 수 있다는 점은 논의할 준비조차 안되었다.

5. 여·몽연합군의 일본 원정에 대한 서술

1) 중학교 국사교과서 서술

(내용 없음)

2) 고등학교 국사교과서 서술

『또 원은 일본 원정을 준비하기 위해 설치했던 정동행성을 계속
유지하여 연락 기구로 삼았고, 군사적으로는 만호부를 설치하여 고려
의 군사 조직에 영향력을 행사하고, 다루가치라는 감찰관을 파견하여
내정을 간섭하였다.』 (88쪽)

3) 문제점 및 제언

여·몽 연합군의 일본 원정에 대한 서술은, 중학교 교과서에서는
전혀 없고, 고등학교 교과서에서는 원 간섭기 정동행성이라는 기구를
설명하면서 언급했을 뿐이다. 2차에 걸쳐 몽고의 강요에 의해 이루어
졌고 결국 실패한 일본 원정 사건을 자세히 다룰 필요는 없다고 생각
된다. 다만 일본 원정에 참전하기 위해 몽고의 명에 따라 고려가 900
여 척의 대소의 선박을 4개월 여만에 건조했던 사실과 원정 중 태풍
을 만나 중국 배는 모두 부서졌으나 고려 배들은 온전했다는 사실은
강조할 필요가 있지 않을까 생각한다. 이는 고려의 막강한 해양력을
반영하는 대목이기 때문이다.

6. 홍건적과 왜구 격퇴에 대한 서술

1) 중학교 국사교과서 서술

『한편, 왜구는 일본의 쓰시마 섬에 근거를 둔 해적으로, 일찍부터 해안 지방에 침입하여 노략질을 하였다. 공민왕 때에는 왜구에게 강화도까지 약탈당하고, 개경이 위험을 받을 정도였다. 왜구의 침입으로 조세의 해상 운송이 어려워져 국가 재정이 궁핍하게 되었고, 해안에서 멀리 떨어진 내륙까지 큰 피해를 입었다. 이 때 최영, 이성계 등이 나서서 왜구를 토벌하였고, 최무선은 화포를 사용하여 왜구를 격퇴하는데 큰 공을 세웠다. 이어서 박위는 전함 100척을 이끌고 왜구의 소굴인 쓰시마 섬을 토벌하여 그 기세를 꺾었다.』 (117쪽)

2) 고등학교 국사교과서 서술

『공민왕 때의 개혁 노력이 실패하자 고려 사회의 모순은 더욱 심화되었다. … 한편, 북쪽으로부터 홍건적이 침입해 와 공민왕이 복주(안동)까지 피난하기도 하였고, 남쪽에서는 왜구의 노략질이 계속되어 해안 지방을 황폐하게 하였다. 이에 고려는 적극적으로 남고 북의 외적에 대한 토벌 작전을 수행하였다. 이 과정에서 최영과 이성계는 큰 전과를 올려 국민의 신망을 얻었다.』 (90쪽)

『몽고와 마찬가지로 왜구도 고려 백성에게 많은 고통을 주었다. 왜구는 14세기 중반부터 침략해 왔다. 원의 간섭하에 국방력을 제대로 갖추기 어려웠던 고려는 초기에 효과적으로 왜구의 침입을 격퇴하지 못하였다. 주로 쓰시마 섬에 근거를 둔 왜구는 부족한 식량을 고려에서 약탈하고자 자주 고려 해안에 침입하였고, 식량 뿐 아니라 사람들까지도 약탈해 갔다.

일본과 가까운 경상도 해안에 출몰하기 시작한 왜구는 점차 전라도 지역으로 활동 범위를 넓혔고, 심지어 개경 부근에도 나타났다. 많은 경우 한 해 동안에도 수십 번 침략해 왔기 때문에 해안에서 가까운 수십 리의 땅에는 사람이 살 수 없을 정도였다. 잦은 왜구의 침입에 따른 사회의 불안정은 시급히 해결해야 할 국가적 과제였다. 왜구를 격퇴하고 이 문제를 해결하는 과정에서 신흥 무인 세력이 성장하였다.』(207~208쪽)

3) 문제점 및 제언

홍건적과 왜구의 침탈로 국가나 백성들이 혹독한 고통을 겪게 되었다는 점과 이들에 대한 토벌의 과정에서 이성계 등이 국민적 영웅으로 대두하였다는 점을 강조하여, 결국 고려 멸망의 주요 원인이 되었음을 설명하려 하였다. 그리고 그 원인으로 공민왕의 개혁 실패로 고려 사회의 모순이 더욱 심화되었다는 추상적 상황 설명에 그치고 있다.

홍건적의 침입은 단기간의 문제에 그쳤지만 왜구의 침탈은 여말선초의 장기적 문제였다는 점을 염두에 둘 때, 왜구 침탈의 원인에 대한 좀더 설득력 있는 설명 제시가 필요하다고 여겨진다. 현행 교과서에서는 왜구의 피해상만을 장황하게 열거하였고 왜구의 침탈 원인에 대한 언급은 전혀 없다. 이 점에서 삼별초 붕괴와 더불어 고려의 해양세력과 해양력이 총체적으로 붕괴되었다는 점을 반영했으면 한다. 삼별초 붕괴 후에 여·몽연합세력은 해양세력의 근거지였던 섬을 비우는 空島 조치를 단행하였고 이로 인해 해양 방어체제가 급속히 무너져 왜구 침탈을 초래했을 가능성을 신중히 검토할 필요가 있다. 조선시대에 들어서 공도의 '조치'는 국가적 공도의 '정책'으로 강화되었고, 해양활동을 금하는 海禁政策까지 선포되기에 이르렀으니, 섬을 거점으로 한 왜구의 침탈 행위는 장기화될 수밖에 없었다는 것이 필자의 판단이다.

Ⅵ. 맺음말

우리 사학계에서 해양사에 대한 연구와 토론의 과정이 거의 없던 차에, 고려사학회에서 국사교과서의 해양인물 분석을 빌미 삼아 공식 학술토론회를 개최한 것은 매우 의미 있는 일이라 생각한다. 그러나 한국 해양사에 대한 기초적인 연구와 논의가 제대로 이루어지지 못한 상황에서 국사교과서의 해양사 관련 서술을 분석한다는 것은 선후가 바뀌었다는 생각이 들기도 한다. 하여 필자는 우선 평소 필자의 사적 견해를 바탕으로 하여 고려시대 해양사에 대한 시론적 논지를 펼쳤고, 이로부터 교과서의 해당 내용을 분석하기 위한 논점을 도출하는 편법적 방식을 채택하지 않을 수 없었음을 밝히며 양해를 구하고 싶다.

먼저 1장에서는 기왕의 연구 성과에 따라 왕건이 해양세력이었음을 정리하고, 그런 인물에 의해 건국된 고려는 매우 적극적인 해양 개방정책을 펼쳤을 것이라는 예상을 제기하였다. 2장에서는 고려가 적극적인 해양 개방정책을 폄으로써 국가의 발전을 도모했음을 살폈으며, 오늘날 국제사회에서 공인한 우리의 'Korea'란 국호는, 연원적으로 볼 때 해양 개방정책을 추구한 고려가 세계에 알려진 결과일 가능성이 크다는 것을 지적하였다. 그리고 3장에서는 유라시아 대륙을 석권한 세계제국 몽고의 침략을 받아 강화도에서 40년 가깝게 버텨낼 수 있었던 힘은 고려의 막강 해양력에서 찾아야 한다는 점, 고려 국왕이 몽고에 투항하여 개경으로 환도한 이후에 삼별초세력이 진도와 제주도 등지를 근거로 또 하나의 고려를 '해양왕국'으로 건설하려 했던 점, 그리고 삼별초가 몰락한 이후에 여·몽연합세력이 해양세력에 대한 극단적인 탄압책으로 空島 조치를 단행하여 결국 고려의 해양력이 붕괴되고 극심한 왜구의 침탈을 초래하게 되었다는 점 등을 제기하였다.

5장에서는 이상과 같은 고려 해양사에 대한 필자의 시론적 논지에 따라 6개의 논점을 도출하여, 각 논점에 따라 제7차 교육과정에 의거하여 저술된 현행 중·고등학교 국사교과서의 서술 내용을 검토하고, 그 문제점과 제언을 제시하였다.

이번 교과서의 서술 내용을 분석해본 필자의 소감은 교과서 집필자들이 해양에 관한 고려를 거의 하지 않고 서술했다는 점이다. 평소 고려를 해양국가 혹은 해양강국으로 이해하고자 하는 필자의 입장에서 볼 때, 이러한 교과서의 서술은 왕건과 그가 건국한 고려의 성격을 제대로 드러내지 못하고 있다고 평가할 수밖에 없었다.

고려와 조선은 여러모로 사회 성격상의 차이가 있다. 고려가 개방적인 해양국가를 지향했던 반면 조선은 폐쇄적인 육지국가를 지향하였다. 이러한 사회 성격의 판이함으로 인해 고려인과 조선인의 삶의 방식 역시 판이하였다. 고려인의 삶은 자유분방하고 개방적이었음에 반해 조선인의 삶은 규제적이고 폐쇄적이었다. 이러한 차이가 결국 바다의 문호를 개방하느냐 아니면 닫아버리느냐의 국가 정책에 의해 규정된다고 한다면, 해양에 대한 국가의 정책이 우리의 삶에 얼마나 중차대한 일인가 새삼 깨닫게 될 것이다.

현행 교과서에서 해양사 관련 내용을 서술하려는 의식적 노력 흔적이 전혀 보이지 않는데, 이것이 현 단계 한국 사학계의 해양사 연구의 실상을 그대로 반영한 것이라고 볼 때, 이번 교과서 분석 작업은 그 실상을 적나라하게 드러낸다는 의미를 가질 수 있을 것이다. '개방의 시대', '신해양의 시대'로 일컬어지는 이 시점에서 해양사에 대한 관심과 연구가 활성화되는 계기가 마련될 수 있기를 기대한다.

제5장
『族譜』를 통해서 본 島嶼 移住民들의 入島類型
－荏子島 · 飛禽島 · 蘆花島 · 金塘島 事例－

Ⅰ. 머리말

지금까지 島嶼硏究를 종합해보면, 서남해 도서는 海路를 긴 문화이동과 역대 정부의 도서정책에 따라 많은 변동을 겪었던 것으로 이해되고 있다. 특히 서남해의 바닷길은 전라도와 서울, 동양 3국의 문화가 교류되는 주요 교통로로 이용되어 海路를 따라 선진문화가 유입되기도 하고, 반대로 외세침입으로 인해 주민교체가 빈번하게 발생한 것으로 파악된다.[1] 이러한 도서지역 주민교체의 원인은 다양한 요인들에 의해 복합적으로 작용하였겠지만, 무엇보다도 섬과 바다가 제공해 주는 경제적 조건과 밀접히 연관되어 있다고 하였다.[2] 즉 풍부한 해산물, 소금생산, 간척을 통한 경작지 마련, 목장운영, 임야에서 산출된 목재 등 도서지역의 경제기반 요인은 내륙지역 유이민들을 섬으로 불러들이는 원동력이 되었다고 하였다. 이와 같이 조선후기 내륙 연안지역 주민들이 바닷길을 따라 섬으로 入島하고, 이 때 함께 유입한 내륙의 문화요소가 섬이라는 제한된 영역, 지리적 환경, 해양

---

1) 이해준, 1990, 「신안도서지방의 역사문화적 성격」『도서문화』7집, 목포대 도서문화연구소, pp.283~295.
2) 김경옥, 2000a, 「조선후기 서남해 도서지방의 경제기반 변화」『전남사학』14집, 전남사학회, pp.1~66.

생태계 등의 자연조건에 적응하면서 변화되었고, 여기에 역사적 계기, 사회경제·문화적 요인 등에 의해 광범위한 문화변동을 초래하면서 도서성(insularity)을 갖춰 나간 것으로 이해되고 있다.[3]

한편 島嶼 移住民에 대한 연구는 소위 '入島祖'에 대한 분석에서부터 출발하였다. 입도조에 대해 가장 먼저 주목한 연구에 따르면, 입도조란 섬을 개척한 최초의 주민이라는 의미보다 현재까지 血脈을 이어온 섬주민들의 入島先祖를 말하며, 이들은 타 지역에서 섬으로 이주하여 도서문화를 주도해 나간 새로운 세력이라고 하였다. 이들의 入島 時期는 대체로 壬亂期이며, 이들은 전란을 겪으면서 다시 다른 지역으로 이주하였거나, 혹은 섬에 그대로 정착하였는데, 극히 소수에 불과하였으며, 이런 공백을 새롭게 대체한 사람들을 소위 '입도조'라 부른다고 하였다.[4] 또 최근에 발표된 島嶼政策에 관한 연구에 의하면, 조선전기 서남해 도서지역에 왜구출몰이 빈번해지자, 중앙정부는 섬주민을 보호하기 위한 조처로 "島嶼居住禁止令"[5]을 선포하였다. 이른바 '空島政策'이 그것이다. 그러나 주민들은 비교적 租稅와 賦役 부담이 없는 섬을 결코 포기할 수 없었다. 그리하여 주민들은 관리들의 눈을 피해 몰래 섬을 출입하였다. 그 결과 17~18세기 서남해 도서지역의 인구가 증가하고 토지가 크게 확대되었다고 하였다.[6] 또 도서 이주민들의 경제기반에 주목한 연구에 따르면, 도서 이주민들은 荒蕪地·干拓地·廢牧場·松田·封山 등을 개간하여 경작지를 확보하였는데, 점차 堤堰과 堤防을 쌓아 대규모 간척사업으로 연결되

---

3) 조경만, 1991, 「도서개발과 문화변동」, 제6회 목포대 도서문화연구소 심포지엄.

4) 이해준, 1984, 「조도지역의 역사적 배경」『도서문화』 2집, 목포대 도서문화연구소, pp.82~84.

5) 『世宗實錄』 권126, 世宗 31년 11월 24일 경자 ; 『世祖實錄』 권25, 世祖 7년 8월 6일 계유 ; 『成宗實錄』 권72, 成宗 7년 10월 9일 기묘.

6) 김경옥, 2000b, 『조선후기 서남해 도서의 사회경제적 변화와 도서정책 연구』, 전남대 박사학위논문, pp.6~45.

어 조선후기의 섬은 국가의 財富를 창출하는 곳으로 변화되었다고
하였다.[7]

이렇듯 기존의 도서 이주민 연구는 移住時期와 經濟基盤을 중심으
로 연구되어왔다. 그러나 서남해 도서지역은 "새가 날다가 내려앉은
듯한" 혹은 "바둑알을 뿌려 놓은 듯하다."[8]라는 관찬사료의 기록처
럼, 무수히 많은 섬들로 이루어져 있어서 섬마다 사회현상이 다양하
다. 따라서 도서 이주민에 대한 연구 역시 보다 실증적인 사례연구가
필요한 실정이다. 여기에 해당 섬에 분포하고 있는 古文獻·古文書,
遺蹟·遺物, 金石文, 주민들의 생활사와 관련된 口傳資料 등을 포함
한 종합적인 사례연구가 집적될 때 도서지역의 역사와 문화를 재정
립할 수 있을 것으로 생각된다.

이러한 문제의식 아래 본고는 다음과 같은 내용들을 검토하고자
한다.

첫째, 島嶼 移住民에 관한 연구방법론을 모색하고자 한다. 섬주민
들의 직계 선조인 入島祖 분석을 통해 도서지역의 역사와 문화를 재
조명하고, 도서 이주민 연구에 1차 자료로 이용되고 있는『族譜』의
자료적 가치와 활용에 대해 검토하고자 한다.

둘째, 도서 이주민들의 입도성향과 추이에 대해 사례연구를 통해
살펴보고자 한다. 연구대상지역은 荏子島·飛禽島·蘆花島·金塘島
이며,[9] 분석내용은 入島祖, 入島時期, 入島事由, 入島 前 居住地, 入島

---

7) 김경옥, 2001, 「조선후기 나주목 비금도 주민들의 토지운영 실태」『도서
   문화』 19집, 목포대 도서문화연구소, pp.47~77.
8) 『備邊司謄錄』 89책, 영조 7년 5월 3일(9권 23쪽 상).
9) 본고의 연구대상지역은 영광~무안권의 임자도, 목포~영암권의 비금
   도, 해남권의 노화도, 장흥~고흥권의 금당도이다. 이들 도서는 조선시
   기의 牧場·松田·封山·宮房田·屯田·關防·漕運路 등이 설치되었
   던 곳으로, 서남해 도서지역의 다양성을 전달해 준다. 즉 牧場이 설치되
   었던 荏子島, 宮房田과 屯田이 설치되었던 飛禽島, 松田이 설치되었던
   蘆花島, 封山이 설치되었던 金塘島 등이 그것이다. 또 이들 도서는 西海
   와 南海를 연결하는 입지적 조건과 조선시기 전 기간동안 내륙지역 郡

經路, 後孫分派, 生活圈 등이다.

이를 통해 누가, 언제, 왜 섬으로 入島하였으며, 入島 前 居住地는 어디였는지, 도서 이주민들의 경유지와 섬에서의 정착과정, 그리고 入島 後 후손들의 분파 등 도서 이주민들의 入島類型을 검출할 수 있을 것으로 기대된다.

Ⅱ. 島嶼 移住民 研究와 族譜의 活用

도서지역의 역사와 문화에 대한 연구방법은 연구주제에 따라 매우 다양하다. 필자가 참여하고 있는 역사분야의 도서연구방법론을 소개하면, 먼저 연구대상지역에 대한 '역사연표'를 작성하는 것부터 시작한다. 역사연표는 중앙정부에서 간행한 官撰資料를 통해 해당 지역에 관한 역대 문헌기록을 발췌하여 년대 순으로 서술한다. 그 다음 연구대상지역에 대한 기존의 연구 성과를 역시 시대 순으로 정리하여 기입한다. 이것이 곧 해당 지역의 '시간의 역사'에 해당된다. 그 다음 작업은 해당 섬에 정착한 주민들의 사회구조를 복원하는 일이다. 이를 위해 현지답사를 실시하는데, 섬주민이 소장하고 있는 典籍 및 古文書, 섬마을에 현전하고 있는 遺蹟·遺物, 자연촌을 단위로 하여 운영되었던 마을문서, 개인의 日記, 각 姓氏別 入島祖와 入島由來에 관한 구술자료 등 주민들의 생활문화인 '공간의 역사'를 지역연표에 반영한다. 이러한 과정을 거쳐 완성된 지역연표는 해당 섬의 역사와 문

縣의 부속도서로 편제되어 있었다. 또 韓末에 섬을 단위로 하여 郡이 설치되었는데, 당시 신설된 智島郡(現 新安郡)과 莞島郡의 附屬島嶼로 편제되어 오늘에 이르고 있다. 따라서 본고의 연구대상지역은 섬과 내륙의 연계선상에서 도서 이주민들의 入島時期, 入島祖, 生活圈 등을 검출할 수 있을 것으로 예상된다.

화에 대한 밑그림이 되는 것이며, 지역사를 들여다보는 기본 축이 되는 것이다.

도서지역의 사회구조를 파악하는 1차 자료는 해당 지역에서 누대로 터를 잡고 생활해 온 성씨와 인물에 관한 정보이다. 이를 위해 필자는 島嶼別·姓氏別 入島祖에 관한 자료를 수집하였다. 왜냐하면 서남해 어느 섬을 찾아가도 섬주민들이 갖는 역사이해의 상한은 입도조와 직결되어 있고, 입도조에 의해 섬의 역사가 시작된 것으로 생각할 만큼 입도조의 의미가 크게 부각되기 때문이다.[10] 그만큼 입도조란 섬이라는 공간의 역사를 채워줄 수 있는 가장 중요한 매개체인 셈이다.

그런데 문제는 入島祖에 대한 자료수집의 한계이다. 전통시대 姓氏와 人物에 대한 기록은 내륙지역을 단위로 작성되었고, 그나마 등재 인물이 소수에 불과하다. 더욱이 섬은 韓末까지 독립된 행정체제를 구축하지 못하고 육지의 부속도서로 편제되어 왔기 때문에 섬주민에 관한 기록은 없거나 극히 제한적일 수밖에 없다. 이러한 자료적 한계를 극복하는 방법은 해당 지역 주민들의 族譜를 통해 성씨와 인물을 검출할 수밖에 없다.

서남해 도서지역 주민들이 소장하고 있는 족보는 대체로 직계선조의 계보만을 기록한 家乘(家牒)이 많고, 최근 들어 방대한 규모의 世譜·派譜·大同譜 등을 소장하는 추세이다.[11] 족보는 문중내력이나

---

10) 이해준, 1984, 앞의 논문, p.82.
11) 도서지역 주민들이 가장 많이 소장하고 있는 족보의 유형은 家乘譜이다. 가승보의 수록 내용은 시조로부터 본인에 이르기까지 직계 先祖의 이름, 생졸년월일, 이력사항, 묘소, 배우자 등 내용이 간략하다. 도서지역 주민들이 가승보를 선호하는 것은 족보 간행에 필요한 경제적인 문제, 혹은 육지와는 다른 동족의식이나 가계계승에 대한 한계에서 비롯되었을 것으로 이해 할 수도 있지만, 가장 주된 원인은 섬이라는 입지적 조건 때문에 겪어야 했던 戰亂과 무관하지 않는 것 같다. 戰亂을 경험했던 섬주민들은 휴대가 간편한 작은 부피의 가승보를 선호하였던 것으로 보인다. 필자가 섬조사에 참여하기 시작한 1980년대는 섬에서 가승보를 쉽게 접할 수 있었으나, 최근에는 섬주민과 내륙지역 종친회가 연결되

개인의 이력사항, 현재 섬에 거주하고 있는 주민들의 入島祖부터 提
報者에 이르기까지 그 系譜를 파악할 수 있고, 심지어 도서 이주민들
의 입도배경과 이동루트, 정착과정까지도 전달해 준다. 일례로 족보
에서 확인된 입도조의 이력사항을 소개하면, "公始居于新安郡飛禽面
就子山麓"12)이라 하여 섬에서 처음 거주한 사실이 확인되기도 하고,
혹은 "兵亂率家妻子乘船浮海"13)라 하여 전쟁 때 가솔들과 함께 섬으
로 피난왔던 배경을 기술하고 있다. 뿐만 아니라 족보에는 각 씨족
성원들의 死後 葬地를 파악할 수 있는데, 이를 통해 해당 지역 주민
들의 이동루트를 추적할 수 있다. 왜냐하면 전통시대 주민들의 葬地
는 주로 居住地와 가까운 곳에 마련되었기 때문이다. 따라서 墓所는
곧 도서 이주민들의 世居地 변동을 추적할 수 있는 단서인 셈이다.
　이처럼 족보는 개인이나 문중에 관한 이력사항과 지역사 관련 기
록들을 담고 있는 1차 자료이다. 물론 족보의 자료적 한계 또한 적지
않다. 족보는 국가기관이 아닌 개인이나 문중이 간행한 만큼 후대 사
람들에 의해 미화 내지 조작되었을 가능성이 내포되어 있고, 실재 世
系·人名·官職 등의 착오와 연대추정의 불명확성, 지나치게 家門을
드높이기 위한 용도로 간행된 사례가 발견되고 있어 사료적 가치와
자료비판이 제기되기도 하였다.14) 반면에 적지 않은 연구자들은 조선
후기 족보가 의외로 정확한 면을 갖고 있다고 주장하였다. 즉 허위가
끼어들 가능성이 훨씬 많은 상황에서 족보를 만들었음에도 불구하고
대체로 그 내용이 정확하다는 것이다.15)

면서 대동보를 소장하는 추세이다.
12)『慶州崔氏司成公派譜』「崔基立」, 1981.
13)『昌原黃氏世譜』(1998년), 제보자:황규채(신안군 비금면 내월리 월포마을
　　거주).
14) 백승종, 1999, 「위조 족보의 유행」『한국사 시민강좌』24집, 일조각,
　　pp.67~85.
15) 송준호, 1987, 「한국에 있어서의 가계기록의 역사와 그 이해」『조선사회
　　사연구』, 일조각, p.42.

필자 역시 도서지역을 답사하면서 확인한 명백한 사실은 족보를 통해 도서 이주민들의 入島祖부터 提報者에 이르는 世系圖를 정확히 파악할 수 있었다. 다시 말해서 始祖・中始祖・派始祖 등 족보에 등재된 인물의 官歷이나 生卒年代가 약간의 오차가 발견되기도 하지만, 各 姓氏別 入島祖이하 제보자에 이르는 약 10~15代의 系譜만큼은 정확하였다. 이를 뒷받침해 주는 근거는 섬주민들의 제보와 문헌자료이다. 대체로 섬주민들은 口傳을 통해 어떤 성씨가 언제 섬에 들어왔는지, 또 몇 代 할아버지가 처음 섬에 들어와 어떻게 정착하게 되었는지, 또 입도조의 墓所가 섬의 어디에 안장되어 있는지 등을 공유하고 있었다. 심지어 직계 선조의 墓域을 통해 촌락의 입지가 어떻게 변화되고 확대되었는가를 읽어낼 수 있다. 그리고 무엇보다도 지역사 연구에 있어서 문중 내 중심인물에 대한 이력사항은 중앙에서 간행한 官撰資料에서 전혀 드러나지 않고, 또 섬은 육지의 향촌처럼 현전하는 문화유적의 종류가 그렇게 다양하지 않기 때문에 섬주민과 관련된 자료가 빈약할 수밖에 없는 실정이다. 이런 점을 감안해 볼 때, 족보는 도서 이주민 연구에 있어서 더없이 소중한 자료이다. 다만 유의할 점은 족보가 갖고 있는 한계점을 현지답사에서 보완하는 작업이 필요하다. 예를 들면 섬주민이 소장하고 있는 古文書, 섬에 분포하고 있는 遺蹟・遺物, 金石文, 해당 지역의『邑誌』「人物條」등을 상호 비교하여 도서지역 이주민에 대한 기초 자료의 검증과 보완이 병행되어져야 한다.

Ⅲ. 島嶼 移住民들의 入島 성향과 추이

본 절에서는 도서 이주민의 入島 성향과 추이를 살펴보고자 한다. 분석내용은 누가, 언제, 어떤 목적으로 섬에 유입하였으며, 入島 前

거주지와 入島 後 후손 분파에 관한 것이다. 다음 <표 1>은 荏子島·飛禽島·蘆花島·金塘島 주민들의 입도유래에 관한 현지조사 결과이다.16)

<표 1> 朝鮮後期 島嶼 移住民들의 入島由來

島嶼名	姓氏(派)	入島祖(生 · 卒)	入島 前 居住地	後孫 分派(自然村)
荏子島	金海金 (侍中公)	金賢回(1564~1628)	나주, 남원, 무안	장흥
	慶州李 (益齋公)	李德年(1620년경)	나주, 영광	임자도, 영광
	金海金 (金寧君)	金德雲(1631~1684)	강원도(원주·양주)	임자도
	耽津崔	崔俶(1652~1713)	장성, 나주, 무안	임자도
	光山卓 (安東大宗)	卓泰宗(1670년경)	함평, 영광	임자도
	珍原朴 (忠烈公)	朴東元(1688~?)	장성, 영광, 무안	임자도, 장성
	仁同張 (參贊公)	張四綱(1689~1788)	진도, 영광, 함평	
	光山金 (典理判書公)	金光運(?~1757)	고창, 함평, 영광	재원도
	忠州朴 (敎理公)	朴處錫(1778~1851)	광주, 나주	
	晉州鄭	鄭順臣(1810년경)	경상도(진주·고성) 장성, 함평, 영광	
飛禽島	江陵劉	劉家(1567~1618)	장성, 장흥, 흥양	비금도(당두·구기촌· 한산촌·수림·죽치· 내촌)
	昌原黃	黃銀(1660~1723)	경기도(고양), 흑산도, 해남(화원)	비금도(상암·월포), 도초도
	慶州崔 (司成公)	崔基立(1600년경)	영암, 해남	비금도(신촌·내촌·죽 치·외촌·읍동)
	陽城李 (尙書公)	李巖(1638년경)	황해도, 나주(회진)	비금도(도고)

16) <표 1>에 수록된 성씨 이외에 필자가 미처 확인하지 못한 사례도 있다. 예를 들면, 가장 먼저 입도한 성씨들이 口傳되고 있었지만, 해당 성씨의 후손들이 타 지역으로 이주하여 현재 섬에서 살고 있지 않거나, 혹은 입도유래를 확인할 만한 문건이 없는 경우는 분석대상에서 제외하였다. 또 각 성씨별 입도시기는 入島祖의 생존년대를 기준으로 산정하였기 때문에 약간의 오차가 있을 수 있다.

飛禽島	濟州梁 (昌平翰林公)	梁桂龍(1649~1709)	해남(옥천·화산)	비금도(관청동·사산·지동)
	光州盧	盧吉彦(1676~1733)	광주, 영암	비금도(신촌·구기·구림)
	全州李	李斗南(1693~1715) 李富善(1739~1811)	경상도(김해) 가사도, 장성, 나주	비금도(용소·광대)
	晉州姜 (司評公)	姜連煥(?~1814)	순창, 해남(우수영)	비금도(내촌)
蘆花島	慶州鄭 (文憲公)	鄭種周(1564~?)	해남(송지)	해남(송지)
	昌原黃	黃得秋(1650년경)	경상도(창원)	소안도
	草溪崔	崔宇益(1627~?) 崔宇蘭(1630~1698)	해남(북평)	소안도, 청산도, 해남
	濟州高 (文忠公)	高應恒(1637~1702)	강진, 해남	강진, 해남
	天安全 (兜平君)	全仕仁(1640년경)	강진, 해남	보길도, 영암
	密陽朴 (糾正公)	朴壽東(1640년경)		소안도, 해남
	羅州林 (長水公)	林菊(1676~1733)	나주, 완도	노화도
	金海金 (監務公)	金始貴(1680년경)	영암, 해남	영암, 해남
	密陽孫	孫舜祖(1681~1773)	보성(노동)	보성, 강진, 나주
	南平文	文德兆(1718~?)	장흥(장동)	장흥(유치)
	金海金 (三賢)	金哲章(1723~?)	경상도(창원) 완도	완도, 경상도(창원)
	曲阜孔 (學堂公)	孔性弼(1734~?)	강진(대구)	강진, 장흥, 화순
	安東權 (樞密公)	權重得(1813~?)		해남
	水原白 (玉峯公)	白基重(1826~?)	해남, 소안도	소안도, 해남
	豊川盧 (文孝公)	盧偉觀(1828~1892)	해남(송지)	해남(송지)
	慶州崔 (忠烈公)	崔洛玖(1855~1925)	해남	노화도
金塘島	晋州姜 (博士公)	姜時立(1594~?)	고흥	비견도, 금당도
	慶州鄭	鄭得命(1624~?)	장흥, 강진	금당도
	礪山宋 (小尹公)	宋壽福(1642~1706)	해남, 강진, 장흥	금당도

金塘島	利川徐 (元肅公)	徐日弘(1656~1700)	장흥, 고흥	나주, 평일도
	全州李 (德興大院君)	李熙景(1673~1732)	고흥	금당도
	天安全 (兜平君)	全聖哲(1700년경)	고흥, 영암	금당도
	慶州李	李西起(1736~1794)	고흥, 금일도	금당도
	竹山安 (判尹公)	安國甫(1763~1833)	강진, 보성, 장흥	금당도
	密陽朴 (糾正公)	朴準翼(1768~?)	보성	금당도
	仁川李(長興)	李繼亨(1770년경)	장흥, 평일도	금당도

1. 入島時期와 分布

본 절에서는 입도조들이 언제 섬에 집중적으로 유입하였는가를 알아보고자 한다. 앞의 <표 1>에 등재된 총 44건의 입도유래를 시기별로 구분한 것이 다음 <표 2>이다.

<표 2>에 나타나 있는 바와 같이, 도서 이주민들의 시기별 입도추이는 16세기 6.8%, 17세기 56.8%, 18세기 22.5%, 19세기 13.6% 등으로 확인된다. 가장 주목되는 것은 17세기 중엽에 도서 이주민들의 입도가 급격히 증가하고 있는 점이다. 이는 임진·정유란 등 전쟁과 연관성이 있는 것으로 보인다. 즉 16세기 임진란을 전후로 시작된 주민교체가 17세기 병자호란을 겪으면서 크게 재편된 것으로 이해된다.[17] 이러한 상황은 중앙정부의 기록에서도 확인되는데, 1706년(숙종 32)에 右水使 邊是泰가 "우리나라의 도서를 늘어놓고 보면 호남이 으뜸인데, 근래에 人口가 날로 증가하고 여러 섬의 戶口가 해마다 증가하고 있습니다."[18]라고 보고하였다. 이를 통해서 보건대, 17~18세기 서

---

17) 도서 이주민들의 入島 원인과 배경에 대해서는 졸고, 2000b, 앞의 논문과 본고 3장 2절을 참조하기 바란다.

18) 『備邊司謄錄』 57책, 숙종 32년 병술 4월 14일(5권 543쪽 하).

남해 도서지역 인구증가의 추이가 가히 어느 정도였는가를 짐작케
한다.

〈표 2〉島嶼 移住民들의 入島時期別 추이

島嶼 時期	荏子島	飛禽島	蘆花島	金塘島	합계(백분율)
16세기 초엽					0
중엽					0
말엽	1	1	1		3(6.8%)
17세기 초엽		2		1	3(6.8%)
중엽	2	4	4	1	11(25%)
말엽	4		4	3	11(25%)
18세기 초엽			1	1	2(4.5%)
중엽	1		2	1	4(9.0%)
말엽	1			3	4(9.0%)
19세기 초엽	1	1	1		3(6.8%)
중엽			2		2(4.5%)
말엽			1		1(2.3%)
합 계	10	8	16	10	44(100%)

2. 入島祖와 入島事由

　본 절에서는 어떤 사람들이 왜 섬으로 入島하였는지 족보에서 검
출한 入島祖와 그의 先系를 중심으로 알아보고자 한다. 특히 족보를
통해 입도조 개인의 이력사항 뿐만 아니라, 始祖의 世居地부터 中始
祖·派始祖·入島祖에 이르는 씨족의 변천사와 주요 人物들의 行蹟
을 분석하여 입도배경과 입도원인을 규명하였다. 서남해 도서지역 주
민들의 각 성씨별 入島祖와 入島事由를 정리한 결과 다음과 같은 내
용이 주목된다.

　첫째, 도서 이주민들의 입도 원인은 경제문제와 밀접히 연관되어
있었다. 경제와 관련하여 입도한 사례가 가장 많았다. 예를 들면 노화
도의 창원황씨, 금당도의 밀양박씨와 여산송씨 사례가 이에 해당된

다. 먼저 蘆花島 昌原黃氏의 경우, 入島祖가 黃得秋(1600~?)이다. 족보에 등재된 그의 이력사항에 "海得海島"하기 위해 섬으로 입도하였다고 밝히고 있다.19) 또 金塘島의 密陽朴氏 入島祖는 朴準翼(1768~?)인데, 박준익은 본래 全州에서 세거하다가 보성으로 이주하였다. 그후 바닷일을 하기 위해 보성에서 다시 金塘島(鬱浦)로 입도하였고, 훗날 그의 후손들이 금당도 汝門浦 일대에 鹽田을 설치하여 크게 富를 축적하였다고 한다.20) 또 금당도 礪山宋氏(小尹公派)의 入島祖는 宋壽福(1642~1706)인데, 여산송씨가 전라도에 정착하게 된 것은 송수복의 12대조 宋忠孫이 강진현감에 제수되면서 비롯되었다. 그 후 후손들은 강진에서 누대로 살다가 海南(場內)으로 이거하였으며, 송수복의 증조부 宋時輝가 "사람이 살기에 좋은 곳을 찾아 移居하라"는 유언을 남기고 세상을 떠나자, 송수복이 증조부의 유지를 받들어 아들과 손자를 데리고 장흥(남면)을 경유하여 금당도로 입도하였다고 한다.21) 이렇듯 도서 이주민들은 생계를 목적으로 海島海得할 수 있는 신개척지를 찾아서 섬으로 유입하였던 것으로 이해된다.

둘째, 섬은 내륙지역의 流移民들에게 토지를 제공해주었다. 도서 이주민들은 入島 이후 토지를 개간하여 정착기반을 마련하였다. 섬주민들이 토지를 개간한 사례는 1671년(현종 12) 비금도에서 확인된다. 이에 대해서는 羅州幼學 林澤이 중앙정부에 올린 呈狀에서 확인되는데, "저희들이 삼가 啓를 올린 것은, 조상 대대로 전래되던 전답이 전라도 나주 飛禽島에 있습니다. 그래서 누대로 耕食하였습니다."22)라고 언급한데서 알 수 있듯이, 17세기 중엽 이전에 이미 비금도 주민들은 섬에서 토지를 마련하여 경작하고 있었다.

---

19) 『昌原黃氏監司公派譜』, 제보자:황래우(완도군 노화면 신목리 거주).
20) 『密陽朴氏糾正公派譜』(1985년), 제보자:박남순(완도군 금당면 차우리 거주).
21) 『礪山宋氏小尹公派家乘譜』(丁巳譜, 1983년).
22) 『版籍司辛丑謄錄』 경종 원년 4월 8일, 4월 25일.

섬에서 토지는 내륙지역 유이민들을 섬으로 불러들이는 중요한 요인이었다. 또 조선후기로 내려올수록 섬에서 토지개간은 황무지나 간척지를 개간하던 소규모 간척에서 堤堰과 堤防을 쌓아 대규모로 이루어졌다. 섬주민에 의한 소규모 간척사례는 임자도 경주이씨에서 확인된다. 慶州李氏(益齋公派) 荏子島 入島祖는 李德年(1620년대)인데, 이덕년의 6세손인 李圭漢(1801~1846)이 堤防을 축조 사실이 섬주민들에게 구전되어 오고 있다.23) 또 섬에서의 토지간척은 중앙의 왕실세력에 의해서 대규모로 이루어졌다. 이에 해당되는 사례가 조선 영조 때 龍洞宮24)의 기록이다. 1738년(영조 14) 용동궁에서 전라도 비금도에 토지를 개간한 사실이 확인된다. 당시 용동궁에서 비금도에 개간한 토지규모는 起田 92結 30卜, 加田 3結 21卜 2束 등 총 95結 51卜 2束이었다.25)

이외에 섬에서 경작지를 마련할 수 있는 방법은 국가 소유의 牧場이나 封山을 개간하여서도 가능하였던 것으로 확인된다.26) 나주의 임자도 목장과 장흥의 금당도 봉산 사례가 참고 된다. 먼저 임자도 목장 사례를 살펴보면, 1791년(정조 15) 전라감사 鄭民始가 內需司에 접수한 單子에, "영광 임자도 목마장의 둘레가 30여 里나 되어 모든 곡식을 심을 만 하며 산 밑의 평평한 곳은 終達坪이라 부르는데, 둘레가 4리쯤 되어 이곳에 作畓한즉 수백여 結이 될 것이라 합니다. 백성들은 모두 목장을 옮기고 농사지을 수 있도록 허락해 줄 것을 간절히 원합니다."27)라고 기술되어 있다. 이런 논의가 있은 지 5년이 지난

---

23) 『慶州李氏文忠公益齋派世系譜』(1969);『慶州李氏益齋派譜』(1999), 제보자: 이송희(신안군 임자면 삼두리 저동마을 거주).

24) 용동궁은 明宗의 제1왕자인 順懷世子의 舊宮이다(『顯宗實錄』 권4, 현종 2년 6월 3일 경진).

25) 「羅州牧所在飛禽島田畓丁巳條執卜數爻成册」, 1738년 11월(서울대, 奎 22003-③).

26) 김경옥, 2001, 「조선후기 금당도 이주민의 입도와 봉산운영」『도서문화』 17집, 목포대 도서문화연구소.

1796년(정조 20)에 영광의 임자도 목장이 개간되었다.[28] 또 장흥 금당도 봉산의 경우, 1761년(영조 37)에 좌의정 홍봉한이 "전라도 장흥 금당도는 糧餉廳에 획급된 곳으로, 船材木으로 쓸 만한 소나무가 없습니다. 설혹 있다고 하더라도 결코 斫伐할 만한 것이 못됩니다."라고 보고하자, 英祖는 금당도 봉산을 혁파하고 개간을 허용하였다.[29]

이와 같이 섬에서 토지개간은 島嶼 移住民들에 의해 소규모로 이루어지다가, 점차 경제력과 노동력을 겸비한 중앙세력에 의해 牧場과 封山이 개간되거나, 堤堰이나 堤防을 쌓아서 대단위로 조성되었던 것이다.[30]

셋째, 입도조가 섬과 인연을 맺게 된 원인은 戰爭이었다. 전란기 피난으로 인한 주민교체가 대폭적으로 이루어졌음이 섬조사에서 확인되었다. 이에 해당하는 사례는 비금도의 江陵劉氏, 금당도의 晋州姜氏(博士公派)·慶州李氏(誠菴公派)·天安全氏(兜平君派), 임자도의 珍原朴氏(忠烈公派) 등이다. 이 가운데 비금도의 강릉유씨 입도조는 劉家(1567~1618)인데, 족보에 "宣祖壬辰 欲存宗祀 豚跡 于羅州 飛禽堂頭里 仍而居焉"이라 기재되어 있어 임진왜란 때 비금도로 입도하였음이 확인된다.[31] 또 금당도의 慶州李氏는 본래 나주에서 세거하였

---

27) 『備邊司謄錄』 79책, 정조 15년 10월 21일(17권 881쪽 하).

28) 김경옥, 2000c, 「조선시기 압해도의 이주민과 경제기반」『도서문화』 18집, 목포대 도서문화연구소.

29) 『備邊司謄錄』 140책, 영조 37년 9월 10일 신사(13권 589쪽) ; 『備邊司謄錄』 184책, 정조 20년 8월 8일(18권 471쪽 상). ; 『英祖實錄』 권98, 영조 37년 7월 19일 을묘 ; 『正祖實錄』 권45, 정조 20년 8월 1일 계유.

30) 이태진, 1983, 「16세기의 沿海地域의 堰田 개발 - 戚臣政治의 경제적 배경 일단 - 」『김철준박사화갑기념사학논총』; 한충희, 1991, 「19세기 衙門屯田의 實態分析」『사학지』 24, 단국대사학회.

31) 비금도 당두마을은 광대리에 소속된 자연촌으로, "큰당두" "작은당두"라 칭한다. 여기서 '堂頭'란 비금도에서 가장 먼저 사람이 거주하기 시작하였다는 뜻에서 붙혀진 지명이다(신안군, 1988, 『마을유래지』, p.280), 『江陵劉氏族譜』(1809년). 제보자:유봉채(신안군 비금면 내월리 내촌마을 거주).

는데, 임진왜란이 일어나자, 李應春·李應世·李應浩 3형제가 이충무공의 막하로 들어가 玉浦·唐浦·露梁海戰에서 賊船 10여 척을 섬멸하는 戰功을 세웠다. 3형제 가운데 이응춘이 戰死하여, 후에 宣武原從功臣에 등록되었다.[32] 전쟁이 끝나자, 이응춘의 후손들은 나주를 떠나 흥양(현 고흥)으로 移居하였고, 이응춘의 7세손 李東龜(1712~1790)는 흥양에서 金日島로 入島하였으며, 또 李東龜의 손자 李西起(1736~1794)가 金塘島로 入島하였다.[33] 또 임자도 진원박씨는 크게 3파로 나뉘는데, 長派는 보성, 中派는 임자도, 季派는 충청도 일원에서 세거하였다. 중파에 해당하는 임자도 박씨는 충렬공 박우의 후예들이다. 朴祐가 충렬공파의 파시조가 된 것은 정유재란과 관련이 있다. 즉 『長城邑誌』와 『靈光三綱錄』에 의하면, 정유란 때 박우는 일본으로 잡혀가 21년 동안 포로생활을 하다가 귀국하였다. 이에 조선정부는 공의 충절을 기리기 위해 忠烈이라는 諡號를 하사하였고, 문중에서는 진원박씨 중파의 중시조로 삼았다. 이후 충렬공 박우의 후손들은 주로 장성·영광·무안일대에서 세거하였으며, 무안(해제)에서 거주하던 박우의 4세손 朴東元(1688~?)이 임자도로 입도하여 대기리·화산촌·조삼리 일원에서 세거하였다.[34]

　이렇듯 전란기에 내륙에서 유리되었던 주민들이 보다 안전한 곳을 찾아 내륙 연안을 전전하다가, 마침내 섬으로 입도하게 된 것이다.

　넷째, 地方官 임명과 관련하여 입도한 경우이다. 이에 해당되는 사례는 임자도의 김해김씨, 금당도의 이천서씨와 여산송씨이다. 먼저 임자도 金海金氏(侍中公派)의 입도조는 金賢回(1564~1628)인데, 그의

---

32)　李應春　字汝彬慶州人茅山蟹曾孫忠端子孝友瞻畧壬辰從李忠武公玉浦唐浦露梁之戰焚賊船十隻奪被擄人丸而死贈左部將錄宣武原從勳順天(『湖南節義錄』卷之3, 「壬辰義蹟」,全羅南道壬亂史料編纂委員會編,『湖南地方壬辰亂史料集』3-湖南節義錄-, p.480).

33)　『慶州李氏誠菴公派譜』, 제보자:이규복(완도군 금당도 차우리 거주).

34)　『珍原朴氏族譜』(丁酉譜, 화순 만연사 刊), 제보자:박병수(신안군 임자면 화산촌 거주).

祖父 金孝孫(1498~1590)이 康津縣監에 임명되어 전라도에 처음 정착
하게 되었다. 김효손이 세상을 떠나자, 그의 묘소가 나주에 마련되었
고, 공의 1子 金應商이 선영을 지키기 위해 나주에 정착하였다. 또 공
의 2子 金應國은 남원으로, 3子 金萬祚(1547~1610)는 무안으로 각각
분가하였다. 그리고 임자도 입도조 金賢回(1564~1628)는 무안에 정
착한 김만조의 長子이며, 효행으로 참봉에 제수된 인물이기도 하다.
김현회의 후손들은 임자도의 대기리·이흑암리 일원에서 현재 세거
하고 있다.35) 또 금당도의 利川徐氏(元肅公派)는 靈光郡守로 부임한
徐元桂에 의해 전라도에 정착하였다. 이후 영광에서 세거하던 후손들
이 광양과 나주로 분파하였고, 이 가운데 나주 후손들이 장흥에서 고
흥으로, 다시 고흥에서 금당도로 입도하였다.36)

　이처럼 지방관 부임이 入島의 직접적인 원인은 아니지만, 관료 임
명을 계기로 전라도와 인연을 맺게 되고, 지방관의 직계 후손이 섬으
로 유입하게 된 것이다.

　다섯째, 유배로 인한 입도이다. 제보자들이 가장 쉽게 표현하는 입
도사유 가운데 하나가 流配이다. 유배 또한 입도의 직접적인 원인은
아니며, 유배인의 후손들이 훗날 섬에 입도한 경우이다. 이에 해당하
는 사례는 비금도의 창원황씨, 임자도의 인동장씨, 금당도의 경주정
씨 등이다. 먼저 비금도 창원황씨의 입도조는 黃銀(1660~1723)이다.
황은의 先代는 누대로 경기도(고양)에서 세거하였다. 그런데 黃銀의
祖父인 忠愍公 黃㲱(1604~1668)이 상소문을 잘못 작성한 죄목으로
흑산도에 유배되었다. 그 후 충민공 황홍은 유배된 지 2년 만에 복권
되어 官職에 재임용 되었으나, 이를 거부하고 안빈낙도의 삶을 선택
하였다. 그의 손자 황은이 흑산도에서 家率들을 데리고 비금도로 입
도 하였다.37) 또 임자도의 仁同張氏(參贊公派)의 경우, 고려 때 張百

---

35) 『金海金氏侍中公派大同譜』(1959, 낭주인쇄사), 제보자:김영소(신안군 임
　　자면 대기리 거주).
36) 『利川徐氏元肅公(神逸)派譜』(1970).

林(시조의 6세손)이 珍島로 유배되면서 전라도로 移居해왔다. 이후 장백림은 진도유배에서 풀려났으나 上京하지 않고 전라도 함평(양림방)에 정착하였다. 이러한 인동장씨가 전라도에서 은둔생활을 시작하게 된 결정적인 계기는 려말선초기에 장백림의 후손 張址가 不事二君의 節義를 내세워 관직을 버리고 세거지 함평으로 낙향하면서 본격화되었다. 즉 張址의 長子 張安國이 함평에서 영광으로 분가하였고, 장안국의 8세손 張四綱(1689~1788)이 영광에서 다시 임자도로 분파하였던 것이다.[38] 또 금당도 경주정씨는 족보에 따르면, 입도조의 부친 三槐堂 鄭得命(1624~?)의 이력사항에 "康津謫居"라 기재되어 있다. 또 그의 아들 鄭翼(1641~?)·鄭翔(1644~1686)·鄭狐 등의 이력사항에도 아버지를 따라 강진으로 移居해왔다고 기술되어 있다. 그후 정득명은 유배에서 풀려났지만 곧 세상을 떠났고, 그의 둘째 아들 鄭翔이 강진에서 금당도로 입도하였다.[39]

이렇듯 유배는 입도조가 섬으로 유입한 직접적인 원인은 아니지만, 解配以後 전라도에 정착하게 되고, 그의 후손들이 연해 도서로 분파한 경우이다.

여섯째, 史禍와 같은 정치적 사건으로 인한 입도이다. 섬주민의 입도유래 가운데 流配 못지않게 가장 많이 거론되는 사유가 정치적인 사건으로 인한 입도이다. 즉 정치적 사건에 연루되어 멸족위기에 직면했던 사람들이 중앙에서 멀리 떨어진 변방으로 숨어들게 되었고, 이후 그의 후손들의 出仕가 막히면서 섬으로 유입하게 된 경우이다. 이에 해당하는 사례가 임자도의 慶州李氏(益齋公派)이다. 경주이씨 李黿(始祖 李居明의 24세손)은 김종직의 문하생으로, 1489년(성종 20)

---

37) 『昌原黃氏世譜』(1998), 제보자: 황규채(신안군 비금면 내월리 월포마을 거주).

38) 『仁同張氏參贊公派世譜』(1990), 제보자:장기수(신안군 임자면 진리, 지도 향교 전교 역임).

39) 『慶州鄭氏大同略譜』(1985).

賢良科에 합격하여 예조좌랑에 임명되었다. 그런데 이원이 戊午士禍에 연루되어 곽산으로 유배되었고, 1500년(연산군 6)에 곽산에서 나주로 移配되면서 경주이씨가의 전라도 생활이 시작되었다. 바로 임자도 입도조 李德年은 李竃의 6세손이며, 이덕년의 형 李大年이 영광(남면)으로 분파하여 세거하였다.[40]

이상에서 살펴본 바와 같이, 도서지역 입도조들은 직계 先祖의 정치·경제·전쟁·유배·지방관 임명 등과 관련하여 직·간접적인 영향을 받으면서 전라도로 이주해왔고, 그 후 후손들이 세거지를 찾아 분파하는 과정에서 섬으로 유입하게 되었던 것이다.

3. 入島經路와 生活圈

이제 섬으로 이주해 온 입도조들의 前居住地를 분석하여 入島經路를 추적해보고, 또 섬에 정착한 이후 후손들의 分派를 살펴봄으로써 섬과 바다, 섬과 내륙과의 연계선상에서 도서지역 주민들의 생활권을 설정해보도록 하자.

임진~정유란이 끝나고 섬이 안정을 되찾게 되자, 내륙 연안지역 주민들은 海路를 따라 섬으로 유입하였다. 다음 <표 3>은 도서 이주민들의 入島 前居住地를 정리한 것이다.

<표 3>에 나타나 있듯이, 도서 이주민들의 入島 前 거주지는 해남(13), 나주(7), 장흥(7), 영광(6), 고흥(6), 장성(5), 강진(5) 등으로 확인된다. 이들 지역은 주로 강과 바다를 낀 서남해 연해지역임을 알 수 있다. 이를 통해서 보건대, 내륙에서 유리된 주민들은 곧바로 섬으로 이동하지 않고 이곳저곳을 떠돌아다니다가, 바닷가 연안에 위치한 해남·강진·영암·장흥·보성 등 연해지역을 경유하여 최종적으로

---

40) 『慶州李氏益齋公派譜』, 제보자:이송희(신안군 임자면 삼두리 저동마을 거주).

섬에 입도한 것으로 이해된다.

〈표 3〉 島嶼 移住民들의 前居住地

前居住地 / 島嶼名	康津	高興	光州	羅州	務安	寶城	靈光	靈巖	長城	長興	咸平	海南	加士島	金日島	所安島	莞島	珍島	平日島	黑山島	기타	합계
荏子島			1	4	3		6		3		4						1			6	28
飛禽島		1	1	2				2	2	1		4	1						1	4	19
蘆花島	2			1		1		1		1		8			1	3				2	20
金塘島	3	5				2		1		5		1		1				1			19
합 계	5	6	2	7	3	3	6	4	5	7	4	13	1	1	1	3	1	1	1	12	86

또 도서 이주민들이 가장 많이 이용했던 포구는 해남으로 확인된다. 특히 해남지역의 송지·북평·화원·우수영 일원이 집중적으로 부각되었다. 즉 해남 송지는 한반도 육지부의 끝자락인 土末(땅끝)에 해당하며, 바다를 사이에 두고 所安島와 蘆花島, 珍島(의신면), 莞島(군외면)를 바라다보고 있으며, 화원과 우수영은 바다 건너 珍島·長山島·安佐島 등과 인접해 있다. 또 내륙지역과 多島海를 잇는 해남(송지)~노화도(산양진)간 뱃길이 열려있다.41) 이렇듯 해남은 연해변에 입지한 관계로 섬과 내륙을 연결하는 교두보로써 기능하였던 것이다.

그러면 이제 도서 이주민들이 섬에 입도하여 정착한 이후 그의 후손들은 어디로 분파해 나갔을까? 다음 <표 4>는 각 성씨별 후손들의 분파지역을 정리한 것이다.

<표 4>에 나타나 있듯이, 도서지역 주민들의 후손 분파지역은 총 58건이 수집되었는데, 이것을 다시 섬과 육지로 구분해 보면, 내륙지역이 26건(44.8%), 섬이 32건(55.2%)이다. 또 이 지역을 권역별로 섬과 내륙을 연결해 보면, 임자도는 영광, 노화도는 해남, 그리고 비금도·금당도의 경우는 장흥·고흥권과 섬에서 섬으로 이동한 사례가 많았

---

41) 한글학회, 1984, 『한국지명총람』 16(전남편), pp.121~262.

다. 즉 후손들의 분파는 해당 섬을 중심으로 내륙과 연결되는 생활권을 형성하였던 것이다.

〈표 4〉 島嶼地域 住民들의 後孫 分派

前居住地 / 島嶼名	康津	羅州	寶城	靈光	靈巖	長城	長興	海南	和順	金塘島	蘆花島	都草島	甫吉島	飛見島	飛禽島	所安島	莞島	荏子島	在遠島	靑山島	平日島	기타	합계
荏子島				5		1	1											1	1				9
飛禽島												1			8								9
蘆花島	3	1	1		2		2	8	1		2		1			4	1			1		1	28
金塘島		1								9				1							1		12
합계	3	2	1	5	2	1	3	8	1	9	2	1	1	1	8	4	1	1	1	1	1	1	58

이와 같이 도서 이주민들의 前 居住地, 섬으로의 이동루트, 그리고 섬에 정착한 이후 후손들의 분파 지역을 종합해보면, 임자도는 영광권, 비금도·노화도는 해남권, 금당도는 장흥·고흥권으로 권역이 구분된다. 더욱 흥미로운 사실은 후손들의 분파로 인한 생활영역이 조선시기 행정편제와 닮은꼴이라는 점이다. 즉 조선시기 임자도는 靈光郡·羅州牧의 부속였고, 비금도는 羅州牧, 노화도는 海南郡, 금당도는 長興府에 각각 편제되어 있었다.42) 다시 말해서 조선시대 이래로 섬은 육지와의 연계선상에서 생활문화권을 구축하고 있었던 것이다.

Ⅳ. 맺음말

이상에서 族譜를 활용하여 도서 이주민에 대한 연구방법론과 입도

---

42) 『新增東國輿地勝覽』(1530), 『湖南邑誌』(1872). 현재 이들 도서는 1895년에 행정구역이 개편될 때 섬을 단위로 하여 신설된 智島郡(現 新安郡)과 莞島郡에 각각 편제되었다.

추이를 살펴보았다. 앞에서 논의된 내용들을 요약함으로써 결론을 대신한다.

　도서지역 사회구조를 파악할 수 있는 단서는 섬주민들의 直系 先祖인 入島祖의 분석에서 찾아진다. 서남해 어느 섬을 가도 섬주민들이 갖는 역사이해의 상한은 입도조와 직결되어 있고, 또 입도조에 의해 섬의 역사가 시작된 것으로 생각할 만큼 입도조의 의미는 크다. 이러한 입도조 분석에 가장 많이 이용하는 자료가 족보이다. 족보는 개인의 이력사항에서부터 문중내력에 이르기까지, 또 현재 섬에 거주하고 있는 주민들의 입도조부터 제보자에 이르기까지 世系圖를 파악할 수 있고, 특히 씨족구성원들의 葬地는 도서 이주민들의 입도 전 거주지, 입도배경, 입도경로, 입도이후 정착과정, 후손들의 분파지역 등을 구체적으로 검출할 수 있다. 물론 족보는 개인이나 문중에서 간행한 만큼 후대에 미화되었거나 조작되었을 가능성이 있고, 실재 世系・人名・官職 등의 착오와 연대추정의 불명확성이 발견되어 자료적 가치에 대한 비판이 제기되고 있다. 그러나 필자가 현지답사를 통해 확인해 본 결과, 도서지역 주민들의 입도조 이하 제보자에 이르는 10~15代의 系譜 만큼은 정확하였다. 이를 뒷받침 해주는 근거는 섬주민들의 口傳과 文獻資料이다. 대체로 주민들은 어떤 성씨가 언제 섬으로 입도하였는지, 또 본인의 몇 代祖가 처음 섬에 들어와 정착하게 되었는지, 그리고 후손들은 어디에서 많이 세거하고 있는지 등의 내용을 주민들이 함께 공유하고 있었으며, 실재 각 성씨별 입도조의 墓所가 섬에 안장되어 있어서 신빙성을 입증해 주었다. 따라서 도서 이주민 연구에 있어서 족보는 더없이 소중한 1차 자료인 셈이다.

　조선후기 도서 이주민들의 입도유래에 대해 족보를 통해 살펴본 결과 다음과 같은 특징이 주목되었다.

　첫째, 도서 이주민들은 16세기 말엽에 섬으로 유입하기 시작하였으며, 17세기 중엽에 급격히 증가한 것으로 확인되었다.

　둘째, 도서 이주민들이 입도하게 된 원인은 經濟生活(魚鹽・土地),

戰爭, 流配, 士禍와 같은 정치적 사건, 直系先祖의 地方官 임명 등과 관련하여 직·간접적인 영향을 받으면서 전라도에 정착하게 되었고, 그의 후손들이 세거할 만한 곳을 찾아 이동하는 과정에서 마침내 섬에 정착한 것으로 파악된다.

셋째, 도서 이주민들이 섬으로 유입하기 이전 거주지를 분석해 본 결과, 대체로 강과 바다를 낀 서남해 내륙 연안지역이었다. 즉 내륙에서 유리된 사람들은 이곳저곳을 옮겨 다니다가 육지의 가장자리에 위치한 연안지역을 경유하여 최종적으로 섬에 유입한 것으로 보인다. 또 도서 이주민들이 가장 많이 이용한 곳은 해남의 송지·북평·화원·우수영 일원이었다. 이 지역은 섬과 바다, 내륙을 연결하는 뱃길이 열려 있는 포구에 입지하고 있었다.

넷째, 도서 이주민들이 육지에서 섬으로 입도한 이동루트, 정착과정, 그리고 후손들의 분파지역을 살펴보면, 임자도는 영광권, 노화도는 해남권으로 구분되고, 비금도와 금당도는 장흥·고흥권 등으로 나타났다. 더욱 흥미로운 사실은 섬주민들의 생활권역이 조선후기에 시행된 행정편제와 닮아 있는 점이다. 즉 임자도는 영광권, 비금도는 나주권, 노화도는 해남권, 금당도는 장흥권 등이 그것이다. 즉 도서 이주민들의 입도 전 거주지와 정착지, 그리고 후손들의 분파지역은 내륙과 섬을 연결하는 하나의 권역을 설정하였고, 이것이 곧 섬주민들의 생활권이자 행정편제의 단위가 되었던 것이다.

제6장

朝鮮時期 慈恩島의 移住民과 社會經濟的 變化

Ⅰ. 머리말

기존 도서지역의 사회경제에 관한 연구는 조선시대의 土地開墾·牧場·魚鹽·山林 등을 다루면서 섬을 부수적으로 언급하는 수준이었다.1) 다행스럽게도 최근 들어 서남해 도서를 연구대상으로 한 사례연구가 발표되면서 도서문화와 도서지역의 경제기반이 하나씩 밝혀지고 있다. 이에 따르면, 조선전기 중앙정부는 왜구들로부터 섬주민을 보호한다는 명분으로 島嶼居住禁止令을 선포하고, 섬에 松田과 牧場을 설치하였다. 그러나 주민들은 조세와 부역부담이 적고, 토지를

---

1) 도서지역 경제에 관한 직접적인 연구는 아니지만, 섬의 경제기반을 부분적으로 언급한 연구는 다음과 같다. 이태진, 1989, 「15·16세기의 低平·低濕地 개간농업」『국사관논총』2, 국사편찬위원회 ; 송찬섭, 1985, 「17·18세기 新田開墾의 확대와 經營形態」『한국사론』12, 서울대 국사학과 ; 남도영, 1996, 『한국마정사』, 한국마사회박물관 ; 김용섭, 1964, 「司宮庄土의 관리 - 도장제를 중심으로 -」『사학연구』18, 한국사학회 ; 박준성, 1984, 「17·18세기 궁방전의 확대와 소유형태의 변화」『한국사론』11, 서울대 국사학과 ; 이경식, 1993, 「조선후기 王室·營衙門의 柴場私占과 火田경영」『동방학지』77·78·79합집, 연세대 국학연구원 ; 김호종, 1989, 『조선후기 염업사 연구』, 경북대 박사학위논문 ; 오성, 1989, 「木材商人과 松禁政策」『조선후기 상인연구』, 일조각.

간척할 수 있으며, 해산물을 채취하여 생계를 유지할 수 있는 섬으로
모여들었다. 또 중앙과 지방세력들도 국가의 財用을 마련한다는 명목
으로 섬에 宮房田과 屯田을 설치하여 점차 도서지역의 경제기반을
장악해 나간 것으로 확인된다.2) 또 조선전기 서남해 도서에 설치되었
던 牧場은 잦은 왜구침입으로 인해 제대로 운영되지 못하고 폐목장
으로 전락하는데, 이 廢牧場을 섬주민들이 개간하여 경작지로 만들었
다. 폐목장을 경작지로 전환한 사례가 全羅道 羅州牧 押海島 牧場에
서 확인되었다.3) 또 조선시대에 중앙정부는 船材木을 확보한다는 방
침아래 禁松政策을 단행하였다. 그 결과 서남해 도서지역은 조선전기
에 松田, 조선후기에 封山이 각각 설정되었다. 그런데 18세기를 전후
로 하여 서남해 도서지역의 인구가 증가하자, 섬주민들은 보다 넓은
경작지를 필요로 하였다. 이에 중앙정부는 봉산을 개간하여 경작지로
활용할 수 있도록 허용하였다. 이처럼 봉산이 개간되어 경작지로 전
환된 사례는 全羅道 長興府 金塘島 封山에서 찾아진다.4) 또 조선후기
서남해 도서지역의 대규모 토지간척은 중앙 권력층에 의해서 이루어
졌다. 특히 왕실세력의 토지소유가 점차 증가하였는데, 이들은 국가
로부터 토지를 折受하기도 하고, 혹은 직접 노동력을 동원하여 海澤
地에 築堰·築筒·堤防을 쌓아 堰畓을 만들었으며, 측량·매매·문
서위조 등을 통해 섬주민들의 토지를 점탈하기도 하였다. 이로 인해
섬주민과 왕실세력간에 토지소유권 분쟁이 끊임없이 발생하였다. 왕
실세력과 섬주민 간의 토지 소유권 분쟁 사례는 조선후기 나주목 소
재 비금도 주민들의 토지운영 실태에서 확인되었다.5) 이처럼 조선시

---

2) 김경옥, 2000b, 「朝鮮後期 西南海 島嶼地方의 經濟基盤 變化」 『全南史
   學』 14집, 전남사학회.
3) 김경옥, 2000c, 「조선시기 압해도의 이주민과 경제기반」 『島嶼文化』 18
   집, 목포대 도서문화연구소.
4) 김경옥, 2001, 「朝鮮後期 金塘島 移住民의 入島와 封山運營」 『島嶼文化』
   17집, 목포대 도서문화연구소, pp.27~40.
5) 김경옥, 2001, 「朝鮮後期 羅州牧 飛禽島 住民들의 土地運營 실태」 『島嶼

기 도서지역의 사회경제에 관한 연구는 서남해 도서지역을 중심으로 몇몇 사례연구에서 부분적으로 밝혀지고 있다. 그러나 다도해로 구성된 서남해 도서지역의 특수한 상황을 반영한 보다 다양한 자료가 수집되고 분석될 때 전체사로 수용할 수 있을 것이라 생각된다.

이러한 문제의식에서 본고는 또 하나의 사례연구로써 全羅道 羅州牧 慈恩島의 移住民과 社會經濟 變化에 대해 살펴보고자 한다.6)

첫째, 조선전기 중앙정부의 섬에 대한 정책은 空島政策이었다. 이러한 시대적 배경아래 15세기 전라도 나주목 자은도의 경제기반 실태는 어떠하였는지 알아보고자 한다.

둘째, 서남해 도서지역 주민들은 역사의 흐름 속에서 잦은 세대교체를 경험한 것으로 파악된다. 자은도 주민들은 언제 마을을 형성하고 정착하게 되었는지, 각 성씨별 族譜를 통해 入島祖, 入島時期, 入島由來 등을 제시하고자 한다.

文化』 19집, 목포대 도서문화연구소, pp.61~72.
  6) 본고는 목포대학교 부설 도서문화연구소에서 매년 실시하고 있는 "서남해 도서(섬) 학술조사 - 2002년 신안군 자은도 - "에 의해 작성하였다. 이 연구에서 필자의 연구과제는 "조선시대 자은도의 역사와 문화"였다. 이에 필자는 자은도에 관한 고문헌 및 고문서의 수집 및 정리, 자은도 주민들의 입도유래와 정착과정, 경제기반 등을 시기별로 검토하였다. 연구방법은 문헌자료와 현지답사를 접목시킨 사례연구로 진행하였으며, 현지답사는 2001년 8월부터 2002년 8월까지 실시하였다. 연구보조원으로 목포대 역사문화학부 이은정(역사학전공 4학년)·조미은(역사학전공 2학년)이 참여하였다. 현지조사는 마을별로 設村過程과 마을공동체조직의 설치와 운영, 族譜를 이용하여 入島祖와 入島由來를 검토하였다. 이외에 문중자료, 개인 소장 고문서(戶口·科擧·敎旨·賣買文書·分財記·土地干拓) 등을 수집하였으며, 무엇보다도 소중한 자료는 주민들이 제공해 준 생생한 증언 자료였다. 농사를 지으면서 또 물때에 맞춰 어업에 종사하느라 항상 분주하면서도 연구진에게 제보를 해주신 지역주민들께 지면으로나마 감사의 인사를 올린다. 특히 마을 노인정을 조사팀의 숙소로 내어주신 고장마을노인회와 이장님, 그리고 마을 주민들에게 감사드린다.

셋째, 조선후기 서남해 도서지역의 인구는 크게 증가한 것으로 파악된다. 자은도 역시 예외는 아니었을 것이다. 18~19세기 자은도의 사회구조는 어떻게 변화되었고, 이에 대한 중앙정부의 대응은 무엇이었는지 알아보고자 한다.

이를 통해 조선시기 자은도 주민들의 유입과 정착과정, 그리고 도서 이주민 증가로 인한 자은도의 사회경제적 변화를 검토할 수 있을 것으로 기대된다.

Ⅱ. 15세기 자은도의 실태
-松田·牧場·魚鹽·流配地-

본 절에서는 조선전기 자은도의 실태를 점검하고자 한다. 조선전기 중앙정부는 주민들의 도서 거주를 금하는 한편 섬에 설치되어 있던 邑治所를 내륙으로 이동시키는 등 이른바 空島政策를 실시하였다.7) 이러한 시대적 배경아래 15세기 자은도의 역사와 문화, 사회경제 기반은 어떠하였는지 살펴보도록 하자.

조선전기에 서남해 도서는 끊임없이 왜구들의 침입을 받았다. 중앙정부는 섬에 사람이 살지 않으면 경제기반이 마련되지 않을 것이고, 약탈 할 것이 없는 섬에 더 이상 왜구들도 출몰하지 않을 것으로 판단하였다. 이에 중앙정부는 주민들의 도서 거주를 금하는 공도정책을 선포하였다.

이러한 실정은 15세기에 간행된 각종 지리지에서 찾아진다. 이에 해당되는 사례가 전라도 羅州群島에 소속된 長山島·押海島·黑山島 등에서 확인된다. 이 가운데 장산도의 사정을 그대로 옮겨보면 다

---

7) 김경옥, 2004, 『조선후기 도서연구』, 혜안, pp.47~67.

음과 같다.

> 長山廢縣, 羅州의 남쪽 20里에 있다. 일명 安陵이라고도 한다. 본래 바다 속의 섬으로, 백제 때 居知山縣이라 하였고, 신라 때 安波로 개칭하여 압해군의 領縣이 되었으며, 고려 때 지금의 이름으로 고쳐 나주에 예속되었다. 후에 왜적에게 땅을 빼앗기고, 나주에서 寓居하여 長山縣이 되었다.8)

이를 통해서 보건대, 조선전기 장산도 주민들은 왜적에게 땅을 빼앗기고 내륙지역인 羅州로 옮겨가서 寓居하였음을 알 수 있다.

이처럼 조선전기 중앙정부의 도서정책은 "空島"를 표방하였다. 그 결과 자은도를 포함한 서남해 도서지역 주민들은 모두 육지로 이주하게 되었다.9)

그러면 조선전기 공도정책의 실시로 섬에 사람이 살지 않았다면, 주민이 없는 자은도는 어떠하였을까? 조선전기의 관찬사료에서 자은도를 검출해 보면 15세기 자은도의 위상을 점검할 수 있을 것으로 생각된다. 다음은 15세기에 간행된 관찬기록에서 자은도 관련 기사를 발췌한 것이다.

> a-1) (나주군)의 관할지[所領]는 郡이 3이니, 海珍·靈巖·靈光이요, 縣이 8이니, 강진·무장·함평·남평·무안·고창·흥덕·장성이다. 海島가 4이니, 慈恩島·押海島·巖泰島·黑山島이다.10)

> a-2) 병조에서 啓하기를, "道內의 영암·나주·영광 등 각 고을의 소금 창고에 소속된 慈恩·巖泰·波之頭·荒浦 등지의 鹽干으로 일찍이 왜적을 잡은 공로가 있어 功牌를 받은 사람은 左

---

8)『신증동국여지승람』권35, 전라도 나주목 고적 장산폐현.
9) 김경옥, 2004, 앞의 책, pp.50~52.
10)『世宗實錄』권151, 地理志, 全羅道 羅州牧.

右番으로 나누고, 공패가 없는 사람은 이름을 써서 抄錄하여, 적의 변고가 있을 때 그들로 하여금 달려가서 변방을 방비하게 하고, 그 변방을 방비한 날을 계산하여 소금의 량을 삭감해 주려고 합니다." 라고 하니, (왕이) 그대로 따랐다.[11]

a-3) 형조에서 啓하기를, … 근년에 도둑의 추세를 살펴보니, 죄를 범한 者의 형을 집행한 다음 석방한 후에 다시 절도하는 者는 수십인에 불과합니다. 이 무리가 만약 再犯하거든 그의 처자와 함께 慈恩島 · 嚴泰島 · 珍島와 같은 海島에 압송하고, 그곳의 수령으로 하여금 無時로 단속하도록 하여 엄중히 감시해서 (陸地) 출입을 못하게 하십시오.[12]

a-4) 병조에서 아뢰기를, "… 전라도의 智島牧場은 咸平縣監으로, 道陽串牧場은 知高興縣事로, 臨淄島牧場은 右道都萬戶로, 長山島牧場은 周梁都萬戶로, 慈恩島牧場은 多慶浦萬戶로 겸임하도록 하고, 監牧官은 모두 혁파하는 것이 어떻겠습니까?" 하니, (왕이) 그대로 따랐다.[13]

a-5) 의정부에서 병조의 牒呈에 의거하여 상신하기를, "兵船은 국가의 도둑을 막는 기구이므로 배를 짓는 소나무를 사사롭게 작벌하지 못하도록 일찍이 입법을 하였습니다. 그런데 무식한 무리들이 작벌하여 배를 짓고, 혹은 가옥건축 재목으로 사용하여 소나무가 거의 사라졌습니다. 지금 沿海 州縣의 여러 島와 串의 소나무가 잘 되는 땅을 조사하여 장부에 기록하였습니다. (중략) 전라도의 경우, 나주의 可也山 · 多利島 · 飛示島 · 都草島 · 嚴泰島 · 安昌島 · 慈恩島 · 其佐島 · 八示島 · 河衣島 · 伊示島 · 松島 등입니다. … 州縣의 島와 串에 예전부터 소나무가 있었던 곳에서 작벌을 엄금하고, 나무가 없는 곳은 해당 道의 監司로 하여금 관원을 보내서 소나무를 심도록 하십시오. 그리고 심은 소나무는 인근지역 守令과 萬戶로 하여금 배양하도록 하여 용도가 있을 때를 대비하도록 하십시

---

11)『세종실록』권19, 세종 5년 3월 5일 병술.
12)『세종실록』권62, 세종 15년 11월 5일 갑신.
13)『세종실록』권74, 세종 18년 7월 25일 무오.

오.”하니, 왕이 그대로 따랐다.[14)]

위의 사료에서 15세기 자은도의 실태를 정리해 보면 다음과 같은 특징이 주목된다.

첫째, 15세기 자은도는 羅州牧의 부속도서 가운데 하나였다(a-1). 한 가지 주목되는 것은 조선전기 지리지에 나타난 자은도의 위상이다. 즉 단종 2년(1454)에 간행된『세종실록』지리지에 나주목의 부속도서는 자은도·암태도·압해도·진도 등 4개의 섬이 등재되어 있다. 그런데『세종실록』지리지 보다 약 30여년 후에 완성된『동국여지승람』나주목 부속도서에는 자은도를 비롯하여 무려 29개의 섬이 추가로 등재되어 있다.[15)] 이를 통해서 보건대, 조선전기의 자은도는 實錄에 등재될 만큼 그 위상이 높았던 것으로 추정된다. 물론 조선전기 섬 조사가 단종 때 보다 세종 때 활발히 이루어졌을 가능성이 있고, 또 제도적으로 행정편제가 달라지면서 나주목의 부속도서가 변화되었을 수도 있다. 그러나 조선전기 중앙정부의 섬에 대한 정보가 실시간마다 수집되지 않았고, 또 공도정책아래 섬은 영토의 의미보다 왜구들을 불러들이는 원인만 제공하는 곳, 혹은 絶島라는 입지조건 때문에 중앙정부의 통제가 미치지 못하였던 곳으로 인식하는 상황에서 자은도가 서남해의 무수히 많은 섬 가운데 조선전기의 지리지에 등재되었다는 것은 그만큼 자은도가 주목받는 섬이었을 것으로 이해된다.

둘째, 15세기 자은도에서 소금이 생산되었다(a-2). 소금은 어느 시기를 막론하고 백성들에게 가장 중요한 필수품이었다. 이런 까닭에

---

14)『세종실록』권121, 세종 30년 8월 27일 경진.

15)『동국여지승람』나주목 산천조에 등재된 도서는 다음과 같다. 八尓島, 安昌島, 河衣島, 台尓島, 都草島, 者乙島, 只佐島, 愁致島, 沙致島, 大也島, 小智島, 半月島, 朴只島, 高下島, 多里島, 沙邑島, 壓海島, 松島, 仇瑟島, 牛幕島, 蘇文島, 牛開島, 加難島, 飛尓島, 智島, 長山島, 慈恩島, 巖墮島, 新蔬島, 黑山島 등이다.

15세기 세종은 各道의 敬差官들에게 소금을 효율적으로 생산하는 방법에 대해 실험하도록 명하였다. 이에 강원도(삼척)·경기도(남양)·황해도(옹진)·경상도(동래)·전라도(흥양) 등이 실험대상 지역으로 선정되었다. 실험방법은 소금생산에 필요한 도구, 작업 시간, 노동력을 동일하게 제공하고 그에 따른 지역별 생산량을 계산하는 방식이 적용되었다. 실험결과, 5개 지역 가운데 전라도가 소금 생산에 가장 적합한 곳으로 평가되었다. 당시 소금생산 실험결과에 대해 실록에 의하면, "소금 생산에 있어서 전라도가 노역은 헐하면서도 수익은 東海의 갑절이나 많다."라고 기술되어 있다.[16] 이런 까닭에 15세기 소금은 내륙지역 流移民들을 섬으로 불러들이는 중요한 요인 가운데 하나였던 것이다.

셋째, 15세기 자은도는 범죄자를 격리시키는 流配地로 거론되었다 (a-3). 조선시대의 유배는 죄인을 중앙으로부터 가장 먼 곳으로 추방시키는 유형이었다. 때문에 섬은 유배지로 적합하였다. 그런데 문제는 유배인의 생계가 섬주민들에게 떠넘겨진 것이다. 조선정부는 유배인들을 섬으로 들여보낼 때 숙식이나 주거문제를 해결해 주지 않은 상태에서 섬으로 추방하였던 것이다. 따라서 섬주민들은 유배인들에게 먹거리를 나눠줄 수밖에 없었다. 이런 점에서 볼 때, 자은도는 絶島이지만, 유배인의 생계를 부담할 수 있을 만큼 경제력이 있었던 섬이었을 것으로 추정된다.[17]

넷째, 15세기 자은도에는 牧場이 설치되어 있었다(a-4). 조선전기 중앙정부는 중국과 말 무역을 하였다. 조선전기의 馬政은 국내적으로 교통 및 생산, 국토방위의 수단이었으며, 대외적으로는 모든 외교문제를 해결하는 매개체였다.[18] 따라서 말의 사육은 국가의 중요한 정

---

16) 『세종실록』 권117, 세종 29년 9월 23일 임자.
17) 우리 나라의 대표적인 유배지는 중종때까지 濟州·珍島·南海·巨濟島 등이었고, 영조때에 珍島·黑山島·古今島·智島 등 서남해 도서 전체로 확대되었다(『중종실록』 권4, 중종 2년 10월 13일 계미 ;『영조실록』 권24, 영조 5년 9월 30일 신축).

책이었고, '나라의 富는 牧馬의 수효로 답한다.'라고 할 만큼 국가의 富强을 평가하는 요소였다.[19] 그래서 정부는 필요한 목마를 전국 각 도에 분정하였다. 전라도의 경우, 겨울철에도 크게 춥지 않아서 말이 풀을 얻을 수 있었기 때문에 牧馬場으로 적합하였다.[20] 특히 水草가 풍부한 서남해의 島嶼와 串은 말을 방목하기에 최적지였다. 따라서 중앙정부는 잦은 왜구들의 침입을 핑계삼아 주민들의 도서 거주를 금하고, 대신 섬에 목장을 설치하였다. 조선전기 서남해 도서지역에는 자은도 목장을 비롯하여 34개의 목장이 설치되었다.[21]

다섯째, 15세기 자은도에 松田이 설치되었다(a-5). 조선시대의 소나무는 船材木·宮家·官衙·寺刹·書院 등의 建築用, 토지간척시 堤防建設用, 땔감용 등 다양하게 사용되었다.[22] 이에 중앙정부는 소나무 작벌을 금하는 禁松政策을 단행하고, 沿海州郡의 島嶼와 串을 소나무 배양지로 규정하였다.[23] 조선 세종 때 서남해 도서지역의 송전은 자은도를 비롯하여 10개의 섬에 설치되어 있었다.[24]

이상에서 살펴본 바와 같이, 15세기 자은도는 전라도 나주목의 부속도서로, 魚鹽·牧場·松田 등 국가의 財用을 마련하던 섬으로 이해된다.

---

18) 남도영, 1964,「조선시대 地方馬政組織에 대한 소고」『사학연구』18, 한국사학회 ; 남도영, 1996,『韓國馬政史』마문화연구총서 1, 한국마사회 마사박물관.

19)『태종실록』권18, 태종 9년 11월 임오 ;『세조실록』권15, 세조 7년 7월 ;『연산군일기』권44, 연산군 8년 6월 19일 기미 ;『명종실록』권9, 명종 4년 10월 신유.

20)『세종실록』권33, 세종 8년 8월 8일 기사.

21) 김경옥, 2000a, 앞의 논문, pp.23~24.

22) 김경옥, 2000a, 앞의 논문, pp.78~85.

23) 조선전기 서남해 도서지역은 소나무 외에도 대나무와 뽕나무도 배양하였다. 뽕나무 역시 함부로 벌채할 경우에 소나무 벌채와 동일한 죄로 다스렸다(『성종실록』권9, 성종 2년 1월 7일 경진 ;『성종실록』권52, 성종 6년 2월 16일 을미).

24) 김경옥, 2000a, 앞의 논문, p.78.

Ⅲ. 16~17세기 島嶼 移住民의 入島와 定着

본 절에서는 자은도 주민들이 언제 어떤 연유로 入島하여 마을을
형성하고 정착하게 되었는지, 각 성씨별 입도유래를 살펴보고자 한
다. 입도유래는 주민들의 제보를 통해 기초자료를 수집하고, 각 성씨
별로 소장하고 있는 족보와 문중자료, 기타 자은도 관련 역사유적 등
을 종합하여 고찰하였다. 다음 <표 1>은 조선후기 자은도 주민들의
入島由來를 정리한 것이다.[25]

<표 1> 조선후기 자은도 주민들의 입도유래

姓氏 (派)	入島祖(生~卒)	入島前 居住地	慈恩島 (里·村)	備　考 (典據·入島事由)
密城朴 (忠憲公)	朴尙齡(15세기)	경기도 (양평,여주)	고장리 (외기,장고)	·『密城朴氏忠憲公派譜』(1997 년) ·朴尙齡은 武官으로 宣傳官 을 역임, 이후 자은도로 낙 향
金海金 (三賢)	金基龍(1567~?)	경남(칠원)	장고리(장고) 백산리(분계)	·『金海金氏三賢派八都派譜』(1984년) ·金基浩(1571~?)가 면전리에 정착 ·金碩立(1596~1661)이 자은 도 한운리에 정착
固城李	李琇(1598~?)	전북(고창)	한운리(한운)	·이괄의 난 때 은거를 목적 으로 자은도로 입도 ·제보:이남섭(신안군 자은면 둔장마을)

---

25) <표1>은 자은도 현지답사 결과를 토대로 하여 작성하였다. 단, 口傳으
　　로만 전해오는 성씨의 경우 증빙자료의 한계로 인하여 분석대상에서 제
　　외하였다. <표1>에 등재된 성씨는 入島祖의 출생년도를 기준으로 작성
　　하였다.

昌寧成	成鏐(1609~1680)의 妻 濟州梁氏	경기도(광주) 智島(봉리)	한운리(고교)	・『昌寧成氏大同譜』(1960년) ・인조반정 때 智島(봉리)로 입도 ・成鏐의 부인 제주양씨가 智島에서 慈恩島로 移居 ・成道海(1657~1739)가 자은도(고교)에 정착 ・成道泳(1661~1717)이 자은도(한운)에 정착
金海金 (四君)	金命柄 (1612~1647)	巖泰島(신석)	구영리(구영) 대율리(대율)	・『金海金氏家乘譜』(1990년) ・金命哲이 암태도(신석) 入島祖 ・「金海金氏精神結合契」(1961~1983)
苞山郭 (都事公)	郭益址(1620~1677)	전북(정읍, 고창, 흥덕) 智島	유각리(금포)	・『苞山郭氏世譜』(1988년) ・입도조의 증조부 곽준(1547~1677)이 정유란 때 고창・흥덕에서 의병 활동에 참여 ・입도조의 祖父인 郭宗이 智島로 入島
全州李 (師傳公)	李殷存(1653~1699)	영광(묘량) 무안	고장리(고장) 백산리(와우) 유각리(백길)	・『全州李氏師傳公派譜』(필사본) ・입도조의 高祖 李應鍾(1522~1605)이 임란 때 의병활동
利川徐 (江湖公)	徐有聖(1661~1689)	나주(봉황, 다도, 남평) 함평(학교, 대동)	유천리(유천)	・『利川徐氏江湖公派譜』(1990년) ・徐有聖이 숙종 때 士禍를 피해 어머니 陽城李氏와 함께 자은도로 入島
晉州姜 (司平公)	姜奇三(1669~1705)	경남(합천) 경기도(파주, 연천, 시흥) 영광(남면) 장산도(다수)	구영리(구영) 한운리(고교, 둔장) 백산리(와우) 대율리(대율)	・『晉州姜氏世譜』(1983년) ・姜鶴孫(1455~1525)이 영광으로 유배 ・姜厚周(1637~1671)가 영광에서 장산도로 입도 ・姜以周가 영광에서 장흥으로 移居

達城裵	裵得南(1670~1709)	무안(청계)	백산리(백산) 한운리(둔장) 유각리(백길)	·입도조의 父親인 裵國禎이 加沙島로 入島 ·제보:배진범(신안군 자은면 백산마을)
濟州梁 (游擊公)	梁禹三(1671~1759)	전북(고창) 나주	구영리(구영)	·『梁氏大同譜:游擊公篇』(1979) ·입도조의 6대조 梁東材는 고려 공민왕 때 전라도 옥구와 영광에서 왜구를 토벌한 功을 세워 錦城君에 封, 死後에 珍島 忠賢祠에 배향 ·입도조의 5대조 梁漢誠(1352~1422)이 珍島 忠賢祠에 배향
順興安	安春信(1678~1763)	해남 飛禽島 智島	유천리(욕지)	·병자호란 때 안춘신의 祖父가 비금도로 피난 ·安蘭輝(?~1684)는 智島 入島祖 ·제보:안병중(신안군 자은면 욕지마을)
陽川許 (慈山公)	許塾(1686~1737)	경기도(장단) 경기도(용인) 해남(서면) 해남(화산)	대율리(대율)	·『陽川許氏慈山公派世譜』(필사본) ·許策이 해남으로 입향 ·許塾이 은둔생활을 위해 자은도로 입도
慶州崔	崔元柱(1690~1768) 崔斗柱(1697~1757)	해남(마산)	송산리(송산) 유각리(유각) 구영리(구영)	·崔漢燮(1735~1807)이 자은도 유각리에 정착 ·崔甫燮(1738~1808)이 자은도 구영리에 정착 ·제보:최오남(신안군자은면 문평마을)
新昌表	表流玉(17세기)	경남(의령)	백산리(와우,백산) 구영리(장고)	·제보:표문철(신안군 자은면 와우마을)
密陽朴 (竹隱公)	朴允煥(1708~?)	경기도(고양) 장흥(관산) 장흥(용산) 광양(진월) 암태도(송곡)	유각리(유각) 유천리(창촌)	·『密陽朴氏竹隱公派世譜』(壬子年) ·입도조의 5대조 朴承宗(1562~?)이 임란때 督戰御使로 西海 방어에 참여 ·朴鳳岩(1687~1752)이 암태도 입도조
丹陽禹 (安靖公)	禹善(1726~1826)	경기도(여주) 충북(괴산)	고장리(고장) 면전리(면전)	·『丹陽禹氏安靖公派譜』(1998년)

瑞興金	金在貞(1842~1895)	나주(다시) 암태도(오상)	송산리(두모)	· 金成謚(1734~1805)이 암태도 입도조 · 제보:김만용(신안군 자은면 두모마을)
原州李 (宣略公)	李濟億(1854~?)	해남(마산) 안좌도(탄동) 지도(우전)	한운리(고교)	· 『原州李氏大同譜』(필사본) · 입도조의 9대조 李元海(1559~?)가 宣武原從功臣에 등록, 사후에 해남 英山祠에 배향 · 李命炯(1781~1842)이 안좌도로 입도 · 李應欽(1830~1877)이 智島로 입도
天安全	全基均(1858~?)	영암(서호) 안좌도	송산리(송산)	· 全命昌(1692~?)이 안좌도로 입도 · 제보:전의권(신안군 자은면 송산마을)

위의 <표 1>를 정리해 보면 다음과 같은 특징이 주목된다.

첫째, 도서 이주민들의 입도시기이다. 입도유래 20건을 시기별로 구분해 보면, 15세기 1건(5%), 16세기 2건(10%), 17세기 10건(50%), 18세기 4건(20%), 19세기 3건(15%) 등으로 파악된다. 이것은 각 姓氏別 入島祖의 생존시기를 기준으로 하여 분석하였기 때문에 약간의 오차가 있을 수 있다. 그러나 오차범위를 감안하더라도 자은도 주민들의 입도 시기는 17세기에 집중되어 있음을 알 수 있다. 17세기에 입도한 10건의 사례를 더욱 세분해 보면, 17세기 초엽 1건, 17세기 중엽 3건, 17세기 말엽 6건 등으로 확인된다. 즉 섬주민이 17세기 중엽 이후에 집중적으로 유입하고 있음을 알 수 있다. 이러한 성향은 숙종 32년(1706)의 실록에서도 확인된다. 즉 右水使 邊是泰가 "우리 나라의 섬을 늘어놓고 보면, 호남이 으뜸인데, 근래에 인구가 날로 증가하고 여러 섬의 호구가 해마다 증가하고 있다."[26]라고 보고 한데서도 알 수 있듯이, 18세기 서남해 도서지역의 인구는 전반적으로 증가추세였던

---

26) 『비변사등록』 57책, 숙종 32년 병술 4월 14일(5권 543쪽 하).

것으로 보인다. 바로 이런 현상이 자은도 사례에서 입증된 셈이다.

둘째, 도서 이주민들의 入島事由이다. 자은도 주민들은 政治(3건), 戰爭(3건), 流配(1건) 등과 관련하여 직·간접적인 영향을 받으면서 섬으로 입도하였다. 먼저 정치적 사건의 경우, 17세기 초엽 인조반정과 관련된 사례가 주목된다. 자은도 한운리에 정착한 고성이씨 李琇(1598~?)의 사례가 이에 해당된다. 李琇는 인조 2년(1624)에 이괄의 난이 일어나자 화를 당할까 두려워 자은도로 피난왔다고 한다. 또 한운리 고교마을로 입도한 창령성씨 成鏐(1609~1680)는 인조반정때 外家의 柳希舊(1564~1623)가 참형을 당하는 등 가문 사람들이 고초를 당하자, 부인과 아들 2명을 데리고 전라도 智島 봉리 황금마을로 입도하였다. 그 후 成鏐는 智島에서 세상을 떠났고, 그의 부인 제주양씨가 두 아들을 데리고 智島에서 자은도로 입도하였다고 한다.27) 이렇듯 정치적인 사건과 관련된 입도는 입도조의 직계 先祖 때 사건이 발생하여 그의 후손들이 여러 지역을 경유하다가 마침내 섬에 정착한 것으로 이해된다.

또 다른 사유는 전쟁과 관련된 입도이다. 자은도의 경우 포산곽씨·전주이씨·제주양씨·순흥안씨 등의 사례가 이에 해당된다. 전쟁 역시 도서 이주민들에게 직·간접적인 영향을 주었다. 즉 入島祖의 直系 先祖가 임진왜란·정유재란·병자호란과 같은 전쟁 때 의병 활동에 참여하였거나, 혹은 전쟁 때 가족들을 데리고 피난길에 올랐다가, 이후 이곳저곳을 떠돌아다니다 섬에 안착하게 된 것이다. 이에 해당하는 사례가 자은도 순흥안씨의 경우이다. 순흥안씨 자은도 입도조는 安春信(1678~1763)이다. 순흥안씨는 자은도로 입도하기 전에 전라도 해남에서 세거하였다. 1636년 병자호란이 일어나자, 안춘신의 祖父가 海南에서 飛禽島로 피난을 갔고, 안춘신의 父親 安蘭輝(?~1684)가 비금도에서 다시 智島로 이거하였으며, 안춘신이 보다 살기

---

27) 『昌寧成氏大同譜』(1960년), 제보자:성종식(신안군 자은면 한운리 거주).

좋은 곳을 찾아 智島에서 자은도로 입도하게 되었다. 이처럼 전쟁은 도서지역 주민들의 세대교체를 가져오는 요인 가운데 하나였다.

　정치와 전쟁 이외에 流配로 인한 입도유래도 확인된다. 자은도 진주강씨 姜奇三(1669~1705)의 사례가 이에 해당된다. 진주강씨가 전라도와 인연을 맺은 것은 司平公派의 派始祖인 姜鶴孫(1455~1525) 때이다. 강학손이 왕의 뜻을 거역한 죄목으로 전라도 영광으로 유배되었고, 그의 후손들이 영광읍과 불갑면 일대에서 세거하였다. 이후 강학손의 7세손 姜厚周(1637~1671)가 영광에서 長山島(다수리)로 입도하고, 강후주의 아들 강기삼이 장산도에서 자은도(구영리)로 입도하였다. 또 강기삼의 1子 姜以益(1692~1754)이 대율리로 분가하고, 2자 姜以允(1695~1765)이 둔장리로 이주하였다. 현재 진주강씨는 자은도내 구영리·대율리·둔장리 일대에서 세거하고 있다.[28] 이와 같이 자은도 주민들은 17세기 정치적 사건, 전쟁, 유배 등과 관련하여 섬으로 유입하게 되었다.

　셋째, 도서 이주민들의 입도 이전 거주지에 관한 것이다. 앞의 <표 1>에서 확인할 수 있듯이, 입도 이전의 거주지는 출발지에서 자은도에 도착할 때까지의 모든 경유지를 포함한다. 경유지는 도서 이주민들의 이동경로는 물론 입도사유를 밝히는데 참고된다. 자은도 주민들의 입도 전 거주지(경유지 포함)를 지역별로 구분해 보면, 서남해 내륙과 섬이 63.2%를 점유하였고, 나머지는 경기도 9건, 전북 5건, 경남 3건, 충북 1건 등으로 확인된다. 대체로 자은도 주민들은 서남해 내륙 연안지역이나 자은도 주변 섬에서 이동해 왔던 것이다. 이 가운데 서남해 내륙 연안지역은 나주(5)·해남(5)·영광(2)·무안(2)·함평(2)·장흥(2)·광양(1)·영암(1) 順으로 나타났으며, 또 섬에서 자은도로 이주한 사례는 지도(4)·암태도(3)·안좌도(2)·장산도(1)·비금도(1) 등으로 확인된다. 특히 섬에서 섬으로의 이동은 智島에서 慈恩島로 이

---

28) 제보자:강대경·강대운(신안군 자은면 한운리 둔장마을).

동한 사례가 가장 많았다. 이들 두 섬은 지도상으로 볼 때 상당히 거리가 떨어져 있다. 그럼에도 불구하고 양 섬 주민들의 교류가 많았던 것은 바닷길이 열려 있었기 때문에 가능했던 것으로 추정된다. 1996년 현재 자은도와 암태도를 연결하는 은암대교가 건설되면서 자은도 주민들은 암태도 남강선창을 이용하여 뱃길을 이용하고 있지만, 그 이전 시기에는 한운리 고교나루를 통해 智島로 연결되었다고 한다.[29]

넷째, 자은도 입도조들이 정착한 마을의 입지조건이다. 자은도 입도조들이 선호한 지역은 백산리(6)·한운리(6)·구영리(5)·유각리(5)·고장리(4) 순이었다. 또 입도조들이 선호했던 마을은 구영(4)·고교(3)·대율(3)·와우(3)·장고(3) 순으로 나타났다. 이 가운데 한운리는 智島로 연결되는 고교나루터의 길목에 위치한 까닭에 육지에서 자은도로 들어올 때 맨 처음 당도하는 곳으로 포구의 기능이 주목된다. 또 와우동·장고등·구영동·대율·고교 등의 경우도 역시 남진·원두포·구진변·사월포·짝진나루 등 바닷길로 연결되는 길목에 입지하고 있었다. 또 최근에 제작된 地圖에서 이 마을들을 찾아보면, 주로 넓은 간척지가 형성되어 있었다. 그러나 이들 마을은 간척되기 이전에 갯벌이 펼쳐져 있었고 바닷물이 만입하였던 곳이었다. 즉 <고교→대율→구영→장고→와우동>을 선으로 연결해 보면 자은도의 중앙부를 동서방향으로 관통한 곳에 일렬로 입지하고 있음을 알 수 있다. 결국 자은도 입도조들은 선박을 정박하기에 용이하고, 동시에 바다로 쉽게 나갈 수 있는 포구를 마을의 입지로 선호하였던 것으로 보인다.

이상에서 살펴본 바와 같이, 자은도 주민들은 임란을 전후로 하여 섬에 입도하기 시작하였으며, 집중적으로 이주한 시기는 17세기였다. 또 입도 이전 거주지는 서남해 연해지역이었으며, 섬에서 섬으로 이동한 사례는<자은도↔지도>간 연결이 가장 활발하였던 것으로 나

---

29) 목포대 도서문화연구소, 2001, 『신안군 자은도의 사회와 문화』, 국제학술대회학술조사자료집, pp.20~22.

타났다. 또 주민들이 선호하였던 마을의 입지조건은 섬과 육지, 섬과 섬을 연결하는 나루터를 중심으로 발달하였다.

IV. 18～19세기 設邑論議와 行政編制의 변화

본 절에서는 자은도 주민들의 入島 이후 사회구조는 어떻게 변화되었고, 이에 대한 중앙정부의 도서정책은 어떻게 대응하였는지 알아보고자 한다.

조선후기 서남해 도서지역의 인구는 크게 증가한 것으로 확인된다. 이에 중앙정부는 날로 늘어나는 도서 이주민들에 대한 주민추쇄를 중단하고, 공식적으로 도서거주를 허용하게 된다. 이런 사정은 숙종 33년(1707)에 可佳島 사례에서 확인할 수 있다.

> (可佳島는) 호남의 바다 가운데 위치합니다. 그래서 賊路의 첫 길이 된다하여 거수하는 백성들을 몰아내고 그 땅을 비워두었는데, 근래에 流民들이 다시 모여들자, 조정에서는 장차 이들을 다시 몰아내려고 합니다. … 주민들을 몰아내지 말고 訓局에 소속시켜서 軍餉에 충당함이 어떠하겠습니까? 하니, 왕이 그대로 따랐다.'30)

위의 사료에서 보건데, 중앙관료들은 날로 증가하는 도서지역 주민들을 무조건 통제하기보다는 오히려 이들을 훈련도감에 소속시켜 군량미를 확보하자는 의견이었다. 그 결과 18세기 중앙정부의 도서정책은 조선전기에 선포하였던 空島政策을 철회할 수밖에 없었다.

그렇다면, 조선후기 중앙정부는 서남해 도서에 대한 정보를 얼마만큼 알고 있었을까? 이는 18세기 초엽 중앙정부가 파악하고 있던 羅

---

30) 『숙종실록』 권45, 숙종 33년 8월 19일 무술.

州牧 소속 부속도서의 수치변화에서 그 실마리를 찾아볼 수 있다. 다음은 조선 영조 때 나주의 부속도서에 대한 중앙관료들의 보고 내용이다.

> b-1) 承旨 李匡輔가 말하기를, "錦城의 大洋에 72개의 섬이 있는데, 本邑(나주)에서 통찰할 수가 없습니다. 거주민들이 太守의 존재를 알지 못하는데, 어찌 조정이 있다는 것을 알겠습니까?"31)

> b-2) 비변사에서 보고하기를, "서해안에 (섬들이) 바둑알처럼 흩어져 있는데, 七山에서부터 右水營까지 대략 57개의 섬이 있습니다."32)

위의 사료에서 보건대, 조선 영조 때 羅州牧 부속도서의 수는 약 57개~72개로 파악된다. 이것은 15세기『동국여지승람』의 기록과 사뭇 대조를 이루고 있어 비교된다. 앞 절에서 살펴본 바와 같이,『동국여지승람』에 등재된 나주목 부속도서는 30여 개에 불과하였다. 그런데 18세기에 이광보가 언급하고 있는 나주군도의 수는 무려 72개로 증가되어 있다. 다시 말해서 15세기~18세기에 이르는 기간 동안 羅州群島의 수치는 거의 2배로 증가되었음을 알 수 있다. 이것은 조선후기 중앙정부의 섬에 대한 관심이 얼마나 증대되었는가를 여실히 입증해 주고 있다.

그러면 서남해 도서지역의 인구가 증가하였다고 하는데, 그 규모는 어느 정도였을까? 또 중앙정부는 날로 증가하는 도서지역 주민에 대해 어떤 대책을 강구하였을까? 18세기에 간행된『호구총수』를 통해 나주목 부속도서의 戶口數를 정리해 보면 다음과 같다.33)

---

31)『영조실록』권36, 영조 9년 11월 4일 신사.
32)『비변사등록』89책, 영조 7년 5월 3일(9권 23쪽 상).
33) 조선후기 나주목 부속도서에 대한 다양한 정보를 제공해 주는 유일한 자료가『호구총수』이다.『호구총수』에는 島嶼名·面·里·戶口·人口

<표 2> 조선후기 전라도 나주목 부속도서의 호구수

島嶼名	里	戶	口	男	女	附屬島嶼
安昌島	7	207	612	361	251	
者羅島		53	135	76	59	
其佐島	4	278	810	460	350	
巖泰島	23	354	1,121	715	406	十只島, 目島, 浦島
草蘭島		9	17	13	4	
慈恩島	6	426	1,335	720	615	
牛墨島		13	28	16	12	
八禽島	5	225	638	355	283	
沙致島		7	16	8	8	
荷衣島	6	143	540	277	263	
朴只島		24	71	51	20	
□山島		14	46	23	23	
半月島		31	77	46	31	
仇瑟島		25	84	44	40	
大也島		12	28	17	11	
飛禽島	11	406	1,512	847	665	
愁致島		18	64	34	30	
智島	17	891	1,734	957	777	曾島, 松島
押海島	19	419	1,276	785	491	苔島
達里島	4	17	303	163	140	許沙島
訥島		38	73	39	34	
高下島		33	90	47	43	
加難島		59	182	97	85	
都草島	2	327	989	582	407	
上苔島	3	80	311	193	118	
下苔島	6	73	203	112	91	
如屹島		7	23	14	9	
長山島	14	213	577	312	265	箕島
牛耳島	6	133	320	197	123	竹島
黑山島	13	350	920	530	390	長島, 多勿島, 永山島
紅衣島		28	59	36	23	
苔上島		38	94	57	37	
可佳島		39	81	43	38	
古今島	15	690	2,145	1,050	1,095	
助藥島	8	169	1,309	511	798	呑島
薪智島	9	511	1,843	762	1,081	
莞島	12	449	1,322	666	656	茅島
靑山島	20	490	1,576	749	827	餘瑞島

(男女)·자연촌(里·洞·村)·附屬島嶼 등이 기재되어 있어 주목된다.

192 이론적 고찰 : 자연·고고·역사

위의 <표 2>에 나타나 있듯이, 18세기 자은도는 6里 426戶 1,335名이 거주하고 있었다. 즉 6里는 寒雲里·寒夜味·鑰脚里·舊營里·古場里·臥牛里 등으로, 오늘날의 행정리와 비교해 보면 漢字 표기만 약간 변화되어 있을 뿐이다. 다만, <표 2>에 등재되어 있지 않은 대율리·유천리·면전리·백산리·송산리 등은 18세기 이후 주민이 늘어나면서 행정편제가 세분화된 경우이거나, 또는 綿田里처럼 일제강점기에 목화재배를 하면서 새롭게 행정리에 편제된 것으로 보인다.34) 또 인구수에 있어서도 羅州群島 총 38개 섬 가운데 6위를 차지할 만큼 자은도는 큰 섬이었다. 또 자은도 보다 인구규모가 큰 섬으로는 智島·古今島·薪智島·莞島·靑山島 등으로 나타나 있는데, 이 가운데 智島를 제외하면 나머지 섬들은 오늘날 莞島郡의 부속도서이다. 결국 18세기 자은도는 나주군도 가운데 智島와 쌍벽을 이룰 만큼 인구가 많이 거주하는 큰 섬이었을 것으로 추정된다.

또 하나 18세기 자은도의 행정편제와 관련하여 주목되는 地名은 舊營里이다. 구영리의 지명유래를 살펴보면, 鎭營이 있었다 하여 "舊營" 혹은 "舊營洞"이라 칭하게 되었다고 한다.35) 또 구영리의 자연촌으로 長庫마을과 古場마을이 있는데, 장고마을은 "倉庫"가 있었다하여 칭하게 된 것이고, 고장마을은 옛날 활을 쏘던 "射場터"라는 뜻에서 "古場"이라 부르게 되었다고 한다. 이처럼 지명에서 확인되듯이 설치시기는 정확히 알 수 없지만, 水軍들의 주둔과 관련된 鎭營이 자은도에 있었던 것으로 추정된다. 이 점은 조선후기 서남해 도서지역의 방어체계를 살펴보면 자은도의 실태를 추적할 수 있을 것이다.

우리나라의 鎭管編制를 살펴보면, 내륙에 巨鎭이 편성되고, 연해도서에 諸鎭이 편제되었다. 또 16세기 초엽에 兵馬都節制使가 파견되면서 營鎭으로 개편되어 종래의 巨鎭 대신 營을 중심으로 방위조직이 재편되었다.36) 그리고 인조 때 중앙에 御營廳·摠戎廳·守禦廳·

---

34) 신안군, 1988, 『마을유래지』, p.260.
35) 한글학회, 1982, 『한국지명총람』 14(전남Ⅱ), pp.519~526.

禁衛營·訓練都監 등 五軍營이 재편되고, 지방의 鎭管制는 都邑을 방어하는 시설이라는 뜻에서 巨邑·巨鎭 위주의 집중방어 체계로 바뀌었다.37) 그 결과 황해도에서 전라도를 경유하여 경상도까지 각 섬을 비늘처럼 차례로 연결하는 堡가 설치되었다.38)

이러한 배경 아래 서남해 도서지역의 海防體制를 정비하기 위한 設鎭論議가 시작된 것은 숙종 때이다. 숙종 7년(1681) 서남해 도서 가운데 고금도와 청산도에 僉使鎭과 萬戶鎭을 설치하자는 문제를 놓고 중앙정부에서 논의가 이루어졌다.39) 이때 중앙관료들은 서남해 도서지역의 방비가 중요한 것은 사실이지만, 한꺼번에 여러 개의 鎭을 설치하여 시행착오를 겪는 것보다는 먼저 한 두 개의 수군진을 운영해 본 다음에 점차 확대하자는 의견이었다.

이러한 시대적 배경 아래 자은도의 사정은 어땠을까? 조선후기 관찬자료에서 자은도 관련 기사를 발췌해 본 결과, 현종 6년(1665)의 기사가 주목된다.

> 前 兵曹佐郎 민시중이 상소하여 이르기를, … 珍島에서 靈光까지 수 백리 사이에 여러 개의 섬들이 연접해 있어서 外海를 관망할 수 없습니다. 왜적이 만일 外海를 택한다면, 배 한 척으로도 충청도까지 갈 수 있습니다. 그러나 전라도 各鎭에서는 그 형세를 염탐할 수 없으니 걱정입니다. 黑山島는 羅州에서 900里 떨어진 外洋에 있고, 臨淄·慈恩·飛禽 등 3섬은 모두 水營과 黑山島 사이에 있는 섬입니다. 만약 4섬에 鎭을 설치하고 將帥를 파견하여 방어하도록 한다면 적들이 어찌 감히 지키고 있는 鎭堡 사이로 돌입할 수 있겠습니까?40)

---

36) 오종록, 1989, 「조선초기의 邊鎭防衛와 兵馬僉使·萬戶」『역사학보』123집, p.95.

37) 김준석, 1997, 「조선후기 國防意識의 전환과 都城防衛策」『典農史論』2, 서울시립대, 국사학과, pp.5~21.

38) 『인조실록』권19, 인조 6년 8월 23일 신해.

39) 『숙종실록』권11, 숙종 7년 1월 3일 정사.

40) 『현종개수실록』권12, 현종 6년 1월 28일 을묘.

위의 기사에서 보건대, 민시중은 바깥 바다에 위치한 흑산도, 그리고 內海의 자은도, 또 자은도의 남쪽과 북쪽에 위치한 비금도와 임치도에 각각 수군진을 설치하여 우수영 관할지인 진도에서 영광에 이르는 바닷길을 보장하자고 주장하였다. 결국 자은도에 수군진을 설치하자는 논의는 현종 때 민시중에 의해 처음 논의된 셈이다.[41] 그 후 숙종 9년(1683)에 군산의 蝟島부터 영광·무안·진도·해남·강진·완도, 그리고 장흥의 會寧浦에 이르는 곳에 16개의 수군진보가 배치되었다. 즉 앞서 민시중에 의해 처음 설진논의가 이루어졌던 자은도는 수군진보 설치 후보지역에서 탈락되었고, 군산의 蝟島와 완도의 加里浦에 主鎭, 그리고 그 예하에 臨淄島·新島·古今島·金甲島·薪智島·馬島 등지에 수군진이 구축되었던 것이다.[42]

숙종대 서남해 수군편제에서 누락되었던 자은도가 다시 주목받게 된 것은 18세기 영조 때이다. 이 시기 중앙정부는 서남해 도서지역을 보다 효율적으로 통제하기 위한 여러 가지 대책을 모색하게 되는데, 그 가운데 가장 주목할 만한 島嶼政策은 서남해 도서에 독립된 郡邑을 설치하자는 設邑論議였다.

서남해 島嶼에 邑을 설치하자는 최초의 논의는 영조 5년(1729) 병조판서 趙文命에 의해서였다. 조문명은 '羅州의 여러 섬들은 땅이 비옥하고 백성이 많으니 섬에 독립적인 邑을 설치하여 직접 통제하자.'고 제안하였다.[43] 이에 영조는 '기존의 고을에서 잘 관리하지 못하였는데, 설령 고을을 새로 설치하여 分屬한다고하여 통솔이 잘 되겠는가? 또 地圖로 보면 섬들이 가까운 듯 보이지만, 실제 거리가 멀리 떨어져 있어서 수령 또한 섬으로 부임하는 것을 회피할 것이고, 결국

---

41) 口傳에 의하면, 고려때 營이 설치되어 軍馬를 기르고 병사를 훈련하는 요충지로, 한 때 "唐浦"라 부르다가, 조선시대에 "舊營"이라 부르게 되었다고 전해오고 있지만, 확 실한 문헌기록이 발견되지 않는다(신안군, 1988, 『마을유래지』, p.268).

42) 김경옥, 2000a, 앞의 논문, pp.94~112.

43) 『영조실록』 권21, 영조 5년 2월 25일 경자.

세력 없는 사람이 수령으로 부임한다면 섬주민들이 명령을 잘 따르겠는가?' 등등의 이유로 설읍논의에 대해 부정적인 입장이었다.44) 그러나 중앙관료들은 섬에 고을을 설치할 경우 여러 가지로 편리하다고 주장하면서 거듭 상소하였다.

이러한 시대적 분위기는 자은도에도 그대로 적용되었다. 자은도에 邑을 설치하자는 논의가 이루어 진 것은 영조 9년(1733)이다. 바로 좌의정 徐命均과 승지 柳儼의 보고에서 찾아진다.

> 좌의정 서명균이 "연변 여러 道에 邑을 두자는 의논은 진실로 좋은 계책이기는 하지만 아직 논의가 결정되지 않았습니다."라고 하자, 승지 유엄이 말하기를, "여러 섬은 혹은 太僕寺에 소속되어 있거나, 혹은 각 宮家에 절수되어 있기 때문에 읍을 설치하기에 곤란합니다. 그러나 진실로 나라에 이득이 된다면, 비록 다른 곳의 한가로운 땅을 (宮家에) 바꾸어 지급하더라도 불가할 것이 없을 것입니다."라고 하였다. 이에 영조가 "邑을 둘 만한 곳은 어느 섬인가?"라고 하자, 유엄이 "羅州의 부속도서 가운데 慈恩島가 가장 크고 要衝地입니다."45)

라고 하였다. 위의 기사에서 보건대, 영조 때 자은도는 규모가 큰 섬이자 요충지로 인식되고 있었다. 이것은 조선전기에 자은도가 주변 섬들과는 달리 각종 문헌자료에서 빠짐없이 거론되고 있는 점이나, 또 조선후기의 인구통계에서도 나주목 관할 도서 가운데 규모가 큰 섬으로 나타나 있는 점 등을 감안해 볼 때 조선시기 자은도의 위상이 어느 정도였는지 가히 짐작된다.

서남해 도서지역을 단위로 한 독립된 邑을 설치하자는 영조 5년(1729)의 設邑論議는 정조 7년(1783)에 이르도록 찬반양론으로 나뉜 채 그 필요성과 한계점만 거론되다가 결론을 내리지 못하고 중단되었다. 그 후 고종 32년(1895)에 이르러 우리나라의 행정편제가 단행되

---

44) 『영조실록』 권23, 영조 5년 8월 29일 신미.
45) 『영조실록』 권35, 영조 9년 8월 25일 계유.

는데, 이 때 서남해 도서지역에 섬을 단위로 한 독립된 읍이 설치되었다. 즉 智島郡·莞島郡·突山郡이 그것이다.[46] 18세기에 설읍논의가 처음 거론되었던 자은도는 변동없이 그대로 나주목에 영속되었으며, 1896년 나주목에서 智島郡으로 편제되었다가, 1969년에 新安郡이 신설되면서 지도군에서 신안군으로 이속되어 오늘에 이르고 있다.

V. 맺음말

이상에서 조선시기 자은도의 이주민과 사회경제 변화를 살펴보았다. 앞에서 논의된 내용을 요약함으로써 결론을 대신한다.

조선전기에 서남해 도서는 끊임없이 왜구의 침입을 받았다. 이에 중앙정부는 주민들의 도서 거주를 금하는 한편 섬에 설치되어 있던 邑治所를 내륙으로 옮기도록 하는 이른바 '空島政策'를 선포하였다. 따라서 조선전기 서남해 도서지역 주민들은 중앙정부의 도서정책에 따라 섬을 비우고 육지로 집단 이주하였다. 자은도 주민들 역시 예외가 아니었다.

조선전기에 자은도는 전라도 羅州牧의 부속도서로 소금을 생산하고 있었으며, 絶島라는 입지적 조건 때문에 流配地로 거론되었다. 또 섬은 겨울철에 춥지 않고 水草가 풍부하여 牧場을 설치하기에 적합하였고, 또 선재목을 보급할 수 있는 소나무 배양지로도 적합하여 섬에 松田이 설치되었다. 이와 같이 조선전기의 자은도는 중앙정부의

---

46) 19세기 말엽 서남해지역의 郡邑은 부안·만경·영광·나주·무안 등지의 부속도서 117개소를 총괄하는 智島郡이 신설되고, 해남·영암·강진·장흥 등지에 누대로 영속되어 왔던 부속도서 100여개소를 한데 묶어 莞島郡이 창설되었으며, 흥양·낙안·순천·광양에 부속도서 69개소를 통합하여 突山郡이 신설되었다(吳宖默, 1990, 『智島郡叢瑣錄』 1896년 2월, 목포대 도서문화연구소 자료총서 2, p.104).

도서정책에 따라 주민들의 거주가 금지된 상태였으며, 국가의 財用을 마련하는 곳으로 이용되었다.

자은도 주민들은 임란을 전후로 하여 섬에 유입하기 시작하였다. 특히 17세기를 전후로 하여 집중적으로 入島하였다. 자은도 주민들이 섬으로 유입한 원인은 정치적 사건, 전쟁, 유배 등으로 인한 사례가 가장 많았다. 먼저 정치적 사건과 관련하여 입도한 사례는 한운리의 고성이씨와 창령성씨이다. 즉 고성이씨는 인조 2년(1624) 이괄의 난 때 자은도로 입도하였고, 창령성씨는 인조반정 때 전라도 智島를 경유하여 자은도로 입도한 것으로 확인된다. 또 전쟁은 도서지역 주민 교체의 주된 요인 가운데 하나였다. 전쟁과 관련하여 입도한 성씨는 순흥안씨 안춘신(1678~1763)의 사례에서 확인된다. 순흥안씨는 전라도 해남에서 세거하였다. 17세기 중엽에 병자호란이 일어나자, 안춘신의 祖父가 飛禽島로 피난하였고, 안춘신의 父親이 智島로 이주하였으며, 안춘신은 다시 慈恩島로 입도하였다.

한편 유배와 관련된 입도는 진주강씨의 사례가 참고된다. 진주강씨가 전라도와 인연을 맺은 것은 15세기에 姜學孫(1455~1525)이 영광으로 유배되면서 비롯되었다. 그의 7세손 姜厚周(1637~1671)가 영광에서 長山島로 입도하고, 강후주의 아들 姜奇三(1669~1705)이 자은도로 입도하였다. 이렇듯 자은도 주민들은 17세기에 정치적 사건, 전쟁, 유배 등과 관련하여 직·간접적인 영향을 받으면서 섬에 정착하고 있었다. 또 도서 이주민들이 섬에 들어오기 이전의 거주지(경유지 포함)는 나주·해남·영광·무안·함평·장흥·광양·영암 등 전라도 연해지역이었으며, 섬에서 자은도로 이동한 사례는 지도·암태도·안좌도·장산도·비금도 등으로 확인된다. 특히 섬에서 섬으로 이동한 사례는 <자은도↔지도>간 연결이 가장 활발하였던 것으로 나타났다. 또 입도조들이 가장 선호하였던 마을의 입지조건은 나루터였다. 즉 포구는 섬과 섬, 섬과 육지를 연결해 주는 기능을 수행하였다.

18세기 자은도는 羅州牧에 소속된 38개의 섬 가운데 6위를 차지할 만큼 인적·물적으로 규모가 큰 섬에 해당되었다. 이러한 자은도를 비롯한 서남해 도서의 위상 정립에 대한 논의는 17세기 設鎭論議와 18세기 設邑論議에서 확인된다. 즉 설진논의는 현종 6년에 外海에 위치한 흑산도, 內海의 자은도, 그리고 자은도의 남쪽과 북쪽에 위치한 비금도와 임치도에 각각 수군진을 설치함으로써 右水營 관할지인 진도에서 영광에 이르는 바닷길을 보장하자는 제안이었고, 설읍논의는 영조 5년(1729)에 羅州群島의 땅이 비옥하고 백성이 많으니 섬에 독립적인 邑을 설치하자는 제안이었다. 이렇듯 조선후기 서남해 도서의 위상은 조선전기와는 차원이 크게 달라져 있었다. 즉 조선전기의 도서는 絶島에 불과하였지만, 조선후기의 섬은 인적·물적 기반을 갖춘 곳으로, 내륙과 동일한 행정기능이 적용되어 국가의 제도권 안에 귀속되었다.

제7장

완도군 생일도 鶴棲菴의 역사와 '재판' 시말

Ⅰ. 머리말

완도군 생일도의 중앙에 우뚝 솟은 백운산에는 300여 년의 장구한 역사를 안고 있는 이 섬의 유일한 문화재, 학서암이 자리잡고 있다. 조선후기 육지 사람들이 섬과의 거리감을 극복하고 차츰 모여들어 마을을 이루고 살기 시작하였을 때 이 생일도에도 사람들이 몰려 왔다. 그러나 바다는 여전히 위험이 많은 곳이었고 따라서 그 위험에서 벗어나기 위한 믿음이 필요했다. 학서암은 그런 믿음을 채워줄 공간의 하나로 1719년(숙종 45) 天冠寺의 승려 和湜이 창건하였다.

학서암은 생일도뿐만 아니라 금일도, 평일도 주민들 모두가 이용하는 사찰이다. 세 개의 섬 중 금일도가 제일 크다. 그래서 경제를 비롯한 여러 가지 점에서 생일도 역시 금일도에 기대고 있다. 그러나 불교만은 누가 뭐래도 생일도가 중심이다. 그것은 물론 학서암이 있기 때문이다. 학서암은 생일도가 주변 섬에 대하여 나름대로 자부심을 가질 수 있는 재산목록 1호쯤 된다고 해도 지나치지 않을 것이다.

이 섬에는 서남해의 웬만한 섬에는 다 있는 일제강점기의 소작쟁의나 한국전쟁기의 학살사건 같은 것도 이야기거리가 될 만한 게 없다. 사소한 갈등이야 사람 사는 세상에 없을 리 없지만, 역사 속의 흔적 어디를 보아도 주목할 만한 대립 같은 것은 없었다. 그러던 이 곳에 1999년부터 뜻하지 않은 사단이 생긴다. 대도시에서도 대부분의 사람들에게는 생소하기만 할 소송사건이 일어난다. 두 달 빠진 3년 동안 주민들간에 깊은 골을 파며 대립의 각을 날카롭게 세웠던 그 재판 사건, 그건 바로 학서암 대표자 명의 변경을 둘러싸고 벌어진 "임시총회결의 무효확인청구" 소송이었다. 수백년 동안 섬 마을 주민들의 안전과 풍어를 빌어오던 학서암이, 주민들의 자부심을 보장하던 재산목록 제1호 학서암이, 20세기가 저물어가던 어느 날 마을 주민들간 갈등의 골을 깊게 파는 말썽의 원인이 될 줄이야 누가 알았으랴?

지금 재판은 끝났다. 이 재판은, 이긴 쪽이든 진 쪽이든 정도의 차는 있겠지만, 주민들 마음 속에 깊은 상처를 남겼다. 그리고 지금 학서암은 '묘길상' 보살의 것은 물론 아니다. 그렇다고 신도들의 것도, 섬 주민들의 것도 아니다. 대한불교 조계종 제18교구 본사 백양사의 말사가 되어 있다. 과연 섬 마을 주민들은 처음부터 이런 결과를 원했을까?

재판에서 이기고 지는 것은 다만 법의 문제일 뿐, 옳고 그름의 문제도 아니고 잘잘못의 판결이 난 것도 아니다. 학서암이 지닌 여러 역할에 대한 서로 다른 이해에서 비롯된 문제였고, 이에 대하여 주민 대다수의 생각이라는 쪽으로 재판부가 판결을 내려주었을 뿐이었다. 이는 마을공동체와 개인간의 소유권 대립, 남녀간의 대립, 신자 대 비신자의 대립, 무속에 대한 호·불호 등 다양한 요소들이 혼재되어 있는 복잡한 사건이었다. 따라서 역사적으로 이 사건을 다루기가 그리 쉽지는 않다. 또 어찌 보면 현재 진행형의 사건이다. 따라서 역시 역사의 대상으로 판단할 수 있을까 하는 의문도 든다. 하지만 학서암은 생일도에서는 유일한 문화재이자 300여 년의 역사를 간직한 전통사찰이다. 비록 현재 진행형의 사건일지라도 그 뒤에는 이와 같은 역사가 배경으로 놓여 있고 또 이런 역사를 이해해야만 이 사건에 대해서 보다 명확한 이해가 가능하리라 생각하여 감히 연구 주제로 택해 보았다.

이 글이 이런 대립에 대한 또 다른 판단을 구하려 하는 것은 아니다. 역사적으로 학서암의 유래와 역할에 대해 살펴보고 '재판' 사건의 발단부터 결말까지의 경과를 재판기록을 통해 객관적인 입장에서 정리해 두고자 하였다. 이 글로 인하여 주민들간에 또 다른 분쟁을 일으키고 싶은 마음은 추호도 없다. 오히려 생일도 주민들이 그 연원을 잘 알고 새롭게 화해하는 계기가 되기를 바란다. 학서암 역시 주민들 공동의 공간으로 새롭게 탄생하기를 바란다. 사실에 대한 오류가 있다면 그것은 전적으로 필자의 책임이다. 주민 여러분들의 너그러운 이해를 구한다.

Ⅱ. 학서암의 창건과 중창의 역사

1. 초 · 중창 관련 기록

2003년 7월, 조계종 제18교구 말사 학서암의 주지 文撲白(法名 正普)은 다음과 같은 사유로 완도군에 전통사찰 지정 신청서를 올렸다.

학서암은 1719년(康熙 58)에 장흥 天冠寺 和湜 스님이 창건한 사찰로 <白雲山鶴棲菴實蹟敬告文>, <擁正拾二年(1734) 重創 立柱 上樑文>, <鶴棲菴 三重創 記文>, <鶴棲菴 四重創 記文)>, <大韓光武三年(1899) 上樑文>을 통해 본 사찰의 연혁에 대한 내용을 알 수 있습니다. 또한 권상노 박사의 『韓國寺刹事典』에도 학서암에 관한 기록이 있으므로 현 위치에 창건되었음을 알 수 있습니다.
1800년(嘉慶 5년) 愼蘭[1]스님이 四創한 이후 大雄殿 및 전통건물을 보존하면서 1980~1990년 2회에 걸쳐 보수 및 개축하여 현재에 이르

〈그림 1〉 학서암(완도군 생일면 유서리 산89-1 소재) 전경

고 있습니다.

이와 같은 出緖로 보아 학서암은 佛敎文化를 이해하는데 중요한 곳이며, 완도 지역의 문화재적 보존의 가치가 충분히 있고, 후손에게 물려주어야 될 소중한 민족의 자산으로 평가되고 있습니다. 아울러 완도 금일, 생일지역 주민들의 정신적인 귀의처로 마을주민의 안녕을 기원하는 재의식이 300년 가까이 유지되어 있습니다.

현재 학서암에는 창건기록과 함께 중창 때마다 기록이 남아 오늘날까지 보관되어 있어, 조선후기에 창건되어 지금까지 역사와 전통이 계승되어 왔음을 알 수 있습니다. 또한 본 사찰은 전통사찰의 모습을 잘 보존하고 계승하여 왔습니다.

그러므로 전통사찰에 적합하다고 판단되어 지정을 신청합니다.[2]

여기서 전통사찰의 증거로 제시된 5개의 자료가 있다. 즉 <白雲山

---

1) 사유서에는 繡蘭스님이라 되어 있지만 원문에는 愼蘭스님이 분명하기 때문에 바로 잡는다.

2) 2000년 11월 6일자 백양사에서 생산한 <사설사암 등록신청서> 참조.

鶴棲菴實蹟敬告文>, <擁正拾二年(1734) 重創 立柱 上樑文>, <鶴棲菴 三重創 記文>, <鶴棲菴 四重創 記文>, <大韓光武 三年(1899) 上樑文> 등이 그것들이다. 이 문서들은 근래의 보수 및 개축하는 과정에서 발견된 것들로 사료적 가치가 충분하다.3) 학서암의 역사를 유추해보기에 아쉽지만 큰 도움이 된다. 다만 일부 문서 제목이 잘못되었고 문서의 성격에 대한 오해도 있다. 이제 기록의 보존과 사실관계의 확인을 위해 이 문서들에 대하여 제목을 바로 잡으면서 시기순으로 각각 살펴보기로 하자.4)

① <擁正拾二年 甲寅 五月日 初重創 立柱上樑 大施主秩>(학서암 초·중창 대시주질)

앞 신청서에서 <擁正拾二年(1734) 重創 立柱 上樑文>이라 한 문서인데 원제는 위와 같다. 문서의 일부가 훼손되었지만 대개의 내용은 알 수 있다. 여기에는 1734년(영조 10) 중창할 당시 시주인들의 명단을 적어 두었고 이어서 처음 새로 지을 때[初新建]의 시주 명단이 부기되어 있다. 따라서 창건 및 1차 중창에 관여했던 인물들의 사정을 알 수 있다. 문서에 기록된 시주 명단은 다음과 같다.

○木手　　金九○
冶掌　　　宋仁龍
僧　　　　益淳
化主　　　覺明
別座　　　太文
供養主　　順應

---

3) 1998년 2월부터 2001년 6월까지 학서암 유사를 지낸 池珩厚는 1985년 중창 때 이 문서들을 발견한 것으로 기억하였다.
4) 원문은 보존 및 연구를 위하여 이 글의 끝에 수록하여 놓았다.

<pre>
初新建本化主 和識
木手   朴邊守
冶掌   宋仁龍
僧   益淳
供養主   覺明
</pre>

위 6인이 중창 당시의 시주 명단이고 아래 5인이 초창 당시의 시주 명단이다. 초창 당시의 化主는 和識[5]이었고 당시 공양주였던 覺明이 중창 때는 화주로 표기되어 있는 것으로 보아, 다른 기록에서도 그렇듯이, 각명이 화식의 제자로서 뒤를 이어 중창한 것으로 보인다. 1719년에 초창한 지 16년만에 중창을 한 셈인데 매우 짧은 기간에 중창이 이루어지고 있다.

② <冠山 ……………(학서)菴三重…>(학서암 삼중창 기문)

이 문서는 훼손 상태가 심하여 전체 내용을 파악하기가 어렵다. 다만 부분적으로 내용을 확인할 수 있을 뿐이다. 이에 따르면 삼중창은 乾隆拾九年甲戌歲 즉 1754년(영조 30)에 있었음을 알 수 있다. 앞에는 상량문과 기문이 있고 이어서 시주 명단에 해당하는 緣化秩을 적어 놓아 삼중창에 관련된 인물들을 알 수 있다. 이 문서는 妙香山人 永慕가 적었다.

③ <鶴棲菴四重創記>

가장 상태가 양호하고 또 많은 내용을 담고 있어 학서암의 연혁을

---

5) 창건주 화식의 한자가 다른 데서는 보통 '和湜'이라 되어 있는데 여기에는 '和識'이라 되어 있다. 사실 이 문서가 가장 오래된 것이기 때문에 和識이 원래 이름일 것으로 여겨지나 이후 다른 모든 문건에서 和湜이라 표기하고 있기 때문에 이 글에서는 일단 갑작스런 혼돈을 피하기 위해 이하 和湜이라고 하였다.

이해하는데 큰 도움이 된다. 이 글의 번역문은 광주지방법원 해남지원 2001가합 28호 임시총회결의 무효확인청구의 소 청구사건에 관하여 동 법원에서 2001. 5. 17 선고한 판결에 대한 항소장 중 입증서류 을제4호증으로 제출되었다. 그만큼 학서암의 역사성을 증명하는데 유용한 기록이다.[6] 이 글은 중창을 주도한 愼蘭法師의 부탁을 받아 措大云人 姜渭賓이 1800년(정조 24) 3월에 썼다. 뒤에는 시주자들의 명단이 붙어 있어 관련자들을 파악할 수 있다.

④ <白雲山鶴棲菴…… /大韓光武三年 …… 辰時 竪柱/ ……初二日 辰時 上樑>(학서암 오중창 상량문)

이 글 역시 훼손이 심해 전체 내용을 알기가 어렵다. 누가 썼는지는 알 수 없고 다만 1899년(광무 3)에 중창이 있었음을 알 수 있다. 초창부터 4차의 중창까지에 관한 사정이 쓰여 있는 것으로 보아 5차의 중창 때 작성한 것으로 보인다. 역시 끝에 시주 명단이 보인다.

⑤ <白雲山鶴棲菴實蹟敬告文>

1939년에 작성한 이 글은 보존 상태가 좋아 ③과 함께 학서암의 역사를 이해하는데 큰 도움이 된다. 이 글에서는 7차 중창을 앞두고 마을 주민들에게 학서암의 실적에 대한 간략한 소개와 더불어 중창의 필요성을 밝히면서 이에 소요되는 금전의 거출 및 義捐에 대한 협조를 구하고 있다.

2. 창건과 중창의 역사

먼저 상태가 가장 양호한 ③과 ⑤의 내용을 중심으로 학서암의 창

---

6) 그 번역문은 일부 수정하여 역시 이 글의 끝에 수록하였다.

건 및 중창의 역사에 대하여 정리해 보자.

학서암은 1719년(숙종 45, 강희 58년)에 천관사의 승려 화식이 창설하였다. 백운산은 장흥 천관산의 落脈으로 回龍의 기세가 준급(峻急)하고 白雲이 항상 떠나지 않고 있어 山氣가 肅靜한 까닭에 백운산이라 하였는데, 이 산에 간혹 水厄의 변고나 爭事의 화가 있어 원한이 거듭 일어났다. 이에 이런 여러 액과 화를 제거하고 인명을 구제하기 위하여 이 산에 암자를 세웠다. 그런데 山形이 鶴形과 같아 암자의 이름을 鶴棲菴이라 하였다. 山神 및 佛前에 기도하여 액을 없애고 복을 얻게 하여 창설이래 섬 주민들에게 생활에서 액이나 화가 매우 희소하게 되었다고 전해져 내려온다.7) 학서암은 주민들의 말에 따르면, 이처럼 300여 년 전에 가구마다 자재를 갹출하고 노동력을 제공하여 백운산에다 설립한 주민단체였다. 그래서 현재도 태풍이나 천재지변에 의해 보수가 필요하면, 불교신자나 기독교신자 또는 비신자를 막론하고 전주민이 직접 노동력[울력]을 제공하여 보수공사를 하고 있다.8)

이렇게 창건한 학서암은 1734년(영조 10)에 처음으로 중창하였다.9) 이 중창은 화식선사의 상좌승인 覺明이 주도하였다. 그 후 1754년(영조 30, 건륭 19)에 삼창하였고,10) 1800년(정조 24)에 신란법사가 사중창을 한다. 사중창의 과정을 보면, 신란법사는 寶林으로부터 와서 학서암에서 불법을 공부하던 이로, 그는 유가서인 춘추도 10여 차례나

---

7) <白雲山鶴棲菴實蹟敬告文>.

8) 광주고등법원에 제출한 지○○ 측의 항소장 중 입증서류 을제 5호증 인증서.

9) <鶴棲菴四重創記>에는 중창 시기가 옹정(擁正) 13년으로 되어 있으나 중창 당시의 기록인 원문에 옹정 12년 즉 1734년(영조 10)으로 되어 있다. 따라서 여기서는 원문을 중시하여 1734년을 따랐다.

10) 역시 <학서암사중창기>에는 건륭 60년, 즉 1795년(정조 19)이라 되어있지만, 삼중창 당시의 기록에는 건륭 19년, 즉 1754년(영조 30)으로 되어 있어 이를 따랐다. 사중창이 1800년에 있는데 삼중창이 불과 5년 전에 있었다는 것은 더구나 사리에 맞지 않다.

읽었다고 한다. 이때 강위빈이 한식을 맞아 여러 친우들과 함께 암자로 화전놀이를 나갔는데, 암자가 오래되지 않았지만, 서까래와 들보가 썩고, 토대가 오래지 않았는데도 기초가 무너져 내려 화려한 격자창이 파손되어 떨어지고, 동서의 건물들이 기울어 훼손된 것을 보고 안타까워하였다. 이에 신란법사가 이렇게 안타까워하던 강위빈의 뜻을 구하여 가선대부 姜世允, 한량 池光運, 金致五, 金尙玉 등과 힘을 모아 중창하였다.

이렇게 학서암은 1719년 창설하여 1800년까지 약 80년 동안 세 차례나 중창을 하였다. 이는 그만큼 비바람이 모질었다는 뜻이기도 하고 또 그만큼 섬에 중창할만한 여력이 있었다는 뜻이기도 하다. 이후 아마 분명치는 않으나 한 차례의 중창을 더 거친 후 1899년(광무 3년)에 유사 李承台가 중심이 되어 다시 여섯 번째 중창을 하였다.

1939년에는 다시 일곱 번째 중창을 위해 경고문을 작성하였다. 이에 따르면 당시에는

> 現今 盖瓦도 破物되야 漏雨하고 兩金佛像도 脫金이 되고 鐘도 破鐘되고 後佛幀, 七星幀, 山神影, 地藏幀, 神衆幀形 等은 全無하고 井戶도 不充分하고 便所와 墙垣도 破碎되얏스니[11]

라 하여 퇴락된 사정을 밝히고 있다. 이를 바로 잡고자 신축 및 수리를 위한 준비금을 미리 잡아 보면, 모두 760여 원이 든다고 계산한 뒤 이를 걷기 위한 글을 썼다. 그 글이 바로 경고문이었다. 이런 노력으로 일제강점기 말의 어려운 사정이었지만 또 한 차례 중건을 하였다.

---

11) <白雲山鶴棲菴實蹟敬告文>.

Ⅲ. 佛粮禊의 성립과 학서암

1. 『佛粮禊册』에 대하여

이 시기의 사정을 전해주는 기록으로는 「佛粮禊」란 제목을 단 『불량계책』이 있다. 이 책은 계의 有司가 관리 및 소장해 왔다고 해서 마을사람들은 흔히 『유사책』이라 부른다. 재판 때에 증거물로 제출되기도 하였고 사찰등록의 자료로 제시되기도 하였다. 그만큼 이 책은 20세기 학서암의 역사를 이해하는데 필수적인 자료가 된다.

책의 머리에는 1940년에 南平后生 文在然이 쓴 서문이 있어 책의 탄생 배경을 알게 해 준다. 거기에 이어서 5개의 계 조목과 任員記가 붙어 있다. 그리고 “昭和十五年舊九月貳拾日(1940년 음력 9월 20일)”에 금 49원 50전의 기본금을 조성했다는 기록부터 매년 禊會(또는 講信, 修禊 등으로 표기) 시의 회계사정을 정리해 두고 있다. 禊錢의 증감 추세나 임원의 변동, 학서암에서 있었던 특기 사정 등을 비록 제한적이지만 알 수 있게 해 준다. 기

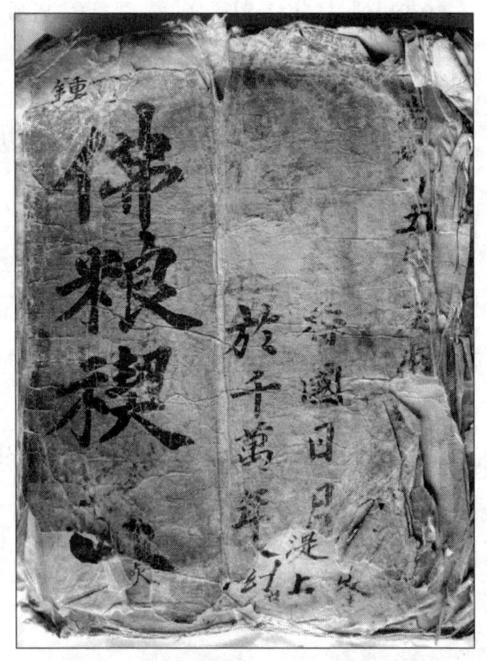

〈그림 2〉 『불량계책』의 표지

록은, 당해 년에는 없어도 다음 해에 함께 기록된 경우가 몇 차례 있긴 하지만, 창설 이후 1988년까지 1년도 빠짐없이 기록되어 있어 그 흐름을 가늠하기에 충분하다. 단 1988년 이후에는 절의 신축 및 보수 사정이 한 쪽에 몰아서 간단히 정리하고 있고, 1993년과 1998년의 계회에 대해서만 기록되어 있을 뿐, 나머지 해의 것은 없다. 1970년대 후반부터 기록이 소홀해 지다가 1988년을 경계로 계책으로서의 의미를 잃었던 것으로 보인다.

또 『備品臺帳』과 『鶴棲菴備品錄』이란 제목의 책이 전해 내려온다. 이 책들에는 비품의 내역과 함께 인수인계 사정이 쓰여 있다. 『불량계책』과 함께 학서암의 역사 및 운영 사정을 이해하는데 도움을 준다.

2. 불량계의 성립

앞에서 살폈듯이 학서암은 1939년 일곱 번 째 중창을 하였다. 그때 주민들은 신축 및 수리에 필요한 돈 760여 원을 만들기 위해 발기자들이 나서 기본금을 내고 염치를 무릅쓰고 <백운산학서암실적경고문>을 작성하여 주민 일반과 유지들에게 돈의 거출 및 의연을 호소하였다. 이런 노력의 결과 비록 일제강점기 말의 어려운 사정이었지만 중건을 해낼 수 있었다. 그러나 그 과정이 결코 쉽지 않았을 것이다. 따라서 이들은 뭔가 획기적인 조치가 없이 계속 이런 식의 경고문을 통하여 모금을 할 수는 없다는 생각에 도달하였던 듯하다. 그리하여 학서암의 유지 보전을 항구적으로 보장하기 위하여 계를 조직하게 되었다. 그것이 바로 불량계였다.

그 序文을 통해 그간의 사정을 보자.[12] 이 조그마한 사찰이 수백년의 풍우를 입어 이미 6~7회의 중수를 거쳤으나 본래 절의 재산이

---

12) 이 '佛粮禊序' 역시 참고를 위해 이 글의 끝에 원문을 실었다.

없어 매번 지방사람들의 재산이나 인력에 의지할 수밖에 없었다. 그러던 차에 1940년 僧 芝江法師 및 지방 유지들이 장래의 일을 생각하여 계를 만들기로 하였다. 대개 그 목적은 조목에 나와 있듯이 계전을 모아 식리하여 절 소유의 재산을 갖추어 佛粮에 바치고 그 여유분으로 당시의 필요한 곳에 쓰고 또 다음 세대에 물려주어 수리하는데 보태게 함으로써 매호마다 돈을 걷는 폐단을 없애게 하는데 있었다.13) 이에 계원들이 성의를 다해 원하는 바를 이룰 수 있었다.

이때 만든 다른 조목의 내용을 보면,

1. 入禊人은 각자 성심껏 돈을 낸다. 단 지방뿐만 아니라 멀리 떨어져 있는 다른 郡에서도 佛前에 성심껏 원하는 자가 있으면 계에 들어와 案을 함께 하게 한다.
1. 계원은 대대로 상속할 수 있지만, 계전은 일절 나누어 가져가는 폐단이 없게 한다. 혹 계에서 나가고자 하는 자가 있으면 나가는 것은 허락하지만 재산을 나누는 것은 허락하지 않는다.
1. 나이의 고하를 물론하고 새로 들어온 순서에 따라 이름을 적는다.
1. 식리 및 貯金은 매년 禊會 시에 서로 의논한다.

라고 되어 있다. 이 조목의 내용들을 통해 계를 만든 이유가 무엇보다 돈을 모으는데 있었고, 그 돈은 절의 유지 및 보수를 위해 필요했음을 알 수 있다. 바로 1939년의 어려운 경험이 이 계를 만든 직접적인 계기였다.

---

13) 『佛粮禊册』 중 條目
　　一. 禊目的 聚金殖利 以備寺有財産 供獻佛粮 以餘裕 或要用於當時 且遺
　　○來世 以補修理 使除每戶收錢之弊.

3. 불량계 및 학서암의 운영

불량계와 불량계가 지원하는 학서암은 사실상 생일도 주민들이 주인이자 관리자요 책임자였다. 물론 계원은 불전에 진실로 원하는 것이 있어 돈을 내는 사람이라면 생일도 주민이거나 여타 다른 군 사람이거나 누구나 될 수 있었다. 그러나 학서암의 관리는 전적으로 생일도 주민의 몫이었다. 『불량계책』을 보면, 학서암 운영에 필요하거나 부족한 돈은 어김없이 島中 戶當 ○○씩 할당하여 거두는 것이 관례였음을 알 수 있다. 그리고 임원도 간사는 里長이 당연직으로 맡았다.

이런 연유 때문에 학서암은 사실상 마을공동체의 소유인 셈이었다. 그리하여 마을 주민들은 학서암을 "조상 대대로 물려 받은 재산이며 유일한 하나밖에 없는 문화재"라고 인식하고 있었다. 그리고

"학서암이 암자라고 하여 종교단체나 부처님을 신봉하는 신도들이 운영 관리한 암자가 아니라, 생일면민이 직접 운영 관리한 절입니다. 그 예로써 음력 4월 20일은 불계거리하는 날로 정하여 놓고, 생일면 5개 마을 원로 유지 어르신들과 마을 책임자(리장)들이 모여서 회의를 하고 운영 방침이나 당면 문제들을 결의하고 파손하거나 보수해야할 곳이 있다면 주민들에게 경비를 날파하여 거출하였고 물자(자재)를 운반하게 될 때는 각 마을 주민들이 한 호도 빠짐없이 나와서 울력을 하여 현재에 이르도록 보존하여온 암자입니다. … 부처님을 신봉하고 기도를 하기 위해선 생일면민이 아닌 인근 타면에서 신도들이 기도를 다니고는 있지만, 불계거리 때나 학서암의 운영에 관한 회의 때는 참석한 일이 없으며 일체의 간섭도 하지 않았고 할 수도 없었습니다."[14]

라 하여 종교를 떠나 주민들이 공동으로 만들고 지켜온 재산이자 문화재였음을 강조하고 있다. 이는 실제 운영과정을 보아도 크게 어긋

---

14) 광주고등법원에 제출한 지○○ 측의 항소장 중 입증서류 을 제13호증 1 진정서(생일면민 일동).

나지 않았다.

그러던 것이 1988년 음력 4월 20일의 修禊에서부터 크게 달라졌다. 이때의 결의사항을 보면,

1. 窟前里 新在寺畓收는 契例와 呂히 決議함.
2. 前例에 있었든 稷麥을 今後부터 없기로 함.
3. 當日會費는 狀況에 따라서 各里代表들의 찬조금으로 負擔키로 함.[15]

으로 되어 있다. 여기서는 특히 두 번째 조항이 중요하다. 즉 그때까지 학서암의 운영을 위해 섬 주민들이 공동으로 부담하던 稷麥을 今後부터 없애기로 하였다는 것이다. 생일도에 거주하는 주민들은 1가구당 보리쌀 반되씩을 거출하여 학서암에 거주하는 유사와 스님을 도와주는 것이 수십년 내려온 관례였었다. 이런 관례가 이 결의사항으로 인하여 깨졌다. 그리고 회비도 주민들에게 할당하는 것이 아니라 찬조금으로 부담케 한다고 하였다. 물론 이 결정은 1988년에 즉흥적으로 만들어 진 것은 아니었다. 이미 1984년 김애순 보살이 학서암을 운영하면서부터 금일도·평일도에 거주하는 신도들이 많이 와서 그때부터는 생일면에 거주하는 주민들이 학서암을 도와주는 지원을 사실상 중단한 상태였다. 학서암이 생일면에 소재하고 있기는 하나, 학서암의 신도는 생일도보다 금일도에 약 4~5배가 더 많았다. 따라서 주민들 차원이 아니라 학서암의 신도들이 제공하는 시주로만 학서암을 운영하고 있었다. 그러다가 이때 이런 결의사항을 두어 그와 같은 운영방식에 대하여 공식 추인하였던 것으로 보인다. 이런 결정으로 인해 섬 주민들은 소소한 경제적 부담으로부터는 벗어났으나 동시에 학서암에 대한 권리를 잃어버리는 단서도 되었다.

---

15) 『불량계책』 참조. 이하 이 절의 내용은 이 책에 의거하였다.

그리하여 『불량계책』에는 위 결의사항에 이어서

서기 1983년 8월 5일 건립자 황인지
주지 강기주 上대웅전 건립
서기 1985년 6월경 건립자 황인지
주지 金愛順 전기시설
서기 1986년 6월 5일 요사채 건립
서기 1986년 6월 20일 미륵불 조성
서기 1987년 8월 대웅전 건립
서기 1987년 10월 전기시설
서기 1991년 10월 27일 탑 준공

서기 1992년 5월 18일 종각 건립이라고 기록하여 이와 같은 절의 신축 또는 수리가 계원 또는 섬 주민들의 공동 노력이 아닌 몇몇 개인, 특히 김애순의 개인 공덕으로 이루어졌다고 밝혔다. 이 또한 훗날 재판의 빌미를 마련하는 요인이 되었다.

한편, 학시암의 운영과 관련하여 유사가 이 불량계 및 학서암을 대표하는 것으로 알고 있는데 이 또한 그리 단순하지만은 않았다. 이 계의 임원을 보면, 최초의 禊長은 金壽淵이었고 幹事로는 金洪勉, 李應煥, 馬二同, 朴鍾基, 池千根 등 5인이었고, 會計는 金正培가 맡았다. 이를 보면 계의 책임자는 계장이었고 간사와 회계가 주요 임원이었음을 알

〈그림 3〉 학서암의 탑과 종각 및 종

수 있다. 마을 주민들은 유사가 처음부터 계를 대표하고 살림을 도맡아 왔던 것으로 알고 있지만 『불량계책』에 따르면 계장이 계를 대표하고 있었으며 유사라는 임원은 처음에는 없었다. 마을 주민들은 유사가 학서암의 재산을 관리하고 재정을 담당하는 등 학서암을 운영하고 외부적으로 학서암을 대표한다고 알고 있다지만 처음부터 그랬던 것은 아니었다.

계장은 1947년에 金永煥으로 바뀌고, 1956년에는 黃秉淵으로 바뀌는데 이때는 계장이 錢有司를 겸하는 것으로 되어 있다. 그러나 이듬해 전유사는 다시 李則賢으로 바뀐다. 학서암의 유사로는 이칙현이 특히 주목된다. 그는 1944년부터 유사로 이름이 나오더니 한두 해 빠지기는 하지만 1970년에 "임원의 임기는 3년으로 정함. 간사는 당시 각 리장임."이란 규정을 새로 정하고, 錢有司 趙顯實, 副有司 李宗柱로 바뀔 때까지 유사의 직임을 맡아 열심히 봉사했다. 그리하여 1972년 계회에서는 계금을 모아 이칙현에서 다년간 고생한 노고에 표창을 하기도 하였다. 유사의 위상이 높아지고 계장의 지위가 기록에서 사라졌던 까닭은 아마도 이칙현이 근 30년에 이르는 장기간 동안 유사의 직임을 행했고 그러면서 사실상 계를 대표했기 때문으로 보인다. 이후 유사는 이종주가 맡았다가 1974년부터 黃仁芝가 맡았다. 황인지는 1993년 계회에는 前 유사로 되어 있어 유사가 바뀐 것으로 되어 있지만 누가 유사인지 유사책에는 기록되어 있지 않다. 다만 金順禮가 『備品臺帳』을 인수받은 것으로 되어 있을 뿐 유사라는 직임은 보이지 않는다. 1998년 음력 2월 24일의 계회에서는 池珩厚를 유사로 선출하였다.

이밖에도 『불량계책』에 따르면 마을 주민들이 통상 알고 있는 것과 다른 점들이 적지 않다. 학서암은 매년 음력 4월 20일에 불계라는 명칭의 회의를 개최하여 1년 동안 학서암을 운영한 재정을 결산하고, 유사를 변경하는 등 중요한 사항을 의결하였다고 한다. 그러나 계회 날짜는 1943년까지는 음력 9월이었다가 이듬해부터 음력 4월로 바뀐

다. 그리고 날도 초파일에 열었다. 그러다가 1949년부터 음 4월 20일
로 바뀌어 1978년까지 30년 동안 지속되었다. 그러나 다시 1979년에
무슨 이유에서인지 음력 3월 25일로 바뀌며 모임의 명칭도 수계로 표
시된다.[16] 1984년에는 음력 5월 30일, 1985년에는 음력 3월 28일,
1986년에는 음력 4월 20일, 1987년에는 음력 3월 20일 1988년에는 음
력 4월 20일에 각각 모임을 가진 것으로 되어 있어 원칙을 잃어버리
고 편의에 따라 들쭉날쭉 열렸다. 1993년에는 양력 5월 15일, 가장 최
근에 열린 1998년의 계회는 음력 2월 24일에 열렸다. 1979년을 경계
로 불량계는 그 정체성을 잃어버리고 계회도 마을 주민들의 일반적
인 관심에서 멀어졌던 것으로 보인다. 계회는 음력 4월 20일이 대개
의 원칙이었지만, 이미 그 원칙을 어긴 지 오래되었다.

한편, 유사가 변경되면 그 변경 내용을『유사책』즉『불량계책』에
기록하고 전 유사가 학서암의 재산목록을 기록한『비품대장』을『유
사책』과 함께 다음 유사에게 넘겨주는 것으로 되어 있지만,『비품대
장』이나『학서암비품록』을 보면 그런 인수인계 관계가 유사에서 유
사로 이어지지는 않았고, 유사가 지주 내지 보살 등 실제로 절을 운
영할 책임자에게 넘겨주었던 것으로 보인다. 따라서『비품대장』의 인
계가 학서암 유사직 또는 대표권의 인계라 보기는 어렵다.

IV. '재판' 시말 – 갈등의 3년과
조계종 사찰 등록

앞서 지적했듯이 1988년 修契에서 정한 결의사항은 불량계의 공동
체성을 상실케 하는 직접적인 계기가 되었다. 이로 인하여 학서암을

---

16) 수계로 이름이 바뀐 첫 해는 1978년부터였다.

관리하고 있던 보살의 개인 부담이 커졌지만, 동시에 그 권한도 커지는 계기가 되었다. 섬 주민들의 공동체적 관심의 소홀히 빚은 작은 변화였지만 그로 인하여 섬 주민들은 "두 달 빠진 3년"의 긴 재판에 휘말리게 되었다.

이 재판의 시말을 살펴보면서 학서암이 섬 주민들의 생활에서 차지하는 역사적 위상이 어떻게 달라지고 있으며 그것은 종내 어떤 결과를 낳았는지 알아보기로 하자. 김애순 보살이 등장하는 1980년대 초의 사정부터 보자.[17]

1. 사건의 발단

1940년 芝江 법사가 지방의 유지들과 함께 장래의 일을 도모하기 위하여 불량계를 만든 이래 계의 유사와 함께 菴主人 李白隱(1956년경),[18] 李貴男(1962년~1965년), 姜基周(1965년~1971년, 1975년~1981년) 등이 斷續的으로 주지를 맡아 절을 관리해 왔다.[19]

그러다가 1981년경 강기주 승려가 사망하였다. 이후 학서암을 희망하는 승려가 없어 학서암은 비어 있었다. 당시 학서암 대표는 유사이자 신도회장이던 황인지였다. 그 무렵인 1982년경 김애순 보살이 황인지에게 찾아와 학서암이 비어 있으니 승려가 올 때까지 학서암

---

17) 조사 당시 면담에 협조해 주신 주민 여러분들께 이 자리를 빌어 감사 드린다. 이하 인명에 대한 존칭은 글의 성격상 생략하였고 필요한 경우가 아니면 ○○으로 처리했음도 양해해 주기 바란다.

18) 『鶴棲菴備品錄』 참조.

19) <사건 2001카합1호 대표자직무정지가처분>에 대하여 피신청인(학서암 외1)이 광주지방법원 해남지원에 제출한 준비서면에는 "전지강, 이종현, 박해초, 강기승 승려들이 차례로 학서암을 거쳐 가게 되었습니다."라고 하여 승려들의 이름을 들었다. 하지만 이 중 전지강은 1940년 불량계의 창설을 주도한 주지이고 강기승은 강기주의 오류로 보인다. 다만 이종현과 박해초에 대하여는 여타 자료에서 이름을 확인할 수 없었다.

에 머물러 있겠다고 하여 승낙하였다.

이때 학서암에는 300여 년 된 자그마한 대웅전과 허술한 요사채 건물 두 동이 있었다. 이후 김애순은 동분서주하면서 약 천여 명의 희사자들로부터 시주와 협찬금을 받아서 요사채 건립(1986년 6월 5일), 미륵불 조성(1986년 6월 20일), 대웅전 건립(1987년 8월), 전기시설(1987년 10월), 탑 준공(1991년 10월 27일), 종각 건립(1992년 5월 18일) 등 일체의 불사를 맡아 하였다.[20]

하지만 이 불사를 여자의 몸으로 혼자서 감당하기 너무 힘이 들어서 김경주(장흥군 용산면 상발리 거주, 김애순 보살의 동생), 오철수·김복님(전주시 효자동 1가 296-83번지 거주) 등 세 사람을 불러서 약 3년 동안 무보수로 일하게 하였으며 많은 고생을 하였다. 또한 불사를 할 때마다 생일면 주민들이 해발 약 400여 미터의 높은 산을 오르내리며 모든 자재를 운반하는등 힘든 역사를 하였다. 당시에는 이승호 스님이 함께 있었는데 약 1개월 머물다가 개인사정으로 학서암을 떠났다.[21] 한편 1984년 음력 7월 17일, 김애순은 황인지로부터 『학서암비품대장』을 정식으로 인수받았고[22] 주지보살로서 학서암을 관리하였다.

이 즈음 김순○ 보살이 학서암에 왔다. 때는 1984년경으로 추정된다. 김순○는 1984~5년경에 학서암을 왕래하다[23] 1987년경에 제주도 한라산 영실로 갔다. 그 후 학서암에는 몇 차례 찾아왔다가 1993년 3월 김애순이 불의의 사고로 죽은 후 황인지에게 학서암에 머물러

---

20) 『불량계책』 참조.
21) <광주지방법원 해남지원 2001카합 1호 대표자직무집행정지가처분> 사건 중 서증목록 중 1.소 을제 2호증의 2 확인서(지○○) 참조. 지○○은 김애순 보살의 남편으로 학서암 주지 인덕이라 칭한다. 이 확인서는 2001. 1. 17. 작성되었다.
22) 『備品臺帳』 참조.
23) 지○○의 확인서에 따르면, 김순○는 행사 때나 불사가 있을 때만 와서 심부름이나 부엌일을 하였고, 그 대가로 아들 학비를 대주었다고 한다.

있겠다고 청하여 "승려가 올 때까지"라는 단서를 달아 3년 정도 학서 암에 머물러 있도록 허락하였다. 이때부터 김순○는 사실상 학서암을 인수받아 운영하였다.『불량계책』에는 1993년 5월 15일(음 윤3월 25 일), 前 유사 황인지 등이 참석하여 김순○[24])에게『비품대장』을 인계 한 것으로 되어 있다. 그 후 김순○는 김애순이 종각을 건립하고 거 기에 달 종을 만들기 위해 100만원에 계약하여 둔 종 불사를, 그녀 사 망 후 신도들의 시주를 받아 완성하였다. 여타 학서암 관리도 이후로 는 김순○가 맡았다.

그런데 김순○가 학서암을 맡아 운영하면서 무속행위를 일삼자 주 민들과 마찰을 빚기 시작하였다. 무속행위를 원하는 측은 주로 여자 들이었고 또 거기에는 적지 않은 돈이 들었기 때문에 남자 주민들이 크게 반발하고 있었다. 이에 이를 막기 위해 주민들은 학서암에서 상 주할 수 있는 스님을 구하기 위해 백양사에 의사 타진을 하게 되었 다. 그러자 이를 알게 된 김순○는 학서암이 종교단체에 등록되어 있 지 않은 점을 알고 1996년 4월 4일 규약서 및 결의서를 인쇄물로 작 성한 다음, 생일도 주민 몇 사람과 생일면민이 아닌 외지사람들로부 터 학서암에 소유된 논의 등기를 한다며 백지에 도장을 날인해 달라 고 요구하여 날인을 받았다. 그리고 4월 19일 자신을 대표자로 하여 완도군에 종교단체 등록을 하였다. 이어서 이와같이 작성한 인쇄물에 4월 20일 총회를 개최하여 결의한 것처럼 서류를 꾸며 4월 26일 자신 을 대표자로 하여 광주지방법원 완도등기소에 소유권보존신청을 해 버렸다. 여기에는 당시 신도회장 황○○와 朴○○이 협조하였다.

이렇게 하여 김순○는 법적으로 "학서암 대표자"가 되었고 소유권 행사의 주체가 되었다. 이로 인하여 학서암이 마을공동체 소유에서 개인 소유로 바뀌었다. 이는 앞서 지적했듯이 1988년 수계시 결의사

---

24) 당시『불량계책』에는 김순례를 濟州菩提 또는 妙吉祥菩提라고도 칭하 였다.

항이 빌미를 제공한 것으로 그만큼 학서암의 관리가 마을공동체로부터 떠나 있었다는 뜻이기도 하다. 이런 변화는 마을 주민들이 김순례를 원치 않자 이에 그녀가 반발한 행위의 결과이긴 하지만, 그 이면에는 불량계의 운영이 사실상 정지되었던 데에서 확인할 수 있듯이 학서암에 대한 마을공동체의 관심 소홀히 빚어낸 결과이기도 하였다. 재판 기록 중 "중창중수자 김순○"의 등기를 원상 회복하기를 촉구하는 김순○ 측 신도들이 작성한 <학서암 신도들의 의견서>를 보면,

> "학서암이 다 파손되어 있을 때 인근 주민은 물론이고 우리 불교 신도들 중 어느 한 분이라도 다 쓰러져 가는 절을 걱정 한번 해 본 사람도 없었으며 관심도 없었다. 그런데 위 김순○ 보살님이 오시어서 학서암을 중창중수 한다는 소문을 우리 신도들은 들었다. 신도들 말하기를 남자도 해내지 못하는데 객지에서 온 여자가 어떻게 중창중수를 한다는 말인가 하고 신도들은 비웃었다. 그런데 신도들의 생각 외에 일을 해냈다."25)

라고 하였는데, 이 글처럼 사실 마을 주민들은 학서암에 대한 관리를 소홀히 했고 관심도 적었다. 이와같이 소유권 상의 중요한 변경이 있었지만 대부분의 섬 주민들은 이런 변경이 있었다는 것조차 모르고 있었다는 것이 거꾸로 그 소홀함의 증거가 된다.

하지만, 한동안 이 변경 건은 묻혀 있었다. 상주할 스님은 오지 않았고, 그러는 동안 김순○ 보살측과 섬 주민들은 그럭저럭 관계를 유지해 갈 수밖에 없었다. 그리하여 1998년 음력 2월 24일 불계 회의 때 김순○는 황○○가 나이가 많아 유사 업무를 수행하는데 어려움이 있으니 좀더 젊은 사람으로 선출해 달라고 발언하여, 그 자리에서 훗날 재판의 당사자가 되는 지○○를 유사로 선출하기도 하였다. 또 군에서 1999년 2월 경 생일면 숙원사업비로 1,600만원을 배정하였는데

---

25) 2001년 1월 광주지방법원 해남지원에 김순○ 측이 제출한 <대표자 직무 집행정지 가처분 결정 신청>에 첨부된 의견서(소갑 제6호증의 2) 참조.

지○○가 학서암 건립비로 쓰면 어떻겠느냐고 면민들에게 건의하여 학서암의 법당 건립비로 쓰기로 하였다. 이에 생일면 신도들이 모은 200만원, 김순○가 신도들의 시주를 모아 만든 500만원 등 합계 2,300만원으로 개축하였다.

그러던 어느 날 갑자기 학서암 대표자 변경 건이 첨예한 갈등으로 나타났다. 1999년 8월 13일이 그 날이었다. 이날 생일면 지역발전협의회가 열렸다. 여기에 생일면 번영회 및 각 마을 이장 및 지도자 유지들이 참석하여 회의하는 도중에 군의회의장인 윤○○이 학서암의 대표가 김순○로 되어 있다고 하여 대표자 변경 문제가 논란거리로 대두하였다. 거기 모인 면민들은 분개하여 그 자리에서 당시 학서암의 유사인 지○○를 대표자로 선출하고, 지○○가 대표자 등록을 하는데 필요한 서류를 갖출 수 있도록 각 마을 이장들이 협조할 것을 참석인원 전원이 만장일치로 결의하였다. 그리고 이 일의 책임을 지○○에게 맡겼다. 같은 날, 유서리 백운다방에서 지○○가 박○○과 만나 학서암 대표가 김순○로 된 일에 대해 문의하였고, 박○○은 1996년 학서암 보존등기 과정에서 그렇게 되었다고 하였다. 그러면서 생일면 신도들의 도장이 있으면 간단히 대표를 다시 변경할 수 있다고 하였다.

8월 31일 박○○은 지○○에게 전화하여 다음날 9월 1일, 완도읍 소재 법무사 박동근 사무소에서 만나자고 하면서 도장을 가지고 오라고 하였다. 여기서 대표자 명의 변경을 위해 1999년 9월 1일자로 생일면사무소 2층 회의실에서 회의를 거쳐 학서암 대표를 지○○로 바꾸었다고 서류를 꾸몄다.[26] 그리하여 그 서류를 완도읍에 있는 박

---

26) 박○○이 지시하여 이○○가 규약서와 결의서, 그리고 김순○의 사임계 등을 작성하고 지○○가 도장을 모아 날인하였다. 그러나 이렇게 만든 이 문서들은 1심 재판 결과 사문서위조로 판결되었고, 2심에서도 역시 무효 처리되었지만, 지형후의 대표자직무집행은 적법한 것으로 판명 났다. 자세한 과정은 다음 절에 서술하였다.

동근 법무사 사무실에 제출하여 9월 20일자로 등기부등본상 지○○가 대표자가 되었다.

그러자 김순○는 2000년 9월 20일, 1999년 9월 1일 대표자를 지○○로 선출한 총회의 결의에 대해 임시총회결의무효임을 원인으로 대표자직무집행정지가처분과 임시총회결의무효확인의 고소를 제기하게 되었다.

2. 재판 과정

2000년 9월 20일 김순○는 지○○ 외 1인을 피고소인으로 하여 전남 완도경찰서에 고소장을 제출하였다. "학서암의 대표자가 고소인에서 피고소인 지○○로 변경된 사실이 없음에도 불구하고 위 학서암 소유의 전남 완도군 생일면 유서리 산89의 등기부등본상 위 학서암의 대표자를 피고소인 지○○로 명의를 변경을 하기 위하여 사임계를 위조하고 위조된 사임계가 진실한 것처럼 보이기 위하여 고소인으로부터 교부받은 인감증명서를 사임계에 첨부하여 사용하였고 대표자를 변경하기 위하여 첨부된 결의서에 기재된 임시총회를 1999. 9. 1. 학서암에서 개최한 사실이 없음에도 불구하고 임시총회를 개최한 것처럼 결의서를 위조하고 김○○ 외 수인들이 위 결의서에 기명날인 한 사실이 없음에도 기명날인 한 것처럼 인장을 임의로 제작하여 날인하였다."27)는 등의 이유로 고소장을 작성하였다.

그리고 2001년 1월 4일에 임시총회 무효확인 소를 제기하고, 대표자직무집행정지가처분 신청을 하였다. 이에 대하여 광주지방법원 해남지원 민사부에서는 2001년 5월 17일 <사건 2001가합28 임시총회결의무효확인>에 대하여 "1999. 9. 1. 피고 지○○를 대표자로 선출하였다는 내용의 임시총회 결의는 존재하지 아니함을 확인한다."라

---

27) 2000년 9월 20일 김순○가 완도경찰서에 제출한 고소장의 고소사실 참조.

는 제1심 판결을 내렸다. 이 재판에서 지○○ 및 박○○이 각 200만 원씩에 해당하는 벌금형처분을 받았다.

이에 대하여 지○○ 측에서는 2001년 6월 12일 항소장을 접수하여 반발하였다. 그리고 곧 이어 2001년 6월 28일 10시 학서암에서 학서암 신도총회를 개최하였다. 여기서 보존회 규약 등을 제정하였다. 이때 김순○를 비롯한 상대측 신도들도 참여하여 회의가 진행되었다.[28] 그런데 회의 결과는 비록 제1심 재판에는 졌지만 주민들이 집단적으로 그 결과에 반발하는 상황이 전개되면서 재판에서도 역시 역전의 계기가 마련되었다. 여기에 힘입어 지○○ 측에서는 2001년 8월 6일 항소취지변경서를 제출하면서 각종 입증서류를 첨부하기에 이른다. 그리하여 마침내 2002년 4월 24일 광주고등법원 제2민사부에서는 <사건 2001나5240 임시총회결의무효확인>에 대하여 "제1심 판결을 취소한다."는 판결을 내린다. 즉 2심 재판 결과는 "1999. 9. 1. 지형후를 학서암의 대표자로 변경한 결의가 무효라고 하더라도 피고의 2001. 6. 28.자 임시총회에서 지○○를 대표자로 선임하고 위와 같이 무효인 법률행위를 추인하였으므로 원고(김순○)의 청구는 과거의 법률관계 내지 권리관계의 확인을 구하는 것이 되어 권리보호요건을 결여한 청구로 부적법하다고 판결"한다는 것이었다.

이에 불복한 김순○는 다시 대법원에 2002년 5월 22일 상고기록을 접수하였다. <사건 2002다 27330 임시총회결의무효확인>에 대하여 대법원 제2부는 2002년 7월 26일 "원심판결 광주고등법원 2002. 4. 24. 선고 2001나5240 판결 : 상고를 기각한다."라고 하여 최종적으로 지○○ 측이 승소하였다.

---

28) 2001나5240 임시총회결의 무효확인 항소심에 피고(항소인) 측이 제출 한 을 제7호증의 1 <학서암보존회규약>과 을 제7호증의 2 <학서암신도 총회회의록> 참조.

3. 판결의 기준

재판부가 판결을 내리는데에는 "학서암이 생일도 주민 것이냐 금일도까지 포함한 신도들 것이냐"의 문제가 중요한 판단 기준이 되었다. 결국은 주민 것으로 판단한 결과, 위와 같은 판결을 내렸다. 이런 판결을 내리는데는 2심 과정 중인 2001년 6월 28일 10시 학서암에서 개최된 학서암 신도총회의 결과가 크게 작용하였다. 그리고 이런 판단을 뒷받침하는 것으로 박○○의 태도 변화가 주목된다. 박○○은 원고와 피고 모두에 관계하면서 법적인 문제의 소지를 만든 장본인인데 따라서 그의 증언이 사건 전체의 성격을 판단하는데 중요한 관건이 될 수 있다.

김순○의 등기권리증을 만들어 주었던 박○○이 이를 다시 지○○로 바꾸는데 쉽게 동의하고 협조한 것은 웰까? 이 점이 매우 중요한데 박○○의 증언을 들어 보자. 그 증언에 따르면 "학서암이 개인 소유 절이 아니고 생일면민의 소유이기 때문에 현재 (지○○가) 생일면 번영회장이고 학서암 신도회장인 관계로 신도회장 명의로 학서암 대표로 하자고 하였다고 하고 김순○ 보살은 객지 사람이고 언제 떠날지 모르기 때문에 지○○ 명의로 대표가 바뀌게 된 것"이라고 하였다.29) 그는 학서암의 등기권리증이 이런 문제를 불러 일으키리라고는 미처 생각지 못하고 쉽게 김순○의 등기권리증을 만들어 주었었다. 그러나 이것이 문제가 되자 그는 문서의 위조가 죄가 된다는 것을 알면서도 별로 거리낌 없이 위조문건을 만들어 가면서 명의변경을 주도하였다. 왜냐하면 그는 학서암은 생일면민의 소유이기 때문에 객지 사람이 아닌 지역사람으로 하는 것이 마땅하다고 생각했기 때문이었다. 이는 박○○ 혼자만의 생각은 아니었고 섬 주민 대부분의 공통된

---

29) 2000년 11월 13일 완도경찰서에서 작성한 박○○에 대한 피의자신문조서 참조.

생각이었다. 과정이야 어찌되었든 학서암이 생일도 주민들의 공동소유라는 점에 대해서는 모두 동의하였고, 이런 동의를 배경으로 사건이 발생하였던 것이다.

대표자 명의변경으로 불거진 이 사건은 학서암이 섬 주민들의 공동소유냐 개인소유냐가 주요한 관건이었지만, 김순○ 개인에 대한 불신과 배척도 못지 않게 중요했다. 특히 그녀가 주로 여성 신도들과 함께 벌인 굿 등 무속행위가 문제였다. 당시 불량계원은 원칙적으로 남자에만 한하였다. 따라서 불량계원이 김순○ 측과 대립한다는 이면에는 남녀간의 대립문제가 놓여 있었다. 또 교회가 섬의 지배적인 신앙이라는 점을 상기해 보면 무속 숭배는 무시 못할 배척의 요인이 될 수 있었다. 이런 분위기 속에서 남자와 교회가 한편이 되어 이끄는 상황이 되었다. 이런 사정 속에서 지○○ 측의 입장이 섬 주민 대부분의 입장으로 귀착될 수밖에 없었다.

V. 맺음말

조선후기에 육지 사람들은 섬과의 거리감을 극복하고, 차츰 섬으로 모여들어 마을을 이루고 살기 시작하였다. 생일도도 마찬가지였다. 그러나 바다는 여전히 위험이 많은 곳이었기 때문에 믿음이 필요했고, 그런 믿음을 채워줄 공간으로 일찍이 백운산에 학서암이 생겼다. 벌써 300년전의 일이었다. 1985년경 보수 과정에서 발견된 상량문 등 5건의 문서를 통해 그 초창 및 중창의 내역을 거칠게나마 파악할 수 있었다. 1719년(숙종 45) 화식의 창건, 1734년(영조 10) 각명의 중창, 1754년(영조 30)의 삼창, 1800년(정조 24) 신란의 사중창, 그리고 1899년(광무 3)의 육중창, 1939년의 칠중창을 거치면서 면면히 이어왔다.

생일도는 이 학서암으로 인하여 인근 섬들의 불교 신자들로부터 중심 공간으로 대접받았다. 그리고 1940년만 해도 불량계란 계를 조직하여 마을공동체적 지원과 관심 속에서 학서암을 유지 관래해 나갔다. 그러나 기계문명의 발달에 따라 바다에서의 위험이 현저히 떨어지고, 기독교가 유입되면서 토속적인 신앙에 기대는 경향도 줄어들게 되었다. 그런 속에서 학서암도 어느덧 사람들의 공동체적 관심으로부터 멀어져 가고 있었다. 절을 지킬 승려조차 모실 수 없는 사정이 되었고, 따라서 절은 보살들의 관리에 맡겨졌다. 계원들은 1988년 계회에서 결의사항을 통해 사실상 공동체적 관리를 포기하였다. 이에 전적으로 보살들에게 맡겨진 학서암은 김애순 보살의 10년을 지나가면서 무던하게 유지되었다. 그러나 김애순이 불의의 사고로 죽고 김순○ 보살이 들어서면서 갑자기 사정이 복잡해졌다. 학서암이 여신도들을 중심으로 무속과 얽히기 시작했고 이에 대한 남자 불량계원 및 주민들의 반발이 커졌다. 이런 가운데 김순○는 자신을 대표자로 하여 학서암을 종교단체로 등록하였다. 이를 사유화 움직임으로 파악한 마을 주민들은 마을의 공동 재산을 지키기 위한 복잡한 싸움에 말려들었다. 이것이 재판으로 비화되어 더욱 복잡해 졌나. 그렇지만 그렇다고 해서 마을 주민들의 학서암에 대한 신앙심이 회복되었거나 학서암의 종교적 역할이 커졌던 것은 아니었다. 여전히 신앙에 대한 요구는 약했다. 따라서 학서암의 사유화를 막고 다만 이를 재산상 공유한다는 의미만을 유지하게 하면 되었다. 그래서 학서암은 개인 소유로 넘어가는 것만 방지하는 선에서 처리하기로 하였고, 그 결과, 대한불교 조계종 사찰로 등록하는데 만족하였다.

지○○ 측 섬 주민들은 재판이 진행 중이던 때 학서암을 백양사 말사로 등록하고자 하였다. 그리하여 문규백 스님을 창건주로 하여 제18교구 본사 백양사 말사로 등록을 신청하였다. 그러나 백양사에서는 이 재판 사건으로 인해 곧 바로 스님을 파견하지는 못하였다. 물론 지금은 백양사 말사로서 정식 관리되고 있다. 그러나 1999년 9월 1일

문제가 불거지면서부터 대법원 판결이 나기까지 두 달 빠진 3년의 세월이 흐르는 동안 조그만 섬 주민들간에는 갈등의 골이 깊어졌다. 따라서 학서암이 주민들의 사랑을 되찾기까지는 만만치 않은 어려움이 놓여 있어 보인다. 그 재판의 앙금은 신앙세계에도 여전히 그림자를 남겼다. 그러면서 동시에 문화재는 그 가치를 알고 지킬 때 소중한 것이 되나, 그렇지 않으면 언제라도 사유물로 전락할 수 있다는 뼈아픈 교훈을 우리들에게 남겼다.

[자료]

① <擁正拾二年 甲寅 五月日 初重創 立柱上樑 大施主秩>(학서암
　초·중창 대시주질)

○木手 金九○
冶掌 宋仁龍
僧 益淳
化主 覺明
別座 太文
供養主 順應

初新建本化主 和識
木手 朴邊守
冶掌 宋仁龍
僧 益淳
供養主 覺明

〈그림 4〉 자료 ① : 학서암 초·중창 대시주질

② <冠山 ……………(학서)菴三重…>(학서암 삼중창 기문)

上……
………　二十六日 寅時立柱巳時
上樑
夫此菴…………　和湜……自天冠飛
錫此…………………而中……
擁正………………覺明上人又是重創乾隆
拾九年甲戌歲……三創矣 噫海岳高爽風…
亂紛如是累………創……未……後僑無疑爲

記曰
伏願上…………成……有九類生天萬靈咸樂
抑願信施檀越力……匹隨喜緣化募緣化士等
此殊勝結緣造成功德顯歲 則轉千災爲萬福…
含億季爲一春當來……往兜率之天堂下降龍
和之寶………………含淸抱識三途十類哀
魂同成正…………之六願訶摩般若波羅密

緣化秩
…手……… 趙…尙
…………………………
　　朴興道
　　梁德善
　冶…………金
供養主 守環
　…… 莫金
　……… 春
別座…… 勝學
都大……通政覺明
…………………………
住持…察
首… 應尙
妙香山人 永慕記

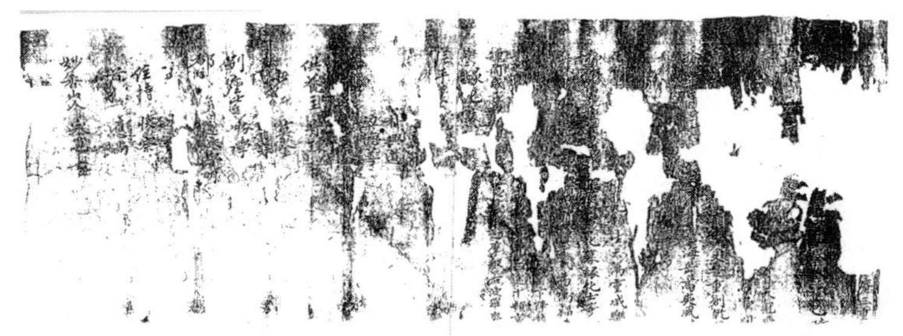

〈그림 5〉 자료 ② : 학서암 삼중창 기문

③ ＜鶴棲菴四重創記(학서암사중창기)＞

古之成功者 無一毫之窘苟則不可謂成功之爲者也 夫此菴盖子坐午向之安礎矣 雖有龍盤虎踞之巖窟 乃爲後障前無 衛擁朝向之峯峀 與碧海樓通靑城蓬萊 杳茫于掩靄之間 壺山寧海歷歷乎指點之中 可以謂絶勝之特地 然菴不古而棟梁頹杇 臺不累而基地圯夷者 乃由以每年春夏之節 風而摧之 雨而蕩之之也 豈不嗟惋而痛惜也 伊時 法師愼蘭 告余以定星之正于方中 而法師者來自寶林 而經於斯法於斯者 已閱春秋十餘而詎可以古之成功之窘苟 爲難而讓也已乎 余亦或當寒食之節 聚群朋煮花於此菴 見其榮橺之破落 東西廡之傾毀 不勝慨然者 三四而歸矣蘭師更以爲創舊之意 種種警余 而其於磬折之勤 ○葳而加矣 余亦不可不無此師意同 而論碥島中諸君子而僉議 皆會諧之中與 蘭師超然仗義而欲其成功之○ 不暇者 嘉善姜世允 閑良池光運 金致五 金尙玉 三四人也 不覺效嚬之人醜 鶴步之股裂 塵聚鳩財 庸得些意 斯人之志 稍可掬矣 然可仰者 蘭師之功 可褒者 蘭師之義 一以九類十類之言 激化俗慮 一以彼岸此岸之說 募緣善門 ○然哉 蘭師之功 難以拈擧 而以待後來君子之評

眉妙香山人永慕之舊記因以記之曰 盖此菴越在康熙五十八年己亥 至雍正十三年 乾隆 六十年 及嘉慶五年庚申 乃爲八十二年也 初以爲天

冠寺僧 和湜之創設 中間 湜師之上佐 覺明 僧 再次創緝 而今又爲愼蘭
師之四創 大抵此菴之爲風雨之所譴 盖可知也 仍記始末以附古今傳奇
之事 庸述勝槩之千萬 乃進倪郞之嘉頌

　　倪郞偉抛梁 東銀抬縹緲 海日紅 擧手欲招安期子 一髮三山紫霞中
倪郞偉抛梁 西飛峯翠氣落照 齊時來麋鹿鳴呦呦風拍疎升琴瑟兮 倪郞
偉抛梁 南對案瀛洲 聳化嵐無限 箇中之意 味何曾許與俗人諳 倪郞偉
抛梁 北鶴岫歸雲望不極 千仞巖窟障屛後 一般心懷彼岸陟 倪郞偉抛梁
上天公錫福 又兼祥貧道 自足兜率天 法華能幻理消長 倪郞偉抛梁 下
深谷橫川 亘沃野募緣 君子來 相濟極樂世界 心頭惹 伏願上樑之後

　　茶三勺而業日廣行 水斯而法維新際新服旣成之時 自不覺杯勺之來
泊於勤息而舊染 維祛之日 誓可見訶難之飛 錫於檀門 使曦和馭鶴駕招
閣者 鬮丹丘

　　嘉慶五年歲舍庚申 病月 念八同功 庚辰 措大云人 姜渭賓記稿

執綱兼都化士嘉善大夫同知中樞府事行龍驤衛副護君 姜世允
法師 愼蘭　　　　　　本寺住持 洛聖
閑良 金致五　　　　　　首僧 會一
都大木手 忠衛 權有慶
　副木手 良人 梁世太
　　　　良人 高德基
　兼冶片手 良人 曹相溫
공궤主僧 愼行
闍利童 重寶

(번역문)
<학서암을 네 번째 중건하며 기록함>
　옛날 성공한 자는 터럭만큼의 궁색함이 없으면 성공했다고 말할
수가 없다. 대저 이 암자는 자좌오향[子坐午向, 정북에 자리하고 정

남을 향함]에 편안히 자리하고 있다. 비록 용이 서리고 범이 웅크린 듯한 바위굴이 뒷막이가 되어 있지만, 앞으로는 에워 감싸는 동쪽 봉우리가 없어, 벽해루와 더불어 청성산, 봉래산[신선이 산다는 전설상의 仙境을 말함] 같이 아득히 넓어 노을이 가릴 사이로, 호산과 영해[현지 지명]가 멀리서도 가리켜 알 수 있을 만큼 뚜렷이 바라다 보이니 절경이라 이를 수 있다. 그러나 암자가 오래되지 않았는데 서까래와 들보가 썩고, 토대가 오래지 않았는데 기초가 무너짐은, 매년 봄가을의 바람이 그것[서까래와 들보]을 꺾고, 비가 그것[토대]을 흘러내리게 한 까닭이니 어찌 탄식하고 안타까워하지 않겠는가. 그때 법사 심란이 나에게 定星(별 이름)의 방향으로 바로잡기를 고하니, 법사는 寶林으로부터 와서 여기[학서암]를 거쳤고 여기에서 불법을 공부한 이로, 이미 춘추를 십여 차례나 읽었는데 옛날 성공의 궁색함을 어렵게 여겨 사양할 분이겠는가. 나 또한 간혹 한식을 맞아 여러 친우를 모아 이 암자로 花煎놀이를 나갔는데, 그 화려한 격자창이 파손되어 떨어지고, 동서의 廡가 기울어 훼손된 것을 보고 안타까워하면서 친구들과 더불어 돌아왔다. 신란법사가 (나에게) 중건할 뜻이 있음을 알고, 어러 차례 나를 일깨우며 몸을 굽혀 노력하길 너욱 세심히 하도록 했다. 나 또한 이러한 선사의 뜻에 동의하여 礑島의 군자들과 논의하여 중의를 모으니, 모두 찬성하는 가운데, 선사와 초연히 뜻을 같이 하여[仗義], 성공 여부를 따지지 않고 나선 사람이, 가선대부 강세윤, 한량 지광운, 김치오, 김상옥 등이었다. 황새 걸음을 흉내 내다 가랑이가 찢어지는 사람의 어리석음을 깨닫지 못하고, 티끌 모으듯 재물을 모아, 내 작은 뜻과 이 사람들의 뜻이 차츰 이루어지게 되었다. 그러나 우러를 것은 신란선사의 공이요, 칭찬할 것은 신란 선사의 뜻이로다. 한편으로는 아홉 가지 열 가지 말씀으로 속인의 생각을 격려하고, 한편으로는 피안 차안의 설교로 불문의 인연을 모았다. 높도다! 신란선사의 공이여. 열거하기 어려우매 뒤에 올 군자의 평을 기다린다.

묘향산인 영모가 옛 기록을 이어서 그것을 기록하여 가로되, 대개 이 암자는 지난 강희 58년 기해년에서, 옹정 13년 건륭 60년 및 가경 5년 경신년에 이르기까지 82년이 된다고 하였다. 처음에 천관사 승려 화식이 창설하였고, 중간에 화식선사의 상좌승 각명이 재차 중건하였는데, 지금 또 신란선사가 네 번 째로 중창을 하게 되었으니, 이 암자가 비바람에 얼마나 시달렸는지 알 수 있다. 이에 시말을 기록하여 고금의 기이한 일을 기록한 것과 내가 천산만학의 절경을 읊은 것을 덧붙이고, 이에 아랑[으랏차 정도의 무거운 것을 들었을 때의 노동구호의 가차임]의 가송에 나아간다.

으랏차차[倪郎偉] 들보를 동쪽으로 던지니, 은으로 된 대가 높고 머니 바다의 해 붉어가, 손을 들어 부르고자 하나 어찌 그대를 기약하리, 지척[一髮]의 삼산이 보랏빛 노을에 쌓였네.

으랏차차 들보를 서쪽으로 던지니, 날듯한 봉우리 푸른 기운이 떨어져 비춰 가지런하니, 때로 사슴이 와서 呦呦(사슴의 울음소리) 울고, 바람은 성근 대를 쳐서 거문고와 비파소리를 냄이여.

으랏차차 들보를 남쪽으로 던지니, 영주[신선이 사는 곳]를 마주하니 산기운[아지랑이]이 솟구치네, 여럿이 있는 가운데 끝없는 의미를, 어떤 승려인들 속인이 외우는 것을 허락하리오.

으랏차차 들보를 북쪽으로 던지니, 학의 산동굴을 지나는 구름은 바라보아도 다함이 없고, 천 길 바위굴을 병풍처럼 뒤둘렀네, 一切의 마음은 피안을 건너가네.

으랏차차 들보를 위로 던지니, 하늘이 복 내리고 또 상서로움을 겸하였네, 빈도[수행자가 스스로를 낮추는 말]는 도솔천에 스스로 만족한데, 법화경은 신묘하게 이치를 줄이고 늘이네.

으랏차차 들보를 아래로 던지니, 깊은 계곡을 가로지르는 냇물이 기름진 들판으로 뻗어 있네, 인연 있는 군자를 모아 서로를 구제하니, 극락세계가 마음에서 일어나누나.

엎드려 바라기는 상량 후에,

차 세잔을 마셔 업이 날로 넓어지고, 흐르는 물처럼 법이 새로운 즈음, 새 옷이 이미 만들어졌을 때, 잔이 오는 것도 깨닫지 못하고, 근면과 휴식에 머물러 옛날 물든 것을 떨쳐 버리는 날, 맹세코 아난[아난다: 석가의 제자 중 한 사람]이 날아와서 단문[불문: 곧 학서암]에 이르게 하고 희화[해]로 하여금 학을 부려 타고 와서, 문지기를 불러서 단구[신선이 사는 곳으로 항상 빛으로 충만한 곳]를 열게 하기를 원한다.

嘉慶五年(1800년) 歲舍 庚申 삼월 念八同功 庚辰일에 措大云人 姜渭賓이 기고하다.[30]

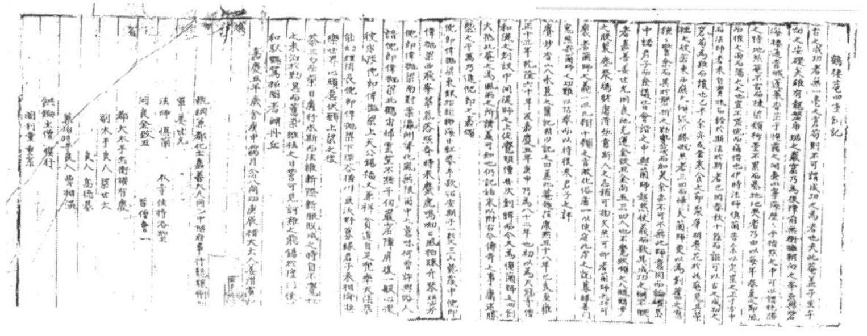

〈그림 6〉 자료 ③ : 학서암 사중창기

④ ＜白雲山鶴棲菴······ /大韓光武三年 ······ 辰時 竪柱/ ······初二日 辰時 上樑＞(학서암 오중창 상량문)

伏願上樑 ·························· 等

萬福大吉德 ········· 孰海產登

---

30) 광주지방법원 해남지원 2001가합 28호 임시총회결의 무효확인 청구의 소 청구사건에 관하여 동 법원에서 2001. 5. 17 선고한 판결에 대한 항소장 중 입중서류 을제4호증 ＜학서암 사중창기 번역문＞ 중 오류를 바로잡아 게재하였다.

…………   曠疫永不爲

灾千萬咸願 …………

本菴來 ………   本畧以

…之盖自康熙 …… 歷擁正乾隆

嘉慶道光咸豊(同治)光緒及大韓光武

三年…… 己亥 …   而天冠

…僧和湜之創設…湜師之弟子覺明

再次創緝四次…嘉善大夫同知中樞

府事行龍驤衛副護軍姜世允氏法師

愼蘭 ………………………創也 大抵

本菴之爲風雨 … 可共知而以其創

之意論確都中… 同故別定有司

承台一以………… 一以..木於

洞私養山不幾 … 之雖不入自費斯

其人何如是勤幹…記始末以附古今

…之事………勝……萬

(別定有司)(幼)學 李承台

  有司兼都…(幼)學 李德秀

  時面首…閑良 金子彦

  都大…閑良 崔俊石

  ………僧 雨花

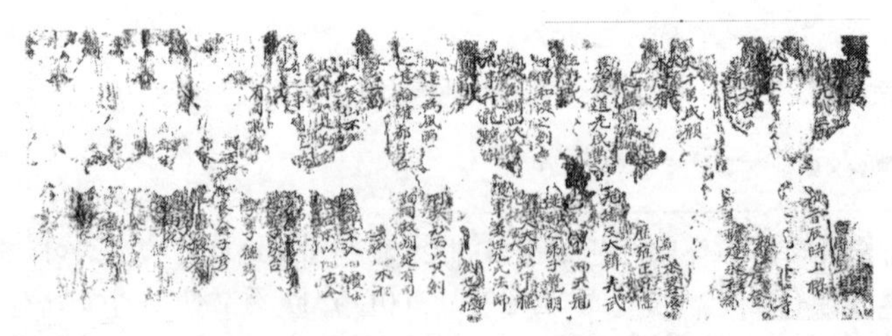

〈그림 7〉 자료 ④ : 학서암 오중창 상량문

⑤ ＜白雲山鶴棲菴實蹟敬告文＞

本菴實蹟略記은 距今二百二十年前 康熙五十八年 己亥에 天冠道僧이 先覺者으로서 本面 白雲山이 長興 天冠山 落脈으로 回龍의 起勢가 峻急하야 山之靈氣은 雲也라 此山之峰巒이 疊起하고 白雲이 常不離하야 山氣가 肅靜 故로 山名曰白雲山也니 山島之勢가 一般也며 人傑은 地靈也라 地元居住者等이 山水其勢에 依하야 惟質이 順者은 順하고 惡者은 惡也라 間有水厄及爭事之變禍하야 怨恨이 疊起 故로 欲除諸厄禍하고 救濟人命키로 此山에 運(운?)菴하야 山形이 如鶴形이라 菴號曰 鶴棲菴이라 하고 山神及佛前에 祈禱하여 除厄得福케하매 打鐘하야 以免山島之厄業(?)이 侵瀆於人間 故로 初創以來로 島中居住者等 生活上 諸禍厄이 稀小은 所傳知也로라 夫人이 生有是非善惡과 吉凶禍福과 富貴貪賤과 壽夭長短과 喜怒哀樂等하니 死亦其然也며 生有상(?)氣하야 未修其상(?)氣면 死受其상(?)氣라 故로 人生於苦樂 其中하니 苦은 樂之本也오 樂은 苦之本야라 生前에도 苦樂이오 死後에도 苦樂二字라 生無惡名이면 死有芳名也로다 或無子孫者은 山祭佛供及祈禱而有子孫하

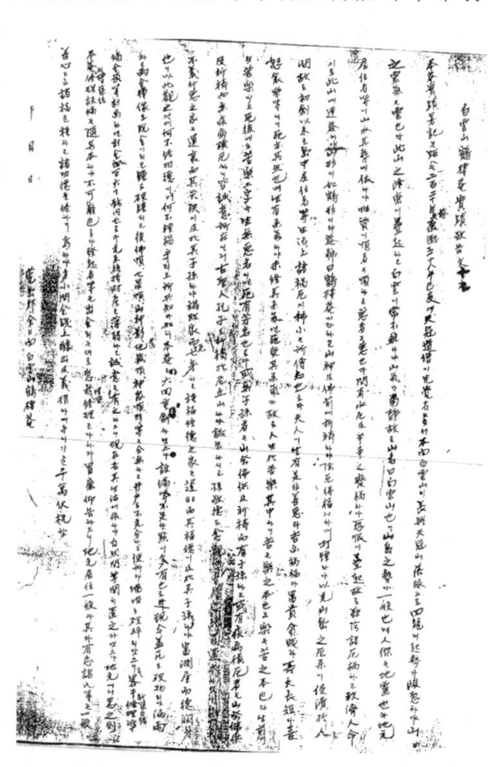

〈그림 8〉 자료 ⑤ : 백운산학서암실적경고문

고 或有疾病橫厄者은 山祭佛供及祈禱而無疾病橫厄하니 皆誠意所在
인저 古聖人孔子도 祈禱於尼丘山하야 誕生하시고 孫敬德도 念觀世
音經하야 續罪還本하엿나니 大抵 不義行惡之家은 運衰而其災殃이
及於其子孫하야 禍敗家而厄亡身하고 種福修德之家은 運旺而其福德
이 及於其子孫하야 富潤屋而德潤身也니 以此觀之컨데 何不修功德이
며 何不種福乎리오 所共知와 如치 本菴은 六回重創하엿스나 設備등
不足한 점이 多有也로라 現今盖瓦도 破物되야 漏雨하고 兩金佛像도
脫金이 되고 鐘도 破鐘되고 後佛幀 七星幀 山神影 地藏幀 神衆幀形
等은 全無하고 井戶도 不充分하고 便所와 墻垣도 破碎되얏스니 畧干
新築及諸修理準備金 預算計劃하면 計金七百六十餘円也로다 元來 維
持財産은 薄弱하고 誠意은 有之하오나 現在 各其生活에 依하야 自然
間等間히 置之하엿스나 地元에서 思之 則本菴의 增築諸修理設備은
隨其本하야 不可廢也로다 發起者等은 出金되는데로 急務增築修理코
자하와 冒廉仰告하오니 地元居住一般과 其外有志諸氏等은 一般善心
으로 諸福을 種하고 諸功德를 修하기 爲하야 多小間 金錢上醵出及義
捐하여쥬시기를 千萬伏祝함

年　　月　　日
莞島郡金日面白雲山鶴棲菴

⑥『佛粮禊册』중 佛粮禊序

佛粮禊序

莞島形勝 東有白雲山之秀麗 而中峯之中 有鶴棲菴 前康熙時代和湜
上人法堂也 其後年代頗久 桑海變幻 陵谷易處 惟金黃佛像 藍靑山色
依舊猶新 可知俗世腥風陋塵 不犯乎淸淨界矣 人有心事 祈禱於此 虛
靈佛像 各隨所願 冥冥中將有應驗 山幽深而鐘聲殷殷 寺精洒而佛殿寥

寥 一○○○ 百花香動 傳聞古老之語 此山小刹○ 被數百年風雨 旣經
六七回重修 本無寺有所致 每因地方人財人力而由來者也 庚辰秋 僧芝
江法師 及地方有志 遠慮將來事 議設一禊 盖其目的 殖禊錢 置寺土 以
供佛粮 以備寺財者也 然則禊員 有誠於佛殿 而可成所願 地方省費於
來世 而可補重修 此爲佛粮禊規模之長遠者 書曰 至誠感神 傳曰 無物
不誠 余於有誠之禊 感其大意 而祝賀焉

昭和十五年庚辰秋
　　　南平后生 文在烋 謹序

　條目
　一. 入禊人 各自誠心出金 非但地方 隨他郡遠方 有誠有願於佛前者
入禊同案
　一. 禊目的 聚金殖利 以備寺有財産 供獻佛粮 以餘裕 或要用於當時
且遺○來世 以補修理 使除每戶收錢之弊
　一. 禊員 代代有相續之例 禊錢 全無分去之弊 或欲有出禊者 但許其
出 不許分財
　一. 年令高下 勿論 以新入順次 記名
　一. 殖利及貯金 每年禊會時 相議

　任員記
禊長　金壽淵
幹事　金洪勉
幹事　李應煥
幹事　馬二同
幹事　朴鍾基
幹事　池千根
會計　金正培

法師 芝江 當時設禊僧
此以下 禊員新入次 記去

禊員錄
生日島一圓

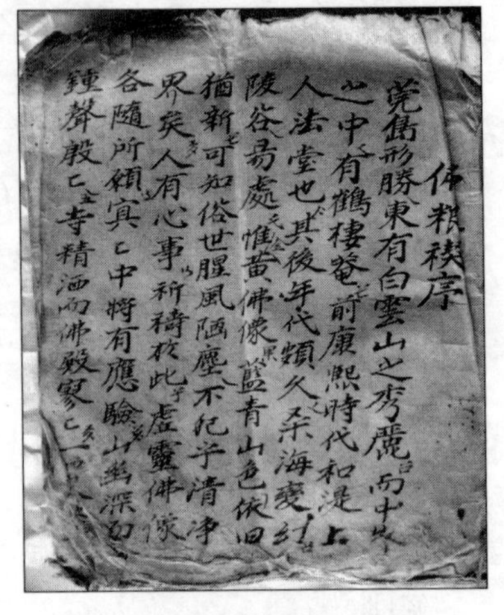

<그림 9> 자료 ⑥ :
『불량계책(佛粮禊册)』 중
불량계서(佛粮禊序)

2부
활용방안 : 개발 · 관광 · 전산화

제1장

천연자원의 보고 "홍도" 마을정비구상

I. 들어가며

홍도는 천연자원보호구역으로 지정될 만큼 자연성이 뛰어난 섬이다. 그러나 거주 주민이 늘어나고 관광지로 알려지면서 환경이 오염되고 자연 훼손이 문제되고 있으며, 또한 불법건축물이 늘어나 개선을 필료로 하고 있는 우리나라 대표적인 섬이다. 즉 무분별한 개발·불법건축물 양산으로 단편적, 일시적 개선이 아닌 종합적·항구적 개선 필요한 섬이다.

이러한 맥락에서 본 글은 본래의 자연 모습을 되살리고 그 자체를 최대한 보존하기 위해 취락과 그 주변 자연과의 관계성을 위주로 체계적 접근을 시도한 것이다. 따라서 이 글에서 다루어질 내용은 "불법건축물에 대한 정비 및 관리방안(GUIDE LINE)", "자연경관과 조화를 이룰 수 있는 취락구조 개선방안(MASTER PLAN)", "관광활성화 방안", "보호구역 관리지침의 개정 또는 보완" 등에 관한 것이다.

〈그림 1〉 홍도1리 죽항 마을 전경

〈그림 2〉 홍도2리 석천마을 전경

Ⅱ. 현황과 개선과제

1. 자연부문

구분	현 황		개선과제
	문제점	잠재력	
지형·지질	• 해안의 급경사로 접근성이 열악 • 평지가 거의 없어 사면활용이 가중됨으로서 시각적 장애요소로 대두 • 급경사면이 많아 시설 도입이 어려움 • 암반구조로 식생생육이 어려움	• 경사를 활용한 경관 관리가 가능 • 다양한 경관 연출이 가능 • 다양한 경사향으로 폭넓은 식생구조을 가지고 있음 • 총리와 절리가 발단된 기암괴석의 아름다운 해안의 절경을 형성	• 사면경관 보호 및 관리 개선방안 모색
수문	• 토심이 얕고 계곡이 짧아 보수력이 약함	• 풍부한 강수량	• 식수 수급대책
기상	• 태풍과 농무현상이 자주 발생 • 강우일이 내륙보다 김 • 집중가우형태 • 강한 바람으로 인하여 재산 및 인명피해가 일어남 • 강풍으로 식생구조에 영향	• 강한 바람으로 인한 지역적 특이 식생경관을 형성	

해양	• 항시 파랑이 일고 있어 접근위험성이 내재 • 조류와 바람에 의해 수온과 파랑이 가중		
식생	• 강풍으로 인한 정상적 생육이 불가능 • 나지의 식재에 어려움	• 다양한 식생구조 • 난대수종의 보고이며, 각종희귀식물이 분포	• 식생복원을 위한 강풍대책 • 지속적인 보존을 위한 방안 모색
소동물	• 지형적 특성상 한정된 소형 종들만이 발견	• 철새도래지로 다양한 조류가 관찰	• 지속적 보존 대책 수립

2. 경관부문

구분	문 제 점	잠 재 력	개 선 과 제
앙각경관	• 계곡부의 건축물 라인이 체계적인 경관구도의 장애 요소로 작용 • 1구 작은 마을 전면에 펼쳐진 사면의 인공구조물 경관이 위압감을 형성하고 있음 • 주변의 자연경관과 사면의 인공경관과의 조화성 결여 • 인공구조물의 형태, 색채, 단위메쉬의 부조화	• 사면을 활용한 경관관리가 가능함 • 다양한 경관 연출이 가능 • 주변의 기암괴석의 아름다운 해안과 조화된 취락구조 형성 가능	• 취락경관의 범위에 관한 검토를 자연경관과의 조화유도
부각경관	• 주요 조망 포인트에 밀집한 인공구조물 산재하여 압박감 조성 • 조망성이 뛰어난 포인트에 노출사면 형성으로 심미감 감소 • 주요 조망권역내 대면적의 인공구조물이 산재하여 위압감 조성	• 취락경관 주변의 자연성이 뛰어남 • 다양한 경관의 형성이 가능한 사면에 취락이 형성 • 2조망점에서 바라본 취락경관은 취락경관 정비를 통해 경쟁력 있는 사면취락경관 형성이 기대	• 주요 조망권 권역 설정을 통한 경관관리

	문제점	잠재력	개선과제
인공시설물경관	•안내판의 형태 및 재질의 통일감이 없어 산만 •철탑 및 전봇대 등 수직적 요소가 전체적인 취락경관을 저해요소로 작용 •휴게 및 휴식공간 부족 •사면처리용 콘크리트 벽면에 벽화가 그려져 있어 산만한 느낌을 줌 •좁은 골목길에 간판이 무질서한 설치되어 있어 더 혼잡스럽게 만듬 •각종 시설물의 형태 등이 통일성이 결여되어 있고 홍도 이미지와 어울리지 않음 •포장재료 및 색상이 다양하여 혼잡스러운 이미지를 줌 •슬래브 지붕위의 물탱크가 특이경관을 형성하고 있음	•시골길의 이미지를 가짐으로 정감 있는 공간을 형성할 수 있음 •사면에 취락을 조성하기 위하여 돌을 활용한 공간들이 많이 자연재료에서 오는 친근감 있는 공간으로의 활용이 가능 •슬래브 녹지화를 통한 친자연형 공간으로의 전환이 가능 •사면에 녹지화를 유도함으로써 인공구조물의 차폐가 유도가능	•각종 시설물의 통합이미지 관리 •지형을 고려한 휴게공간 확보 •사면에 형성된 취락경관 관리방안 모색

3. 토지이용 부문

구분	현황		개선과제
	문제점	잠재력	
토지이용 (건축물)	•건축물 용도의 무질서한 혼재 •산발적이고 무계획적인 개발로 홍도의 자연경관 훼손 •전선, 각종 간판 및 난간 등의 난립 •건축물의 형태. 색상. 지붕의 형태. 불법건축물 등이 홍도경관을 훼손	•사면 건출물 개발 가능 •독창적인 주거문화 개발 •휴양시설 유치 개발	•신축, 증개축시의 디자인지침 필요 •불법건축물에 대한 양성화 방안 마련

토지 이용 (취락 구조)	• 마을 전체가 산비탈에 위치 • 민박, 여관, 식당이 대부분을 차지 • 대지면적이 매우 협소 • 조경이나 휴게공간이 부족	• 어느 지역이나 양호한 조망 권을 가짐 ·	• 지형을 이용한 취락 구조 개선안 제시 • 휴게공간과 조경면 적의 확충
동선	• 경사도로가 많음 • 육상교통이 없음 • 홍도1리와 2리의 연결 도로가 없음 • 도로의 폭이 매우 협소	• 마을 전체가 도보권 안에 있음 • 양호한 산책로 개발이 가능	• 홍도1리와 2구와의 연결도로 개설이 시급 • 긴급 재난을 고려한 최소도로 폭 확대

4. 관련제도 부문

구분	현황		개 선 과 제
	문제점	잠재력	
관련제도계획부문	• 적용되고 있는 주요 법은 문화재보호법, 자연공원법 등 4개법이나, 법간 상호관계가 없거나 미약. • 거주지역을 문화재청, 국립공원관리공단, 신안군이 각자 독자적으로 관리하고 있음. • 문화재청이 홍도천연 보호구역관리지침을 마련, 건축물관리를 하고 있으나 실효성이 거의 없으며, 종합계획을 수립하고 있지만, 실현가능성이 낮고, 실현과정에서 주민들과의 마찰을 야기할 우려 있음	• 거주지역 외의 지역은 세 기관이 모두 보존위주의 관리를 함으로써, 결과적으로 양호한 자연환경을 보존하고 있음. • 최근의 동향이기는 하지만, 국가 및 국민들의 자연환경보존에 대한 의식이 고양되고 있어, 홍도 지역의 보존가능성이 높아지고 있음 • 홍도2리에 대한 민간투자가 성공할 경우, 홍도1리의 주민참여가 활성화될 것이며, 홍도1리에 대한 개별건축물에 대한 투자 및 취락구조개선 가능성이 높아질 것임	• 문화재보호법 및 자연공원법에 근거한 문화재보호구역의 지정목적 및 국립공원구역지정목적을 동시에 달성하면서도, • 주민들과의 마찰을 줄이기 위한 최소한도의 생활환경정비 및 관광활성화를 도모할 필요성 있음 • 이를 위한 관련제도(법, 시행령, 시행규칙, 지침 등)의 개선이 요망됨. 여기에는, 법간 연계, 보존 및생활환경정비를 포함하는 법정 종합계획수립, 이를 예산 및 조직과 연계시킬 제도적장치가 필요함

• 홍도지역 건축행위의 법률적 사항을 지침으로 제한하는 것은 무리 • 공원관리공단의 규제 위주의 관리로 말미암아 주민들과의 마찰 심함 • 주민들의 참여의식이 부족함	• 홍도주민 중 다수는 인센티브(유도)수법이 도입되는 경우, 건축물개선을 적극적으로 하겠다는 의사표시를 함(응답자의 86%)	• 주민참여를 활성화시키는 노력을 하여야 하며, 규제만이 아닌 유도를 위한 다양한 인센티브제도가 도입되어야 함

5. 관광 부분

구분	현 황		개선과제
	문제점	잠재력	
환경특성	• 해안 급경사로 접근성 열악 • 평지가 적어 시설도입의 어려움 • 태풍과 농무현상이 빈번으로 접근과 시각 제약 • 항시 파랑이 일고 있어 접근 위험성이 내재 • 지형적 협소로 한정된 소형 동물 종만이 서식	• 경사를 활용한 다양한 경관 연출이 가능 • 다양하고 특이한 식생 및 경관을 보임 • 철새도래지로 다양한 조류가 관찰됨 • 총리와 절리가 발단된 기암괴석 해안	• 사면의 경관자원화 방안 • 해안으로의 접근성 강화
관광시설	• 불법 및 무허가 건물이 많고 환경오염이 심각 • 숙박시설 규모가 1실당 수용객과 이에 따른 부대시설 열악 • 각종 시설(매표소, 관광 표지판, 가로등 등)이 녹슬었거나, 파손 • 노령 관광객을 배려한 시설이 안되어 있음	• 잘 갖춰진 ADSL 서비스를 이용할 수 있는 인터넷 환경	• 노령화된 주민과 노령 관광객을 위한 시설 확충 • 초등학교 부지 및 주변 유휴지 활용 강구 • 사이버 영상매체의 힘을 활용 방안

	문제점	잠재력	계획과제
관광여건	• 주민들 간에 서로 비방 및 고발의 분위기가 성행하며 공동체 의식이 부족 • 육지와 원거리로 접근성이 약함 • 국립공원이면서 문화재보호구역으로 각종 규제가 심 • 하절기에 관광객 집중 심화 • 타 유사지역과의 형평성 문제 대두 • 지방 재정의 전국 최하위 수준	• 우리나라 제1의 해상 관광지라는 보편적 인식 • 인근의 흑산도, 비금·도초도 지역과의 연계성이 큼 • 유동성이 적고 40대 이하 젊은 층이 많음 • 서해안 고속도로 개통으로 관광객 집중 • 바다의 중요성 인식 확대	• 육지와의 접근성 강화 • 각종 규제 실효성 검토 • 사계절 관광지화 전략 • 생산성과 연계된 관광 • 인근 지역과 연계 관광
관광행태	• 대부분의 관광객이 해상관광에 머무름 • 남은 시간, 폭풍주의보 등 기상악화 시에 뚜렷한 소일거리가 없는 상황	• 연간 10만명 이상이 꾸준히 찾아오고 있음 • 원주민이 많고 당터 등 문화요소가 있음	• 생활탐구관광 개념 도입 • 육지 중심의 새로운 관광자원 개발

6. 생활환경 부문

구 분	현 황		계 획 과 제
	문 제 점	잠 재 력	
오·폐수 처리시설	• 홍도2구의 경우 관리인이 없어 고장 시에 제대로 처리되지 않음 • 위생업소가 전 가구의 70%를 차지하고 있고 피크철에 5만명 이상이 한 번에 몰려들고 있음 • 서측 항만연안에 불법 음식점, 하수처리시설 없음 • 급수시설 부족으로 가구마다 물탱크 필요	• 지형이 경사져 있어 오·폐수의 용이한 집수 여건	• 하수처리시설 개선 및 확충 • 위생업소 관리 및 급수시설 개선 방안
쓰레기 처리시설	• 소각로를 운영비 부담문제로 갈등 • 쓰레기매립장이 없어 매립용의 처리가 안됨 • 홍도2구 소각장 관리 문제 • 주민들 협조 미흡으로 분리 수거 잘 안됨	• 쓰레기 종량제가 점차 정착되어 가고 있음 • 지역출신 공무원들의 자율적 봉사	• 생활환경시설 운영 지침 마련 • 쓰레기 매립장 설치 방안 마련 • 주민 홍보 방안 마련

기타 생활시설	• 서측의 중앙관통 선착장 둑으로 해수오염과 갯돌 휩쓸림 • 진입로 바닥 훼손과 대합실 결여로 우천시 관광객 피할 곳 없음 • 동측 홍도항 건설공사 시행으로 연안 환경오염 가중 • 관광지 느낌이 없는 획일구조의 선착장 시설 • 문화·복지·체육시설이 거의 전무	• 곳곳에놓여진 잔여지 활용 가능	• 노령화된 주민과 노령 관광객을 위한 시설 확충 • 지역환경과 조화되게 각종 시설의 전면적 정비 • 관광객과 주민의 공용공간 확보방안
지역 여건	• 하절기에 관광객 집중 • 지방제정의 전국 최하위 수준 • 주민들 간에 서로 비방 및 고발의 분위기가 성행하며 공동체 의식이 부족 • 매년 큰 태풍과 해일이 발생	• 유동성이 적고 40대 이하 젊은 층이 많은 점 • 지역 소득이 높음	• 주민 참여와 협조체계 구축 • 양성화로 주민들을 법의 제도권 안으로 끌어들임 • 문제 특성에 따라 장·단기별 접근

III. 개발구상

1. 인구·토지이용

적정인구는 기존 여러 관련 연구들을 종합해 볼 때, 적정 환경용량을 고려하면, 거주인구와 관광편의시설계획(숙박업소, 음식점수 등)을 현행 관광객 수(120,000명/년)의 수준만으로 유지하도록 하는 것이 바람직한 것으로 조사되고 있다. 증가가 예상되는 량은 인근 흑산도에 분산·수용시키는 전략이 필요하다.

토지이용은 홍도의 효율적인 보존과 이용을 위하여 홍도를 아래와 같이 보존활용지구, 보존지구, 특별보존지구 등 3지구로 분류하여 도시계획의 용도지역제를 응용해서 관리해 보는 것도 한 가지 대안으로 필요할 것으로 보인다. 아울러 각 지구별 허용행위의 범위 등에 대한 세부적인 사항은 "천연보호구역 보존·관리 기본지침"을 마련하여 실시하도록 한다.

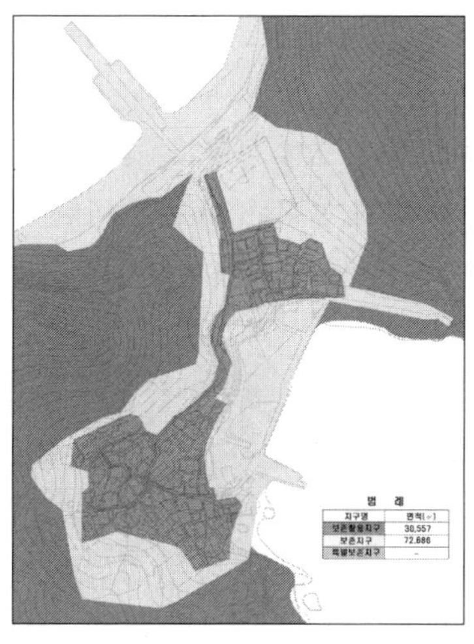

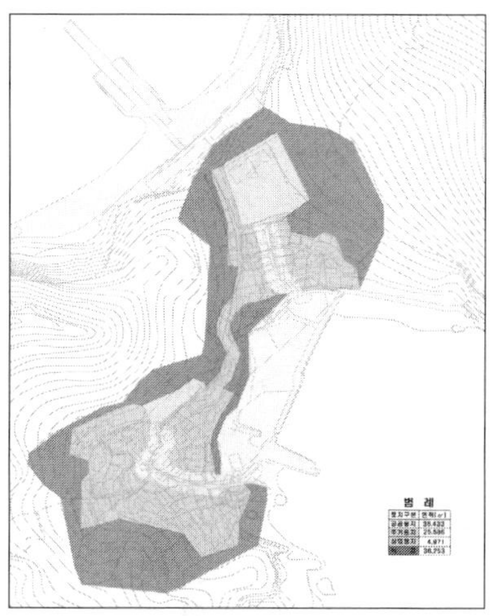

〈그림 3〉 보존지구의 세분화 지정   〈그림 4〉 보존활용지구의 세분화 지정

2. 건축물

건축물 규제는 관광자원화 극대화와 취락지구의 이미지 개선(홍도 건축물의 독창성 창출), 그리고 지역주민에게 쾌적한 주거환경 제공에 목표를 두고 실행규칙을 정하는 것이 필요하다고 본다.

지붕의 경우는 현재의 콘크리트 평슬라브는 홍도의 자연경관과 어울리지 않으므로 경사지붕으로 개수하도록 한다. 이때 기와는 스페니쉬 기와로 시공한다. 다만 2층 이상 건물의 경우 옥상단부에 경사 파라펫트를 설치하는 경우 기와무늬의 아스팔트슁글을 사용도 가능 할 수 있다. 또한, 지붕의 경사부분의 형상은 박공형과 경사 파라펫트형으로 하되, 1층 건물은 박공형으로, 2층 건물은 높이를 고려하여 경사 파라펫트형으로 함이 좋을 듯 하다. 동시에 기와나 아스팔트셩글의 색채는 녹색(청동색)계통으로 하여 차분하고 안정된 색감이 나도록 한다.

벽체는 현재 시멘트 몰탈로 된 벽면은 본타일이나 드라이비트, 판석 마감으로 개수하게 하고, 본타일이나 드라이비트 마감 표면은 화강암 무늬가 나도록 하게 하며, 색채는 박공형 및 우진각형은 갈색계로 하고, 경사 파라펫트형은 연한 미색계로 하게 한다.

석축·옹벽을 설치하는 경우는 그 한 단의 높이는 3m를 초과할 수 없으며, 이때 반드시 덩굴식물을 심도록 함. 3m를 초과될 때는 식재화단을 설치할 수 있는 단을 설치하게 한다.

담장은 현재 설치되었거나 앞으로 설치할 경우 전통담장으로 개수 또는 설치토록 하는데 담장의 높이는 1.2m이하로 하고 담장에는 덩굴식물 등을 심도록 한다. 즉, 전통담장은 돌담을 원칙으로 하되, 시멘트블록 담장의 표면에 자갈·판석 또는 폐석을 붙이는 방법도 가능하게 하고, 돌담장의 설치범위는 돌담의 1/2이상을 쌓되, 출입구 부분은 좌우에는 반드시 설치한다. 그 외 부분은 투시형 담장으로 하되 반드시 현지자생 상록수수종을 식재하며 담장과 같은 높이로 연속 식재 하게 한다.

조경은 건물 주변 빈 공터나 용기(화분)에서 성장이 가능한 현지자생 수종을 가급적 많이 식재하여 친자연적 경관을 조성하고, 건물 옥상부는 옥상면적의 20%이상 식재한다(용기를 사용 이동형 식재도 가능함).

건물주변은 정비하여 쾌적한 환경을 조성토록 하는데, 물탱크는 보이지 않는 곳에 설치하거나 옥상에 설치할 경우 사면을 벽체로 쌓고 상부는 박공지붕으로 하게 한다. 또한 옥상바닥표면 마감색상은 초록이나 파랑계로 하게 한다.

불법건물은 양성화 지침 마련으로 행정적으로 대폭 수용한느 전략으로 접근하도록 함이 바람직하다고 본다.

홍도에는 현 관리기준하에서 허가절차를 통하여 양성화 유도가 가능한 건축물 수가 4%에 이르고 있다. 그리고 현 관리기준에 맞도록 합필(부적격 건축물대지간, 부적격건축물 대지＋국공유지간 합필), 분할하여 적법기준을 맞출 경우에 해당되는 것이 4.8% 정도로 나타나고 있으며, 관리지침 개정으로, 상업용지와 주거용지를 세분하고, 공익요소(개선지침의 지붕, 담장 등 환경개선 수용)와 연계된 비경제적 인센티브를 제공하여 양성화 유도할 경우 10% 정도가 더 늘어난다.

나머지는 주거환경개선사업 등의 사업을 시행(홍도관리지침 개정 포함). 상업용지와 주거용지를 세분, 공익요소(개선지침의 지붕, 담장 등 환경개선 수용)와 연계된 비경제적·경제적, 국공유지제공 등 인센티브를 제공하여 양성화를 유도하고, 궁극적으로 남은 불법건축물은 강제철거 하는 방식이 필요하다.

3. 기반·관광시설

기반시설은 아래 표와 같이 "유사시설물의 복합화" 전략으로 부지 확보에 다른 농지공간 확충과 업무효율화를 기하도록 하는 것이 필요하다고 여긴다.

기능	위 치	시 설	설계시 주안점
관람	초등학교 내	난실＋동식물박제전시장(신설)	건물이 정체성과 조형성을 갖도록 형태, 색상의 디지인을 고려한 설계로 지역의 상징적 (landmark) 이미지를 갖도록 함
관리	공공시설단지	관리사무소＋국립공원분소＋전신전화국	
치안	〃	경찰출장소＋해경출장소	
금융	현 농협 및 인근 부지	우체국＋농협 및 농협창고＋어구보관 및 작업장	
복지	공공시설단지	진료소＋경로당＋복지회관＋마을회관＋건강관리센터(신설)＋생태체험장(신설)	

관광시설은 현재수준(연간 15만명 기준)에서 동결시키고, 고급화(정품화), 지속가능성, 지역주민의식변화 등에 역점을 두고 아래와 같

이 환경친화적으로 설계 배치하는 것이 바람직하다.

〈그림 5〉 관광로 모형

〈그림 6〉 당집복원(모형)

〈그림 7〉 선착장 정비모형(아트베르펜)

〈그림 8〉 매표소 모형(남해)

〈그림 9〉 자연친화적
관광안내판(모형)

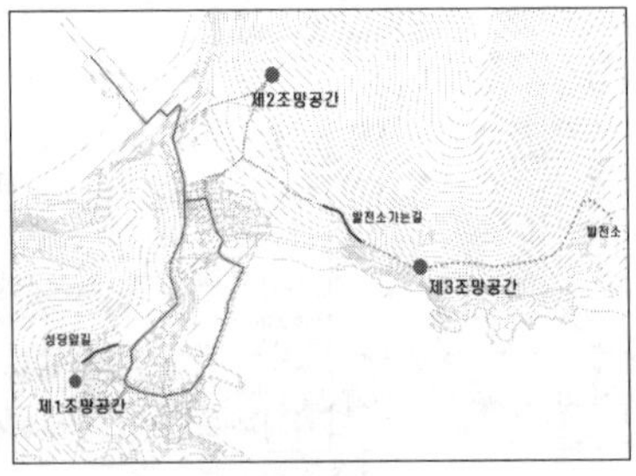

〈그림 10〉 주요 조망점 설치지점

〈그림 11〉 관광안내판 설치위치(계획)

〈그림 12〉 친환경적 동선형태
모형(Ⅰ)

〈그림 13〉 친환경적 동선형태
모형(Ⅱ)

4. 조경·경관부문

목표를 자연환경보전, 이용자들의 편익 증대, 취락경관의 질적 향
상, 자연환경과 조화된 시설 도입, 녹지지역의 확보 등에 두고, 경관
적 측면에서 취락의 영역성 검토, 취락지구내 최대한 녹지 도입, 인공

사면을 최대한 억제, 혼재된 간판 및 안내판 정비 등을 위해 다음과
같이 추진하도록 한다.

1) 조망공간 확보방안

현 재	계획목표
• 자연상태에서의 조망 • 급경사지로 위험	• 주변지형과 어울리는 구조를 도입 • 가능한한 자연소재로 구성 • 휴게공간의 기능을 포함 • 진입동선을 확보

〈그림 14〉 제1조망점에서
바라본 경관

〈그림 15〉 제2조망점에서
바라본 경관

〈그림 16〉 발전소길에서
바라본 경관

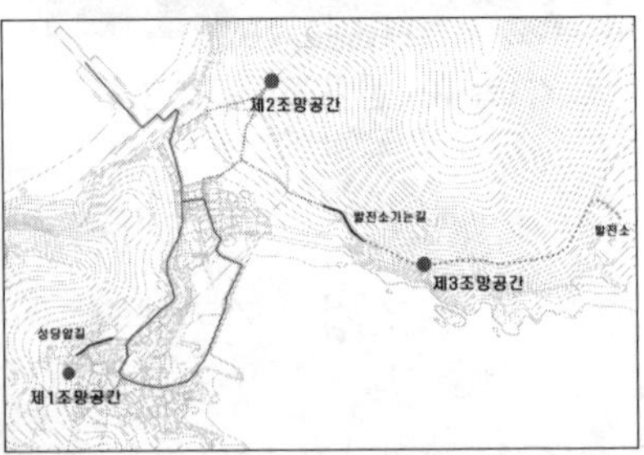

〈그림 17〉 조망점위치

2) 휴게공간 확보방안

	대 안	장 점	단 점	비고
A	현공간 정비	• 가장 비용이 저렴함	• 원칙적 해결방안이 못됨	
B	외부공간 활용	• 취락내 휴게공간과 연계성을 높일 수 있음	• 지형상의 어려움이 예상됨 • 취락내부의 공간확보가 불가능함	
C	공가나 폐가 활용	• 주민민원 최소	• 필요지역이 아닌 관계로 효율성이 떨어짐	
D	교차로 지역 매입	• 주요 동선상에 놓여 있어 공간 활용도 측면에서 가장 효율성이 높음	• 토지매입의 어려움 • 해결비용이 높음	

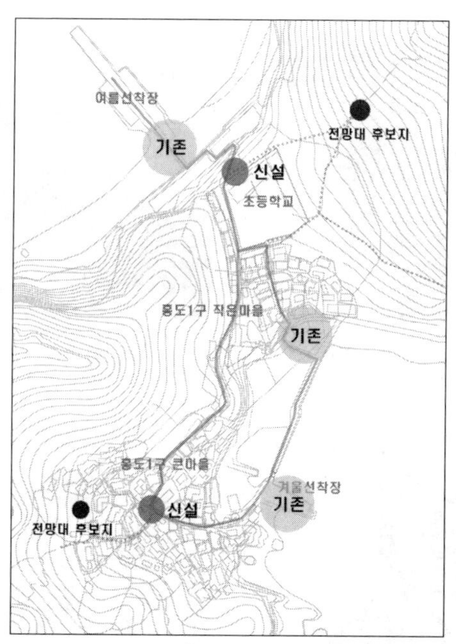

〈그림 18〉 휴게공간위치도

3) 주택내 수목 도입방안

현재	계획목표
• 일부 가구에 수목이 식재되어 있음 • 식재기반조성이 어려운 일부 가구에 화분을 활용한 녹의 도입이 이루어지고 있음 • 생울타리 대신 관목류를 활용한 책을 조성하는 가구도 있음 • 상기의 일부 예를 제외하고는 전체가 콘크리트로 덮여져 있음	• 부지면적의 10% 이상 녹을 도입 • 녹의 도입은 식재기반조성을 원칙으로 함 • 도입방법은 생울타리, 벽면녹화, 화단조성 등을 대상지에 맞게 선택 • 식재기반조성이 불가능한 곳에는 화분 등을 활용한 식수대를 조성 • 도입수종은 향토수종을 선정 • 도입수종은 계절성을 느낄 수 있는 품종으로 선별

〈그림 19〉 수목도입 모형(Ⅰ)

〈그림 20〉 수목도입 모형(Ⅱ)

〈그림 21〉 수목도입 모형(Ⅲ)

〈그림 22〉 수목도입 모형(Ⅳ)

〈그림 23〉 수목도입 모형(V)

〈그림 24〉 수목도입 모형(Ⅵ)

4. 사면안정구조물의 설치

현재	계획목표
• 사면구조로서 주로 콘크리트 옹벽 및 담으로 구성 • 자연소재를 활용한 옹벽 및 담이 취락 외부쪽에 존재 • 일부 사면에 넝쿨식물을 활용한 피복이 이루어져 있음 • 일부 건물에 인위적인 벽화가 그려져 있음	• 자연소재인 돌담을 원칙으로 조성 • 옹벽의 구조상 돌벽을 조성할 수 없을 때는 콘크리트 옹벽으로 처리 • 콘크리트 옹벽으로 사면을 처리할 때는 넝쿨성 식물로 옹벽표면을 피복

〈그림 25〉 콘크리트 옹벽 및
부분 녹화

〈그림 26〉 돌옹벽과 사면녹화

〈그림 27〉 돌옹벽

〈그림 28〉 돌담

〈그림 29〉 보건소 벽화

〈그림 30〉 초등학교 뒤편 벽화

5. 옥상녹화 방안

	대 안	장 점	단 점
A	물탱크 존치시키며 녹화	비용저렴	경관적 장애 수반
B	공동 물탱크 확보후 전면 녹화	양호한 경관 형성 친자연공간 확보	추가 예산 확보 필요

〈그림 31〉 큰마을 현재 전경

〈그림 32〉 큰마을 옥상녹화 후 전경

〈그림 33〉 작은마을쪽 현재 전경

〈그림 34〉 작은마을쪽 옥상녹화 후 전경

6. 선착장 정비방안

현재	계획목표
• 안전을 위한 시설의 보완이 요구 • 대기 및 휴식공간이 부족 • 콘크리트 구조물로 구성되어 있어 자연성이 부족 • 야간활동을 고려한 공간구성이 필요	• 지역 디자인이 가미된 안전책 도입 • 야간경관 연출을 고려한 가로등 도입 • 관광객들의 편익을 고려한 휴게공간 확보 • 자연성 바닥재료로의 교체 • 자연과 어울리는 지붕 씌우기

7. 안내소 정비방안

현재	계획목표
• 단순 매표기능 • 관광객들의 편익 도모하기에는 공간적 제약 • 상징성 부족	• 매표기능 • 휴게기능 • 홍도 안내 및 관련 정보제공 기능 • 디자인은 홍도의 자연과 융화될 수 있는 형태와 재료로 구성 • 홍도의 상징적인 건물이 될 수 있도록 주변여건을 고려

8. 안내판 정비방안

현재	계획목표
• 철재류, FRP, 나무 등 다양한 재료의 안내판이 존재 • 유사 종류의 안내판 크기가 각기 다름 • 무질서하게 난립된 안내판 설치장소도 존재	• 재료는 자연재료를 사용 • 형태 및 크기를 통일 • 필요지역에 꼭 필요한 안내판만을 설치 • 통합 시설물 디자인을 통한 안정된 경관요소로의 도입 요구

〈그림 35〉 안내판 설치 위치

〈그림 36〉 안내판 설치 위치도(계획)
및 모형

〈그림 37〉 안내판 설치 모형

9. 화장실 정비방안

현재	계획목표
• 주변과 어울리는 형태를 가지지 못함 • 큰마을쪽의 화장실은 급경사로 인해 접근성이 좋지 않음 • 홍도의 특성이 부각되는 디자인이 요구	• 홍도의 자연과 어울리는 형태로 조성 • 재료는 자연재료의 도입이 요구 • 신체가 부자유한 사람들의 이용을 고려하여 경사로의 보완이 요구 • 절수용 설비를 적극 도입 • 중수도 개념을 도입

〈그림 38〉 호암미술관

〈그림 39〉 목재화장실

10. 가로등 정비방안

현재	계획목표
• 평범한 가로등 • 시설의 노후화 • 취락 전체의 경관을 고려한 가로등 도입 부족	• 홍도만의 디자인 특성의 부각 • 주변과 어울리는 형태 도입 • 야간조명계획 수립을 통한 전체적인 이미지 조정

〈그림 40〉 가로등 모형(Ⅰ)

〈그림 41〉 가로등 모형(Ⅱ)

〈그림 42〉 가로등 모형(Ⅲ)

11. 간판 정비방안

현재	계획목표
• 홍도의 특성을 부각시키지 못함 • 건물의 조건에 따라 간판의 위치 및 크기가 각기 다양	• 홍도 전체적인 디자인 계획수립이 요구 • 상가의 특성을 고려한 간판 도입

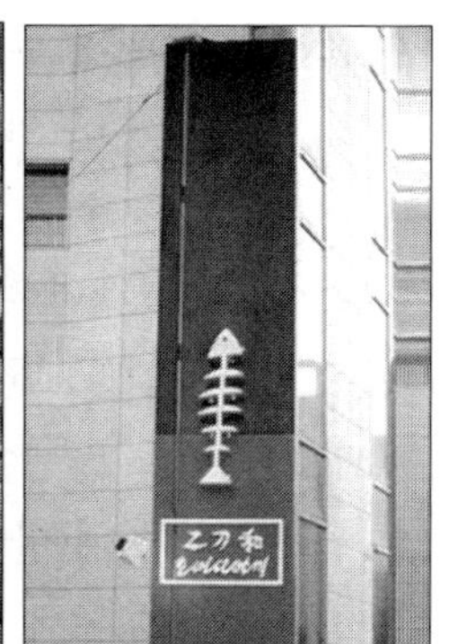

〈그림 43〉 간판 모형(Ⅰ) 〈그림 44〉 간판 모형(Ⅱ)　　〈그림 45〉 간판
모형(Ⅲ)

Ⅳ. 마무리

　　본 글은 전체적으로 다음 세 가지 흐름 속에서 구성되었다. 첫째 공원지역을 확대하고 거주지역을 축소해 가도록 하는 방안에서 작성되었다. 즉 "보존"과 "거주지역정비"와의 관계는 보존을 하기 위한 거주지정비임을 명확히 한 관점에서 기술한 글이다. 둘째 정부의 적극적인 노력 즉 지속적인 예산반영을 전제로 했다. 거주지역을 정비하는데 인센티브에 의한 불법건축물의 양성화와 건축물 외관 개선자금 지원에의한 기존 주택의 질을 높여 가는 방향에서 기술했다. 셋째 개별주택 위주의 계획(사업)에서 취락지역 형성이라는 계획(사업)으로 전환되도록 하는 관점에서 논의된 글이다.

　　홍도천연보호구역은 우리나라뿐만 아니라 세계적으로도 귀중한 자연조건을 가지고 있다. 때문에 주민의 생활과 자연의 보존이라는 큰 과제를 지니고 있다. 자연과의 조화를 이루는 주민의 생활영위 구조를 형성해 가기 위해서는 보존을 위한 투자와 자연과 조화를 이루게 하는 계획수립 등이 동시에 필요하다. 따라서 이러한 자원을 성공적으로 보존 및 정비하기 위해서는 좋은 개발 방안 제시도 중요하지만 먼저 중앙정부나 지방자치단체 혹은 관계 기관의 확고한 의지가 보다 선행되어야 할 것으로 보인다. 예를 들면 관련된 정책결정에 있어서나 예산반영 등에 있어서 우선적 고려가 배려되어야 가능하다고 본다. 또한 행정과 주민, 그리고 지역 전문가들의 상호 유기적 연결로 네트워크화 된 시스템에 의한 보존 노력도 중요하게 요구된다.

　본 글에서 제시된 안이 지속적이고 효과적으로 달성되기 위해서는 제도적인 개선을 통해 특별법 제정 혹은 관리지침의 전면 개정 등이 필요하며, 다른 한편에서는 주민 참여를 통한 계획을 지속적으로 추진할 세부계획 등의 마련을 필요로 할 것이다.

I. 전제 : '낯설게 보기'

1. 남도의 섬들을 다시 보자

전라남도에 속해있는 섬은 숫자상 전국의 60%를 상회하고, 면적으로도 40%를 넘는다. 서남해의 바다에 뿌려져 있는 수많은 섬들은 독특한 다도해의 경관을 형성하며, 험상궂은 바다가 아니라 부드러운 호수와 같은 바다를 연출한다. 이는 서남해의 복잡다기한 리아스식 해안, 그리고 끝없이 펼쳐지는 갯벌 등과 절묘한 조화를 이루며 '아시아의 3대 자연경관'으로 일컬어질 정도이다.

더욱이 서남해의 바다는 한반도의 서해와 남해를 연결하고, 더 나아가 서해를 통해 중국과, 남해를 통해 일본과 직통하는, 한반도를 넘어 동북아를 연결하는 결절점에 위치하고 있어 일찍이 동북아 문물교류의 중핵을 담당하였다. 자연히 서남해의 섬들은 동북아의 문물을 흡수하고 갈무리하는 해상세력의 거점이 되었으니, 완도 청해진의 장보고, 압해도의 능창, 진도의 삼별초가 그들이다. 흑산도 읍동마을은 고려시대까지 동북아 해상교역의 중심 거점지로서 국제 해양도시의 흔적이 남아 있다.

한편으로 서남해의 섬들은 바다를 통해 들어오는 외부 침략 세력의 1차적 공격의 대상이 되기도 하였다. 수많은 섬들이 해적과 왜구의 약탈에 시달려야 했던 것이 그 예이다. 그러면서도 섬은 외부 침략세력을 막아내는 든든한 버팀목이기도 하였다. 고려말 몽고 침략세력을 격퇴한 압해도와 임진왜란시 이순신이 일본군을 격퇴하는 근거지로 삼았던 완도 고금도 및 해남 · 진도의 울돌목 등이 그 예이다.

섬은 남도문화의 보고이자 한국문화의 원류이기도 하다. 이미 육지에서 사라진 문화의 원형이 섬에서는 생생하게 살아있는 경우가 허다하다. 한과 신명을 버무려 역동적인 감성의 문화를 유지하고 있는 진도의 다시래기와 씻김굿 등에서 이러한 모습을 엿볼 수 있다.

뿐만 아니라 섬은 푸짐한 해조류와 어패류, 싱싱한 바다 물고기를 산출하는 건실한 생업의 공간이기도 하다. 갯벌에서, 바다에서 걷어올리는 풍부한 해산물은 남도인의 삶을 뒷받침해 주는 믿음직한 생업문화의 상징인 것이다. 흑산도의 홍어와 목포권의 세발낙지, 그리고 완도의 전복 등은 단순한 지역 먹거리를 넘어서 지역문화를 상징하는 문화브랜드로 정착하고 있다.

이처럼 자연경관, 역사문화, 그리고 수산업은 남도인의 삶의 배경이요 족적이요 생업인 것이다. 이들을 남도인의 것으로만 생각하여 안주하지 말고, 타지역민, 더 나아가 세계인과 함께 공유하게 될 때, 하나의 남도 문화브랜드로 거듭날 수 있고, 그 가치는 극대화될 수 있다. 여기에 문화관광의 개념을 개입시킬 필요가 있다. 이들은 남도인의 삶 그 자체이지만, 문화관광은 이를 타지역인과 공유하게 하면서 그 가치를 극대화시킨다. 이것이 남도의 섬들을 다시 보아야할 이유인 것이다.

2. 섬과 바다의 역사, 굴곡의 역사를 바로 보자

바다는 생업의 공간이자 국제적 문물교류의 통로이며, 섬은 바다를 배경으로 하여 살아가는 사람들의 거점 공간이다. 적어도 고려시대까지는 그랬다. 바다를 통해서 동북아를 넘어 동남아−인도−아라비아−페르시아−유럽에까지 통했으며, 다양한 문화와 물품을 받아들였다. 바다는 문물교류의 고속도로였고, 섬은 징검다리이자 휴게소였다.

그래서 섬에는 그 시대의 흔적들이 남아 있다. 완도의 죽청리와 장좌리 일대에는 9세기 동북아 국제해상무역을 주도했던 장보고의 청해진 유적지가 있고, 흑산도 읍동마을에는 고려시대까지 각국의 바닷사람들이 집산한 국제 해양도시의 흔적이 남아 있다. 서남해 도처의 섬에는 백제시대에 섬을 지키기 위해 축성한 성곽들이 남아 있고, 섬을 지키다 죽은 중앙 고급 귀족들이 묻힌 무덤(횡혈식석실분)들이 산재해 있다. 바닷길을 지키는 일이 그만큼 중요한 일이었던 것이다.

고려 말에는 유라시아대륙을 석권한 몽고제국이 여세를 몰아 침략해 오자, 고려는 강화도에 천도하여 바닷길과 강길에 의지하여 40여 년 간을 버텨낼 수 있었다. 삼별초가 진도와 제주도에서 항거를 계속했던 것도 그 연장이었다. 특히 삼별초가 근거한 진도의 용장산성은 그 규모가 13Km에 달해 단일 성곽 규모로는 국내 최장의 반열에 오르고 있음에도 불구하고, 일개 섬에 어떻게 그런 성곽이 축조될 수 있었는가 하는 의문조차 품지 않는 우리의 무심함은 그저 놀라울 따름이다. 이는 모두 바다와 섬이 국내외 문물교류의 주요 통로이며 거점이었던 시대의 산물임을 떠올리고서야 비로소 이해할 수 있는 부분이다.

그러던 것이 삼별초가 무너지고 고려는 몽고의 위압에 못 이겨 섬에서 사람을 살지 못하게 하는 공도(空島)의 조치를 취하고 말았으니,

이는 몽고에 저항해온 해양세력을 압살하려는 술책이었다. 여기에 왜
구의 약탈이 겹쳐서 공도는 섬 주민의 보호라는 명분을 앞세워 조직
적으로 추진되었고, 해양세력이 근거하던 주요 섬들은 모두 공도의
대상이 되었다. 이에 따라 섬에 살던 사람들은 강제적으로 육지에 옮
겨졌으니, 흑산도의 사람들이 영산강변의 남포(영산포)에 옮겨진 것
이 그 예이다. 당시 수많은 흑산도인들이 옮겨짐으로써 남포는 영산
현, 더 나아가 영산군으로 승격되었고 하나의 포구 도시(영산포)로 성
장할 수 있었다.1)

조선은 고려의 공도 조치를 법제화하여 공도정책(空島政策)으로 강
화하였고, 명이 해양활동을 금지하는 해금정책(海禁政策)을 쓰자 이
를 추수하여 해양활동을 전면 금지하는 강경한 해금정책을 실천하였
다. 한 나라의 문호인 바다를 폐쇄하는 공도 및 해금정책을 추진한다
함은 곧 국가의 문호를 걸어 잠그는 폐쇄적 쇄국을 의미하는 것이다.
국법에 의해 섬에 사람이 살지 못하는 비정상적 상황이 기백년간 계
속되었고, 조선의 해양활동은 거의 빈사 상태에 빠졌다. 임진왜란 7
년 전쟁의 고난은 외적의 해양침략을 허용할 수밖에 없었던 해양력
의 부재에서 연유한 것이었다.

임진왜란 이후에는 섬에 사람이 들어가 사는 것을 허용할 수밖에
없었지만 해금, 곧 쇄국정책은 계속되어 일제의 침략을 받아 나라가
망할 때까지 그 기조가 바뀌지 않았다. 한말 이른바 위정척사 계열의
폐쇄주의적 사상은 그 연장선상에 있는 것이었다.

오늘날에도 우리는 부지불식간에 섬을 경시하고 무시하며 천시하
는 인식을 드러낸다. 조선시대의 폐쇄적 역사 인식의 관성이 작용하
는 탓이다. 잘못된 역사의 관성을 시급히 차단하기 위해서는 섬과 바
다의 역사를 정확하고 냉철하게 이해할 필요가 있다. 그래야 바다와

---

1) 이러한 흑산도와 영산포의 역사적 인연의 끈은 홍어를 통해서 오늘날에
   도 이어지고 있다. 홍어의 산지로서 흑산도와 홍어요리의 메카이자 최
   근 홍어축제를 개최하고 있는 영산포의 관계가 그것이다.

섬에 대한 편견을 극복하고 그 가치를 제대로 볼 수 있게 되는 것이다. 이는 곧 남도의 가치를 다시 보는 길이며, 다도해를 유수한 문화 브랜드로 키우고 그 가치를 극대화하기 위해서 반드시 거쳐야 할 전제이기도 하다.

Ⅱ. 몇 가지 사례 : 다도해 문화관광의 보물들

1. 한국문화의 원류 : 진도의 영등제와 다시래기, 임자도의 밤달애

1) 진도의 영등제

진도는 이름 그대로 보배로운 섬이고 비옥한 땅이라 부르듯 옛부터 풍요의 섬이었다. 그래서인지 진도 사람들은 낙천적이고 놀기를 좋아하고, 인간문화재가 따로 없이 소리 한자락씩을 멋드러지게 뽑을 줄 안다(예를 들어 소포리 노래방). 그래서 진도를 흔히 우리나라 민속의 보고라고도 부르곤 한다.

진도 민속문화의 진수는 역시 해양민속문화인 영등제에서 찾아볼 수 있다. 음력 2월 그믐에서 3월 보름 사이의 영등사리 날이 되면 진도 동남쪽 바닷가의 고군면 회동마을과 앞 바다의 의신면 모도 사이에 바다가 갈라지는 이른바 '모세의 기적'이 일어나는데, 이러한 신비의 자연 현상이 일어나는 것에 맞추어 진도사람들은 영등제라는 축제판을 벌여왔다. 이 축제판에는 진도의 민속문화가 총동원되어, 진도 해양민속문화의 종합 전시장을 방불케 한다.

원래 영등신이란 제주도를 비롯하여 남해안 일대에서 바람의 신으로 떠받들여지고 있다. 바닷가 사람에게 바람은 가장 중요한 자연현

상이므로 이를 주재하는 영등신은 그들에게 절대적 권위를 지닌 존
재였을 것이다. 진도의 영등제 역시 바람의 신에 대한 제였을 것인데,
나중에 진도에서 일어나는 신비한 자연 현상과 결부되어 뽕할머니의
전설을 만들어 내어 다른 바닷가와 구별되는 독특한 영등제의 캐릭
터를 갖게 되었다.

여기에서 잠시 뽕할머니 전설을 소개하면 다음과 같다. 옛날 진도
의 회동마을에 호랑이가 많아서 호환이 자주 일어나자 어느 날 마을
사람들이 모두 모도로 피신을 했다. 그런데 급하게 가다보니 뽕할머
니를 미처 챙기지 못했다. 홀로 남은 뽕할머니는 매일 바닷쪽 바위에
올라 다시 가족을 만나게 해달라고 용왕에게 빌던 중, 어느날 용왕이
꿈에 나타나 "내일 바다에 무지개를 내려줄 터이니 그것을 타고 건너
가라"고 선몽했다. 과연 바닷물이 갈라지면서 무지개 형상의 길이 나
타나서 건너가 가족을 만날 수 있었는데, 뽕할머니는 기력이 다해서
죽고 말았다. 그 후로 마을 사람들은 뽕할머니가 기도를 올린 곳에
제단을 차리고 용왕과 뽕할머니를 모시고 영등제를 지내기 시작했다
는 것이다.[2]

뽕할머니 전설도 따지고 보면 호랑이 때문에 생긴 것이라 할 수 있
다. 회동마을은 진도의 진산인 첨찰산의 줄기가 미치는 곳에 있어서
옛부터 호랑이가 많았다고 한다. 결국 뽕할머니 전설은 호랑이의 피
해와 바람의 신인 영등신을 결합하여 영등제를 뒷받침하는 설화로
재탄생되었다 할 것이다.

진도의 영등제에서는 용왕제를 비롯하여 진도 씻김굿, 다시래기,
강강술래, 남도들노래, 진도만가, 북놀이, 진도아리랑 등의 다양한 진
도 고유 민속과 민요들이 선보인다. 진도 씻김굿은 죽은 사람의 영혼
을 위로하여 저승으로 보내는 굿이고, 다시래기는 사람이 죽어 출상
하기 전날 밤에 마을 사람과 상두꾼들이 상가에 모여 상여를 꾸미면

---

2) 중국의 마조신앙, 부안 격포 죽막동의 수성당에 모신 개양할미(수성신)
   와 비교된다.

서 마당에서 벌이는 놀이이다. 다시래기란 '여러 사람이 모여 즐겁게 논다'는 의미, 혹은 '다시 태어난다'는 의미로, 죽음의 슬픔보다, 죽음은 곧 새로운 탄생을 의미하는 것으로 간주하여 흥겹게 한판 놀아재낌으로써 상주와 유족의 슬픔을 위로하는 풍속이라 할 수 있다.

진도의 신비스런 자연현상이 세계에 알려진 것은 1970년대 초반에 진도에 관광 온 프랑스 대사가 직접 목격하고 자기 나라의 신문에 '모세의 기적'이라 소개하면서부터였다. 그리고 특히 일본사람에게 널리 알려지게 된 것은 일본의 대중 가수가 뽕할머니의 전설을 가사로 옮긴 '진도모노가다리'라는 노래를 불러 크게 히트시키면서부터였다. 그래서 한국에 오는 일본인들은 진도에는 꼭 한번씩 들르고 싶어한다. 진도의 전설과 일본의 대중 가요가 묘하게 접목하여 유명한 문화관광브랜드를 창출해낸 셈이다.

2) 진도의 다시래기

다시래기는 일명 다시락이라고도 하는데, '다시낳다', '다시생성하다', '여러사람이 모여서 즐거움을 갖는다'는 뜻이다. 진도 다시래기는 상가에서 출상 전날 밤에 상주와 그 가족을 위로하기 위하여 四物 반주에 맞추어 노래와 춤과 재담으로 진행되는 일종의 가무극적 놀이이다. 죽음을 맞는 비통함[한(恨)]을 신명나는 축제로 승화시켜 한과 신명이 교차하는 축제판을 벌인다. 죽음의 슬픔을 다시 태어남(다시래기)의 기쁨으로 상쇄한다.

상두꾼들은 전문적인 잽이(굿쟁이)가 아니므로 다시래기패들이 나와 주역이 되어 상두꾼들과 함께 논다. 다시래기 행사의 연희 내용은 다음과 같다.

㉠ 사당놀이 : 풍장(농악)을 치는 것으로부터 시작하여 흥이 오르면 목청 좋은 사람이 노래를 부르고, 마당에 모여 있는 사람들이 일제히 제창한다. 노래와 함께 춤도 추고 흥이 더욱 무

르익으면 북놀이, 설장고가 시작되고, 이에 맞춰 북춤, 장구춤
을 춘다.

ⓛ 사재놀이(촌극) : 일직사자·월직사자가 도사자의 명을 받아 공
방울이란 자를 잡아오는 과정에서 일어난 헤프닝을 촌극 형식
으로 연출한다.

ⓒ 상제놀이 : 온갖 풍장 가락에 맞춰 꼽추춤을 추다가 다시래기판
으로 들어간다.(봉사, 봉사마누라, 땡중)

ⓔ 봉사놀이 : 봉사와 봉사마누라, 땡중, 꼽추가 벌이는 촌극이다.

ⓜ 상여놀이 : 빈상여를 유대꾼들이 메고 선소리꾼의 지휘에 따라
앞마당을 빙빙 돌고, 꽹과리, 장구, 북, 징을 간간히 쳐서 흥을
돋군다.

3) 비금도의 밤달애[3]

밤달애는 장례식 전날밤 동네 사람들이 초상집에 모여 상주를 위
로하기 위하여 노래를 부르고 춤을 추면서 노는 장례놀이다. 망자의
친구, 동민, 계원, 상두꾼들은 실의에 찬 상가에 모여 화톳불을 피우
고 북·장고를 치면서 노래와 춤을 추고 고인의 행적을 더듬어 보기
도 하며 밤샘을 한다. '밤달애'라는 말은 밤을 달랜다는 뜻에서 나온
말이다. 밤달애는 밤(夜)과 달래다의 고어인 달애의 복합어다.

밤달애놀이는 장례를 축제적으로 치르는 전통이므로 다양한 놀이
와 연희가 들어 있다. 밤달애에서는 노래, 춤, 연극, 재담 등이 가리지
않고 연행된다. 그런데 역사적으로 보면 정형화된 양식이 수용되어
전승되기도 했다. 대표적인 것이 남사당의 연희다. 남사당은 조선후
기에 도서지역에 들어온 것으로 알려져 있다. 주민들은 남사당의 연
희를 수용하여 자신들의 민속으로 정착시켰다. 외래의 문화를 자신들
의 문화적 전통 속에 수용하여 전승시킨 것이다.

---

3) 이경엽, 2004, 『지역민속의 세계』, 민속원, pp.381~383 참조.

본래 남사당 노래는 소고춤과 함께 이루어지던 연희 종목이었으나 지금은 노래 중심으로 전승되고 있다. 남사당노래의 구성을 보면 다음과 같다. 남사당노래는 ㉠마당 어우르는 노래, ㉡주문가, ㉢거사·사당 노래, ㉣매화타령, ㉤잡가로 구성되어 있으며, 항상 같은 순서로 부른다.

망자와 상주를 위로하기 위해 노는 전통은 『隋書』 고구려전의 「初經哭泣 葬則鼓舞作樂 以途之」의 기록에서 볼 수 있다. 이것이 우리나라의 오랜 전통이라고 볼 때, 다시래기와 밤달애는 우리 문화의 원류라 할만하다.

2. 유서깊은 해양 전망대, 고대 산성 : 비금도 성치산성의 예

서남해 섬들에는 고대~고려시대에 축조된 산성들이 도처에 남아 있다. 비금도의 성치산성, 흑산도의 상라산성, 장산도의 대성산성, 임자도의 대둔산성, 압해도의 송공산상, 고이도의 왕산성 등이 그것이다. 이들은 바닷길을 감시하고 지키기 위해 축조되었기 때문에 하나같이 시야가 넓고 전망이 빼어나다. 이중 비금도의 성치산성의 사례를 소개한다.

비금도 동북방 끄트머리에 위치한 성치산성은 백제시대에 시축(始築)된 고대 산성일 가능성이 크다. 이처럼 멀리 떨어진 섬에 고대 산성이 축조된 이유는 무엇일까? 이는 그만큼 바다와 섬이 중요시되었다는 의미일 것이다. 고대 시대엔 육로의 미개척으로 인해 문화교류의 통로로 강과 바다가 선호되었기 때문이다. 이렇듯 중요한 바닷길을 지키고 보호하기 위한 군사기지로서 산성을 섬에 축조할 필요가 있었던 것이다.

신안군 일대의 고대 연안 및 근해의 바닷길은 크게 다음의 세 개의 노선을 들 수 있다. ① 무안반도와 '압해도-고이도-지도' 사이의 좁은 해협, ② '임자도-증도-압해도-화원반도'와 '자은도-안좌도-장산도' 사이의 해로, 그리고 ③ '자은도-안좌도-장산도'와 '비금도-도초도-하의도-신의도' 사이의 해로 등이 그것이다. 이 중에서 ①의 항로는 왕건이 서남해지방으로 항진해 올 때 택했을 것으로 보이며, 또한 고려·조선시대 조운로로도 이용되었을 것으로 추정된다. 반면 백제시대에는 ②와 ③의 항로가 주로 이용되었을 것으로 보이며, 특히 ③의 항로가 중시되었을 것으로 여겨진다.

비금도 동북방 끄트머리에 위치한 성치산성이 바로 ③의 항로상에 위치한다고 할 수 있다. 이 항로상의 주요 백제시기 유적을 보면, 비금도의 성치산성과 백제석실분 이외에도 장산도의 백제석실분과 대성산성, 안좌도의 백제석실분, 하의도의 백제 석실분 등이 있다.

성치산 동쪽 기슭의 바닷가에는 당두(堂頭) 마을이 있는데, 비금도에서 가장 먼저 사람이 들어와 살았다고 하여 당두라는 마을 이름이 붙여졌다고 전한다. 이곳에서는 위에서 소개한 바와 같이 백제고분이 확인된 바 있다. 그리고 성치산의 북서쪽으로 산줄기가 양 날개로 뻗어내린 사이에는 원래 바닷물이 깊숙이 만입되었을 것으로 보이는 곳이 있는데, 오늘날에는 그 입구를 막아 저수지(광대저수지)로 만들었으며 서남쪽에는 간척된 농경지가 펼쳐져 있다. 그렇다면 당두 마을이나 현 광대저수지의 자리는 백제시대 ③항로 상의 주요 중간 경유·기착 항구였다고 하겠다. 성치산성은 이러한 고대 항로 및 중간 기착 항구를 감시·보호하기 위해서 축조한 것으로 볼 수 있다. 그리고 이의 관리를 위해서 중앙에서 유력한 관리들이 이곳에 파견되었을 것이고, 그들이 이곳에 정착하여 살면서 중앙에서 유행하던 석실분을 조성하여 죽은 후에 이에 안장되었을 것이다. 성치산성 인근에 수십기의 고분이 있었다는 것은 이를 뒷받침한다.

성치산성에 오르면, 동으로는 「자은도-암태도-팔금도-안좌도」의 섬들이 에워싸고 있지만 서쪽으로는 망망대해가 펼쳐져 경관이 아름다우며, 서쪽 수평선으로 빨려들어가는 일몰이 일품이다. 더욱이 자연 암벽에 거대한 구멍이 뚫린 이른바 '용구멍'은 용의 설화와 함께 자연의 신비를 느끼게 해준다.

이곳에서 우리는 성치산성과 고분이 만들어내는 고대 역사문화와 해양 자연경관의 만남이라는 독특한 경험을 할 수 있다.

3. 고대~고려시대의 해양도시 : 흑산도 읍동마을

흑산도에서 통일신라~고려시대의 역사문화적 흔적이 집중적으로 확인된 것은 목포대학교 도서문화연구소에서 1999년부터 1년 동안 흑산도 진리 읍동마을에 있는 상라산성을 조사하면서부터였다. 당시 조사의 초점은 상라산성에 맞추어져 있었지만, 산성 아래의 읍동마을로 조사를 확대하면서 이곳에서 통일신라~고려시대의 역사문화적 흔적이 다량 확인되었던 것이다.

당시 읍동마을에서 상라산성 이외에 상라봉의 제사터, 상라산성 아래 기슭의 절터, 그리고 관사터를 위시로 한 여러 기의 건물지 등을 확인하였고, 지표면에 드러나 있는 청자편, 와편, 와전편 등의 수많은 유물들을 수습하는 성과를 거두었다. 특히 절터에서 「무심사선원(无心寺禪院)」이라 새겨진 명문기와를 수습함으로써 이제까지 알려져 있지 않던 절 이름을 찾아낸 것은 가장 의미있는 성과로 기록되어도 좋을 것이다.[4]

읍동마을의 지표조사에서 얻은 이러한 성과물들은, 읍동마을이 통일신라~고려시대에 번영을 누리던 국제 해양도시였음을 보여준다. 제사터와 절터는 당시 항해 중이던 사신선 및 상선의 탑승자들이 들러 안전 항해를 기원하던 해양신앙의 성소였을 것이고, 관사터 등의 건물지들은 이들을 위한 숙소 및 편의시설로 활용되었을 것이다. 또

---

4) 목포대 도서문화연구소, 2000, 『흑산도 상라산성 연구』.

한 읍동마을의 지표면에서 다량 수습된 유물들은 당시 국제 해양거점 흑산도의 번영상을 여실히 보여주는 물증이다. 그렇다면 상라산성은 이렇듯 중요한 읍동마을의 해양거점을 지키기 위한 해방(海防)의 군사시설로 봄직하다.

그런데 읍동마을에서 수습된 유물들은 완도 청해진 유적지에서 수습된 것들과 상통하는 것들이 다수 포함되어 있어, 청해진과의 관련성에 주목할 필요가 있다. 이는 곧 장보고가 흑산도를 완도와 더불어 중요한 해양거점으로 활용하였을 가능성을 보여준다. 더욱이 흑산도 읍동마을과 완도 죽청리 일대에서 공통적으로 고려시대의 유물들도 다량 수습되고 있어, 고려시대까지도 두 지역이 국제 해상무역에서 중요한 역할을 수행했을 가능성을 함축한다. 이 점에서 흑산도 읍동마을은 완도 죽청리 등지와 더불어 통일신라~고려시대 동아시아 해양사와 해양문화를 구명할 수 있는 양대 유적지라 할 수 있다. 이의 보존과 활용방안에 대해서 두 가지를 제안하고자 한다.

첫째, 가장 시급한 것은 읍동마을에 대한 보존의 문제이다. 최근 들어 조사과정을 거치지 않은 채 읍동마을에서 도로공사가 이루어지고 새로운 건물들이 속속 들어서고 있어, 전체가 유적지라 해도 과언이 아닌 읍동마을 일대가 빠른 속도로 훼손되고 있다. 뿐만 아니라 전문가의 조언을 받지 않고 행정 당국에서 절터나 제사터 등을 '보기 좋게' 정비함으로써, 의도와는 달리 유적지의 원형을 더욱 심각하게 파괴하는 경우도 목격되었다. 따라서 함부로 읍동마을의 지형지물에 손대는 것을 막기 위한 대책 마련이 가장 시급한 문제로 떠오른다. 이를 위해서 읍동마을 일대를 우선 사적지로 지정하여 보존하는 것이 최선의 방안이다.

둘째, 읍동마을에 대한 체계적인 정밀조사가 필요하다. 일단 중요 지점을 몇 군데 선정하여 시굴조사를 하고, 여기에서 의미있는 유구가 걸리면 장기간의 발굴조사 프로그램을 수립하여 읍동마을 전지역에 대한 대규모 전면 발굴을 시도하여 해양도시의 면모를 드러내야 한다. 발굴 자체를 항·중·일 고고·역사학자가 참여하는 국제적 문화이벤트로 추진하는 것도 의미있는 일이다. 흑산도 읍동마을이 수년간 저명한 국제적 발굴지로 알려지게 되면 국제적으로 저명한 학자들의 탐방이 줄을 이을 것이고, 이를 통해 자연스럽게 국제 해양도시 흑산도 읍동마을을 전세계에 알릴 수 있게 될 것이다.

4. '해신'과 '불멸의 이순신'의 현장 : 완도 청해진, 울돌목, 고금도

지금 '해신'과 '불멸의 이순신'이 세간의 관심을 끌면서 절찬 상영 중이다. 이를 다도해문화관광을 알릴 수 있는 절호의 기회로 활용할 수 있다. 완도의 청해진은 해신 장보고의 중심 활동 무대이고, 진도와 해남 사이의 울돌목(명량)은 이순신이 가장 극적인 승리를 거둔 명량해전의 현장이다. 뿐만 아니라 임진왜란 7년 전쟁을 종식시킨 노량해전을 준비한 목포의 고하도와 완도의 고금도 역시 '불멸의 이순신'을 추억할 수 있는 곳이다.

특히 최근에 청해진 유적지가 드러난 장도와 이순신이 마지막 해전을 준비한 고금도는 나란히 강진만을 가로막고 있는데, 이는 강진만을 따라 위치한 강진 고려청자 생산단지와 다산초당 및 백련사와 연결되어, 장보고와 이순신과 청자와 다산이 만나는 절묘한 해양 역사문화의 공간을 연출한다. 이 해양 역사문화의 공간은 강진만과 고금도 완도가 어우러진 아름다운 해양 경관과 만나서 환상적인 해양 문화브랜드로 다시 태어날 수 있다. 이들을 잠시 살펴보자.

1) 완도 청해진

당에서 당대 최고의 해상무역가로 대성한 장보고는 828년에 급거 신라에 귀국하여 흥덕왕에게 완도에 청해진을 설치할 것을 건의하였다. 홍덕왕은 장보고의 모든 요청을 쉽게 승인해 주었다. 1만여 군대가 주둔하는 청해진을 완도에 설치하는 것을 승인해준 것은 물론, 장보고를 청해진의 대사(大使)로 임명해 주기까지 하였다.

최근 완도에서 청해진의 흔적이 확인되고 있다. 먼저 장도(將島)에 대한 발굴조사에서 토석 혼축의 성지와 우물 등의 유구가 확인되었고, 장도 주위의 바닷가에서는 직경 30cm 안팎의 참나무와 소나무 기둥들을 약 10여cm 간격으로 박아 세운 목책(木栅)의 흔적이 확인되어 2중의 방어망이 구축되어 있었음을 알 수 있게 되었다. 그렇지만 이것만으로 1만여 명이 주둔한 청해진의 구체적인 실상을 파악하기는 어렵다. 이 점에서 앞으로 장도뿐만 아니라 그 주변 일대에 대한 종합적인 조사가 요망된다. 다만 현재로서는 장도와 장도 밖의 장좌리, 그리고 그에 인접한 죽청리·대야리 일대에 청해진의 본영과 병사들이 머문 군영이 산재해 있었을 것으로 추정할 수밖에 없겠다.

청해진이 관할했던 지역 범위는 단순히 완도 몸섬에만 한정되었던 것이 아니라, 그 주위 서남해지방의 도서연안지역을 포괄했던 것으로 보인다. 먼저 강진군 대구면과 해남군 화원면 일대에 9세기 대에 제작된 것으로 알려진 해무리굽 청자 등을 굽던 요지들이 대규모 집단군을 이루며 발견되고 있는데, 이는 장보고에 의해 조성된 대규모 도자기 생산단지였을 가능성이 큰 것으로 지목되고 있다. 또한 이와 함께 최근에 장흥 천관산 지역을 중심으로 성장한 호족세력이 장보고의 영향권 하에 있었을 가능성을 지적한 견해가 있어 주목해볼 만하다. 이런 것들을 종합해 볼 때, 당시 청해진의 관할 범위는 적어도 강진군과 해남군, 그리고 장흥군의 연안지역을 포함하는 서남해지방 일대에 미치고 있었다고 할 것이다.

이러한 청해진의 설치는 장보고가 재당 시절에 성취한 동북아 국제 해상무역업을 한 단계 도약시키려는 야심찬 기획의 시작을 의미하는 것이었다. 먼저 그는 청해진과 그 관할 지역의 해양세력을 결집하여 1만 여명에 이르는 군사력을 확보하고, 이로써 해적들의 준동을 잠재우는 성과를 거두었다. 그리고 이를 바탕으로 그는 잠시 경색되었던 동북아의 해양 물류체계를 재가동시키고, 이미 무력화된 8세기의 공무역체제를 대신하여 새로운 사무역체제를 일으켜 이를 주도적으로 운영해 갔다.

2) 진도 울돌목과 완도의 고금도

1597년 7월 16일 원균의 칠천량해전으로 조선 수군이 전멸에 가까운 손실을 입게 되고 제해권이 왜군에게로 넘어가면서, 조선은 수륙 양면에서 왜군에 거의 무방비상태로 노출되는 극도의 위기 상황에 빠져들어 갔다. 왜군은 전쟁의 초반기에 곡창지대인 전라도를 장악하지 못한 것이 실패의 가장 큰 요인이었다고 판단하고서, 수륙 양면으로 전라도 공략을 우선적으로 감행했다. 그리하여 전라도의 관문이라 할 남원을 1차 공격 대상지역으로 설정하고서 육군은 함양을 통해서, 수군은 하동으로 상륙하여 남원으로 집결하였다. 그리고 남원을 함락시키고 전라도의 首府인 전주를 공략하여 함락시켜 나갔다.

이런 상황에서 조선 조정은 이순신을 3도수군통제사로 재기용하여 수군의 재건을 주문하였다. 이미 통제사영인 한산도는 적의 공격을 받아 잿더미로 화한 상황이었던지라, 이순신은 명을 받자마자 전라도의 순천과 보성을 거쳐 옛 부하들을 주축으로 군사들을 끌어모아 진도 벽파진에 이르렀다. 여기에서 이순신은, 왜군이 남원과 전주 공략에 여념이 없는 사이에, 남은 병선을 모아 수리하고 새로운 병선을 건조하면서 수군의 재건에 박차를 가했다. 조정은 수군이 재기불능한 상황에 이른 것으로 판단하여, 수군을 포기하고 군사를 모아 육군과 합동작전에 나설 것을 이순신에게 종용하였으나, 이순신은 수군의 필요성을 역설하면서 끝내 수군을 포기하지 않았다.

왜 육군이 전주를 거쳐 북상함과 함께 왜 수군이 서남해를 거쳐 서해로 병진해 올라갈 것이 분명한 상황에서, 이순신은 해남 우수영에 본영을 재건하고, 진도와 해남 우수영 사이의 명량해협(일명 울돌목)에서 왜 수군의 진로를 차단하기 위한 일대 해전을 준비하였다. 그리하여 그는 1597년 9월 16일에 戰船의 숫자상 '10대 1'의 절대적 열세를 극복하고서 역사적인 명량해전의 대승리를 이끌어냈다. 만약 이 해전의 승리가 없었다고 한다면, 왜 수군은 서해를 따라 북상하여 전라도를 장악한 육군과 합세하여 서울을 다시 점령하고 돌이킬 수 없는 滅國의 화를 초래했을 지도 모른다. 말하자면 이 해전은 풍전등화와 같은 조선의 운명을 되살려낸 救國의 등불과도 같은 것이었다.

조국의 운명이 자신의 한 몸에 달려있음을 의식했던지, 이순신은 명량해전의 대승리를 거두었음에도 불구하고 조심스런 행보로 일관하였다. 10월 29일에 우수영에서 서북 방향으로 후퇴하여 영산강 하구의 작은 섬 寶花島(지금의 고하도)로 본영을 옮겼던 것이 그것이다. 명량해전의 참패에도 불구하고 왜 수군은 여전히 건재해 있었으므로 그들이 다시 총공격을 해온다면, 절대적 열세의 수군력으로 이를 재차 물리치기는 어려울 것으로 판단했음이리라.

명량해전에서 불의의 일격을 당한 왜군은 사기가 크게 위축되었으며, 기존의 왜성 이외에 새로운 왜성을 축조하여 이에 入保하면서 관망하는 자세로 돌아섰다.5) 戰線이 소강상태에 이르자 이순신은 고하도에서 겨울을 나면서 왜 수군과의 일대 격전을 치르기 위한 수군력 증강의 일에 매진하였다. 그리하여 어느 정도 수군력 증강이 이루어지자, 이순신은 1598년 2월 17일에 고이도에서 다시 남동 방향으로 진군하여 울돌목을 지나서 강진만 하구에 위치한 고금도에 이르러 이곳으로 본영을 옮겼다.

---

5) 정유재란 때 새로 축조한 왜성으로는 왜성동성(경남 거제시 사등면), 울산성[학성](울산시 중구 학성동), 양산성[증산성](경남 양산시 물금면), 마산성(경남 마산시 산호동), 고성성(경남 고성군 고성읍), 사천성[선진리성](경남 사천시 선진리), 남해성(경남 남해군 남해읍 선소리), 순천성[신성리성](전남 순천시 해룡면 신성리) 등이 있다.

고금도는 천혜의 요새를 이루고 있었고, 비교적 넓은 농장도 있어서 본영지로는 최적의 조건을 갖추고 있었다. 그리고 서남해 해양민들의 적극적 협조도 이순신에게 큰 힘이 되었다. 여기에서 이순신은 칠천량해전 참패 이전의 전력을 능가하는 수군력을 재건할 수 있었다. 여기에다 같은 해 7월에 명의 해군제독 陳璘이 5천 여명의 수군을 거느리고 고금도에 합류해 들어옴으로써 전력은 더욱 보강되었다. 이순신은 거만한 진린 제독과 원만한 관계를 유지하면서 조·명 연합수군의 전력을 극대화하는데 온 정성을 기울이면서, 왜 수군에 대한 최후의 일격을 가하기 위한 준비를 순조롭게 진행해 가고 있었다.

드디어 조·명 연합함대는 11월 10일을 기해 노량해협(경남 하동군 금남면 노량리 앞바다)을 향해 출동하였다. 그리고 18일에서 19일로 넘어가는 새벽녘에 彼我의 1천 여척이 뒤얽힌 처절한 명량해전이 전개되었다. 여기에서 이순신은 퇴각하려는 적의 퇴로를 차단하고 왜선을 섬멸하였다. 그리고 전쟁이 마무리지어질 무렵에 임진왜란의 영웅 이순신은 적의 유탄을 맞고서, 7년여의 지루한 전쟁이 끝나는 그 순간에 운명을 달리 했다.

5. 문순득의 표해록: 우이도

우이도의 평범한 어상(魚商) 문순득(1777~1847)은 1802년 1월에 표류되어 만 3년 2개월동안 오끼나와와 필리핀, 중국 등지를 전전하는 험난하고 파란만장한 표류의 생활을 경험해야 했다. 문순득의 표해록을 통해서 그가 겪은 표류의 세계로 들어가 보기로 하자.

문순득은 1801년 12월 작은아버지 호겸과 4명의 마을사람과 흑산도 남쪽 수백리에 있는 태사도(오늘날의 태도)에 홍어를 사러 갔다가 이듬해 1월 18일 돌아오는 길에 태풍을 만나 표류하였다. 일행은 진도와 제주도 앞 바다를 지나 떠내려가 1월 29일 유구국(오끼나와)의 대도(大島)에 표착하였다. 그들은 여기에서 8개월 이상을 머무르다 10월 7일 세 척의 배로 중국을 향하여 출발하였으나, 기구하게도 또 다시 표류하여 11월 1일 여송(呂宋, 필리핀 루손)에 표착하였다.

여기에서 해를 넘겨 1803년 2월에 작은아버지 문호겸과 마을 사람 세 사람은 유구인의 배에 승선하여 먼저 출항하였고(이들 네 사람은 1804년 3월에 중국을 거쳐 우이도에 무사히 귀환하였다), 문순득과 김옥문 두 사람만이 여송에 남아 있다가 8월 8일에 상선에 승선하여 9월 9일 광동 오문(澳門, 마카오)에 도착하였다.

12월 7일 마카오 땅을 출발하여 귀국길에 오른 문순득은 중국대륙을 따라 북상하여 1804년 5월 19일에 북경에 이르렀고, 11월 27일에 의주를 거쳐 12월 16일에는 마침내 서울에 도착하였다. 12월 30일에 다경포(오늘날 전남 무안군 해제면에 소재)에 이르렀고, 여기에서 이듬해 1월 1일에 배를 타고 일주일만인 1월 8일에 우이도의 집에 안착하였으니, 이로써 문순득의 드라마틱한 표류 생활은 끝나게 된다.

이러한 표류의 노정에서 문순득은 당시 조선사회에 알려지지 않은 다른 세계의 다양한 사람들을 만나고 진기한 풍물을 접할 수 있었다. 오끼나와인과 필리핀인, 중국인은 물론이고 서양인과 안남인들과도 만났다. 예를 들어 마카오에 머무를 때 '서양인 수만호가 땅이 비좁아 옥상에 집을 짓고 살고 있는' 장면을 목격하기도 했고, 1803년 12월 13일 남해현의 어느 여관에 투숙하던 중에 두 사람의 안남인을 만나기도 했다. 특히 그 안남인들은 조선의 풍속이 좋지 않다고 하면서 그 연유를 들려주었다. 그들이 이야기는 대개 이러하다. 안남인과 여송인 장사꾼 30여명이 1801년 마카오를 왕래하던 중에 표류하여 조선의 큰 섬(제주도)에 표착하였는데 섬 주민들이 해치려 하므로 일본으로 피신하다가 모두 익사하고 겨우 두 사람만이 일본국의 호송을 받아 본국으로 돌아갔다는 것이다.

안남인의 이야기를 듣고서 문순득은 표류하기 직전인 1801년 11월에 제주도에 상륙한 이방인 다섯 사람들에 대한 소문을 들었던 것을 상기하고 있다. 또한 그는 집에 돌아온 후에 아직까지도 그들이 제주도에 남아 있다는 사실을 알고서, 심히 통탄해 마지않았다. 이런 그의 심정을 담은 몇 구절을 표해록으로부터 발췌해 보기로 하자.

"슬프다.… 광동과 마카오는 이 하늘 아래 분명히 있고 수천만 화동인(華東人)이 모여 살고 있는데 귀를 막고 있어 알지 못해 제주에 가두어 두니 그들은 어떤 생각을 하였을까?"

"내가 여러 나라의 큰 은혜를 입어 고국에 돌아올 수 있었는데, 안남인들은 아직도 제주도에 있으니 그들은 우리나라를 어떻다고 생각할까? 진실로 부끄러워 온몸에 땀이 흐른다."

실제로 문순득은 1809년에 조선 정부의 요청으로 제주도에 표류한 5인의 여송인들을 만나 그들의 의사를 파악하여 송환할 수 있도록 앞장섰으니, 그 내력이 ≪순조실록≫ 순조 9년 6월조에 자세히 전하는 것으로 보아, 당시 여송인 표류사건은 국가적 차원에서 중요 사단으로 간주되었음을 알겠다. 다만 조선 정부는 이들과 의사조차 통할 수 없어 표류인 처리를 9년간이나 방치해 두었던 셈이니, 문순득이 지적했듯이 당시 조선 정부는 대외 문제에 '귀를 막고' 알려고 하지 않는 답답한 형국이었음을 알 수 있다.

이밖에 문순득의 표해록에는 유구와 여송의 풍속, 집, 의복, 선박, 토산물 등을 소개하고 있으며, 유구어와 여송어 수십 단어의 음과 뜻을 비교한 일람표를 싣고 있어, 19세기 초 오끼나와와 필리핀의 민속 및 언어 연구에 귀중한 자료를 제공해 주고 있다.

문순득의 표해록은, 문순득의 5대손으로 우이도 진리에 굳건히 뿌리를 내리고 살고 있는 문채옥 옹 소장의 ≪유암총서(柳菴叢書)≫라는 책에 '표해시말(漂海始末)' 이라는 제목으로 실려 전한다. ≪유암총서≫는 유암이라는 인물이 편집한 일종의 문집으로 여겨지는데, 유암이란 인물은 다산 정약용의 강진출신 제자인 이강회로 알려지고 있다. 그는 ≪유암총서≫에 실려있는 '운곡선설(雲谷船說)'이란 글에서 흑산도에 귀양살이 온 정약전이 우이도에 잠시 머물러 있던 시기에 마침 표류에서 돌아온 문순득을 만나 그의 견문을 듣고 표해록을 작성했음을 전하면서, 자신(유암)이 문순득의 견문을 다시 자세히 들으니 정약전의 표해록에 빠진 부분이 있어 이를 보완하여 기록하게 되었음을 밝히고 있다. 문채옥 옹이 소장하고 있는 또 다른 서책으로 ≪운곡잡저(雲谷雜著)≫가 있는 것으로 보아, 운곡 유암은 우이도에 상당히 장기간 머무르며 저술활동에 종사한 지식인이었음을 알 수 있다.

≪유암총서≫에는 '표해시말'과 '운곡선설' 이외에 '차설답객난', '제차설' 등이 실려 있는데, 이중 '여송박제(呂宋舶制)'라 별칭한 '운곡선설'에서는 주로 여송(필리핀)의 선박제도를 자세히 소개하고 있다. '운곡선설'의 머리글에서 유암은 "정약전이 실수로 빠뜨린 것을 채워 기록하였으니 심히 외람되나 이 또한 나라를 위한 일로 크게 바르게 하고자 한 것"이라 언급하여, 문순득의 견문에 의거하여 '운곡선설'을 작성함으로써 정약전의 표해록에 빠진 부분을 보충하고자 하였음을 분명히 하고 있다. 따라서 '표해시말'은 유암의 저작이라기보다는 정약전이 작성한 표해록을 그대로 필사하여 자신의 문집에 게재하였다고 보는 것이 옳을 것이다. 그렇다면 문순득의 표해록은 문순득의 표류 경험담을 손암 정약전이 작성하고 유암 이강회가 다시 필사하여 문집에 게재한 것이 문순득의 후손 문채옥 옹에 의해서 소장되어 오늘에까지 이르렀다 할 것이다.

정약전은 흑산도에서 ≪자산어보≫를 저술한, 너무나 잘 알려진 당대 최고의 실학자 반열에 속하는 인물이고, 유암은 우리에게 생소한 인물이나 '운곡선설', '차설답객난', '제차설' 등의 글에서 수레와 선박의 중요성을 누누이 강조하고 우리나라의 실상이 외국의 그것이 훨씬 미치지 못함을 안타까워하면서, 대외 교역의 필요성을 강변하고 있는 것으로 보아, 그 역시도 실학의 기풍에 흠뻑 젖어있던 인물임에 틀림없다. 이로 보아 19세기 초에 이르러 흑산도와 우이도라는 외로운 섬에서도 무언가 새로운 개방의 분위기가 일어나고 있었음을 느낄 수 있다. 이러한 분위기는, 일개 우이도 출신 어상(魚商)에 불과한 문순득이란 인물이 표류의 경험을 하면서 외부 세계에 눈을 뜨게 되고, 아직도 해금과 쇄국의 미몽에서 깨어나지 못하고 있는 조국의 현실을 답답하게 여기고 있는 것에서 더욱 극적으로 엿볼 수 있는 바이다.

왜 하필 문순득이 표류에서 돌아온 바로 그 시점에 정약전이 우이도에 머무르게 되었던 것이며, 그 뒤를 이어 유암이 우이도에 당도했던 것일까? 표해록을 작성하고 또 재작성하기 위한 인연의 연속으로 마치 한편의 드라마를 보는 듯하다. 표해록의 작성과 재작성, 그리고 전승 과정의 내력은 마치 문순득의 표류 경험마냥 드라마틱하기만 하다.

6. 조선 후기 문인화의 메카 : 진도 운림산방과 임자도의 만구음관

1) 진도 운림산방(소치 허련)

운림산방은 조선 후기 남종화의 대가인 소치 허련 선생이 말년에 귀향하여 기거하면서 그림을 그리던 화실의 당호를 말한다. 운림각이라고도 한다. 진도의 진산인 첨찰산의 서쪽 기슭에 자리하고 있는데, 그간 방치되어 오다가 1982년 손자인 남농 허건선생에 의해 복원되어 지금에 이르고 있다. 지금의 운림산방은 ㄷ자로 된 기와집과 그 뒷편에 초가집, 그리고 기념관으로 구성되어 있고, 그 앞에는 둥근 섬이 떠있는 네모난 연못이 있다. 연못에는 흰 수련이 피어 있고 섬에는 배롱나무가 멋드러지게 자라 있어, 운치를 더해주고 있다.

소치 허련 선생은 19세기 초에 진도읍 쌍정리에서 태어나 19세기 말에 운림산방에서 돌아가신 조선후기 남종화의 대가이다. 소치가 대가로 성장할 수 있었던 것은 그의 선천적인 소질 때문이기도 하겠지만, 한편으로 조선후기 서남해지방의 문화적 역량이 결집한 결과라 할 수 있다. 왜냐하면 소치가 있기까지는 우리나라 다성이라 불리는 대둔사 일지암의 초의선사와 해남 녹우당의 공재 윤두서 및 낙서 윤덕희 선생의 화풍이 있었고, 여기에 추사 김정희 선생이 관여하였다. 그리고 간접적으로는 다산초당에 기거한 다산 정약용 선생과도 관계가 있다면 있다고도 할 수 있다.

어려서부터 그림에 재주가 있던 소치는 28세부터 해남 대둔사에 기거하고 있던 초의선사에게 가르침을 받고 다시 이웃한 녹우당에서 공재 선생의 화첩을 보면서 그림 공부를 했다. 그러다가 초의선사의 절친한 교우관계에 있던 추사 김정희를 알게 되면서 그의 그림 공부는 급진전하게 되었다.

추사 김정희 선생은 그보다 24살 연장자인 다산을 존경해마지 않았고, 실제 다산의 아들인 유산 정학연과 절친한 친구 사이였다. 또 다산은 그의 아들 유산에게 자기 보다 24살 연하인 초의선사를 차의 스승으로 섬길 것을 권하였고, 자연히 추사도 유산을 통해 초의선사를 알게 되었다. 그러다가 추사가 1830년에 완도 고금도에, 그리고 1840년에 제주도에 유배보내지면서 일지암에 들러 초의선사를 만나 교유할 기회를 가질 수 있었고, 그 때 소치를 소개받았을 것으로 보인다.

녹우당과 일지암과 다산초당과 유배인들이 어우려져 진도 운림산방의 화풍이 형성된 셈이다.

소치의 회화사적 위치는 그의 그림에 대해 그의 스승인 추사가 평한 것이 참고가 될 수 있다. "압록강 동쪽으로 소치를 따를 만한 자가 없다" "소치 그림이 내 것 보다 낫다"고 평했던 것이 그것이다. 그리고 소치라는 호도 추사가 지어주었는데, 원나라 대의 4대 화가에 드는 황공망의 호가 대치인 것에 대비하여 소치라 한 것이다. 당시의 왕 헌종의 각별한 사랑을 받았고 대원군 이하응 등 당대 최고 권신과도 교유했다.

스승 김정희가 죽자 소치는 49세 되던 1857년에 운림산방으로 내려와 그림 연구에 몰두하다가 1892년 84세의 일기로 세상을 떴다. 소치 허련 선생의 그림은 그의 셋째 아들인 미산 허형에게 이어졌고, 다시 손자인 남농 허건으로 이어졌으며, 또한 종고손인 의제 허백련에게도 영향을 미쳐, 진도 목포권을 남종화의 성지로 각광받게 하고 있다.

2) 임자도 만구음관(우봉 조희룡)

우봉이 살았던 시대는, 조선의 산수(山水)를 소재로 하여 조선적 회화세계를 추구한 '조선진경(朝鮮眞景)'의 문화가 정조대에 꽃피웠다가 순조 이후에 퇴락하는 시대였다. 타락과 방종이 난무하는 암담한 사회적 분위기 속에서 추사 김정희를 위시로 한 일부 선각자들에 의해서 고답적 이상주의를 추구하는 중국의 남종 문인화(南宗文人畵)가 도입될 무렵, 우봉은 30세 전후에 문인화의 세계에 발을 들여놓게 되었다.

우봉은 신분적으로 중인층이었지만, 당대 예술계를 주도했던 추사 김정희, 추사와 관계가 돈독했던 권돈인(權敦仁), 철종의 장인이며 김문근의 외조였던 남병철(南秉哲), 신위(申緯)의 외증손인 동랑(冬郞) 한치원(韓致元), 강세황의 증손인 대산(對山) 강진(姜溍) 등과 같은 당대 최고의 양반들과 신분을 뛰어넘어 교유하였다. 우봉이 진정으로 교유한 중심 인물은 역시 여항의 중인층 예술인이었으니, 「벽오시사(碧梧詩社)」라는 모임을 함께 결성하여 활동한 유최진(柳最鎭), 전기(田奇), 이기복(李基福)을 위시하여 김석준(金奭準), 변종운(卞鐘運), 장지완(張之琓), 유숙(劉淑), 현기(玄錡), 정지윤(鄭芝潤), 조응묵(趙重默), 김형수(金逈洙), 백은배(白殷培), 허유(許維) 등이 이들이다.

우봉은 '남의 뒤를 따르지 않는다'는 '불긍거후(不肯車後)'의 정신을 추구하며, 독창적인 예술 세계를 개척해 갔다. 그 결과 김정희 등이 추구한 중국풍의 정통 '남종 문인화'에 만족하지 않고, 중국의 이념을 탈색시키고 조선적 색깔을 재창조하는 '조선 문인화'의 세계를 개척하였다. 그리하여 그는 '남종 문인화'에서 '책의 기운과 문자의 향기로 넘쳐나야 한다'는 것을 강조한 '서권기(書卷氣) 문자향(文字香)'의 이념('심의') 보다 화가로서의 '기량'을 중시하여 '수예론(手藝論)'이라는 화론을 새로 정립하였다.

또한 그는 그림(畵) 뿐 아니라 시(詩)와 글씨(書)에 두루 능한 시서화(詩書畵) 삼절(三絶)로서 정평이 났으며, 특히 매화도와 묵란도는 그의 독창적 그림 세계를 대표한다. 처음 배운 정통 중국의 매화법에 억매이지 않고 새로운 매화 화법을 개척하였다. 대작 매화도 '장륙매화(丈六梅花)를 창안하고, 수만 송이가 만발한 매화도로 발전시켰는가 하면 매화를 부처님의 마음으로 표현하기도 하고 매화줄기의 구도를 비상하는 용으로 표현하기도 하였다.

시(詩)와 난(蘭)을 혼연일체로 이해하여 시의 내면적 보편의 아름다움이 난을 통해서 외부로 표출되는 것으로 규정하였다. 시를 통해서 얻어진 '깊고 그윽한 즐거움'이 난의 그림에 기탁되어야 한다는 생각이 그것이다. 그리하여 그의 난 그림은 종종 기초 화란법(畵蘭法)조차 무시되는 거침없는 필치가 구사되곤 했다. 여기에서 우봉은 '유희론(遊戱論)'이라는 독창적인 화론을 정립하였다.

추사의 충실한 제자 소치 허련(허유)이 추사가 추구한 정통 '남종 문인화'를 진도 운림산방(雲林山房)에서 꽃피웠다고 한다면, 우봉은 '조선 문인화'를 개척하여 그의 유배처인 임자도의 오두막집 '만구음관(萬鷗唫館)'에서 꽃피웠다고 할 수 있다. 추사가 소치에 대해서는 "압록강 이남에서 소치가 최고"라 극찬했던 반면, 조희룡에 대해서는 "조희룡의 무리들은 그 가슴 속에 문자의 향기가 없다"고 비판한 것은 이런 맥락에서 이해되는 대목이다. 한편 오세창은 우봉을 '묵장(墨場)의 영수'라 칭한 바 있고, 오늘날 미술계에서 '19세기 신감각파'의 첫머리에 우봉을 손꼽고 있다.

7. 최치원의 바닷길 : 영암 구림 - 비금도 - 우이도 - 흑산도 - 홍도 - 중국 영파

'최치원 선생 샘', 즉 고운정이 있는 비금도 수도 마을 뒷산(성황산)은 도초도가 마주보이는 곳이다. 이 산의 8부 능선에 고운정이 있는데, 이곳에서 비금도와 도초도 사이의 해협이 훤히 내려다 보인다. 이 해협을 지나 西進하면 다도해가 끝나고 「우이도-흑산도-홍도」로 이어지는 큰 바다의 징검다리가 연결된다. 오늘날에도 우이도, 흑산도, 홍도에 가는 많은 배들이 이 해협을 지난다.

고운 최치원은 868년(경문왕 8) 12세의 나이로 중국 당나라에 유학을 떠나 7년만인 874년에 빈공과에 합격하여 관계에 진출하고 문명을 날렸으며 885년에 29세의 나이로 신라에 돌아왔다. 최치원 역시 비금-도초 해협과 우이도, 흑산도, 홍도를 경유하는 바닷길을 이용했을 것이며, 그 도중에 비금도에 상륙하여 비금-도초 해협이 내려다 보이는 수도 마을 뒷산의 샘에서 생수를 보충했을 가능성은 충분히 상정할 수 있다.

최치원 관련 설화는 비금도에만 전해오는 것이 아니다. 비금도를 지나 중국으로 가는 길목에 위치한 우이도 진리 상산봉에도 다음과 같은 최치원 설화가 전해온다.

「신라말 고운 최치원 선생이 제주도에서 중국으로 유람가던 중에 우이도 진리의 상산(上山)에 도착했다. 때 마침 우이도에는 가뭄이 극심하였는데 고운 선생을 본 주민들은 가뭄을 물리치고 비를 내려주도록 간청했다. 고운은 즉시 북해 용왕을 불러서 가뭄을 해결하라고 했으나 옥황상제의 명령이 아니면 용왕의 마음대로 비를 줄 수 없다고 난색을 표했다. 용왕의 말을 듣고 고운은 화를 벌컥 내면서 속히 비를 내리라고 호령했다. 기가 꺾인 용왕은 하는 수 없이 고운의 명령대로 비를 내려 가뭄을 해결했다. 하늘에 있는 옥황상제는 뒤늦게

이 사실을 알고 얼굴에 경련이 일도록 화를 내면서 용왕을 잡아죽이라고 명령했다. 그러나 고운은 용왕을 도마뱀으로 만들어 선생의 무릎 밑에 숨겨주어 죽음을 면하게 했다. 그 후 고운 선생은 중국으로 떠났는데 선생이 머물면서 상산봉 제2봉에 있는 바위에다 바둑판을 만들어 바둑을 두면서 즐겼다는 전설이 있으며 과연 바둑판의 흔적이 지금까지 남아 있다. 또한 고운은 당시를 기념하기 위해 鐵馬와 은접시를 유물로 놓아두고 갔다.」[6]

상산봉에서 우이도 주민들을 위해서 가뭄을 해결해주었다는 최치원의 행적은 비금도의 그것과 꼭 닮아 있다. 일제시대의 조사 자료에 의하면, 상산봉의 정상에 사지가 떨어져 나갔고 몸통의 일부만 겨우 남아 있는 높이 4촌(寸), 길이 6촌의 철마가 있는데, 최치원이 동불(銅佛)과 함께 이것을 남겨놓았다고 하는 마을 사람의 전언을 소개하고 있다.[7]

최치원이 남겼다는 철마는 제를 지내는 대상인 신체(神體)를 의미하는 것으로, 주민들의 전언에 의하면 철마는 계속 전해 내려오다가 고인이 된 주민 문모씨가 대장간에 가지고 가서 늘리려고 했으나 뜻을 이루지 못하고 가산을 탕진하는 등 큰 피해를 입은 이후로 철마마저 온데 간데 없이 사라져 버렸다고 하는 것으로 보아, 최근까지 전해지고 있었던 듯하다. 최근까지 전해왔다는 철마를 최치원이 놓고 갔을 가능성은 적겠지만, 최치원이란 인물을 그것에 결부시켰다는 것 자체는 흥미로운 바가 있다.

철마는 흔히 바닷가 당제에서 신체로 모셔져 왔다. 최근에 흑산도 상라봉 제사터에서 철마 3점이 수습된 바 있고,[8] 월출산 천황봉 제사터에서도 철마 3점과 土馬 11점이 출토되었다.[9] 또한 부안 죽막동 제

---

6) 신안군, 1998,『우리고장의 문화유적』참조.

7) 朝鮮總督府, 1942,『朝鮮寶物古蹟調査資料』, p.171.

8) 목포대 도서문화연구소, 2000,『흑산도 상라산성 연구』, pp.114.

9) 목포대학교 박물관,『靈巖 月出山 祭祀遺蹟』, pp.34∼38.

사유적지에서 토마의 몸체 5점과 머리 1점, 그리고 다리 2점이 수습되기도 했으며,[10] 영광군 낙월면 안마도, 완도군 금일도, 진도 철마산성, 여천군 화정면 개도리 화산마을, 여천군 남면 당제, 고흥군 나로도 등지에서도 당제에 철마, 석마, 사기마 등을 신체로 모시고 있음이 알려지고 있다.[11] 이중에서 우이도에서 일직선상의 먼 바다에 위치한 흑산도의 제사터에서 철마가 확인된 것은 우이도의 최치원 철마와 관련하여 최치원의 도당 항로를 추적하는데 의미가 있을 수 있겠다.

그런데 최치원의 도당과 관련된 설화는 화원반도에도 전하고 있다. 해남군 화원면 금평리의 운거산(雲居山) 기슭에 있는 서동사(瑞洞寺)를 최치원이 세웠다고 하는 설화가 그것이다. 최치원의 호가 '외로운 구름'이라는 뜻의 고운(孤雲)이라는 점을 상기할 때, '구름이 머무는 산'이라는 뜻의 운거산이라는 이름이 우선 심상치 않다.

이중환의 『택리지』를 보면 최치원이 영암 구림에서 떠났다고 적고 있다. 이를 인용하면 다음과 같다.

「나주의 서남쪽이 영암군이고 월출산 밑에 위치하였다. 월출산은 한껏 깨끗하고 수려하여 火星이 하늘에 오르는 산세이다. 산 남쪽은 월남촌이고 서쪽은 구림촌이다. 아울러 신라 때 이름난 마을로서 지역이 서해와 남해가 맞닿는 곳에 위치하였다. 신라에서 당나라로 조공갈 때 모두 이 고을 바닷가에서 배로 떠났다. 바닷길을 하루 가면 흑산도에 이르고, 흑산도에서 또 하루 가면 홍의도(紅衣島)에 이른다. 다시 하루를 가면 가가도(可佳島)에 이르며, 간방(艮方) 바람을 만나면 3일이면 태주(台州) 영파부(寧波府) 정해현(定海縣)에 도착하게 되는데, 실제로 순풍을 만나기만 하면 하루만에 도착할 수도 있다. 남송이 고려와 통행할 때 정해현 바닷가에서 배를 출발시켜 7일만에 고려 경계에 이르고 뭍에 올랐다는 것이 바로 이 지역이다. 당나라 때 신라 사람이 바다를 건너서 당나라에 들어간 것이 지금 통진(通

---

10) 전주국립박물관, 1994, 『扶安 竹幕洞 祭祀遺蹟』 참조.
11) 표인주, 「말의 象徵的인 意味와 模造品 馬類의 信仰的 用途」 『영암 월출산 제사유적』, 목포대 박물관.

津) 건널목에 배가 잇닿아 있는 것 같았다. 그 당시에 최치원, 김가기, 최승우는 장삿배에 편승하여 당나라에 들어가 당나라 과거에 합격하였다.」[12]

이중환은 신라시대에 바닷길로 중국에 가는 주요 항로로서 '영암 구림촌→흑산도→홍의도(홍도)→가가도(가거도)→중국 영파'를 들면서, 이곳을 통해서 왕래하던 배들이 통진 건널목에[13] 배가 잇닿아 있는 형세와 비슷할 정도로 성황을 누렸음을 특기하고 있다. 그리고 여기에서 김가기, 최승우와 함께 최치원도 이곳에서 장삿배에 편승하여 당에 건너갔음을 지적하고 있다. 영암 구림에는 왕인이 일본으로 건너갔다는 상대포라는 포구가 있었다고 전해지고 있다.

이와 함께 화원반도의 끝자락 바닷가에 '당포(唐浦)'라는 지명이 있는 것도 예사스럽지 않다. 당포는 '당으로 떠나는 포구'란 의미로 해석될 수도 있기 때문이다. 이와 관련하여 화원반도 주변에는 장보고 이래 조성된 대규모 도자기 요지군이 밀집되어 있다는 것을 유념할 필요가 있다. 즉 원래 당포란 이곳에서 생산된 도자기를 무역선에 실어 당에 수출하던 항구가 아니었을까 의심이 가기도 하는 것이다. 당포의 앞 바다엔 연안항로시대 이래 항로의 요지로 활용되던 장산도가 눈앞에 바라다 보이고 있어, 당포를 떠난 무역선은 장산도을 위시로 하여 비금도, 우이도 등을 경유하여 흑산도에 이르고, 여기에서 다시 중국에 이르렀을 가능성이 크다. 그렇다면 비금도의 고운정(孤雲井) 설화는 단순한 설화를 넘어서, 비금도가 황해 횡단항로 상의 주요 경유지로 활용된 역사적 사실을 담고 있다 할 것이다.

요컨대 '최치원의 바닷길'은 '영암 구림리 상대포—(해남 화원면의 서동사와 당포)—비금도 고운정—우이도 상산봉—(흑산도—홍도—가

---

12) 『擇里志』 八道總論 全羅道篇.
13) 통진 건널목이란 김포의 통진에서 강화도로 왕래하던 나루터를 지칭하는 듯 하다.

거도)-중국 영파'로 정리할 수 있겠으며, 고운정은 그 길목에 해당한
다 할 것이다.

도서지역 선사 및 역사유적의 관광자원화를 위한 활용방안
- 압해도·비금도·흑산도를 중심으로 - *

I. 머리말

1. 문화유적의 자원화, 어떤 방향으로 추진할 것인가?

1) 지역적 특성을 살리는 차별화 된 자원화

-관광객은 자신이 방문한 여행지에서 어떤 특별한 것을 경험하고자 하는 욕구를 갖고 있음. 따라서 문화유적의 자원화는 이러한 관광객의 호기심을 충족시켜줄 수 있도록 추진함.

-모든 지역의 자연과 문화유적은 나름대로의 차별화 된 특성을 갖고 있으므로, 문화유적의 자원화는 이러한 지역적 특성을 최대한 강화하는 방향으로 추진함.

---

* 이 연구는 신안군의 의뢰로 목포대학교 도서문화연구소가 2003년 5월부터 2003년 12월에 걸쳐 수행한 『도서 문화유적 지표조사 및 자원화 학술용역 - 압해면·비금면·흑산면편 - 』의 최종 결과물을 재인용한 것이다.

－신안군은 전국에서 가장 많은 수의 다도해로 구성된 자치단체라
　는 지역적 특성을 살려 전통 문화마을을 조성하여 어촌 체험공
　간으로 활용함.

2) 감동과 마음의 위안을 주는 자원화

－사람들은 일상생활에서 쌓인 스트레스나 상처받은 마음을 위로
　받기 위해 여행을 하므로 문화유적의 자원화는 여행객의 마음에
　위안을 줄 수 있는 감동적인 사연을 적극 발굴하여 이를 주요 테
　마로 제공함.

－여행객이 불편함이 없이 답사여행을 할 수 있도록 유적지 주변
　환경, 유적지 안내판, 도로표지판 등을 정비함. 외지 여행객이 고
　향에 온 것과 같은 편안함을 느낄 수 있도록 환대하는 분위기를
　조성함.

3) 역사·문화유산에 대한 학습효과를 극대화하는 자원화

－역사·문화적으로 의미가 있는 유적, 설화, 민속 등을 선정하여
　이에 대한 학습효과를 극대화하는 방향으로 자원화를 추진함.
　예를 들면 고인돌 옆에 움집을 짓고 석기를 제작할 수 있는 체험
　공간을 조성하는 것 등.

－문화유산의 파괴현장을 잘 보존하여 문화재보호를 위한 교육 현
　장으로 활용함.

－교육적 효과를 극대화하기 위해 문화유산을 활용하여 관광기념
　품, 우편엽서, 컴퓨터게임, TV드라마 등을 제작·판매함.

4) 지역주민이 주체가 되고, 지역주민에게 도움이 되는 자원화

－지역 문화유산의 자원화는 관광객에게 얼마나 많은 감동을 주었
 는가의 여부와 함께 지역주민에게 얼마만한 경제적 이익과 자긍
 심을 심어주었는가에 따라 그 성공 여부가 평가됨.

－지역문화의 주체는 지역주민이므로 문화유산의 보존과 정비 및
 관광자원으로의 활용에 있어서 지역주민이 자긍심을 갖고 참여
 할 수 있도록 적극 유도함.

－지역주민들에게 '버는 즐거움'을 느낄 수 있도록 지역 특산품 및
 문화유산을 관광기념품으로 적극 개발하고, 관광객을 대상으로
 한 수산물 판매 및 민박 등을 활성화시킴.

－문화유적의 자원화를 통해 문화적 소외지역인 도서지방의 문
 화시설을 확충하고, 문화활동을 활성화함으로써 도서주민의 삶
 의 질을 향상시키고, 삶의 터전에 대한 자긍심을 높이는 계기로
 삼음.

－낙후된 지역경제를 활성화시킬 수 있는 유일한 방법은 지역의
 자연·문화유산을 관광 매력물로 적극 개발하고, 전통 농·어업
 에 관광산업을 접목하여 농·어업의 부가가치를 높이는 것임.

2. 신안군 문화유적의 자원화 여건

1) 불리한 여건

－신안군의 경우 국가적 차원에서 그 중요성을 인정받은 국가지정

문화재가 송·원대 유물 매장해역, 홍도 천연보호구역, 칠발도 해조류번식지, 구굴도 해조류번식지 등 총 4건에 불과함.

- 신안군은 한반도의 서남단에 위치한 도서인 관계로 교통이 불편하고, 주요 관광시장으로부터 원거리에 위치함. 아직도 신안군 관광의 대부분 '바람'에 의한 선박운항이 최대의 관건임.

- 도서지역인 관계로 관광 기반시설과 편의시설을 갖추기 위한 투자비용은 많이 소요되는 반면, 적정 규모의 고객을 안정적으로 확보하기는 어려움. 관광수요가 여름 휴가철에 집중되어 관광사업의 투자효율성이 크게 떨어짐.

- 급속한 인구감소와 노령화, 열악한 지방제정 등으로 문화유적을 보존·관리하고 자원화하는 데 한계가 있음.

2) 유리한 여건

- 육지지역과 전혀 다른 자연과 문화 특성을 갖고 있어 색다른 것을 경험하고자 하는 관광객들의 욕구를 충족시킬 수 있음.

- 아름답고 오염되지 않은 자연, 최고품질의 수산물, 어촌의 색다른 경관과 분위기를 경험할 수 있음.

- 섬은 도서문화의 보고로 다양한 해양문화를 체험할 수 있음.

- 육지에서는 경험할 수 없는 생태경관을 경험할 수 있음.

3. 유형문화자원의 보존 상황 및 방향

1) 도서지방은 문화유적의 파괴현장

- 도서지방의 경우 문화유적에 대한 체계적인 학술조사가 이루어지지 않은 상태에서 귀중한 문화재가 무분별하게 파괴되고 있음. 수십 기의 고분이 흔적도 없이 사라지고, 수백 기의 고인돌은 제방을 쌓는데 사용됨.

- 도서지방은 육지지역에 비해 문화유적의 보존 및 관리에 상대적으로 많은 인력과 비용을 필요로 하나, 그 활용도는 훨씬 떨어짐.

- 도서지역의 급격한 인구 감소 및 노령화로 인하여 도서문화가 조만간 거의 사라질 위기에 처해있음.

2) 문화유적의 보존방향

- 도서지방의 문화유산은 섬이라는 특수한 자연환경에서 탄생한 것이기 때문에 문화유산의 주변 환경을 함께 보존하는 지혜가 필요함.

- 도서지방의 문화유산은 그 보존·관리에 현실적인 어려움이 있으므로, 이미 상당부분 훼손되어 원상태로의 복원이 어려운 유물이나 훼손될 처지에 놓인 유물은 한 곳에 모아 체계적으로 관리함.

- 문화유적의 훼손된 부분은 최대한 원형대로 복원하고 이를 관광자원으로 활용함. 문화유적을 관광자원으로 적극 활용하는 것이

문화유적을 보전하는 지름길이기도 함.

Ⅱ. 압해도의 사례

1. 선사유적의 활용방안

1) 압해도는 선사문화의 보고, 선사문화공원의 조성

－동서리, 대천리, 광립리를 비롯한 압해도 전역에서 고인돌, 선돌, 각종 석기, 패총 등 다양한 선사시대 유물이 대량으로 발견되고 있어 압해도는 우리나라 도서지방의 선사문화연구에 있어서 매우 의미있는 곳임.

－복룡리 세천마을에는 대단위 석기 제작소가, 대천리의 대벌에는 지석묘 채석장이 있었던 곳으로 추정됨. 이러한 유적지는 국내외적으로 흔치 않은 것들임.

－동서리 도창마을 앞에 있는 선돌은 그 크기가 5m 정도(높이 4.8m, 폭 1m, 두께 0.5m, 둘레 2.96m)로 국내에서 유래가 없을 정도로 매우 큼.

－압해도는 육지면적에 비해 해안선의 길이가 긴 지리적 특성을 갖고 있음. 특히 이 곳은 양질의 갯벌이 발달되어 있어 선사시대 원주민들에게 식량(어패류 등)을 안정적으로 공급해 줄 수 있는 최적의 조건을 갖추고 있음.

−동서리의 경우 약 250여 기나 되는 고인돌이 존재하였던 그야말로 '고인돌 천국'이었음. 그러나 근처에 간척을 위한 제방을 쌓으면서 미처 발굴조사도 하지 않은 고인돌을 공사용 돌로 사용해버린 탓에 동서리 앞의 제방은 '고인돌 제방'으로 불려지고 있음. 따라서 동서리는 랜드 마크로 적합한 커다란 선돌이 위치해 있고, 과거 고인돌이 대 군락을 이뤘던 곳이면서, 동시에 문화재 파괴의 현장이어서 여러모로 선사문화공원을 조성하기에 적합한 곳임.

−선사시대의 유적 및 유물을 시대별(구석기, 신석기, 청동기)로 구분하여 살펴볼 수 있도록 선사문화 공원의 動線을 배치함.

−선사문화공원에는 압해도 지역에서 발견된 문화유산 가운데 원래의 위치에서 옮겨진 것과 훼손의 정도가 심한 것들을 한 데 모아 보존·관리토록 함.

−선사문화공원 내에 '고인돌 祭壇'을 만들어 간척지 제방을 쌓으면서 훼손한 고인돌과 그 주인의 넋을 위로함. 이를 통해 역사·문화 파괴의 현장을 고발하고 차별화 된 역사·문화교육의 명소로 개발함.

2) 원시인 체험행사 마련

−선사문화공원 내에 움집을 짓고, 석기를 직접 만들어 보며, 고인돌을 운반해 볼 수 있도록 하는 등의 원시인 체험공간을 마련함.

−압해도 곳곳에 존재하는 선사유적지를 계획에 따라 발굴조사하고, 발굴현장을 일반인과 학생에게 개방하여 고고학 발굴현장을

직접 체험할 수 있게 함으로써 살아있는 선사문화 교육의 장을 제공함.

—독살에서 물고기를 잡고, 불씨를 살려 불을 피우며, 선사시대 사람들의 생활을 체험하는 행사를 마련함.

—선사시대 원시인이 먹었을 것으로 생각되는 요리를 개발하여 우리나라에 하나밖에 없는 '원시인 식당'을 운영함.

2. 고대~고려시대 역사유적의 활용방안

1) 수달(능창)의 城 조성

—송공산(231m)은 등산로 입구에서 30분 정도 걸어 올라가면 도달할 수 있으며, 산성이 있는 산의 정상에서는 압해도 전역과 다도해의 아름다운 전경 그리고 환상적인 일출·일몰을 바라볼 수 있음.

—송공산성은 연안항로를 운항하는 선박들의 움직임을 잘 관찰할 수 있는 천혜의 지형적 조건을 갖고 있어 일찍부터 해상세력들의 근거지가 되었음.

—송공산성은 해로의 요충지에 위치하여 해상세력의 근거지가 되었던 곳으로 송공산성의 주위에 있었다는 58기의 고분들이 그 가능성을 뒷받침하고 있음. 현재 산성의 성벽은 허물어져 흔적만 남아 있고, 식수로 사용했던 우물과 건물의 주춧돌 등이 남아 있음.

-송공산성은 통일신라 말 고려 왕조에 대항한 토착 해상세력(수달 등)의 근거지로 사용되었을 가능이 높음. 송공산은 한 때 해적들의 근거지로 이용되기도 하였는데, 주민들이 송공산 해적들의 만행을 피해 한 곳에 이주한 결과 송공리 촌락이 형성되었다고 함.

-압해도 송장군 설화는 의적(해적)의 영웅적 성격을 잘 나타내고 있으며, 동서리 도창마을의 선돌은 송장수의 지팡이라는 설화가 전래되고 있음.

-송공리 대촌마을의 입구에 있는 고분은 송장군(수달·능창) 무덤이라 하고, 인근의 굴은 송대장군이 나온 굴이라고 하며, 바로 앞은 역섬은 송장군이 굴에서 나오면서 방해가 되는 땅을 발로 밀어버린 게 섬이 되었다고 함.

-송공산성을 부분적으로나마 복원하고 여기에 '수달의 성'을 재현함. 송공산성에는 이 성의 주인들이 사용했던 집터와 우물 등이 남아 있음.

-수달의 성을 조성하는 것은 우리나라 해상활동의 역사를 호기심을 갖고 배우도록 하는 교육적 효과는 물론 관광의 활성화 효과도 매우 클 것임.

-송공리로 넘어가는 수락촌마을에 있는 굴은 '도둑굴'로 불리고 있는데 과거에 도둑들이 처녀를 잡아다 이 곳에 감금하였다고 함.

-송공산은 압해도에서 가장 높은 산이고 다도해의 풍경을 관망하기에 최적의 조건을 갖춘 곳이므로 등산로를 정비하고 주차장을

설치하며, 가시나무나 동백과 같은 상록활엽수를 심어 색다른
분위기를 연출함.

- 수락촌과 인접한 곳에 위치한 송공산 자락의 온정골은 과거 온
  천물이 나와 사람들이 피부병을 치료하였던 곳임. 따라서 이 곳
  에 온천을 중심으로 한 휴양시설을 설치하고 수달의 '해적촌'으
  로 명명함.

2) 온천 휴양지 '온정골 해적촌' 조성

- 온수골이라는 지명, 온천물의 효험에 관한 구전, 송공산 해적과
  관련한 설화 등을 토대로 이 곳에 온천휴양지를 조성함. '수달의
  성' 조성과 연계하여 '해적촌'을 압해도의 핵심 복합자원화사업
  으로 개발을 추진함.

- 이 곳은 대규모 자본에 의한 현대식 시설을 갖춘 휴양지로 개발
  하기보다는 '해적촌'이라는 이름에 걸맞도록 전통적 분위기를
  느낄 수 있도록 휴양촌을 조성함.

- 온천휴양지의 개발은 어디까지나 상업성이 있는 온천수가 존재
  한다는 것을 전재로 한 것임. 만약 온천수가 존재하지 않을 경
  우는 해수를 끌어들여 해안 입지의 특성을 살린 '해수온천'을
  개발함.

- 휴양촌 개발 및 이와 관련한 각종 이벤트 행사에 마을 주민들이
  참여할 수 있는 기회를 넓혀주어, 이 곳이 일종의 '해양문화 휴
  양촌'이 될 수 있도록 함.

-인근의 송공항 개발이 계획대로 추진될 경우 이 곳은 종합적인 휴양지로 개발할 수 있는 가능성이 매우 클 것으로 판단됨.

3) 고읍촌의 발굴조사를 실시하고 관련 유적을 보존.

-압해도 신룡리 신촌마을 외곽 완만한 구릉지대의 '古邑村'으로 불리고 있는 곳은 옛 군현의 治所가 있었던 곳으로 추정되는 유적지임.

-옛날 이 곳에는 여러 채의 고가가 있었고 오래된 우물도 있었다고 하며, 지금도 기와편과 토기편이 대량으로 수습되고 있음. 이들 유물은 통일신라와 고려시대의 것으로 추정되며, 일부는 백제의 것으로 판단됨.

-고읍촌에서 1.5㎞ 정도 떨어진 바닷가에 '흙성안'으로 불리는 토성이 존재하고 있는데, 이 곳에서는 고읍촌의 것과 같은 종류의 유물이 발견되고 있어 두 유적이 밀접한 관계에 있었던 것으로 추정됨. 현재 남아있는 토성은 길이 200m, 높이 4m 정도임.

-고읍촌~흙성안~송공산성은 압해도의 해양방어시스템을 구축하는 핵심 시설로 신라 말에는 수달장군이 접수하여 해양세력으로 군림하였음. 또 고려 말에는 이러한 방어시스템 하에 몽고군을 퇴치하기도 하였음.

-문화유적을 잘 보존하는 것은 자원화의 첫걸음임. 따라서 더 이상의 훼손을 막고, 옛 治所의 흔적이나마 찾을 수 있도록 하기 위하여 진입로 공사를 중지하고 시급히 학술발굴조사를 실시함.

- 이 곳이 옛 군현의 治所였음을 알리는 안내판을 설치하고, 여기에서 출토된 유물을 전시하는 소규모 전시공간을 조성함.

- '흙성안' 유적도 더 이상 훼손되지 않도록 보존하고 시급히 발굴조사를 실시함. 이 유적은 고읍촌 유적과 직접적으로 관련되어 있으므로 두 유적을 연계하여 관광자원으로 활용할 수 있도록 함.

- 고읍촌과 토성은 송공산성과 함께 압해도 해양방어시스템의 핵심 시설물로 왕건, 수달, 몽고군의 퇴치와 깊은 관련을 맺고 있으므로 그 역사적 중요성을 자세히 소개함.

3. 조선~근현대기 역사유적의 활용방안

1) 서곶목장터를 복원하여 승마장 및 동물농장으로 활용

- 조선시대(세종)에 압해도에는 3개의 목장, 즉 서곶목장, 북곶목장 그리고 남곶목장이 설치되어 있었음. 이 가운데 '서곶목장'의 흔적이 가장 잘 남아 있음.

- 서곶목장이 있었던 대천리 조천마을은 일명 '새 장안' 혹은 '新牧場'으로 불렸는데, 이는 새로 만든 馬場이 있었던 곳이란 의미에서 붙여진 것임.

- 목마가 인근 논밭에 들어가는 것을 막기 위해 설치해 두었던 돌담을 '똘장'이라 하였고, 목장 인근의 들녘을 '짱-들'이라 하였음. 마장터로 사용되었던 돌담과 토성은 일제시대 때 그 흔적이 거의 사라져 버렸음.

- 송공리 대벌마을은 조선시대에 관청에서 말을 키우던 목장이 있었던 곳으로 목마를 보호하기 위해 토성(짱돌)을 쌓았으나, 지금은 그 흔적이 거의 없어져 버림.

- 압해도가 목포 및 무안과 연륙되면 보다 많은 외지 관광객들이 찾을 것으로 예상됨. 이 곳에 과거의 목장터를 복원하여 승마장 등 관광자원으로 활용함.

- 또 과거 목장의 운영과 관련한 각종 자료와 그림 및 마구들을 전시할 공간을 조성하고, 동시에 방문객들이 승마를 즐길 수 있도록 승마시설을 설치함.

- 조랑말에서부터 승마용 말까지 다양한 종류의 말을 사육하여 말 전시장의 역할을 할 수 있도록 함.

- 어린아이들이 좋아할 동물들을 함께 길러 장기적으로는 '동물농장'으로 발전할 수 있도록 자원화를 추진함.

2) 孝 관련 유적을 정비하여 관광코스로 개발

- 학교리 학동마을에는 부모와 자식간의 애절한 情을 느낄 수 있는 정려비와 애장터가 있어 孝 교육의 장으로 활용하기에 매우 적합함.

- 면소재지에서 학동마을 안쪽으로 들어가면 300년 된 당산나무와 '강처빈여'라고 쓰여진 효자비가 나옴. 조선시대 이 마을에 '강처빈'이란 사람이 살았는데 워낙 가난하여 여섯 살 나이부터 노약한 부모를 구걸하여 봉양하였다고 함. 부모의 병이 위중할 때

는 자신의 손가락을 깨물어 피를 부모의 입 속에 흘려 넣어 회생
시키고, 부모가 돌아가신 후에는 3년 간 묘 앞에서 여막살이를
하다가 끝내 불구자가 되었다고 함. 나중에 강처빈의 효심이 널
리 알려져 예조에서 정려를 포상했는데, 지금의 효자비는 그 때
세워진 것임.

─학교리 학동마을의 '애장터'는 이름 그대로 아이들을 매장하던
곳임. 어린애가 죽으면 "넷끄럼"이라고 하여 시신을 싸서 소나무
에 매달아놓았는데, 전통적으로 어린아이의 분묘를 쓰지 않기
때문이며, 또 구덩이를 파고 묻을 경우 날짐승들에 의해 시신이
손상될 것을 방지하기 위한 장례풍습임. 애장터는 날씨가 궂은
경우 아기 울음소리가 들린다고 하여 사람들이 접근하기를 꺼리
는 장소임.

─정려각과 애장터 유적은 부모 자식간의 사랑과 가정의 행복을
빌고, 일찍 떠나보낸 자식들의 영혼을 달래는 명소로 유적지의
의미를 부여하여 관광자원화 함.

─정려비의 경우 마을 주택가에 위치하여 주변 환경이 열악하므로
인접한 주택을 매입하여 유적지를 정비함.

─애장터의 경우, 설화의 내용을 가시적으로 확인할 수 있도록 주
변 환경을 정비하고, 일찍 유명을 달리한 어린애의 명복을 비는
祭壇과 어린아이 假墓를 조성토록 함.

─유적과 관련된 사연을 적은 안내표지판을 설치함.

3) 성씨의 뿌리를 찾는 테마관광코스의 개발

- 압해 정씨의 시조인 대양군 丁德盛은 당나라 덕종 16년에 중국의 남양 대천리에서 출생함. 14세에 문과급제하여 당나라 무종 때 대승상 겸 대양군에 봉작되었음. 그러나 선종 7년 신라로 유입하였고, 이 후 압해도로 입도하여 압해정씨의 시조가 됨.

- 압해면 가룡리 정승동 압해 정씨의 시조묘 유적은 전남 서남해 지역이 해양을 통한 한·중간 교류의 장이었음을 극명하게 보여주는 역사교육의 장임.

- 압해 정씨의 시조묘가 있는 정승동 일원은 500여 년 된 육송 100여 그루가 군락을 이루고 있으며, 이미 묘역으로 개발되어 있어 약간의 정비만 하면 관광자원으로 활용가치가 매우 큰 곳임.

- 압해도와 특수 관계에 있는 압해 정씨의 후손은 20여만 명에 달하고, 시조묘에서 정기적으로 시제를 지내고 있는 만큼 이들 잠재 관광객을 적극적으로 유치할 수 있도록 함.

- 압해도는 압해 정씨의 정신적 고향이라 할 수 있으므로, 이들로 하여금 고향의 관광발전을 위해 많은 투자를 할 수 있도록 유도함.

- 압해 정씨의 시조묘역은 해상을 통한 국제적 인적교류의 증거유적이므로, 이를 역사·문화교육의 현장답사코스로 적극 활용함.

Ⅲ. 비금도의 사례

1. 고대~고려시대의 역사유적의 활용방안

1) '최치원의 바닷길'을 따라가는 관광코스 및 요트대회 개최

-비금도 최남단의 수대리 송치마을 뒷산(해발 95m)에는 고운 최
　치원 선생이 항해 도중 식수를 구했다는 '孤雲井'이라는 우물터
　가 남아 있음.

-비금도 인근의 우이도에도 최치원과 관련된 설화가 전해오고 있
　는데, 최치원은 심한 가뭄 때 비를 내리게 해주었고, 상산봉에서
　바위에 바둑판을 그려 바둑을 두었으며, 제사 때 사용했던 철마
　와 은접시를 남겼다고 함.

-수대리 송치마을은 본래 '官廳島'라 불리는 조그만 섬이었으나
　간척사업으로 본 섬과 연결되어 지금은 관청동이라 불리고 있는
　데, 이 이름은 최치원이 이 곳에 앞으로 관청이 들어설 곳이라고
　예언한 데서 비롯되었다고 함.

-최치원은 9세기 후반에 당나라에 유학을 다녀온 인물로, 고운정
　설화는 이 곳이 당시 중요한 국제 해상항로의 경유지라는 역사
　적 근거를 제공하는 것임.

-이중환의 『택리지』에 기록된 사실과 이제까지의 연구결과에 의
　하면, 신라시대에 중국으로 가는 바닷길은 영암군 구림마을(혹은
　월남마을)이나 화원반도의 唐浦→장산도→비금도→우이도→흑

산도→홍의도(홍도)→가가도(가거도, 소흑산도)→중국 台州 寧波
縣으로 연결되었을 것으로 판단됨.

- 중국과의 수교 ○○년을 기념하여 과거 황해 횡단항로를 따라
 무동력선(황포 돛단배 등)으로 항해하는 행사를 개최함. 이 때 고
 운정 등과 같은 관련 유적지에서 마을 주민과 함께 제사를 지내
 는 등의 관련행사를 개최함.

- 황해 횡단항로를 따라 다도해를 여행하는 관광코스를 개발하고,
 학생들을 대상으로 한 섬 문화 답사여행 프로그램을 운영함.

- 황해 횡단항로를 따라 요트대회를 개최하여 국제적인 대회로 육
 성해 나감.

- 송치파시를 복원하여 관광객에게 볼거리를 제공하고, 영화 촬영
 장 등으로 활용할 수 있도록 함.

- 모형 풍선배(전통 한선)를 제작하여 관광기념품으로 판매함. 이
 때 신안의 뱃노래 등이 풍선배에서 흘러나올 수 있도록 제작함.
 비금면 읍동에는 모형 풍선배를 제작하는 기능을 가진 조봉식
 옹이 아직 살아 계심.

2) 성치산성의 정비와 고분군의 복원

- 성치산성은 고대의 주요 항로 중의 하나였던 '자은도→안좌도→
 장산도'와 '비금도→도초도→하의도→신의도' 사이의 해로 및
 중간 기착 항구를 감시·보호하기 위해 축조됨.

- 성치산성은 백제시대에 始築된 태뫼식 석성으로, 성벽의 길이는 약 200m 정도이고, 성 내에 건물지와 우물지로 추정되는 유적이 존재함.

- 산성 아래에 위치한 광대리 당두마을은 비금도에서 가장 이른 시기에 마을이 형성된 곳으로, 이 일대에는 백제 석실분 등 40여 기의 고분이 존재하였음.

- 성치산과 광대리 일원은 인근의 토축성(토성)과도 깊은 관련이 있어 산성-백제 석실분-토성으로 이어지는 고대 군사적 요충지였을 것으로 판단됨.

- 산성의 인근 바위에는 길이 8m, 높이 3m, 너비 5m 내외의 커다란 구멍이 뚫려있음. 주민들은 이 바위 구멍을 용소마을의 '용 전설'과 연관시켜 '용구멍'이라 부르고 있음.

- 성치산성에 오르면, 동으로는 자은도~암태도~팔금도~안좌도가 에워싸고 있고, 서쪽으로는 망망대해가 펼쳐져 바다경관과 일몰의 풍광이 환상적임.

- 성치산성은 광대리 고분군과 인근의 토성 등과 연계되어 고대 해로를 감시·보호하는 해양 요새의 중요한 유적이므로 산성과 관련시설을 복원함.

- 성치산성을 오르는 등산로를 정비하여 산성 답사를 겸한 등산과 다도해 풍광을 조망할 수 있도록 함.

- 광대리 당두마을 일원에 분포해 있던 백제 석실분은 복원하여

해양 역사·문화 교육의 장으로 활용함.

2. 조선~근현대기 역사유적의 활용방안

1) 내월리 일원에 전통문화마을을 조성하여 체류형 관광지로 개발

−내월리는 돌담길과 다양한 생활 관련 문화유적이 남아있는 가장 이상적인 전통문화마을 조성 후보지임.

−일반적으로 도서지방은 유교문화의 전통이나 문중조직이 강하지 않으나, 비금도 내월리는 수많은 효자각, 열녀각, 사우(영당), 공적비 등이 마을 초입에 집중적으로 분포하고 있어 특이한 문화공간을 형성하고 있음.

−내월리의 월포마을과 내촌마을은 유교문화와 민속신앙(당제)이 한데 어우러져 있어 가장 주목되는 곳임. 그 중에서도 내촌마을은 5효자(김씨네 3효자, 강씨네, 정씨네)가 나온 '효자마을'로 알려져 있음.

−내월리 월포마을과 내촌마을을 '전통 문화마을로 조성'하여, 관광객들이 민박을 하며 문화유적 답사와 등산 및 해수욕을 즐길 수 있도록 체류형 관광지로 개발함.

−현재의 문화경관이 더 이상 파괴되지 않도록 하고, 마을의 돌담길을 복원·정비하며, 가옥의 지붕을 내구성이 강하고 전통미가 있는 갈대지붕으로 바꿈.

-각종 효행비가 집중적으로 분포하고 있는 마을 진입로를 '효행의 길'로 명명하고 주변을 정비함.

2) 전통민가 체험 공간 조성

-전통 건축은 건립 당시의 역사와 문화를 간직하고 있는 귀중한 문화유산임. 그러나 현대사회에서 전통가옥은 그 기능성과 건축구조적인 측면에서 더 이상 존재의 의미를 찾지 못하게 되었음.

-이런 이유 때문에 전통가옥은 특별한 체험과 과거의 향수를 원하는 관광객에게 귀중한 체험공간이 될 수 있음.

-도서지방의 다양한 전통가옥을 복원하여 관광객을 위한 숙박시설(민박)로 활용하면서 동시에 영화촬영장과 민속공연장 등으로 활용함.

Ⅳ. 흑산도의 사례

1. 선사유적의 활용방안

1) 읍동을 사적지로 지정하여 보존하고, 발굴조사를 통하여 복원.

-상라산성 바로 아래에 위치한 읍동마을은 통일신라에서 고려에 이르는 시기에 동아시아 횡단항로 상의 중간기착지로써 국제해양도시의 역할을 수행하였던 곳임.

-읍동마을은 역사·문화적 의미가 큰 곳임에도 불구하고 그 핵심 유적지가 무분별한 도로공사나 건물의 신축 등으로 급속히 파괴되어가고 있음.

-읍동마을은 한·중·일 3국이 공동으로 발굴 작업을 실시하여 국제적인 이목을 집중시키고, 관광객들로 하여금 발굴현장과 복원현장에 직접 참여할 수 있는 기회를 제공함으로써 발굴작업 그 자체를 관광상품화 함.

2. 고대~고려시대의 역사유적의 활용방안

1) 고대 국제해상도시 읍동의 재발견

-읍동마을에 대한 정밀 발굴조사는 과거 동아시아권 해상교류의 면모를 밝힐 수 있는 매우 의미 있는 사업임. 따라서 읍동마을 일원을 사적지로 지정하여 보호하고, 장기적으로는 관사터를 비롯한 관련 시설들을 복원하여 특색 있는 볼거리로 개발함.

-읍동마을에서는 흑산도가 과거 국제 해상무역에서 중요한 거점 역할을 수행하였음을 입증하는 관련 유물들이 다수 수습되고 있음. 특히 이 곳 유적지에서 수습된 유물은 완도의 청해진 유적지에서 수습된 것과 상통하는 것들이 다수 포함되어 있음. 이는 장보고가 흑산도를 완도와 더불어 중요한 해양거점으로 활용하였음을 의미하는 것임.

-상라봉의 제사터와 무심사선원 절터는 항해자들이 안전 항해를 기원하던 해양신앙의 처소였고, 관사터는 사신이나 상선의 선원들을 위한 숙소 및 편의시설로 활용되었던 곳임.

—상라산성 아래 기슭에 위치한 무심사선원 터에는 삼층석탑과 석
등, 건물지 축대의 일부가 잔존함. 읍동마을에는 관사 터일 것으
로 추정되는 여러 기의 건물지(축대의 일부 잔존)와 각종 유물산
포지가 존재함.

2) 탑당은 불교사찰 터에 들어선 민속신앙의 성소

—읍동의 탑당은 불교와 전통민속신앙이 결합된 매우 흥미로운 곳
임. 따라서 현재 거의 방치하다시피 하고 있는 탑당 일원을 원래
대로 복원하여 마을 주민에게는 소원을 비는 聖所로 관광객에게
는 해양문화의 학습장소로 활용함.

—읍동의 탑당은 원래 无心寺라는 절이 있었던 곳으로 지금은 마
을과 주민 각자의 안녕과 풍요를 기원하는 토속적인 민간신앙의
성소로서의 가치가 큰 곳임.

—지금의 탑당에는 고목나무(당목) 한 그루, 석탑 1기, 석등 1기가
남아 있으며, 탑 앞의 감실과 산신 감실은 없어졌고, 돌담 역시
헐려지고 대신 보호 철책이 둘러져 있음.

3) 상라봉 봉수 재현

—흑산도 일주도로를 따라 구불구불 이어지는 동백꽃길을 오르면
봉수대가 있는 상라산 정상이 나옴. 상라봉에서는 흑산도는 물
론 홍도를 비롯한 다도해의 전경을 한 눈에 바라볼 수 있음.

—서긍이 쓴 『고려도경』의 기록에 의하면, 흑산도는 옛날 사신의
배가 머물던 곳으로 아직도 館舍(址)가 남아 있으며, 중국 사신의

배가 이 곳에 도착하거나 지나갈 때는 언제나 산마루에서 봉화를 밝혀 王城에 까지 그 사실을 알렸고, 이 섬은 또한 나라 안의 대 죄인으로 죽음을 면한 자들이 유배되어 온 곳이라고 소개하고 있음.

- 상라봉은 선원들이 안전한 항해를 기원하던 제사터로 해양신앙과 깊이 관련되어 있음.

- 상라봉에서 제사를 지낼 때 사용했던 鐵馬, 주름무늬 병, 주름무늬 병편 등 제사 관련 유물이 다수 수습되었음.

- 과거 중국에서 사신이 올 때 맨 처음 흑산도에서 봉수를 피워 주변 도서에 그 사실을 알렸던 역사적 사실에 근거하여, 지역축제나 국제행사가 있을 때 이를 재현함으로서 역사적 사실을 관광자원화 함.

- 봉수의 방법은 과거의 방식을 그대로 모방하기보다는 현대의 문명의 이기인 첨단 조명장치를 활용하는 것이 보다 현실적임.

- 봉수와 관련한 이벤트행사를 통해 신안군의 지명도를 높임과 동시에 도서지역의 역사문화에 대한 일반인의 이해를 도움. 예를 들어, 소위 '다도해 섬마을 축제'를 개최할 때 상라봉에서 불을 밝혀 신안군의 여러 도서에 계속적으로 전달하여 최종적으로 압해도에 도달하게 하는 행사를 마련함.

4) 鐵馬를 관광기념품으로 개발

- 상라봉 제사터에서 발굴된 철마는 흑산도의 관광기념품으로 개

발할 가치가 매우 큼. 특히 철마는 여행객(항해자)의 안전을 보장하는 '수호신으로서의 기능'을 갖고 있으므로 그 의미를 담아 관광기념품으로 개발함.

- 철마는 선원들이 항해의 안전을 빌기 위해 제사(당제 등)를 할 때 神體로 사용하던 것으로, 흑산도 상라봉 제사터에서 철마 3점이 수습된 바 있음.

- 철마는 월출산 천황봉 제사터, 영광군 안마도, 완도군 금일도, 진도 철마산성, 고흥군 나로도 등 여러 곳에서 발견되고 있으나 그 중에서도 육지에서 멀리 떨어진 흑산도에서 출토된 철마는 과거 국제항로의 연구와 관련하여 그 의미가 상대적으로 크다고 할 수 있음.

- 상라산 제사터에서 다량의 제기유물과 함께 수습된 철마는 머리, 몸통, 다리만을 형식적으로 표현하였으며, 길이는 10㎝ 내외임.

- 철마를 목걸이, 귀고리, 열쇠고리, 핸드폰 연결고리, 자동차 악세사리 등으로 제작하여 관광기념품으로 판매함.

2. 조선~근현대기 역사유적의 활용방안

1) 섬 속의 감옥 섬, 鎭里의 옥섬

- 鎭里에 조선시대 수군진터가 위치하였음. 현재 진리마을 민가의 담장에서 수군진터의 흔적들이 일부 발견됨. 또 읍동에서 방파제를 따라 진리로 걸어가다 보면 과거 흑산진에서 감옥으로 사

용하였던 조그만 '옥섬'이 위치함. 비록 소규모의 볼품없는 섬이
지만 이 곳은 여행객들의 호기심을 유발하기에 충분한 자원임.

- 옥섬은 읍동마을 선착장에서 방파제가 설치되어 30m 정도만 본
  섬과 연결되어 있지 않음. 아직 연결되지 않은 구간에 흔들 다리
  를 설치하여, 사람들의 보행이 가능하게 한다면 '감옥 섬'이라는
  특별한 주제를 가진 관광명소가 될 것임.

- 옥섬은 해송과 동백나무로 뒤덮여 있고, 해안에 斷崖(절벽)가 형
  성되어 있으며, 마을 앞 바닷가로부터 대략 150m 정도 떨어져
  있음. 이 섬에는 비바람을 피할 수 있는 동굴(약 2m 깊이)과 죄인
  이 식량을 얻기 위해 낚시를 했던 거북머리바위 등이 있음.

- 옥섬에 죄인을 격리시키고 몇 달동안 식량을 주지도 않아도 물
  고기를 잡거나 해조류 등을 채취하여 생명을 유지할 수 있었다
  고 함.

- 옥섬은 물이 들 때는 두 개의 섬으로 되지만, 물이 빠질 때는 하
  나의 섬으로 되어 걸어 다닐 수 있음.

- 옥섬은 그 크기나 역사적 의미에 있어서 미국 샌프란시스코에
  있는 알카트라즈 섬(Alcatraz Island)과 매우 유사한 의미를 갖고
  있음. 알카트라즈는 1933년 미국 연방 형무소로 지정된 이후 30
  년 동안 중죄인을 수감하였던 곳으로 악명을 떨쳤으며, 살아서
  는 결코 탈옥할 수 없는 '악마의 섬'으로 불렸음.

- 옥섬 가까운 곳에 전통감옥을 설치하여 관광객들의 감옥 체험
  장소로 활용함.

- 인터넷상에 '사이버 옥섬'을 짓고, 옥섬에 가두어야 할 역사적 인물 또는 사회악을 인터넷에서 주기적으로 공모함. 이를 통해 흑산도와 옥섬을 널리 알리는 계기로 삼음.

2) 沙里마을에 '유배문화공원'을 조성하고 체험학습장으로 활용

- 정약전이 유배생활을 했던 사리의 복성재 일원은 현재 유배문화공원으로 개발될 예정임.

- 정약전의 저서『자산어보』와 관련하여 흑산도 생태관광 체험프로그램을 마련하여 운영함.

3) 바다에서 표류한 문순득의 경험담을 드라마로 제작

- 우이도에 살던 생선장수 문순득이 표류하여 여러 나라를 떠돌다가 되돌아오게 된 경험담을 당시 유배 중이던 정약전이 듣고 대필한 한문 기행록인『표해록』을 문화관광자원으로 개발함. 홍어장사 문순득의 표류내용을 TV드라마로 제작하여 방송할 경우 흑산도의 관광홍보에 크게 도움이 될 것임.

- 표해록의 내용은 1801년 12월 우이도에서 문순득과 그의 작은 아버지 문호겸, 그리고 마을 사람인 이백근, 박무청, 이중원, 나뭇꾼 아이, 김옥문 등 6명이 흑산도 남쪽 수백 리에 있는 태사도로 홍어를 사러 갔다가 이듬해 1월 18일 고향인 우이도로 돌아오는 길에, 우이도 서남쪽 해상에서 폭풍을 만나 표류되었다가 2월 2일에 유구국(오키나와)의 큰 섬인 양관촌에 당도함. 10월 7일 유구국을 떠나 다시 우이도로 되돌아오던 중 또다시 서풍을 만나 표류하여 11월 1일 여송(필리핀)에 도착하였고, 1803년 3월 16

일, 문순득 일행은 남은 복건인 25명과 함께 광동, 북경, 의주를 거쳐 서울에 도착함. 1805년 1월 8일에 고향인 우이도로 귀가함.

─『표해록』에는 중국, 안남, 유구, 여송 등의 언어와 풍속들을 소개하고 있음.

─『표해록』은 표류자의 경험을 듣고 자기체험처럼 사실화한 실기라는 점에서 기록문학적 가치가 크고, 여기에 기록된 112개의 유구어와 여송어는 귀중한 언어학 연구자료로 평가됨.

─문순득의 표류와 관련한 내용을 컴퓨터 게임으로 개발할 경우 문화상품으로서의 가치가 매우 클 것으로 판단됨.

─문순득의 후손으로 하여금 흑산도에서 홍어집을 운영하도록 하고 여기에 홍어잡이 어구, 관련 그림 및 기록 등을 전시하여, 살아있는 문화를 체험할 수 있도록 함.

V. 맺음말

1. 도서문화자원, 어떻게 관광기념품으로 개발할 것인가?

1) 고유의 지역성을 관광기념품으로 개발

─관광객은 자기가 여행한 관광지를 오래도록 기억하며, 여행지에서의 즐거움을 지속시키기 위한 목적에서 관광기념품을 구입

함. 여행에서 기념품을 구입하는 것은 관광활동의 커다란 한 부
분임.

– 따라서 오직 해당 지역에만 존재하는 것을 관광기념품으로 개발
하고, 그 기념품은 해당 관광지에서만 판매하여야 함.

– 단지 귀하고 고급스러운 것보다는 역사·문화적 의미와 가치를
부여할 수 있는 대상을 선발하여 관광기념품으로 개발함. 흑산
도 진리에 전해오는 설화 속의 피리를 관광기념품으로 개발하는
것 등을 그 예로 들 수 있음.

2) 상품성 있는 관광기념품의 개발

– 관광기념품이 갖추어야 할 요건으로, 지역적 특성이 분명한 상
품, 가볍고 휴대에 편리한 상품, 장기간 보전할 수 있는 상품, 견
고하고 실용적인 상품, 가격이 합리적으로 책정된 상품을 들 수
있음.

– 흑산도를 이야기할 때 가장 먼저 떠오르는 것이 '흑산 홍어'이지
만 일반 관광객이 기념품으로 구입해 가기는 쉽지 않음. 따라서
흑산도 홍어를 소량으로 진공 포장할 경우 관광기념품으로 손색
이 없을 것임.

– 문화유산을 관광기념품으로 개발하여 판매할 때는 자세한 설명
서를 첨부하여 거기에 담긴 사연과 의미를 관광객에게 정확히
전달하는 것이 무엇보다 중요함.

2. 홍보 및 이미지 개발

1) 차별화 된 홍보전략 수립

- 신안군은 지리적 특성상 도서로만 구성된 자치단체이고, 각 도서는 나름대로 차별화 된 성격을 갖고 있는 만큼 여타 지역과는 다른 차별화 된 홍보 및 지역이미지 개발전략을 추진해야 함.

- 섬 지방이란 특성을 살리기 위해 수많은 인파로 인산인해를 이루는 대규모 관광지의 모습과 고즈넉한 신안군 섬의 해변 휴양지를 상호간에 비교하여 제시하며, "당신은 어디로 휴가를 떠나시겠습니까?"라는 질문을 던지는 내용으로 관광홍보를 실시함.

- 관광홍보에 있어서 인터넷 등의 첨단기술을 십분 활용함. 즉, 설화나 문화유적에 깃든 사연을 컴퓨터게임으로 개발하는 것을 예로 들 수 있음.

2) 문화유적 자원화의 모범 사례지역으로 개발

- 신안군을 지역의 문화유산을 활용하여 관광자원으로 훌륭히 활용하고 있는 모범적인 사례지역으로 개발함. 이를 통해 홍보효과와 지역주민의 자긍심을 높이는 계기로 삼음.

- 개별 여행객들이 쉽게 유적지를 찾아와 둘러볼 수 있도록 통일된 디자인으로 문화유적에 대한 안내표지판을 설치하고, 군 홈페이지에 지역의 문화유적에 대해 안내·설명을 해줄 수 있는 안내 도우미의 연락처를 명기하는 등의 노력을 기울임.

- 문화관광 시범마을을 지정하고, 문화유산 해설 도우미를 대상으로 한 교육을 정기적으로 실시하여 문화유산의 보존과 활용을 효율적으로 수행할 수 있는 체계를 갖춤.

- 마을의 문화유적 안내표지판을 게시할 곳에 정자를 설치하고 정자나무를 심어 이 곳을 '문화의 쉼터'로 개발해 나감.

제4장

섬 문화유산의 관광자원화에 관한 小考:
- 흑산도, 홍도, 비금도를 중심으로 -

Ⅰ. 머리말

우리나라는 3면이 바다로 둘러싸인 반도국가다. 남북분단으로 인해 대륙으로 연결되는 통로마저 막혀있으니 사실상 섬나라나 마찬가지다. 따라서 우리나라는 바다와 도서를 적극적으로 개발하지 않고서는 국가의 발전을 기약하기 어려운 운명을 타고났다. 우리 정부는 1991년부터 연안지역을 따라 U자형으로 국토를 개발하는 해양 지향적 국토개발전략을 추진해 왔으며, 특히 2001년부터 적용되는 제4차 국토계획에서는 해양 관광·레저공간의 개발에 큰 비중을 두고 있다. 이러한 국토계획 차원의 관광개발계획은 남해안관광벨트사업 및 서해안관광벨트사업으로 구체화되고 있다. 따라서 우리나라의 관광개발계획은 앞으로 남해안과 서해안의 연안·도서지역을 대상으로 한 해양관광개발이 주축을 이루게 될 것으로 판단된다.

전남은 전국 도서의 62%, 해안선의 56%, 갯벌의 44%를 차지하는 우리나라 해양자원의 보고다. 최근에는 전남도청의 무안군으로의 이전, 서해안고속도로와 호남선고속철도의 개통, 무안국제공항의 건설,

화원관광단지의 조성, 그리고 서남해안 해양레저타운 건설계획 (J-project)의 발표 등으로 인해 전남 서남해 도서·연안지역은 관광개발을 통한 지역경제 활성화의 가능성이 그 어느 때보다 커졌다. 특히 지역의 주요 산업인 농·어업이 농수산물의 수입개방으로 인해 극심한 어려움을 겪고 있는 상황에서 전남 서남해 도서지역의 문화유산을 활용한 관광산업의 활성화는 사회경제적으로 그 의미가 클 수밖에 없다. 실제로 신안군 관 내 도서 가운데 관광산업이 상대적으로 활성화 된 도서는 그렇지 못한 도서에 비해 신생아 출산율이 훨씬 높게 나타나고 있다.[1] 이는 관광산업이 고령화 사회로 치닫고 있는 농어촌지역에 젊은 피를 수혈하고 지역경제를 활성화시키는 효과가 있음을 시사해 주는 대목이다.

21세기에는 문화와 정보 그리고 환경에 대한 사람들의 관심이 그 어느 때보다 커질 것으로 예상되고 있다. 이러한 변화는 관광산업에 있어서도 예외가 아니어서 이 세 가지 요소는 앞으로 관광의 내용과 행태를 결정하는 핵심요소가 될 것이다. 국내외를 막론하고 전체 관광에서 문화관광이 차지하는 비중이 꾸준히 증가하고 있는 것도 이러한 변화추세를 반영한 것이다.[2] 도서·해양관광에 있어서도 단순한 경관감상이나 해수욕 보다는 자연생태와 해양스포츠 그리고 민속·문화를 체험하기 위한 관광객이 증가하고 있는 것으로 파악되고 있다. 의식주에 대한 기본적인 욕구가 어느 정도 충족되자 '삶의 질'을 향상시키는 문제에 대해 보다 많은 관심을 갖게 되었고, 그 과정에서 문화적 욕구가 고개를 들기 시작한 것이다(이선실, 1997).

---

1) 2002년 신안군 인구 100명당 평균 신생아 수는 1.22명이었다. 그러나 관광산업이 상대적으로 활성화된 흑산면, 임자면, 비금면은 그 수치가 각각 1.78명, 1.70명, 1.38명로 상대적으로 높았다.

2) 세계관광기구(WTO)에 의하면 유럽지역 국가의 경우 지난 20여 년간 문화관광의 비중이 꾸준히 증가해 왔으며, 전체 관광에서 차지하는 비중은 37%에 달한(Richards, 1996).

　　그러나 우리나라의 관광현실은 이러한 국민들의 급증하는 문화적 욕구를 충족시키기에는 아직 부족한 점이 많다는 느낌이 든다. 비록 이전에 비해 많은 노력을 기울이고 있는 것이 사실이기는 하지만 문화유적의 보존·관리 및 관광목적으로의 이용 정도가 후진국 수준을 크게 벗어나지 못하고 있기 때문이다. 문화유산의 보존·관리에 있어서 섬 지역은 육지지역에 비해 훨씬 어려운 상황에 놓여있다. 흔히들 섬을 민속의 보고라고 하지만, 오늘날 우리의 현실은 농수산업의 몰락과 급속한 인구감소 및 노령화 그리고 자치단체의 재정능력 부족으로 인하여 귀중한 문화유산이 흔적도 없이 사라지거나 훼손·방치되고 있다. 본 연구는 필자가 서남해 섬들을 여행하며 지역의 귀중한 문화유산들이 관광자원으로 거의 활용하지 못하고 있는 점을 발견하고, 그 활용 가능성을 살펴보기 위한 취지에서 비롯되었다.

　　이러한 연구목적과 관련하여 본 연구는 다음과 같이 다섯 부분으로 나누어 기술하고자 한다. 우선 머리말에서는 본 연구를 하게 된 배경과 연구목적에 대해 기술하였다. 제2장에서는 문화관광 및 관광자원에 대한 이해를 보다 정확히 함으로써 문화유산을 활용한 관광자원화가 어떤 식으로 행해져야 하는지를 살펴보았다. 제3장에서는 도서·해양관광의 현황과 특성을 살펴봄으로서 섬 관광의 현재 처해진 상황과 문제점을 보다 정확히 파악하고자 하였다. 본론에 해당하는 제4장에서는 흑산도, 홍도, 비금도를 대상으로 각각의 개요와 관광자원으로서의 가치를 살핀 다음 구체적인 관광자원화 방안을 제시하였다. 마지막으로 제5장 결론부분에서는 이제까지의 조사·연구 결과를 토대로 서남해 섬 문화유산의 보존 및 관광자원으로서의 활용방안에 대해 필자 나름의 의견을 제시하였다.

Ⅱ. 문화관광 및 관광자원의 개념 이해

1. 문화관광의 이해

문화관광(cultural tourism)은 관광객들이 문화적 매력물(cultural attractions)을 소비하는 행위의 하나로 일반적으로 규정되고 있다. 이에 반해 임영숙(1995)은 관광의 대상보다는 관광객의 관광동기를 중시하여 문화관광을 "문화적 동기에 의한 인간들의 이동"으로 규정하고 있다. 한편 McIntosh and Goeldner(1986)는 문화관광을 여행을 통해 다른 나라나 지역의 역사, 문화, 민속, 그리고 사고방식 등을 배우는 것으로 정의하고, '문화적 동기' 중에서도 '학습(learning)'을 문화관광의 핵심적 요소로 들고 있다. 따라서 문화관광은 지나치게 상업성을 강조하기보다는 사람들이 왜 그리고 어떻게 관광에 참여하였으며, 그 의미는 어디에 있는가가 중요하다고 주장한다(Richards, 1996).[3]

문화활동의 주체가 일부 상류계층에 국한되었던 고대사회에서 문화관광은 전적으로 정신적 가치를 추구하는 데 그 초점이 맞춰졌다. 그러나 현대에 와서 문화가 관광소비의 한 대상인 상품으로 등장함에 따라 문화관광은 경제적인 문제를 소홀히 할 수 없게 되었다. 그래서 Narhsted(1993)는 문화관광은 근본적으로 극히 현대적(postmodern)인 현상이며, 독일의 경우 문화관광(cultural tourism)이란 용어가 1990년경에야 비롯되었다고 주장한다(Richards, 1996). Myerscough나 Poon(1993) 같은 학자도 현대의 문화관광을 이전의 '대여행(Grand Tour)'으로 대표되는 순수한 학습목적의 관광과 구분하여 '새로운 형태의 관광(new

---

3) 문화관광의 학습적 동기가 가장 잘 반영된 단어로 독일어의 학습여행을 의미하는 'studienreisen'을 들 수 있다.

form of tourism)' 또는 '신관광(new tourism)'으로 부르고 있다. 즉, 현대의 문화관광은 '학습'과 '경제적 의미'를 동시에 강조한다는 특성을 갖고 있다. 문화유산이 상당 부분 상업적 목적을 지닌 관광자원으로 적극 활용되어야 하는 이유도 바로 이러한 변화의 맥락에서 찾을 수 있다.

2. 관광자원의 이해

관광여행을 유인하는 매력을 지닌 자연 또는 인문적 대상물을 일반적으로 관광자원이라 한다.4) 말을 바꾸어 설명하면 관광자원은 사람들로 하여금 관광행동을 일으키게 하는 원천으로서 개발의 대상이 될만한 가치가 있는 사물을 의미한다. 관광산업은 대표적인 시스템산업(System Industry)으로 여러 관련 요소, 즉 관광자원(관광대상), 운송회사, 여행사, 숙박업소, 관광편의시설 등이 서로 유기적으로 결합될 때 비로소 가능하다. 따라서 아무리 매력적인 문화유산이 존재한다 하더라도 교통과 숙박시설이 불편하다면 관광현상은 발생하지 않기 때문에 결국 관광자원으로 활용할 수 없는 것이다. 또한 관광상품을 소비할 주체는 결국 사람(관광객)이기 때문에 고객인 관광객의 욕구를 정확히 파악하는 것 역시 대단히 중요하다. 관광사업이 다른 사업과 비교되는 특징 중의 하나가 이동하는 것이 물건(상품)이 아니라 사람이라는 것을 상기하면, 관광사업에 있어서 사람의 마음을 움직이는 것이 얼마나 중요한지 알 수 있을 것이다.

한편 어떤 사물을 '관광자원화' 한다는 의미는 관광대상으로서 미래 가치가 큰 사물을 '개발하는 과정을 거쳐' 관광사업의 목적을 달

---

4) 자원(resource)이란 말은 원래 라틴어의 종교적 용어인 "re-surgere"에서 유래한 것으로, 하나님이 만물을 창조할 때 먼저 A1, A2, A3를 창조한 다음 이들을 재료로 하여 다시 B1, B2, B3 등을 단계적으로 창조하였다는 데서 비롯되었다.

성할 수 있는 관광 매력물로 재창조하는 것을 의미한다. 따라서 도서 지역의 문화유산을 관광자원화 한다는 것은 해당 지역의 자연·문화 유산을 잘 보존하고 주변 환경을 개선하는 것 이외에 방문객이 쉽게 관련 정보를 접하고, 편리하게 목적지로 이동하여, 안락하게 휴식을 취하며, 즐겁고 의미 있는 시간을 보낼 수 있도록 하는 것을 의미한 다. 흔히 관광객은 자신의 일상적인 생활권에서 체험하지 못한 어떤 특별한 것을 경험하기 위해 여행을 떠난다고 한다. 따라서 본 연구에 서는 이러한 인간의 본성(욕구)에 충실하여 특별한 의미를 지닌 문화 유산을 찾아내어 독특한 방법으로 개발하는 과정을 거쳐 관광자원으 로 활용하는 방안을 제시하고자 한다.

Ⅲ. 도서·해양관광의 현황과 특성

1. 해양자원과 관광개발

관광대상으로서의 해양자원은 그 대부분이 자연적으로 형성된 것 이며, 시장 중심적이기보다는 자원중심적인 성격이 강하다. 그리고 대부분의 도서는 환경수용력(environment carrying capacity)이 크지 않아 대규모 관광객을 수용하기 어려운 한계를 갖고 있다. 관광개발로 인 한 환경훼손의 대표적 사례로 홍도를 들 수 있다. 또한 도서관광은 주요 관광시장으로부터 멀리 떨어져 있어 접근성이 떨어지는 경우가 많다. 관광지로의 접근성은 항로, 도로, 해로 등의 접근경로와 교통기 반시설의 수준, 즉 루트 수용력(route carrying capacity)에 직접적으로 영향을 받는다. 루트수용력은 환경수용력과 함께 도서지역 관광개발 의 규모를 좌우하는 핵심 요인이다(정석중·이미혜, 2004: 94).

해양관광개발은 개발의 대상이 되는 해양공간과 해양자원의 사회·경제적 효용가치를 극대화하기 위하여 인간의 기술·노력·자본을 투입하는 일련의 과정이다. 여기에서 관광대상(tourism object)이란 사람들로 하여금 관광행동을 일으키게 하는 매력이나 유인력을 지닌 모든 것을 의미한다. 주요 개발대상으로는 해양관광자원, 교통시설과 접근수단, 관광 편의시설, 관광정보, 관광서비스 등이다. 현대관광의 큰 흐름은 어떤 형태의 자원이던지 간에 자원 그 자체가 갖는 매력만으로는 관광객을 유치하기에 충분하지 못하다는 것이다. 따라서 관광개발에는 접근성 향상과 각종 관광편의시설을 갖추기 위한 투자가 요구된다. 21세기, 즉 문화관광의 세기에는 도서관광개발의 경우도 해수욕장과 같은 자연자원개발 위주에서 벗어나 도서지방의 역사문화유산, 고유관습, 향토음식 등을 관광자원으로 적극 개발하는 자세가 필요하다. 문화유산을 관광자원으로 적극 활용할 경우 해수욕과 같이 거의 전적으로 자연현상에 의존하는 것보다는 극심한 계절적 수요변화라는 도서관광의 문제점을 크게 해소할 수 있을 것이다.

2. 도서·해양관광의 특성과 현주소

도서·해양관광은 도서, 어촌, 해변, 해면, 해저 등을 포함하는 공간의 자원을 활용하여 일어나는 관광목적의 모든 활동을 의미한다.[5] 이러한 해양관광은 자원특성이나 입지적 환경 등에서 일반관광과 구별되는 다음과 같은 몇 가지 특성을 갖는다(곽인섭, 2002: 103~104). 첫째, 해양관광은 '해양'이라는 자연환경에 대해 절대적으로 의존한다. 예컨대, 해수욕은 일정수준의 수온과 완만한 경사 그리고 백사장

---

5) 해양수산부(2001)는 해양관광을 "국민의 건강, 휴양, 정서생활의 향상을 위하여 해양과 연안에서 이루어지는 관광활동 및 해양 레저·스포츠 활동"으로 개념정의 하고 있다.

과 청정한 해역을 필요로 하고, 요트나 보우팅 등의 활동을 위해서
는 넓고 안정된 수면이 필요하다. 둘째, 개발 시 자연환경이 훼손되
지 않도록 유념해야 한다. 해양관광이 이루어지는 연안지역은 육지
와 바다가 교차하는 지역으로서 환경변화에 민감한 생태계를 이루
고 있으며, 육지의 폐기물 배출지로서 취약한 환경구조를 갖고 있다.
셋째, 접근성에 있어서 상당한 제약이 뒤따른다. 특히 도서지역에 대
한 접근성은 매우 제한적이다. 이러한 접근성은 환경수용력과 함께
해양관광지의 개발규모를 좌우하는 요인이 되기도 한다(정석중·이
미혜, 2004: 71).

 도서지방 관광지의 계절적 수요변화는 육지지역의 그것에 비해 훨
씬 심하다. 이는 도서의 특성상 관광객의 다양한 욕구를 충족시켜줄
수 없어 관광수요를 시기별로 분산시키기 어렵기 때문이다. 도서로만
이루어진 신안군의 경우(2002년) 가장 성수기인 8월의 관광객이
125,896명인데 반해 비수기인 1월은 9,943명에 불과하여 비수기의 관
광수요는 성수기에 비해 7.9%에 불과한 형편이다.6) 이러한 문제점을
해소하기 위해서는 현재와 같은 해수욕 일변도의 관광활동을 다양화
할 필요가 있다. 즉, 도서지방의 문화유산을 관광자원으로 활용하는
노력과 함께 건강 및 휴양관련 관광상품을 보다 적극적으로 개발하
여야 할 것이다.

 우리나라의 해양관광 관련 기반시설은 거의 최악의 수준이라 할
수 있다. 우리나라에는 전국적으로 27개의 국립박물관이 있으나 종합
적인 해양박물관은 아직 한 곳도 없다. 그렇다고 해운이나 선박, 수산
업 박물관 등 전문적인 박물관이 있는 것도 아니다. 일본의 경우 어
업 박물관만 300여개에 달하고 있는 것과는 극히 대조적이다. 해양을
주제로 한 전시관으로 목포에 위치한 국립해양유물전시관과 호미곶
의 등대박물관을 들 수 있을 정도이다(이동근외, 2003: 109). 국내의

---

6) 신안군, 2004, 『2002 신안군 통계연보』.

경우 국립민속박물관 내에 있는 전통 생활전시관에 일부 어로생활에 관한 전시공간이 마련된 정도가 대부분이다.

해양관련 축제는 주로 전남, 경남과 강원 등 해안 관광지를 중심으로 행해지고 있다. 하지만 축제의 성격을 보면 해양의식의 고취나 해양문화를 보여주는 성격의 축제라기보다는, 바다라는 장소를 이용하여 관광객을 유치하는데 그치고 있는 정도이다. 예를 들면 여름철 해변축제의 경우 가요제의 성격을 띠는 경우가 대부분이다. 국내 72개의 해양축제 중 해양민속문화와 연계된 축제는 10여개에 불과하다.[7] 도서지역 숙박시설 또한 매우 열악한 수준이다. 특히 홍도의 경우는 숙박시설의 대부분이 불법 건축물이어서 불량주거지를 연상케 할 정도이다.

IV. 서남해 섬 문화유산의 관광자원화

1. 홍도·흑산도

1) 지역개관

흑산도는 고대 국제해양도시 및 유배지로서의 역할을 수행했던 섬으로 해양사적 의미가 큰 곳이다. 흑산도는 목포항에서 뱃길로 92.7km 떨어진 곳에 위치하고 있으며, 쾌속선으로 1시간 40분 정도 소요된다. 흑산도의 예리, 진리, 읍동은 만입된 내해에 위치하며, 시대를 달리하며 흑산도의 중심 항구 역할을 수행하였다. 읍동은 통일신라와 고려시대에 한·중 교역의 중심지, 진리는 조선시대에 진이 설치된

---

7) 해양수산부, 2000, 『해양관광 진흥을 위한 종합계획 수립 연구』.

곳, 그리고 예리는 일제 이후 어업전지기지로 개발된 곳이다. 흑산도는 과거 한·중 횡단항로의 중간 기착지로서 도당 유학생, 외교사신, 무역선 등이 반드시 거쳐 가는 곳이었으며, 옛날 목포에서 배를 타면 보름씩 걸려 도착하던 곳으로 대표적인 유배지였다. 따라서 흑산도는 섬이면서 특이하게 역사·문화유산 및 관련 유적이 많이 남아 있는 곳이다.[8]

홍도는 다도해의 보물섬으로 목포항에서 뱃길로 113.5㎞ 떨어진 곳에 위치하고 있으며, 쾌속선으로 2시간 10분이 소요된다. 이 섬은 희귀 동식물의 서식지로 자연의 모습 그대로를 보존하기 위해 1965년에 천연기념물 170호로 지정되었으며, 1981년에는 다도해해상국립공원으로 지정되었다. 홍도는 1970년대부터 신이 빚어낸 듯한 아름다운 자연경관을 보기 위해 몰려든 관광객으로 인하여 우리나라의 대표적 해양관광지로 발전하였다. 현재 홍도에는 관광객을 상대로 영업을 하는 불법건축물이 과도하게 들어서 섬의 자연환경과 경관을 크게 훼손하고 있다. 따라서 홍도는 자연환경과 자연경관을 철저하게 보존하여 섬 자체가 갖고 있는 관광가치를 훼손하지 말아야 한다.

2) 자원화 방안

(1) 고대 국제해상도시의 재발견

흑산도 상라산성 바로 아래에 위치한 읍동마을은 통일신라에서 고려에 이르는 시기에 동아시아 횡단항로 상의 중간기착지로서 고대 동아시아 횡단항로 상의 국제해양도시의 역할을 수행하였던 곳이다.

---

8) 서긍이 쓴 『고려도경』에는 흑산도는 옛날 사신의 배가 머물던 곳으로 아직도 관사(館舍)가 남아 있고, 중국 사신의 배가 이곳에 도착하거나 지나갈 때는 언제나 산마루에서 봉화를 밝혀 왕성(王城)에 까지 그 사실을 알렸으며, 나라 안의 대 죄인으로 죽음을 면한 자들이 유배되어 온 곳이라고 기록되어 있다.

상라봉의 제사터와 그 아래에 위치한 무심사선원 절터는 항해자들이 안전 항해를 기원하던 해양신앙의 장소였고, 관사터는 사신이나 상선의 선원들을 위한 숙소 및 편의시설로 활용되었던 곳이다. 이처럼 읍동마을은 과거 동아시아 해상교역의 중간 거점으로 그 역사·문화적 의미가 큰 곳임에도 불구하고 그 핵심 유적지가 무분별한 도로공사나 건물의 신축 등으로 급속히 파괴되어가고 있어 일대를 사적지로 지정하여 보존하고, 정밀 발굴조사를 실시하며, 관사터를 비롯한 관련 시설들을 복원하여 특색 있는 볼거리로 개발할 필요가 있다.

상라봉의 제사터에서는 제사를 지낼 때 사용했던 철마(鐵馬), 주름무늬 병, 주름무늬 병편 등 제사 관련 유물이 다수 수습된 곳이다. 특히 이곳에서 발굴된 철마는 여행객(항해자)의 안전을 보장하는 '수호신으로서의 기능'을 갖고 있으므로 그 의미를 담아 관광기념품으로 개발하면 사람들의 주목을 끌 수 있을 것이다.[9] 철마를 목걸이, 귀고리, 열쇠고리, 핸드폰고리, 자동차 악세사리 등으로 제작하여 관광기념품으로 개발할 필요가 있다. 한편 상라봉의 봉수대는 과거 중국에서 사신이 올 때 맨 처음 흑산도에서 봉수를 피워 주변 도서에 그 사실을 알렸던 역사적 사실에 근거하여, 지역축제나 국제행사가 있을 때 이를 재현함으로서 역사적 사실을 관광자원화 할 수 있을 것이다. 봉수와 관련한 이러한 이벤트행사를 통해 신안군의 지명도를 높임과 동시에 도서지역의 역사문화에 대한 일반인의 이해를 돕도록 한다.

(2) 유배의 섬, 흑산도

흑산도는 한국을 대표하는 유배의 섬이다. 이 유배의 섬에서 또다시 유배를 보내는 곳이 있으니 그 곳이 바로 獄島이라는 곳이다. 옥

---

9) 철마는 선원들이 항해의 안전을 빌기 위해 제사(당제 등)를 지낼 때 신체(神體)로 사용하던 것으로, 상라봉 제사터에서 철마 3점이 수습된 바 있다. 이곳에서 다량의 제기유물과 함께 수습된 철마는 머리, 몸통, 다리만을 형식적으로 표현하였으며 길이는 10㎝ 내외이다.

섬은 읍동마을 앞에 위치한 조그만 섬으로 비록 볼품은 없지만 관광객의 흥미를 끌기에 충분한 유래를 갖고 있다. 이 섬은 과거 흑산도 관아에서 죄수들을 가두었던 곳으로 섬 둘레에 斷崖(절벽)가 형성되어 있고, 비바람을 피할 수 있는 동굴(약 2m 깊이), 그리고 죄수가 식량을 얻기 위해 낚시를 했던 거북머리바위 등이 있다. 옥섬에 죄인을 넣어 놓고 몇 달간이나 식량을 주지도 않아도 물고기를 잡거나 해조류 등을 채취하여 살아남을 수 있었다고 한다.

옥섬은 그 크기나 유래에 있어서 미국 샌프란시스코에 있는 알카트라즈 섬(Alcatraz Island)과 매우 유사하다. 알카트라즈는 1933년 미국 연방 형무소로 지정된 이후 30년 동안 미국에서 가장 질 나쁜 범죄자를 수감한 곳으로 악명을 떨쳤으며, 살아서는 결코 탈옥할 수 없는 '악마의 섬'으로 불렸던 곳이다. 이곳에서 옥살이를 한 유명한 인물로는 마피아의 제왕이었던 '알 카포네', 유괴범으로 악명 높았던 '머신건 케리' 등을 들 수 있다. 또한 이 섬은 니콜라스 케이지 주연의 영화 '더 록(The Rock)'으로 인해 더욱 유명한 관광지가 되었다. 따라서 옥섬과 아직 연결되지 않은 30m 정도를 흔들다리로 연결시키고, 인근에 이와 관련한 전시공간을 마련한다면 '감옥의 섬'이라는 특별한 주제를 가진 관광명소가 될 수 있을 것이다. 또한 인터넷상에 '사이버 옥섬'을 짓고, 옥섬에 가두어야 할 역사적 인물또는 유명인을 인터넷에서 주기적으로 공모하는 이벤트를 마련한다면 흑산도 관광의 홍보효과를 극대화시킬 수 있을 것이다.

흑산도는 손암 정약전(1760~1816)과 면암 최익현 등 역사적 인물들이 유배생활을 했던 곳으로 유명하다. 특히 정약전은 조선 후기의 문신이자 다산 정약용의 형으로 천주교도에 대한 탄압이 있었던 신유사옥(1801) 당시 흑산도에 유배되어 15년간의 유배생활을 하면서 많은 흔적을 남겼다. 흑산도 사리의 복성재는 정약전이 흑산도에 유배와서 약 15년 동안 기거하였던 유배지인데, 그는 이곳에서 『자산어보』, 『영남인물고』, 『東易』, 『論語難』, 『松政私議』, 『표해록』 등을 저술하였다. 특히 자산어보는 우리나라 최초의 수산학 관련 저서로 서남해안의 바닷고기와 해산물 155종에 관한 다양한 정보를 기술하고 있는데, 그 내용은 최근에 TV다큐멘터리로 제작·방영되어 흑산도를 널리 알리는데 크게 기여한바 있다.

한편『표해록』은 우이도 사람 문순득이 홍어장사를 하기 위해 항해하던 도중 표류되어 동남아시아의 여러 나라와 중국을 떠돌게 된 매우 흥미로운 내용을 정약전이 전해 듣고 대필한 한문 기행록으로 흥미진진하기 그지없다. 현재 정약전이 유배생활을 했던 사리의 복성재 일원은 유배문화공원으로 조성되어 흑산도의 관광명소가 되었다. 한편 정약전이 기록한 홍어장사 문순득의 표류와 관련한 내용은 TV드라마나 컴퓨터게임으로 개발할 경우 흑산도의 관광홍보에 크게 도움이 될 것이다. 또한 문순득의 후손으로 하여금 흑산도에서 홍어집을 운영하도록 하고 여기에 홍어잡이 어구, 홍어 관련 그림 및 기록 등을 전시하여, 살아있는 문화를 체험할 수 있도록 할 필요가 있다.

(3) 신들의 고향, 흑산도

흑산도는 제주도와 함께 우리나라 민속신앙의 보고라 할 수 있는 곳으로 아직도 곳곳에 당집이 남아 있다. 그 중에서도 '진리 당'은 흑산도의 本堂으로 민속신앙의 중심지로서의 格을 가진 곳이다. 이 당의 주신은 당각시(소저아기씨)이나 원래는 상궁부인, 제석님, 산중 처사님, 도령(총각화상)의 종이 위패와 이 당의 또 다른 神體인 성주단지, 쌀뒤주, 들돌 등이 놓여 있었다고 한다. 그러나 이들은 몇 해 전 화재 이후 이러한 유물들은 자취가 없어지고 말았다. 그러나 당집 앞마당에는 총각화상이 떨어져 죽었다는 노송과 그의 무덤이 있고, 당 아래편 마을 쪽에는 지금은 폐쇄된 당샘이 있어 이 곳 전설의 구체성을 더해주고 있다. 당집 뒤편의 작은 감실(산신당)에는 이 곳 뱃사람들이 지금도 의례를 지내는 민속신앙의 성소이다.

진리 당의 피리, 들돌, 뒤주 등의 神體를 복원하고, 이들을 관광기념품으로 개발하는 것은 문화유산의 관광자원화 차원에서 매우 중요한 의미를 갖는다. 즉, 설화 속의 총각이 불었던 피리를 '신의 피리'라는 의미로 '神笛'이라 이름 붙이고, 이 피리를 불거나 소지하고 있으면 사랑의 소원이 이루어진다고 하여 관광기념품으로 개발하는 것이다. 또한 당에 모셔졌던 '들돌'은 일종의 神體로서 종교적으로 특별한 의미를 갖고 있을 뿐만 아니라 관광객들의 호기심을 불러일으키기에 충분한 매력을 갖고 있다. 특히 이 들돌은 몸이 쇠약한 사람이나 70이 넘은 노인이 만지면 정력이 좋아져 아들을 낳을 수 있고, 아이(아들)를 낳지 못하는 여성이 이 들돌을 만지고 합궁하면 소원을 성취할 수 있다는 소문이 전해오고 있다.

관광객들은 본래 특이하고 마음의 위안을 주는 것들에 대해 강한 흥미를 느끼게 된다. 그리고 진리당처럼 하나의 당에 처녀신과 총각신이 함께 공존하는 경우는 매우 드물며, 신(총각신)의 무덤이 당집 근처에 있는 경우도 거의 없다. 따라서 이 진리당을 연인 또는 부부간의 사랑을 확인하는 '사랑의 聖所'로 의미를 부여하고, 이곳에서 하는 사랑의 맹세는 그 효험이 매우 클 수밖에 없다는 내용을 널리 알릴 필요가 있다. 또한 인터넷에 사이버 진리당을 짓고 이곳을 젊은 이들이 사랑의 메시지(e-mail)을 주고받는 장소로 활용토록 함으로써 흑산도를 널리 홍보하고, 궁극적으로는 진리 당을 찾아오도록 하는 전략도 필요하다고 판단된다.

한편 진리당과 용왕당이 위치한 당숲에는 수형이 아름다운 소나무(육송)와 혼을 불러들인다는 초령목이 자라고 있다.[10] 이곳은 마을사람들에 의해 당숲으로 신성시되었기 때문에 훼손되지 않고 현재까지 보존될 수 있었다. 따라서 당숲은 자연생태자원인 동시에 귀중한 문

---

10) 천연기념물 제 369호로 지정되었던 초령목(일명 귀신나무)은 고사한 상태이나, 그 주위에 어린 초령목 30여 그루가 자라고 있는 것으로 알려져 있다.

화유산이기도 하다. 진리 당숲을 '신들의 숲'이라 명명하고 당신제를 재현하면 훌륭한 관광자원이 될 수 있을 것이다. 현재의 진리 당숲은 완전 개방된 형태를 하고 있어 신성공간을 출입할 때 행하는 '통과의례' 등을 하기가 어려운 상황이다. 따라서 나무울타리를 조성하여 자연스럽게 출입구를 조성하고, 이곳에서 통과의례를 행하도록 하고 주의사항을 숙지시켜 신성공간을 느끼도록 한다.

(4) 어업전진기지 흑산도의 예환

흑산도 예리항은 한 때 우리나라에서 가장 큰 규모의 조기파시가 열리던 곳이자 대표적 어업전진기지였다. 당시 이곳은 밤늦도록 불야성을 이루는 유흥·환락가였으며, 지금도 그 흔적이 많이 남아있다. 따라서 예리항은 국내 최대의 파시와 어업전진기지로서의 분위기를 느낄 수 있도록 정비하고 이를 위해 복고풍의 선술집과 여관거리를 복원할 필요가 있다고 판단된다. 한편 예리항은 섬이라는 지리적 격리성으로 인하여 사랑하는 사람간의 헤어짐과 끝없는 기다림의 추억이 느껴지는 곳이다. 이러한 이유로 흑산도를 배경으로 '흑산도 아가씨'라는 노래가 탄생하여 한때 크게 유행하기도 하였다. 사람들은 대중가요의 노랫말에 등장했던 섬 마을의 이미지를 느껴보고 싶은 욕구를 갖고 있으므로 예리항을 중심으로 가요공원을 조성하는 것도 의미가 클 것으로 판단된다. 우리나라에는 현재 가요박물관이 설립되어 있지 않으므로, 흑산도에 섬을 주제로 한 야외 가요박물관(전시관)을 조성하면, 많은 사람들의 이목을 집중시킬 수 있을 것이다. 따라서 섬마을 선생님, 흑산도 아가씨, 가슴 아프게 등 도서지방을 배경으로 한 구성진 가요를 주제로 한 노래비와 작곡가 동상 및 유품 등을 전시하는 가요공원의 조성을 적극 추진하도록 한다.

(5) 자연생태계의 보고, 홍도

홍도는 천연보호구역(천연기념물 170호)인 동시에 다도해해상국립공원(1981년 지정)으로 지정되어 육지뿐만 아니라 해상까지도 청정지역으로 보존·관리되는 지역이다. 또한 이 섬은 풍란과 흰색 동백을 비롯한 545종의 자생식물이 자라고 있는 생태계의 보고이다. 그러나 홍도는 기암괴석이 빚어내는 환상적인 해안경관으로 인해 1970년대 들어 관광객들이 몰려들고, 이들 관광객들을 상대로 숙박, 음식료, 위락 서비스 영업행위를 하는 사람이 늘면서 환경오염과 경관훼손이 심해지고 있다. 좁은 공간에 과도한 숙박 및 위락시설이 존재하여 오폐수에 의한 환경오염이 심각하고 건축 경관도 불량주거지역을 연상하기에 충분할 정도이다. 홍도의 관광편의시설은 거의 대부분이 불법 건축물이고, 관련 법규에 따라 개·보수도 어려운 형편이다. 따라서 관광객에게 제공하는 서비스의 질이 낮을 수밖에 없고, 이에 대한 불만이 관광객들로부터 터져 나오고 있는 것이 현실이다.

사실 홍도 관광의 거의 전부는 유람선을 타고 기암괴석으로 이루어진 해안경관을 살펴보는 것이다. 따라서 홍도에 굳이 숙박 및 위락시설을 설치할 이유를 찾기 어렵다. 더구나 홍도는 섬전체가 천연보호구역으로 지정되어 있지 않은가? 따라서 장기적인 안목에서 홍도의 숙박 및 위락시설을 흑산도로 점차적으로 옮기고, 홍도는 천연보호구역 지정의 원래 취지를 살리는 방향으로 정비해 나갈 필요가 있다. 이를 위해 흑산도와 홍도 사이에 쾌속 셔틀쉽(shuttle ship)을 운행하여 홍도와 흑산도를 편리하고도 신속하게 왕래할 수 있도록 해야할 것이다. 홍도의 불법 건축물 문제는 언젠가는 반드시 해결하고 넘어가야 할 문제이므로 주민들과의 협의를 거쳐 장기적인 정비계획을 세우고 이를 계획대로 추진해나가도록 한다.

(6) 홍도 1구의 당산림

　홍도1구 선착장 인근의 당숲은 구실잣밤나무와 동백나무의 거목과 홍도 풍란 등이 자생하고 있는 생태학적 의미가 큰 문화유산이다. 신안지역은 원래 동백나무, 후박나무, 가시나무 등과 같은 상록활엽수가 자라던 곳이었으나 인간의 간섭으로 상록활엽수→적송(육송)→해송(곰솔)으로 식생의 천이가 발생한 곳이다. 따라서 홍도 1구의 당숲을 이루고 있는 상록활엽수는 원래의 생태계가 민간신앙의 영향으로 그대로 보존된 것이기 때문에 생태적·문화적 관점에서 매우 중요한 의미를 갖는다고 할 수 있다. 또한 이곳은 여행객들이 배편을 기다리며 아름다운 항구 주변을 조망하고, 휴식을 취하며 홍도의 자연을 체험할 수 있는 최적의 장소이다. 현재 이 당숲에는 자생 수종이 아닌 인공적으로 접목을 한 수양단풍나무 등이 식재되어 있어 생태적 및 문화적 조화를 깨트리고 있다. 따라서 당숲의 생태계가 건강하게 유지될 수 있도록 전문가의 조언에 따라 관리해나가고, 당집을 복원하여 전통민속을 체험할 수 있도록 하는 노력이 필요하다.

2. 비금도

1) 지역개관

　비금도는 목포에서 쾌속선으로 50분이면 갈 수 있는 곳이며, 다양한 자연경관과 해양문화유산이 존재하여 섬이라는 곳을 느끼고 돌아오기에 아주 적합한 곳이다. 사실 비금도처럼 마을 돌담과 도서지방 특유의 민속 그리고 섬마을의 분위기를 살려주는 갯벌과 염전이 한데 어우러져 있는 곳을 찾기란 쉽지 않다. 또한 이 섬은 갯벌해안과, 모래해변 그리고 해식애가 고루 잘 발달된 지역으로 다양한 해양 체험관광을 할 수 있는 매우 이상적인 곳이다. 비금도는 원래 10여 개

의 섬으로 이루어져 있었으나 조선 중기부터 주민들이 간척을 시작
하여 갯벌을 농지(1,600여 ha)와 염전(720여 ha)으로 전환하면서 오늘
날과 같은 섬의 모습을 갖게 되었다. 따라서 비금도는 섬이면서도 농
지가 넓고, 염전이 발달하여 일찍부터 국내 최대의 천일염 생산지가
되었다. 따라서 비금도는 전통 문화마을과 갯벌·천일염 체험장, 그
리고 해변 휴양공간으로 개발할 필요가 있는 곳이다.

2) 자원화 방안

(1) 이상적인 섬문화 체험공간, 내월리 일원

일반적으로 도서지방은 유교문화의 전통이나 문종조직이 강하지
않으나 비금도의 내월리에는 수많은 효자각, 열녀각, 사우(영당), 기
행비 등이 길을 따라 집중적으로 분포하고 있어 특이한 문화공간을
형성하고 있다. 특히 내월리의 월포마을과 내촌마을은 당터(내월리
내촌), 산신각(월포), 대장승, 효자각(3기의 비석), 토속적인 돌담 등이
존재하여 문화마을을 조성하기 좋은 조건을 갖추고 있다. 또한 내월
리의 산 능선에는 '우실'11)과 '일본군 포대'의 유적이 남아있고, 그
너머는 비금도에서 아름답기로 유명한 하누넘 해식애와 해수욕장이
위치하고 있다.12) 한편 大將軍이란 명문이 새겨진 월포마을의 석장승
은 높이 298㎝, 폭 60㎝로 대형 장승인데, 머리에는 투구를 쓰고 1.5m
의 장검을 거머쥐고 있는 모습을 하고 있다. 흥미로운 것은 투구를

---

11) 우실은 내월리 마을 주민들이 하누넘에서 불어오는 재냉기 바람(재 넘
　　어서 부는 바람)으로 인한 농사의 피해를 막고, 종교적 차원에서 마을을
　　보호하는 액막이용 울타리로 쌓은 돌담이다.
12) 내촌마을에서 우실이 있는 산 능선 너머로는 비금에서 가장 아름다운
　　해안경관을 자랑하는 '하누넘 해수욕장'(길이 1㎞, 폭 50m)과 하누넘 해
　　식애의 절경으로 연결된다. 하누넘해수욕장에서 바라보는 낙조는 해수
　　욕장 앞에 위치한 칠발도(천연기념물 332호)와 어우러져 환상적인 장관
　　을 이룬다.

쓰고 있는 이 대장군의 모습이 일제시대 이곳에 주둔했던 일본 군인들이 쓰고 다니던 투구를 본 따 조각되었다는 점이다.

이처럼 흥미로운 문화유산과 자연경관이 아름다운 내월리 월포마을과 내촌마을을 전통 문화마을로 조성하여, 관광객들이 민박을 하며 문화유적 답사와 등산 및 해수욕을 즐길 수 있도록 체류형 관광지로 개발할 필요가 있다. 현재의 문화경관이 더 이상 파괴되지 않도록 하고, 마을의 돌담길을 복원·정비하며, 가옥의 지붕을 내구성이 강하고 전통미가 있는 갈대지붕으로 바꾸면 좋을 것이다. 한편 전통 건축은 지어질 당시의 역사와 문화를 간직하고 있는 귀중한 문화유산이므로 이들을 잘 보존하고 복원하여 관광객을 위한 숙박시설(민박)로 활용하면서 동시에 영화촬영장과 민속공연장 등으로 활용하는 방안을 마련토록 한다. 도서지방의 전통민가는 그 규모가 아주 작아 안방과 모방의 크기가 각각 2.2평과 1.6평 정도에 불과하다. 특히 모방의 경우는 결혼한 아들부부가 거처하였던 점에 착안하여 '신혼부부 체험실' 등 재미있는 이름을 붙여 전통민가 체험공간으로 활용토록 한다.

(2) 도서 민속문화의 보고, 비금도

비금도를 비롯한 도서지방의 강강술래는 육지와 달리 남녀가 함께 가무를 한다는 특징이 있다. 특히 내촌마을의 강강술래에서는 여성이 더욱 적극성을 띠어 마음에 드는 남자에게 강강술래 도중 관심의 징표로 손수건을 건네주기도 한다. 이 손수건에는 남자의 이름, 여자의 이름, 그리고 사랑을 상징하는 문양을 수놓기도 한다. 도서지방의 강강술래는 결혼을 하지 않은 남녀가 자연스럽게 자신의 배우자를 찾는 만남의 행사 역할을 하였다. 내촌마을의 강강술래는 남녀를 불문하고 주민과 관광객들이 한데 어울려 춤을 출 수 있는 놀이이므로 비금을 방문한 관광객들의 문화체험행사 목록에 반드시 포함시키도록 한다. 이는 관광객들(특히 신혼부부 등)이 매우 흥미를 느끼기에 충분한 것이라 할 수 있다. 또한 강강술래 도중 사랑하는 이성에게 몰래 건네는 수놓은 손수건을 관광기념품으로 개발토록 한다.

(3) 우리나라 최초의 천일염 생산지, 비금 시조염전

현재의 비금도는 갯벌로 연결되는 인근의 여러 섬을 연결시켜 간척한 결과로 생겨난 인공 도서인 관계로 지형적 여건이 좋아 일찍부터 천일염 생산의 중심지로 발전하였다. 비금도는 우리나라(남한) 최초로 천일염을 생산했던 곳으로 관련 유적인 '시조염전(구림염전)'이 지금도 남아있다. 또한 이 섬에는 우리나라 전통의 소금생산방식이었던 '화염'의 생산 기능을 보유한 주민들이 생존해 있어 이의 재현이 가능하다. 일부 염전지역에는 고니, 왜가리, 흰뺨오리 등 세계적 희귀 조수가 날아들고 있어 색다른 볼거리를 제공한다. 따라서 시조염전을 중심으로 전통적인 염전 경관을 연출하기 위해 水車 등을 설치하고, 천일염 및 화염의 생산과정을 살펴볼 수 있는 전시공간을 마련하며, 염생식물 학습장 등을 조성하여 볼거리와 체험거리를 제공하도록 한다. 또한 소금생산과 관련된 각종 도구(수리차, 감고, 물꼬마치, 뽀메 등)를 마을회관이나 노인당 또는 폐교 등에 전시하여 토속적인 분위기에서 관람토록 하고, 다양한 종류의 소금(화염 등을 포함) 생산과정을 재현하며, 관광객들이 체험할 수 있도록 한다. 한편 비금도의 폐염전이나 수로 부근에서는 갈대, 함초, 해홍나물 등 염생식물 군락지가 있으므로 이를 활용 염생식물 학습장을 조성하여 청소년캠프공간으로서 다양한 요소를 확보한다.

(4) 옛 국제항로의 유적, 최치원 샘과 城崎山城

비금도의 최남단 수대리 송치마을 뒷산(해발 95m)에는 고운 최치원 선생이 항해 도중 식수를 구했다는 孤雲井이라는 우물터가 남아 있다. 이곳은 본래 官廳島라 불리는 조그만 섬이었으나 간척사업으로 본섬과 연결되어 지금은 관청동이라 불리고 있는데, 이 이름은 최치원이 이곳에 앞으로 관청이 들어설 곳이라고 예언한 데서 비롯되었다고 한다. 이중환의 『택리지』에 의하면 신라시대에 중국으로 가는 바닷길은 영암군 구림마을(혹은 월남마을)이나 화원반도의 唐浦→장산도→비금도→우이도→흑산도→홍의도(홍도)→가가도(가거도, 소흑산도)→중국 台州 寧波縣이었을 것으로 판단된다. 따라서 '최치원의 바닷길'을 따라가는 관광코스 및 요트대회 개최하는 행사를 개발하도록 한다. 특히 중국과의 수교 ○○년을 기념하여 과거 황해 횡단항로를 따라 무동력선(황포 돗단배 등)으로 항해하는 행사를 개최한다. 이 때 고운정 등과 같은 관련 유적지에서 마을 주민과 함께 제사를 지내는 등의 관련행사를 개최한다.

　한편 성치산성은 고대의 주요 항로 중의 하나였던 '자은도-안좌도-장산도'와 '비금도-도초도-하의도-신의도' 사이의 해로 및 중간 기착 항구를 감시·보호하기 위해 축조된 것이다. 성치산성은 백제시대에 始築된 태뫼식 석성으로 성벽의 길이는 약 200m 정도이고, 성 내에 건물지와 우물지로 추정되는 유적이 존재한다. 보통 산성은 적의 움직임을 감시하기 좋은 곳에 설치하기 때문에 자연스럽게 아름다운 다도해 경관을 조망하기 좋은 곳이다. 그 대표적인 곳이 바로 성치산성으로 이곳에 오르면, 동으로는 자은도-암태도-팔금도-안좌도가 에워싸고 있고, 서쪽으로는 망망대해가 펼쳐져 바다경관과 일몰의 풍광이 환상적이다. 한편 산성 아래에 위치한 광대리 당두마을 일대에는 백제 석실분 등 40여기의 고분이 존재하였던 곳이다. 이러한 신안 도서지역의 해양 역사·문화유산은 사실 매우 희귀한 것으로 본존·복원하여 관광자원으로 활용할 가치가 매우 큰 것들이다.

V. 맺음말

21세기는 문화의 세기이자 문화관광의 세기이다. 문화가 문화산업 이란 이름으로 경제발전의 견인차 역할을 하고 인간의 삶의 질을 높 이는 핵심 요소가 되었기 때문이다. 관광에 있어서도 문화가 중시되 는 이러한 경향은 예외가 아니다. 국내외적으로 관광활동에 있어서 문화적 요소가 차지하는 비중은 지속적으로 증가하고 있다. 관광선진 국과 관광후진국을 여행하며 비교하면 그 차이를 피부로 느낄 수 있 다. 관광선진국에 비할 바는 아니지만 우리나라의 경우도 문화적 동 기에서 여행을 떠나는 사람들의 비중이 갈수록 증가하고 있다. 그러 나 도서지방 관광의 경우 문화적 동기보다는 자연경관을 감상하고 휴식을 취하기 위해 여행하는 경우가 아직은 거의 대부분이라 할 수 있다.

필자는 전남 서남해 도서지방을 답사하면서 매력적인 관광자원으 로 활용될 수 있는 문화유산들이 방치되고 훼손되어 가는 현장을 많 이 확인할 수 있었다. 흔히 도서지방을 민속문화의 보고라고 하지만 오늘날 우리 나라의 도서지방은 농수산업의 몰락과 급속한 인구감소 및 노령화 그리고 지방자치단체의 재정능력 부족 등으로 '문화유산 의 무덤'이 되어가고 있다. 이러한 현상은 대표적 도서관광지인 흑산 도와 홍도의 경우도 예외가 아니다. 따라서 본 연구에서는 흑산도, 홍 도, 비금도의 문화유산 가운데 관광자원으로서의 활용가치가 크다고 판단되는 것들을 중심으로 그 활용 가능성을 살펴보았다. 본 연구가 문화유산을 관광자원으로 활용하는 문제에 대해 관심의 초점을 맞추 는 이유는 문화유산을 관광자원으로 적극 활용하는 것이 궁극적으로 문화유산도 보존하고 지역경제도 활성화시키는 가장 효율적인 방법 이라는 믿음 때문이다. 본 연구의 결과는 다음과 같이 요약되어 진다.

첫째, 흑산도와 비금도의 문화유산 중에는 관광 매력물로 개발 가능한 것이 상당수 존재함에도 불구하고 관광자원으로의 활용 정도는 아직 미미한 수준에 머물고 있다. 그 원인은 관광객의 대부분이 문화적인 동기보다는 해양경관의 감상 및 휴양 목적으로 도서지방을 찾고 있으며, 자치단체 역시 지역의 문화유산을 관광매력물로 개발하려는 노력이 그 동안 미진했기 때문이다. 한편 도서지방의 경우 도로여건이 불량하여 문화유산에의 접근 자체가 어려운 것도 문화유산의 활용도를 떨어뜨리는 주요 원인의 하나이다.

둘째, 중요한 의미가 있는 역사·문화유적이 발굴조사과정을 거치지도 못한 채 도로공사, 주택건설, 농지개량공사 등으로 급속히 훼손되어가고 있다. 민속문화자원의 경우는 농어촌지역의 경제적 몰락 및 급속한 노령화 등으로 거의 사라질 위기에 있다. 따라서 도서지방의 민속문화가 흔적도 없이 사라져버리기 전에 이에 대한 지표조사 및 보존과 활용에 관한 학술연구사업이 시급히 실시되어야 한다.

셋째, 문화유산을 관광자원으로 활용하기 위해서는 문화유산에 담긴 의미를 관광객들이 체험하고 느낄 수 있도록 하는 노력이 필요하다. 흑산도 진리당 설화에 등장하는 피리나 상라산 제사터에서 발굴된 철마 등을 관광기념품으로 개발하고, 읍동의 獄島이나 유배문화공원에서 감옥체험을 하게 하며, 신비한 효험이 있다는 들돌이나 뒤주를 만져볼 수 있게 하는 것 등이 그 예이다. 또한 비금도의 경우 남녀가 함께하는 강강술래 도중 사랑하는 이성에게 몰래 건네는 수놓은 손수건 등을 관광기념품으로 개발하는 것도 의미가 클 것으로 생각된다.

넷째, 문화유산을 보다 효율적으로 홍보하고 관광자원으로 활용하기 위해서는 인터넷을 비롯한 각종 메스미디어를 적극적으로 활용할 필요가 있다. 즉, 섬지방의 독특한 유·무형 문화유산을 인터넷 게임이나 TV드라마 등으로 적극 개발하는 것이다.

다섯째, 섬 문화유산을 활용한 관광자원화는 관광객에게 얼마나 많은 감동을 제공했는가의 여부와 함께 지역주민에게 얼마만큼 '버는 즐거움'을 주고, 문화적 자긍심을 심어줄 수 있는가에 따라 그 성공 여부가 결정된다. 따라서 지역 주민이 관광기념품의 개발 및 판매, 민속행사에의 참여 등 관광개발 과정에 직접적으로 참여할 수 있도록 세심히 배려해야 한다. 공원이나 전시관 등을 조성할 때도 관광객만을 위한 시설이 아니라 지역주민들도 함께 이용할 시설이란 점을 염두에 두고 설계에 반영하여야 할 것이다.

【참고 문헌】

김광득, 2003,『21세기 여가와 현대사회』, 서울, 백산출판사.

김재민, 2003,『관광개발론』, 서울, 대왕사.

김재일, 2000,『생태기행, 자연과 사람의 새로운 만남 1(중부권)』, 서울, 당대.

김학범·장동수, 1994,『마을숲: 한국 전통부락의 堂숲과 水口막이』, 서울 열화당.

나승만외 7인, 2003,『다도해 사람들, 사회와 민속』, 서울, 경인문화사.

신승식외, 2002,『해상국립공원의 합리적인 관리방안 연구』, 한국해양수산개발원.

신안군·목포대학교 도서문화연구소, 2003,『흑산도 유배문화공원 조성 학술조사보고』.

신원섭, 2003,『숲의 사회학』, 서울, 도서출판 따님.

엄기철 외, 1997,『도서지역의 유형별 개발전략에 관한 연구』, 국토개발연구원.

이동근·한철환·엄선희, 2003,『역사와 해양의식』, 한국해양수산개발원.

이동신·조상필, 2003,「21세기 전남도서 지역산업의 활성화 방안」『한국 도서연구』, 제15권, 제1호, pp.25~45.

이상희, 1998, 『꽃으로 보는 한국문화』, 서울, 넥서스.

이선실, 1997, 「국민문화 향수 실태와 과제」『문화예술』, 통권 221호, 한국문화예술 진흥원, pp.68~79.

이선희, 1996, 「문화관광의 이해」『觀協』, 통권 277호, pp.8~11.

이장섭, 1994, 「관광문화와 문화관광」『文化政策論叢』, 제6집, 한국문화정책개발원, pp.245~263.

임영숙, 1995, 「문화관광, 내용에 충실해야 될 시점」『문화예술』, 2월호.

전라남도, 2001, 『남도해안 2000리 길』, 서울, 성하출판.

전영우, 2002, 『숲과 녹색문화』, 서울, 수문출판사.

최성민, 2001, 『섬, 내가 섬이 되는 섬』, 서울 김영사.

최성락외 8인, 2003, 『다도해 사람들, 역사와 공간』, 서울, 경인문화사.

최진규, 2001, 『약이 되는 우리 풀·꽃·나무 1』, 서울, 한문화.

______, 2002, 『약초 산행』, 서울, 김영사.

韓凡洙·金德基, 1994, 『歷史文化 觀光코스의 開發方案』, 交通開發研究院.

홍재상, 2003, 『한국의 갯벌』, 서울, 대원사.

해양수산부, 2000, 『해양관광 진흥을 위한 종합계획 수립 연구』.

________, 2002, 『한국의 해양문화: 서남해역』.

Richards, Greg, 1996, 'The Scope and Significance of Cultural Tourism', Richards, G.(ed.), Cultural Tourism in Europe, CAB International, Wallingford, UK, 19-45.

Richards, Greg, 1996b, 'The Social Context of Cultural Tourism', Richards, G.(ed.), Cultural Tourism in Europe, CAB International, Wallingford, UK, 47-70.

I. 목포와 도서·해양관광

1. 목포는 항구다

목포(木浦)는 전남 서남해지역의 섬마을을 여행하기 위해 반드시 거쳐야 하는 관문 항구도시다. 따라서 목포와 뱃길로 통하는 도서들은 서로에게 절대적으로 의지하며 살아왔다. 섬에서 생산된 농수산물은 목포로 운송되어 가공되고 유통된다. 경제·사회·문화적 중심지로서의 목포의 역할은 1970년대 들어 진도와 완도 같은 큰 섬들이 다리로 육지와 연결되고, 영산강 하구언의 건설로 인해 내륙 수로가 막히면서 지속적으로 축소되어 왔다. 현재 건설 중에 있는 압해도 연륙교가 완성되면 서남해 도서·연안지역에 대한 해상교통 중심지로서의 목포의 역할은 더욱 축소될 것이다. 그럼에도 불구하고 항구도시 목포의 역할은 결코 가볍게 보아 넘길 수 없다. 목포는 여전히 160여 개 섬을 연결하는 23개 항로에 41척의 여객선을 운행하고 있는 이 지역 최대의 관문 항구도시다(목포지방해양수산청 내부자료).

전남 서남해 지역의 해상교통체계는 목포를 기점으로 하고 있기 때문에 이 지역의 섬들은 가까이에 위치한 섬보다는 멀리 떨어진 목포와 기능적으로 더욱 밀착되어 있다. 도서로만 이루어진 신안군의 경우 군청과 유관 공공기관의 대부분을 목포시에 위치시키고 있는 점을 감안하면 목포의 역할을 쉽게 이해할 수 있을 것이다. 목포와 서남해 도서지역간의 이러한 기능적 연계구조는 관광에 있어서도 마찬가지다. 따라서 서남해 도서·해양관광이 활성화되기 위해서는 도서 자체의 관광 활성화 노력도 중요하지만 이에 못지않게 관문 항구도시 목포의 역할도 중요하다. 서남해 도서들은 자체적으로 교통, 숙박, 관광정보, 위락, 쇼핑 등 관광객의 다양한 욕구를 독자적으로 충족시켜줄 수 없기 때문에 목포의 도서관광 지원기능은 아무리 강조해도 지나치지 않다.

2. 도서관광과 목포의 잠재력

우리나라는 3면이 바다로 둘러싸인 반도국가다. 도서가 3,150개나 되고, 해안선이 11,500㎞에 달한다. 남북이 정치적으로 분단되어 대륙으로 연결되는 통로마저 막혀있으니 사실상 섬나라나 마찬가지다. 따라서 우리나라는 바다로 나아가지 않고서는 국가의 발전을 기약하기 어려운 운명을 타고났다. 이러한 점을 감안하여 우리 정부는 제3차 국토계획(10년 단위 계획)에서부터 연안지역을 따라 U자형으로 국토를 개발하는 해양 지향적 국토개발전략을 추진하고 있다. 특히 2001년부터 적용되는 제4차 국토계획에서는 해양 관광·레저공간의 개발에 큰 비중을 두고 있다. 또한 정부는 1995년부터 시작된 남해안관광벨트 사업에 이어 2004년에는 서해안관광벨트 개발구상을 발표하였다. 최근에는 목포 인근의 해남·영암 일대에 유사 이래 최대 규모의 관광개발사업인 "서남해안 해양레저타운 개발계획"(소위 J프로젝트)을 발표하였다. 우리나라 관광개발의 두 핵심 축인 서해안 및 남해안 관광벨트가 서로 만나는 교차지점에 목포가 위치하고 있다는 사실은 목포의 관광개발과 관련하여 시사하는 바가 크다.

우리 정부의 각종 관광 관련 개발계획의 내용을 분석·종합해 볼 때 우리나라 관광개발의 큰 흐름은 도서·연안지역에 집중되고, 목포는 도서·해양관광 거점도시로 새롭게 떠오를 것으로 생각된다. 실제로 전남은 도서가 1,967개로 전국의 62%, 해안선은 6,418㎞로 전국의 56%, 갯벌은 1,054㎢로 전국의 44%를 차지하는 우리나라 해양자원의 보고이고, 그 중심에 목포가 위치하고 있다. 더군다나 전남 서남해지역은 전남도청의 무안군으로의 이전, 서해안고속도로와 호남선고속철도의 개통, 무안국제공항의 건설, 화원관광단지의 조성, 그리고 서남해안 해양레저타운 건설계획(J-project) 등으로 인해 도서·해양관광 개발에 대한 여건이 무르익어 가고 있다. 선진국의 사례로 미루어 볼 때 도서·해양관광에 대한 수요는 앞으로 꾸준히 증가할 것으로 예상된다. 농산물 수입개방으로 인하여 전남지역의 주요 산업인 농·어업이 급속히 경쟁력을 상실해가고 있어 관광산업에 거는 지역민의 기대는 클 수밖에 없다. 따라서 도서·해양관광 개발에 있어서 목포의 가치를 다시 한 번 재확인하고 이러한 입지적 이점을 최대한 활용한 개발방안의 제시가 절실히 요구되어지고 있다.

Ⅱ. 목포의 관광현황과 관광자원

1. 목포 및 신안의 관광현황

목포시를 방문한 관광객은 1998년 210만여 명에서 2003년 364만여 명으로 크게 증가하였다. 그러나 이러한 관광객 증가추세는 그동안

거의 정체상태에 머물던 관광객 수가 2003년에 60여만 명 가까이 급
증한 데 기인한 것이다. 이처럼 2003년에 목포를 방문한 관광객이 크
게 증가한 것은 서해안고속도로의 개통에 크게 영향 받은 결과로 판
단된다. 그러나 목포를 방문한 관광객에는 목포를 거쳐 홍도나 흑산
도 같은 대표적 도서관광지 및 영암, 해남, 강진, 진도 등으로 향하는
관광객이 포함될 수 있기 때문에 이에 대한 해석은 좀 더 면밀한 분
석을 요구한다.

한편 서남해 도서의 대부분을 차지하는 신안군을 방문한 관광객
수는 2002년 현재 46만여 명으로 이들의 대부분(46%~87%)은 신안군
관내의 해수욕장을 찾은 피서객으로 파악된다. 이러한 주장이 가능한
또 다른 근거로 신안군을 방문한 관광객의 계절별 변화를 들 수 있
다. 즉, 2002년의 경우 여름철 최대 성수기인 8월의 관광객이 125,896
명인데 반해 비수기인 1월은 9,943명에 불과하여 최대 성수기 대비
비수기의 비율이 7.9%에 불과하기 때문이다. 한편 해수욕객의 경우
도 임자도의 대광해수욕장을 찾은 방문객이 131,670명으로 전체 해수
욕객 211,878명의 62%를 차지하여 지역별 편중현상이 심하다.

신안군이 수많은 도서로 구성되어 있고 각자 매력적인 관광자원을
보유하고 있는 것이 사실이기는 하지만 교통편, 관광편의시설, 유명
세 등에 따라 홍도 · 흑산도를 중심으로 한 다도해 경관 관람객과 임
자도 대광해수욕장을 찾는 해수욕객이 관광객의 절대 다수를 차지한
다. 따라서 나머지 도서들의 경우 관광산업이 지역경제에 미치는 영
향은 거의 무시할 수 있을 정도의 수준이라 할 수 있다. 이들 낙후도
서의 대부분은 극심한 인구 감소를 경험하고 있어 년 출생아 수가 비
교적 큰 도서라 할지라도 20여 명에 불과한 형편이다. 한편 신안군의
경우 해수욕객의 수는 지속적으로 감소하여 2000년 36만 명에서
2002년에는 21만 명으로 크게 줄어들었다. 그럼에도 불구하고 신안군
의 관광객 수는 증가 내지 정체상태를 보이는 것은 도서관광이 해수

욕 위주에서 역사·문화관광, 해양스포츠, 생태관광 등으로 다변화하고 있음을 암시해주고 있다.

<표 1> 목포시와 신안군의 관광객 수

연별	목포시			신안군	
	관광객 계	내국인 관광객	외국인 관광객	관광객수	관내 해수욕객
1998	2,120,826	2,111,358	9,468	287,190	
1999	2,660,614	2,638,743	24,871	228,812	
2000	2,926,676	2,926,676	24,059	414,112	361,867
2001	2,978,681	2,954,531	24,150	505,627	230,169
2002	3,077,562	3,051,803	25,759	457,286	211,878
2003	3,639,807	3,610,983	28,824		

자료: 목포시, 2004, 『목포통계연보』; 신안군청 문화관광과.

2. 목포의 관광자원

목포에는 내세울만한 전통문화재가 거의 없다. 그도 그럴 것이 목포는 1897년 10월 1일 일본에 의해 개항장으로 개발되기 이전에는 몇 가구가 모여 사는 한적한 어촌에 불과했기 때문이다. 따라서 목포의 역사·문화자원은 대부분 일본과 관련된 것이라 할 수 있다. 목포에 남아있는 일제시대의 문화유산은 식민지 역사라는 나름의 특성이 있고, 국내에서 그 흔적이 가장 잘 남아있기 때문에 관광자원으로서의 가치가 매우 크다고 할 수 있다. 사실 일제시대의 문화적 흔적은 목포의 특성을 가장 잘 나타내주는 귀중한 관광자원이라 할 수 있다. 그러나 이러한 일제시대의 문화적 흔적은 우리 역사의 치부를 보여주는 것이고 여기에 민족적 감정까지 더해져 이를 보존하고 관광자원으로 활용하는데 있어서 매우 수동적인 태도를 견지해 왔다. 목포시청의 관광안내 홈페이지에 일제시대 문화유산이 전혀 소개되지 않고 있는 것도 같은 맥락에서 이해할 수 있다. 이처럼 방치된 상태로 오랜 세월을 지나다보니 이들 일제 유산은 관광자원으로서의 활용가치를 크게 잃어가고 있다.

목포에는 비슷한 규모의 지방도시에 비해 전시·공연시설이 상대적으로 많은 편이다. 이들은 주로 유달산 일원과 갓바위 문화의 거리에 집적되어 있다. 유달산 인근에는 옥공예전시관, 유달산조각공원, 난공원, 특정 자생식물원, 목포문화원, 목포문화의 집이 위치해 있다. 한편 갓바위 문화의 거리에는 자연사문화박물관, 남농기념관, 국립해양유물전시관, 종합문화예술회관 등 문화기반시설이 집적되어 있어 유달산과 함께 가장 많은 관광객들이 찾고 있는 곳이다. 한가지 아쉬운 점이 있다면 목포에 위치한 박물관·전시관에는 목포 및 인근 도서지방의 향수를 느낄만한 "향토적인 것"이 거의 없다는 것이다.

한편 목포의 문화시설은 곧 다도해 도서민의 문화시설이라 할 수 있으므로, 목포는 물론 서남해 도서지역의 역사·문화 및 자연자원을 체험할 수 있는 전시공간을 마련할 필요가 있다. 이를 위해 서남해 도서지방의 관문인 목포에 가칭 "도서 역사·문화 센터"를 설치하는 방안이 마련되어야 할 것으로 판단된다. 또한 유달산에 위치한 "특정 자생식물원"을 확대·개편하여 도서지역의 야생화를 비롯한 다양한 자생식물을 전시하고 그 묘목(분재)을 관광기념품으로 개발하는 전략이 마련되어야 할 것이다. 전남 서남해 도서지방은 우리나라 식물자원의 보고라 할 수 있는 곳으로 일반에 잘 알려지지 않은 특이 식물(변이종)이 많이 존재하고 있다. 특히 살아있는 식물은 지극정성으로 돌봐줘야 하는 대상이기 때문에 이를 관광기념품으로 구입한 여행객은 그 때마다 관광지에서의 기억을 되살리게 되므로 관광기념품으로서의 가치가 클 뿐만 아니라 입소문을 통한 홍보효과도 지대하다고 할 수 있다.

이러한 점을 감안하여 현존하는 국립해양유물전시관에 더하여 도서역사·문화센터, 해양생태전시관, 도서지방 자생식물원 등을 목포에 집적시켜 도서·해양 문화관광 거점으로 개발하여야 할 것이다. 인간은 책이나 메스컴을 통해 획득한 지식과 정보에 대해 실재 현장을 방문하여 확인하고 체험하기를 원하는 본능을 가지고 있다. 사실

관광활동은 이러한 지적 호기심을 충족하려는 인간의 욕구에서 비롯된 측면이 강하다(김광득, 2003: 150). "겨울연가"나 "해신"등 TV드라마가 방영된 이후 이들 드라마 촬영지가 유명 관광지로 변모하고 있는 것은 바로 이러한 인간의 현장 확인 욕구가 강하게 반영된 결과이다. 따라서 목포에 서남해 도서지방의 역사·문화, 민속, 식생 등을 종합적으로 전시하고 공연하는 공간을 마련하는 것은 결국 목포는 물론 서남해 섬 관광의 활성화에 긍정적으로 작용하게 될 것으로 판단된다.

Ⅲ. 목포의 도서관광 지원기능

1. 항구도시 목포의 발판기능

관광객들은 출발지를 떠나 최종 목적지에 이르기까지 중간경유지에 들러 휴식을 취하거나 간단한 관광활동을 한다. 이처럼 중간경유지가 수행하는 역할을 발판기능(staging function)이라 하며, 주로 운송·숙박·쇼핑·위락시설과 같은 서비스를 포함한다(김재민, 2001: 97). 교통시설과 운송수단이 발달하지 못했던 과거에는 최종 목적지까지 가는데 수많은 중간경유지(휴식처)가 필요했다. 그러나 교통수단이 발달하면서 여행객이 필요로 하는 이러한 중간경유지의 숫자는 크게 줄어들어 그 중요성을 실감하지 못하고 있다. 과거 서울에서 제주도까지 가기 위해서는 수많은 중간경유지가 필요했으나 지금은 비행기로 단번에 갈 수 있는 세상이 되었다. 그러나 전남 서남해 도서지역의 경우는 제주도와 상황이 크게 다르다. 관광객이 서남해 도서지역에 가기 위해서는 목포항까지 와서 반드시 배로 갈아타야 한다.

이러한 점에서 목포는 전남 서남해 도서·해양관광에 있어서 매우 중요한 발판기능을 수행하고 있다고 할 수 있다.

목포가 수행하는 도서관광 발판기능은 해상운송, 기상상태와 도서관광에 대한 정보제공, 식음료 및 숙박서비스, 여행사서비스, 주차서비스, 위락서비스, 기상악화에 따른 대체관광지로서의 기능 등 수없이 많다. 사람들은 최소한의 이동을 통해 최대한 다양한 경험을 하기를 원하기 때문에 중간경유지의 관광 또한 최종 목적지의 관광 못지않게 중요한 의미를 갖는다. 특히 교통수단을 달리하여 반드시 바꿔 타기를 해야 하는 목포와 같은 항구도시의 경우는 대체 및 보완 관광지로서의 역할이 더욱더 중요하다. 해상의 기상상태는 수시로 변하기 때문에 그만큼 예측이 어렵고 해상관광의 경우 계획대로 일정을 추진할 수 없는 경우가 비일비재하기 때문이다. 목포기상대에 의하면 2003년 서남해 연안지역의 기상은 맑음 71일, 흐림 121일, 강수 143일, 천둥번개 17일, 폭풍 16일(보통 20~30일), 안개 21일 등이다. 지금처럼 해수욕과 다도해 해안경관을 둘러보는 형태로 진행되고 있는 도서관광에 있어서 이러한 기상조건은 매우 부정적인 영향을 끼친다고 할 수 있다.

<표 2> 목포지역 일기일수 현황

	2000년	2001년	2002년	2003년
맑음	73	74	67	71
흐림	83	100	93	121
강수	117	131	127	143
서리	44	48	36	36
안개	18	23	34	21
눈	25	30	21	21
뇌전	9	13	16	17
폭풍	30	12	14	16

자료: 목포기상대.

2. 도서관광의 관문, 목포

전남 서남해 도서지역을 여행하는 관광객은 반드시 목포여객터미널에서 배를 타야 한다. 목포항을 이용하는 여객 수는 기상상태에 따라 변화의 폭이 크나 대략 300만 명 정도이다.[1] 섬 관광의 대표적 특징은 수요의 계절적 변화가 극심하다는 것이다. 전남 서남해의 대표적 관광지인 흑산도와 홍도의 경우 성수기인 8월과 비수기인 1월의 쾌속선 운항횟수를 보면 목포-흑산도가 8회에서 3회로, 목포-홍도가 7회에서 2회로 크게 줄어든다. 멀리 떨어진 가거도로 가는 배편은 겨울철에는 그나마 이틀에 1편밖에 다니지 않는다.

한편 유명한 해수욕장이 있는 도서의 경우 여름철 성수기에는 관광객들이 타고 온 차량으로 인해 섬 내 교통이 마비되어 지역주민들의 일상생활에까지 커다란 불편을 주는 상황이 반복되고 있다. 이는 여행에 필요한 모든 물품을 차에 싣고 다니는 관광객들이 짐의 운반 등을 꺼려 자동차를 가지고 섬에 들어가는 경향이 강하기 때문이다. 신안군을 찾은 관광객이 1997년 287,190명에서 2002년 542,033명으로 2배 가까이 증가했음에도 불구하고, 관 내 도서에서 택시의 수송 인원은 같은 기간에 오히려 62,640명에서 58,986명으로 감소하였다.[2] 이는 특별한 경우를 예외로 하면 대부분의 관광객들이 자가용을 가지고 도서지방을 여행하고 있다는 것을 의미한다. 이처럼 관광객들이 여행에 필요한 모든 물품을 차에 싣고 도서지방을 여행하는 행태는 도서주민의 입장에서 볼 때 민박 등을 통해 벌어들이는 숙박료를 제외하면 도서 내의 교통혼잡과 쓰레기를 증가시킬 뿐 지역경제에 별다른 도움이 되지 않고 있음을 뜻한다.

---

1) 목포항을 이용한 여객 수는 1997년 385만 명, 1998년 226만 명, 1999년 339만 명, 2000년 349만 명, 2001년 234만 명, 2002년 231만 명, 2003년 251만 명, 2004년 268만 명이다(목포지방해양수산청).
2) 신안군, 2004, 『2002 신안군 통계연보』.

관광객들이 타고 온 승용차를 연안항에 두고 도서관광을 할 수 있는 시스템을 갖추는 것은 도서관광의 활성화에 매우 중요하다. 특히 관광객의 대부분이 자가용을 이용하여 이동하고 있다는 사실과 목포항에서 출발하는 홍도·흑산도와 같은 주요 관광지가 자가용을 가지고 섬에 들어가기가 어렵다는 점을 감안하면 목포여객터미널과 인근 지역에 충분한 주차공간을 확보할 필요가 있다. 도서지방 여행객이 이용할 수 있는 목포여객터미널 인근의 주차시설은 여객터미널에서 직접 운영하고 있는 100여대의 차량을 주차시킬 수 있는 공간(하루 10,000원의 주차료를 받고 있음)과 목포 내항에 물양장을 건설하면서 함께 조성한 무료 주차장을 들 수 있다.

항내 물양장 주차시설의 경우 목포시에서 목포지방해양수산청의 협조를 얻어 무료로 운영하고 있고 그 규모도 상당히 큰 편이다. 그러나 이 주차공간은 평상시에도 빈자리를 찾기 어려울 정도로 목포 시민들이 주차공간으로 활용하고 있어, 성수기에 관광객들의 주차수요를 충족시키기에는 역부족인 형편이다. 따라서 관광 성수기에는 여객터미널을 이용하는 여행객에 한정하여 이 주차장을 활용할 수 있도록 하는 등 운영의 묘를 기할 필요가 있다. 목포항의 주차시설은 목포만의 문제가 아니라 인근 도서지역의 문제이기도 하다. 따라서 목포항 주변지역에 대한 재개발 계획을 수립할 때 주차장 확보문제에 우선순위를 두어야 할 것이다.

<표 3> 목포의 교통수단별 여객운송 및 관광객 현황

	2000년	2001년	2002년	2003년
철도	2,162,178	2,092,413	1,686,287	1,607,085
항공	336,473	288,167	170,004	114,371
여객선	3,487,107	2,340,989	2,313,447	2,511,104
관광객 수	2,926,676	2,978,681	3,077,562	3,639,807

자료: 목포역·임성역, 한국공항공단 목포지사, 목포지방해양수산청, 목포시청 관광과.

3. 목포의 여행사와 여행정보 제공

목포시에서 영업 중인 여행사는 모두 45개 정도이며, 서남해 도서관광의 핵심인 홍도·흑산도 관광에 있어서 매우 중요한 역할을 수행하고 있다. 이들 여행사 중 10여 개는 홍도·흑산도 여행상품을 개발하여 전국의 대도시지역 여행사에 여행상품의 판매를 의뢰하고, 모든 여행일정을 책임지고 진행한다. 홍도·흑산도 여행객의 50% 정도는 단체여행객이고, 이들 단체 여행객의 70~80%는 서울·경기지역 주민으로 파악되고 있다. 서울에서 출발하는 홍도·흑산도 패키지여행상품은 2박 3일 일정이 80% 정도로 거의 대부분을 차지한다.

홍도·흑산도의 단체여행은 서울지역 여행사에서 기차 편으로 여행객을 보내면 목포의 현지 여행사가 손님을 받아 모든 여행일정을 책임지는 형식으로 운영되고 있다. 서울지역 여행사는 단체관광객으로부터 받은 금액 가운데 열차운임과 수수료(전체 여행경비의 약 10%)를 공제한 금액을 목포지역 여행사로 송금하고, 목포지역 여행사는 이 금액으로 모든 행사를 진행하고 있다. 이러한 방식으로 목포지역 여행사가 2박 3일 일정의 홍도·흑산도 패키지여행을 실시할 경우 2003년 기준으로 관광객 1인당 대략 5천 원에서 1만 5천 원 정도의 이윤(평균 1만 원 정도)을 남기는 것으로 조사되고 있다. 패키지여행상품의 내용이 서로 유사하다보니 여행경비를 낮추는 방향으로 여행사간 경쟁이 심화되어 결국은 덤핑여행으로 이어지는 결과를 초래하고 있는 것이다. 따라서 이러한 문제를 해결하기 위해서는 숙박시설의 수준을 높이고, 문화유산답사와 생태관광 그리고 다양한 체험관광의 기회를 제공하는 등 여행상품의 내용을 다양화·차별화 시킬 필요가 있다.

한편 도서지역은 교통·통신서비스 환경이 열악하고, 수시로 기상상태가 변하므로 신속하고 정확한 정보의 제공은 매우 중요하다. 따라서 목포시에 도서관광 종합정보센터를 설치 · 운영할 필요가 있다.
비록 행정구역이 다르기는 하지만 도서관광의 과실이 그대로 목포의
지역경제에 영향을 미친다는 점을 감안하면 이러한 주장은 설득력이
있다. 목포시청 홈페이지에 들어가 보면 연안항로의 운항정보로 주요
항로를 운행하는 선박회사의 전화번호만 나와 있는 형편이다. 따라서
목포시는 신안군과 공동으로 주요 교통시설에 도서관광 여행정보 안
내센터를 설치하여 운영하고, 정확하고 내실 있는 인터넷 관광정보를
제공하기 위해 부단히 노력해야 할 것이다.

4. 섬 관광 대체관광지로서의 목포

기상악화로 인해 도서지방으로의 선박운항이 중단될 경우 대체관
광지로서 관문 항구도시의 역할은 매우 중요하다. 사람들은 한 번의
여행을 통해 최대한 여러 곳을 들르고 다양한 체험을 하기를 원한다.
따라서 관문 항구도시가 관광지로서 손색이 없을 때 인근 도서지역
의 관광도 활성화될 수 있다. 유명 도서관광지로 출발하는 항구도시
가 2개 이상일 경우 여행사나 관광객들은 기왕이면 해당 도서지역을
운항하는 횟수가 많고 항구 인근에 관광지가 많아 배편을 기다리는
시간을 이용하여 관광을 즐길 수 있는 곳을 선택하게 된다. 즉, 연안
의 항구도시와 도서관광지는 긴밀한 상호의존관계에 있다고 할 수
있다.

목포는 다도해 섬이나 제주도 등지로 여행하는 관광객들이 거쳐
가는 항구도시로서 다도해의 경관을 잘 관찰할 수 있을 뿐만 아니라
일제의 식민지배와 관련한 근대문화유산이 가장 잘 남아있는 곳이다.
그럼에도 불구하고 목포를 관광지로 생각하거나, 목포에 볼거리가 많
다는 생각을 하는 사람은 극소수에 불과하다. 갑작스런 기상악화로
인해 도서지방 여행이 불가능해진 경우 대부분의 관광객들은 목포에

서 1~2시간이나 떨어져 있는 해남 땅끝이나 보성 녹차밭 등 매스컴에 자주 오르내리는 곳을 대체여행지로 선택하고 있다. 사실 목포 사람들도 목포에 어떤 의미 있는 문화유산이 있는지 잘 알지 못하는 마당에 외지인에게 그 것을 기대하는 것은 무리이다.

유달산에 올라 바라보는 다도해의 풍광이 얼마나 아름다운지 아는 사람은 많지 않다. 그리고 유달산 남쪽의 구 개항장과 북쪽의 북교동 등지에 볼만한 유적들이 얼마나 많은지 아는 목포 사람들도 거의 없다. 이는 문화유적을 보존·정비하고, 널리 알리는 동시에, 이들을 연계하여 하나의 관광상품으로 개발하려는 노력이 그동안 미진했기 때문이다. 목포의 특성을 가장 잘 대변할 수 있는 구개항장 일원의 일본 관련 문화유산들은 민족적 반감이 작용하면서 그대로 방치되거나 일부러 관광홍보에서 제외시켜 온 것이 사실이다. 이는 목포시청의 인터넷 홈페이지를 살펴보면 바로 확인할 수 있다. 도서관광의 경우 섬이라는 지리적 특성상 관광매력물의 다양성이 결여된 경우가 대부분인 만큼 이러한 약점을 보완해 줄 수 있는 항구도시의 관광활성화는 매우 중요한 의미를 갖는다.

5. 관광기반시설

도서관광의 중간경유지로서 목포가 제공하는 지원기능(발판기능)은 앞에 든 것 이외에 숙박 및 식음료서비스, 도소매서비스, 각종 전시공간 등 매우 다양하다. 목포지역의 관광호텔은 총 4개로 객실 수는 290여 개다. 특급호텔은 없고 전부 일반호텔이다. 목포지역 숙박·음식업 사업체는 총 4,039개로 전체 사업체 18,464개의 21.9%이고, 도소매·수리업은 5,907개로 전체의 32.0%를 차지하고 있다. 이는 목포가 인근 군지역과 도서지역에 다양한 서비스를 제공하는 중심지 기능을 수행하고 있음을 여실히 보여주는 것이다. 목포에는 하

당 신도심을 중심으로 수많은 모텔이 운영되고 있지만 이들은 수학
여행을 비롯한 단체 관광객들이 머물기에는 적합하지 않은 곳이다.

이처럼 수학여행단과 같은 대규모 단체 관광객을 수용할 수 있는
숙박시설이 없다는 것은 도서관광은 물론 목포를 중심으로 한 전남
서남부지역 전체의 관광 활성화에 있어서 커다란 장애요인으로 작용
하고 있다. 따라서 목포시는 수익성을 따지거나 민간부문에서 해결할
사항이라고 방관하기 보다는 적극적으로 이 문제를 해결하려는 자세
를 견지할 필요가 있다. 관광자원 자체가 갖는 매력만으로 관광객을
끌어들이기에는 분명한 한계가 있다. 매력적인 관광대상에 더하여 먹
고, 자고, 즐길 수 있는 적합한 관광객이용시설 및 관광편의시설이 갖
추어질 때 비로소 제대로 된 관광이 이루어질 수 있기 때문이다. 따
라서 목포시는 다른 어떤 관광 진흥정책을 수립하기에 앞서 가장 기
본적인 "잠잘 곳"을 해결해주는 노력이 앞서야 할 것이다.

Ⅳ. 도서관광 관문도시 목포의 기능강화 방안

1. 국제 관광도시로서의 위상정립

목포를 중심으로 한 전남 서남해 지역은 역사적으로 우리나라 연
안항로의 거점이었을 뿐만 아니라 중국과 일본을 이어주는 국제항로
의 요충지였다. 이는 서남해 도서들이 한반도와 일본 및 중국을 이어
주는 징검다리 역할을 해왔기 때문이다. 따라서 육로교통보다 해상교
통이 우세하였던 과거로 거슬러 올라갈수록 다도해의 도서들과 연안
의 중심항구는 국제 경제·문화 교류의 가교로서 중시되었다. 목포의
국제항으로서의 기능은 비록 그것이 일제에 의한 것이기는 하지만

일제식민지시대에 그 절정에 달하였으며, 이와 관련된 유적들이 가장 잘 남아 있다.

시민지 시대의 유산인 일본인 거류지, 학교, 은행, 동양척식회사 건물, 사쿠라 거리, 환락가, 관청, 신사, 간척지, 도로 및 철도건설 등을 포한한 관련 유산을 보존하고 복원한다면 훌륭한 관광자원으로 활용될 수 있을 것이다. 이러한 식민지 유산은 국내의 다른 지역에서는 거의 찾아볼 수 없게 되었기 때문에 이들은 훌륭한 관광자원으로서의 매력을 갖는다. 일제식민통치의 부당함을 알리기 위해서라도 이러한 식민지 관련 유산들은 잘 보존하여 교육의 장으로 활용되어야 한다. 이를 위해 전국 또는 목포 인근에 흩어져 있는 식민지시대의 유산을 목포에 이전하여 집단화시키는 노력이 필요하다고 생각된다. 식민지시대의 유품을 모아 박물관이나 개항장 거리를 조성한다면 국내관광객은 물론 해외관광객들에게도 좋은 볼거리가 될 수 있을 것이다.

한국인 관광객이 세계에서 여행경비가 비싸기로 유명한 일본을 가장 많이 찾고 있는 것은 경제적 거리보다 문화적 거리가 가깝기 때문으로 이해된다. 수석이나 서예 작품 등을 전시하고 있는 목포의 향토문화관(현재의 자연사문화박물관)을 찾는 국제 관광객의 거의 전부가 일본인 관광객이고 구미지역의 관광객을 거의 찾아볼 수 없는 것은 문화 및 사회적 동질성의 영향이 지대함을 보여주는 것이다. 따라서 과거의 쓰라렸던 역사를 들추어내 우리 지역을 찾은 일본인 관광객을 난처하게 하기보다는 양국의 이해증진과 항구적인 국제평화에 기여하고 경제적인 이득을 획득하는 차원에서 일본인 관광객을 맞이할 준비를 해야 할 것이다. 이를 위해 일본인이 식민지 시대에 저질렀던 만행과 함께 미담이 될 수 있는 사실들도 발굴하여 널리 알려야 한다. 예로서 한국의 고아들을 위해 "목포 공생원"에서 평생을 바친 일본인 여성의 미담 등을 소개하고, 공생원 방문을 관광루트에 포함시키는 등의 노력이 요구된다.

목포항이 최초로 개항될 무렵 현재의 대성동과 산정동 일부는 불란서령, 만호동은 영국령, 서산동은 러시아령, 서산동과 만호동 사이의 해안지역은 개항지 및 일본령, 그리고 정명여자고등학교 근처는 미국령으로 구획되었다(목포시, 2003: 42). 비록 잇따른 일본의 강압에 의해 국제개항장으로서 이러한 목포의 모습은 곧바로 사라지고 왜색 일색이 되어버렸지만 목포는 국제도시로서의 역사성을 강하게 갖고 있다. 서양 사람이 많이 사는 동네라 하여 "양동"이라고 부르거나 서산동의 산을 "러시아 산"으로 불렀던 것은 바로 이러한 역사적 흔적이다. 역사를 거슬러 올라가면 목포가 위치한 영산강 하구지역은 중국으로 떠나는 선박의 주요 출항지였다. 따라서 이러한 목포의 역사성을 살려 각국의 건축양식을 체험할 수 있는 테마공원을 조성할 필요가 있다. 미국이나 호주는 물론 일본과 중국도 외국인 거류지를 보존하고 복원하여 훌륭한 현장학습 장소 및 관광자원으로 활용하고 있다.

2. 서남해 도서지역 자생식물원 조성

목포는 전남 서남해 도서의 관문 항구도시이자 각종 도시적 서비스를 제공하는 중심지이다. 이러한 목포의 관문 항구도시로서의 역할은 도시경관에도 상당부분 반영되어야 할 것으로 판단된다. 목포와 다도해 도서지역은 생태적으로 난대수종이 자라는 조엽수림(照葉樹林) 지대에 해당한다. 이들 난대수종은 수도권과 충청권은 물론 호남권의 내륙지방에서도 잘 자라지 않기 때문에 흔히 접하기가 쉽지 않다. 이러한 난대식물은 그 희귀성과 특이성으로 인해 관광자원으로의 활용가치가 매우 크다. 따라서 서남해 도서지역의 관문인 목포에 이들 섬에서 자라는 자생식물을 체계적으로 식재할 경우 색다른 도시경관을 연출하고 도서관광에 대한 관심을 유도할 수 있을 것이다.

　　목포의 도로에 심겨진 가로수 현황을 살펴보면 이러한 목포의 기후적 특성이 거의 반영되지 않고 있음을 알 수 있다. 한반도 어디에서나 잘 자라는 은행나무(33%), 느티나무(19%), 회화나무(16%) 등이 가로수의 거의 대부분을 차지하고 이 지역의 생태적 특성을 대변해 줄 수 있는 수종으로는 유일하게 후박나무 82그루(0.7%)가 심겨져 있을 뿐이다(표4 참조). 이러한 목포시의 가로수 수종 선택은 목포시내 소공원 및 녹지대의 조경에도 그대로 적용되어 전국 어디에서나 흔히 볼 수 있는 느티나무, 소나무, 단풍나무 등이 식재되고 있다.

〈표 4〉 목포시의 가로수 현황(2001년)

수종	수량	비율(%)	노선(위치)
이팝나무	885	8	국도1호선외 1개소
플라타너스	1,062	9	용호로외 6개소
회화나무	1,829	16	북항로외 2개소
메타세콰이아	443	4	내항진입로외 2개소
은행나무	3,722	33	법원로외 9개소
느티나무	2,172	19	대양로외 2개소
팽나무	146	1	용호로
후박나무	82	1	대양로
목백합나무	5	-	신촌로
왕벗나무	846	7	하당1·2단계
칠엽수	244	2	하당2단계
계	11,436	100	28개 노선

참고: 목포시, 2002, 『2002 시정백서』, p. 314.

　　서남해 도서지역은 우리나라 식물자원의 보고라 할 수 있는 곳으로 풍란, 변이종 동백, 백서향, 완도호랑가시 등 지역의 특산식물이 많이 발견되는 곳이다. 동백 한 종류만 하더라도 하얀색, 보라색, 검은색 등의 다양한 꽃이 피고 잎에 다양한 무늬가 새겨진 변이종들이 많다. 최근 들어 다양한 품종의 야생화를 수집하는 사람들이 많아지고 있기 때문에 도서지방의 특산식물은 관광기념품으로 개발할 가능성이 무궁무진하다. 따라서 목포 여객터미널을 비롯하여 주요 관광지에 서남해 도서지역의 특산식물을 전시하고 판매하는 코너를 마련할 필요가 있다. 이는 관광객에게는 볼거리와 살거리를 제공하고, 이들 식물을 재배하고 판매하는 지역 주민에게는 관광 진흥을 통해 돈을 버는 재미를 느낄 수 있게 해주는 것이다.

목포는 지역축제로 「유달산 꽃 축제」를 개최하고 있으므로 인근 도서지역의 자생식물을 십분 활용할 필요가 있다. 요즘 대부분의 학교에서 야생화 가꾸기를 특별활동으로 실시하고 있으며, 꽃꽂이를 비롯하여 식물을 이용한 다양한 취미활동이 인기를 끌고 있다는 점을 상기할 필요가 있다. 현재 목포 유달산에는 자생식물을 수집하여 식재해 놓은 「특정 자생식물원」이 5,147㎡(유리온실 155㎡ 포함)의 규모로 2000년 11월부터 개원하여 운영되고 있으나 그 규모나 다양성에 있어서 관광객의 욕구를 충족시키기에는 턱없이 부족한 형편이다. 따라서 목포를 상징하는 유달산 주변 또는 다른 적당한 장소(삼학도 등)를 선정하여 일정 규모 이상의 도서지역 자생식물원을 설립하여 이들 식물의 전시, 판매, 재배 및 관리 교육을 실시하는 공간을 조성할 필요가 있다. 특히 도서지역의 야생화는 섬이라는 지리적 특성이 주는 이미지가 야생화와 잘 어울려 쉽게 사람들의 관심을 끌 수 있을 것이다. 또한 이러한 자생식물 전시관에서 관람한 식물을 보기 위해 본래의 자생지인 해당 섬을 찾는 신규 관광수요를 창출하는 효과도 기대할 수 있을 것이다. 이를 위해 해당 특산식물이 자생하는 도서는 자생지를 잘 보존할 뿐만 아니라 이들 식물을 대대적으로 번식시켜 집단 재배지를 조성하고, 섬을 방문하는 관광객들에게 기념품으로 판매할 수 있도록 해야할 것이다.

3. 도서 역사·문화 센터 설치

도서는 흔히 민속의 보고로 일컬어진다. 이는 섬 주민들이 지리적인 단절성으로 인해 주어진 자연환경에 보다 직접적으로 영향 받으며 살아왔기 때문이다. 따라서 도서지역의 민속·문화는 육지지역에 비해 상대적으로 독특한 지역성을 가질 수밖에 없는 것이다. 이러한 독특성은 관광에 있어서 절대적인 매력성을 의미하며 관광자원으로서의 가치가 매우 큼을 의미한다. 도서지역은 도서간의 상호작용보다는 도서와 관문 항구도시와의 관계가 보다 밀접하기 때문에 이들 서남해 도서지역의 민속·문화를 접할 수 있는 공간을 목포에 설립할 필요가 있다. 이렇게 될 경우 목포를 방문한 관광객들은 소위 "도서 역사·문화 센터"에서 여러 도서의 다양한 민속·문화자원에 대한 기초지식을 얻은 다음 그 실제 현장인 도서를 방문하여 현장을 확인함으로서 자신의 호기심을 충족시킬 수 있게 될 것이다.

4. 지역특산물 판매장 설치

사람들은 자신이 어떤 지역을 방문한 사실을 증명하고 방문 당시의 기억을 되살리기 위해 사진을 찍고 기념품(지역 특산물)을 구입한다. 이러한 행위는 전쟁에서 승리한 군인들이 이를 증명하기 위해 반드시 전리품을 챙겨 귀환하는 것과 같은 것으로, 이는 동물적 본능에 해당한다. 따라서 지역의 특산물을 관광기념품으로 개발하여 판매하는 것은 관광객들에게 본능에 가까운 욕구를 충족시켜 여행의 만족도를 높여주는 것이 된다. 따라서 앞에서 언급한 도서지역의 특산식물을 관광기념품으로 개발하는 것에 더하여 서남해 섬들의 특산물, 특히 해산물을 전문적으로 취급하는 상가거리를 목포에 조성하여 관광명소로 개발할 필요가 있다. 현재 목포 하당 신도심에는 목포수산업협동조합에서 사업비를 지원하여 지하1층 지상 4층, 연건평 1,003평의 「수산종합판매장」을 건립하여 연근해 어선에서 잡아온 수산물을 직거래로 판매하고 있다. 그러나 이곳은 수산물 유통 그 자체만을 감안할 때는 좋은 입지적 조건을 갖추고 있다고 생각할 수 있지만 적어도 관광의 관점에서 볼 때는 해변에 입지한 것보다는 그 매력성이 크게 떨어진다고 할 수 있다.

보다 장기적인 차원에서 목포시는 도서지방의 특산품을 전문적으로 가공하는 시설을 특정 지역에 집단화 하여 관광객들이 직접 그 제조 가공과정을 견학하고 생산된 제품을 기념품으로 구입해 갈 수 있도록 할 필요가 있다. 함초, 다시마, 천일염, 머드(갯벌), 동백기름, 진주조개 등 수없이 많은 도서지역의 특산물을 가공하여 부가가치를 높이고 관광객들에게 체험기회를 주는 것은 매우 의미있는 관광개발 사업의 하나가 될 것이다. 그러나 도서지역은 지역 특산물을 가공할 만한 제조시설을 갖추기가 쉽지 않다. 도서지역에 제조업이 거의 전무한 것은 소규모 도서의 경우 규모의 경제를 추구하기 위한 적정 수준의 원료를 확보하기가 쉽지 않고, 제품가공에 필요한 각종 설비의 설치 및 운영비용이 상대적으로 비싸게 들 뿐만 아니라 전문 인력을 확보하기도 어렵기 때문이다.

V. 맺음말

목포는 전남 서남해 섬 지방을 여행하기 위해 반드시 거쳐야 하는 관문 항구도시다. 섬사람들은 생필품과 각종 서비스를 목포에서 제공받고, 자신들이 생산한 농수산물을 목포에 내다팔아 생계를 꾸려오고 있다. 따라서 소규모 섬들로 구성된 서남해 도서지역의 관광을 활성화시키기 위해서는 그 중심지 기능을 수행하고 있는 목포의 역할이 무엇보다도 중요하다. 도서관광은 섬이라는 지리적 격리성, 변덕스러운 날씨, 극심한 계절적 수요변화, 관광기반시설 및 관광편의시설의 부족 등으로 인해 목포와 같은 관문 항구도시의 지원기능(발판기능)을 절대적으로 필요로 한다. 따라서 본 연구에서는 관문 항구도시 목포의 서남해 도서관광에 대한 지원기능에 대해 조사·분석하고, 상호 긴밀한 의존관계에 있는 두 지역의 관광을 활성화 할 수 있는 방안을 제시하고자 하였다.

본 연구의 결과 밝혀진 사실과 정책적 시사점은 다음과 같이 요약할 수 있다. 첫째, 서남해 도서관광과 관련한 목포의 지원기능(발판기능)은 앞으로 보완해야 부분이 많은 것으로 조사되었다. 수학여행과 같은 단체관광객이 머물 수 있는 숙박시설의 부재, 도서관광객을 위한 주차공간의 부족, 기상악화 시 대체관광지로서의 역할 미흡, 다도해 관광상품 운영의 부실 등이 문제점으로 제시될 수 있다. 둘째, 목포는 서남해 도서의 관문 항구도시임에도 불구하고 이들 섬지역의 역사·문화유산, 자연식생, 지역특산품에 대한 정보제공 및 전시시설이 마련되어 있지 않아 중심지로서의 기능을 제대로 수행하지 못하고 있는 것으로 생각된다. 따라서 서남해 지역 자생식물원의 설립(또는 확대 개편), 도서 역사·문화 센터의 설치, 도서지역 특산물 전문 판매장 운영 등의 조처가 필요할 것으로 판단된다. 이렇게 할 때 기능적으로 상호보완관계에 있는 목포와 서남해 도서지방의 관광이 더욱 활성화될 수 있을 것이다. 셋째, 도서지방을 여행하는 관광객에게 있어서 목포는 반드시 거쳐야 하는 경유지이므로 목포시가 매력적인 관광지로서 손색이 없을 때 인근 섬지방의 관광도 활성화될 수 있다. 사람은 한 번의 이동을 통해 가능한 많은 것을 보고 체험하고자 하는 속성을 갖고 있기 때문에 관문 항구도시 목포에 볼거리가 많을 때 인근의 도서를 최종 관광목적지로 선택할 가능성이 높아지기 때문이다. 아쉽게도 목포는 일제시대 개항장으로서 매력적인 역사·문화유산을 갖고 있음에도 불구하고 이들을 방치하여 관광자원으로 거의 활용하지 못하고 있다.

　결론적으로 목포는 참으로 가진 게 많은 도시란 생각이 든다. 목포는 육지와 바다 그리고 하늘 길의 중심지로 새롭게 거듭나고 있고, 전남 도청의 남악신도시로의 이전으로 인해 실질적인 전남의 행정 중심지로 재탄생하게 되며, 보석처럼 아름답고 개발 잠재력이 무궁무진한 수많은 섬들을 자식처럼 가슴에 품고 있기 때문이다. 목포가 살기 좋고 매력적인 도시로 발전하는 길은 바로 다름 아닌 인근 도서들의 무궁무진한 잠재력을 발현시킬 수 있는 중심지로서의 기능을 충실히 수행하는 것이다. 목포와 서남해 도서지방의 가장 이상적인 관광개발 모형은 수많은 섬들을 자식처럼 가슴에 안고 젓을 먹이는 어머니 목포의 모습이다.

【참고 문헌】

김광득, 2003, 『21세기 여가와 현대사회』, 서울, 백산출판사.
김재민, 2003, 『관광개발론』, 서울, 대왕사.
김천중·임화순, 2002, 『현대 관광상품론』, 백산출판사.
목포시, 2002, 『2002 시정백서』.
＿＿＿, 2003, 『나의 사랑 나의 꿈 목포』.
＿＿＿, 2004, 『2004 목포 통계연보』.
문화관광부, 2004, 『2004년도 관광동향에 관한 연차보고서』, 서울, 계
　　　　문사.
신안군, 2004, 『2002 신안군 통계연보』.
윤상호, 2001, 「연안지역의 관광활성화 제고」 『월간 해양수산』, 통권
　　　　205호.
이길래(편), 1999, 『바다, 그 영원한 보고』, 서울, 유풍출판사.
이동신·조상필, 2003, 「21세기 전남도서 지역산업의 활성화 방안」
　　　　『한국 도서연구』, 제15권 제1호, pp.25~45.

이진희, 2003, 『장소마케팅』, 서울, 대왕사.

전라남도, 1997, 『서다도해권 관광개발기본계획(1997~2001)』.

________, 2000, 『21세기 전남 문화산업 육성계획 요약서)』.

________, 2001, 『남도해안 2000리 길』.

정기환·이상문·민상기, 1997, 『어촌지역 관광개발에 관한 연구』, 한국농촌경제연구원.

정석중·이미혜, 2004, 『해양관광론』, 서울, 대왕사.

최성애, 2001, 「지속가능한 어촌관광에 관한 고찰」 『월간 해양수산』, 통권 제199호.

해양수산부, 2002, 『한국의 해양문화: 서남해역』.

제6장
섬 주민의 정보활용 수준과 논의

I. 머리말

정보화 시대는 사람과 생활패턴을 크게 변화시키고 있다. 많은 정보 축적과 신속한 정보 전달로 생활이 윤택해지고, 생활수준이 높아졌으며, 과거의 생활양식에서 저자우편, 홈뱅킹, 전자상거래 등 새로운 생활패턴에 적응을 요하고 있다. 그러나 이러한 혜택을 누리지 못하는 계층이 생기고 그 격차는 점점 커지고 있으며 사회문제화 되고 있다. 정보능력은 존재하는 정보에 접근하거나 획득할 수 있는 기회와 수단의 보유 여부, 획득한 정보를 가공하거나 이용하는 능력, 스스로 유용한 정보를 창출하는 능력으로 구분할 수 있다. 우리의 경우 도시와 농촌간, 낙후지역이나 도서지역과의 정보격차 문제는 소득, 문화 문제와 함께 해결해야 할 과제가 되고 있다. 특히, 섬(도서)지역의 경쟁력을 높이기 위해서는 정보화를 촉진해야 하나, 아직까지 섬이라는 특수성 때문에 그 동안의 정부의 노력에도 불구하고 내륙에 비해 아직은 정보격차가 크게 좁혀지지 않고 있는 것이 현실이다.

그럼에도 불구하고, 지금까지의 연구는 다음 두 가지 면에서 한계를 보여왔다. 첫째는 도시와 농어촌 등 개별 공간에 대한 정보격차에 대한 연구가 미진한 상태에서 빈약한 자료를 토대로 대략적인 그 격차에 대해서만 접근을 시도해 왔다. 그 결과 신뢰도가 떨어졌을 뿐만 아니라 연구결과도 피상적인 방향제시에 국한되는 경우가 많았다. 둘째는 정보격차라는 큰 틀에서 접근되어 온 나머지 실제적인 정보활용 수준의 격차는 파악할 수 없었다. 도·농간 정보·통신망 시설이나 컴퓨터 등 하드웨어 보급 격차도 중요하지만 이들을 얼마나 어떻게 활용하고 있는가도 매우 중요한 부분이다. 그럼에도 불구하고 지금까지는 이 분야에 대해서는 조사가 어렵다는 난제로 등한시해 왔다.

이러한 배경에서, 본 논문에서는 정보활용 측면에서 정보화 실태를 현지조사를 토대로 파악하고 실제적으로 어느 영역에서 얼마만큼 격차가 발생되며 추세가 어떤 형태로 이어져 가고 있으며, 또한 그 원인이 어디에 있는가를 분석해 본 것이다. 따라서 본 논문은 도시 및 낙후지역의 정보화 정책수립 및 정보격차 해소 방안을 마련하는 기초자료를 제공, 더 나아가 최근 급속한 정보화로 인한 생활양식의 변화와 함께 새로운 생활패턴에 적응이 요해지는 올바른 도시생활의 지침을 제공하는데 또 다른 연구목적이 있다고 여긴다.

아울러 연구목적 달성을 위해서 본 논문에서는 다음과 같은 내용들을 연구되었다. 주된 내용을 요약하면, 첫째는 우리나라 정보활용 수준을 이해하기 위한 전국적 수준에서의 정보활용 수준 검토, 도시지역과 낙후지역 간의 정보활용의 지역간 격차 정도를 이해하기 위한 최근 저자우편, 홈뱅킹, 전자상거래 등 새로운 생활패턴에 사는 주민들이 컴퓨터 프로그램이나 인터넷 활용실태 파악과 함께 앞으로 배우고 활용하고 싶은 분야를 다각적인 관점에서 분석하고 유형화시켜 향후 추구하는 성향 파악, 둘째는 주민들의 컴퓨터 구입 및 보유에 영향을 미치는 요인 파악과 정보획득에 활용되는 정보원 및 현재 주로 이용하는 정보와 향후 이용하고 싶은 정보, 컴퓨터 주 사용자 및 운영능력 그리고 교육경험 및 만족도, 컴퓨터 이용분야의 유형화, 인터넷 활용분야의 사용빈도에 따른 유형화와 앞으로의 경향, 셋째는 도시와 농어촌지역 간의 지역정보화 방안 및 주민의 요구에 맞는 정보화정책 수립을 위한 요구사항, 넷째는 최근 급속한 정보화로 인한 생활양식의 변화와 함께 새로운 생활패턴에 적응을 요하는 올바른 주민생활의 지침탐구 등이다.

한편 본 연구를 위해서, 연구대상 지역으로는 도시지역으로 광주시를 택하였고 농어촌지역으로는 전남 완도군 소안면을 택하였다. 이 두 지역을 선정한 이유는 광주는 호남 지역의 중심 대도시를 형성하고 있을 뿐만 아니라 우리나라 도시정보화의 평균수준을 보이고 있는 것으로 분석된 정보실태조사 결과를 참고하였기 때문이며, 소안면은 우리나라 정보화의 가장 낙후지역으로 여겨지고 있는 도서지역에 해당될 뿐만 아니라 도서지역 중에서도 관광지로 되어 있어 정보화 수준이 평균 수준을 보이고 있는 지역이기 때문에 대표적으로 택했다.1)

자료조사는 이들 두 지역을 대상으로 설문조사 방법으로 이루어졌다. 먼저 소안면의 경우는 컴퓨터를 보유하고 있는 가정의 전수조사를 통해 이루어졌으며, 광주시의 경우는 주민들의 연령, 학력, 소득, 직업구성, 거주위치, 주거형태 등 복합적인 관련 요소를 고려하여 먼저 주민 1,000명의 표본을 추출하고 이를 대상으로 설문조사를 한 후,

---

1) 소안면은 2003년 3월부터 인터넷망이 도입되어 서비스되고 있으며, 현재 유동회선 2개와 고정회선 2개가 개설되어 있다. 고정회선은 기관 정보망으로 쓰이고 있고, 유동회선은 일반 주민을 대상으로 매가페스(megapass) ADSL서비스를 하고 있다. 그리고 거리상의 제약으로 보통 80~70 Kbpps, 최대 100 Kbpps 속도가 나오고 있다(원래는 300 Kbpps 정도가 되어야 함). 보다 원거리에 있는 일부 섬이 아직도 PPP서비스 단계에 머물고 있는 것에 비하면 비약적인 발전이라 할 수 있겠지만, 원활한 동영상서비스(streaming service)에는 아직 어려움이 있는 것이 사실이다. 또한, 가구수에 대비하여 정보화율을 보면, PC보급율은 약 200대 정도로 7.46%, 인터넷보급율은 24대 정도로 5%미만, 유선전화는 105%, 이동전화 40%, 정보교육을 받은 경험이 있는 주민수는 250명으로 14.6%, 정보화교육 담당자는 2명으로 조사되고 있다.

먼저 문항속에 포함된 '신뢰성 분석용 항목'에 대한 답변내용의 분석을 통해 이중 신뢰성을 가진 100개의 설문지만을 최종 선정하여 통계프로그램을 이용하여 분석하였다.

이러한 설문자료를 토대로 한 본 논문의 연구방법은 먼저 만족도 산출은 「{(매우 불만족×1)×빈도수+(대체로 불만×2)×빈도수+(보통×3)×빈도수+(대체로 만족×4)×빈도수+(아주 만족×5)×빈도수}/전체도수」를 이용하여 평점을 산출하는 방식을 사용하였으며, 인자간 관련성 정도 계산에는 교차분석(cross-analysis)을 하여 카이제곱(chi-square) 검정을 실시하는 기법이 사용되었다. 그리고 유형화를 위한 잠재요인 추출에는 요인분석(factor analysis) 방법을 사용하였는데, 이를 위한 주성분(main component)이 무엇인가를 찾아내기 위해 공통요인분석(common factor analysis) 방법을 사용하였고, 로테이션(rotation)은 직각회전방식으로 varimax 방식을 이용하여, 고유값이 1이상인 것들만 의미있는 것으로 간주하여 추출하였다. 또한 유형(요인)별 관계분석에는 각각의 요인점수의 산포도 계산 및 공간분포 패턴을 그래프로 표시하고 이를 해석하는 방법을 사용하였다. 또한 항목 순위별 가중치(weight)가 필요한 경우는 항목별 가치에 큰 의미가 없음을 고려하여 「(1순위×2)×빈도수+(2순위×1)×빈도수」와 같은 점수부여 방법이 사용되었다.

Ⅱ. 전국의 정보활용 수준

통계청의 '2003년도 전국정보화실태조사' 결과에 의하면[2], 우리나라 컴퓨터 보유가구 비율이 60.1%에 이르고 6세 이상 인구 중 컴퓨터

---

2) 통계청이 2003년 3월 25일~31일에 걸쳐 전국 2만8천가구 6세 이상 가구원 7만7천명을 대상으로 실시한 정보화실태조사 결과를 참조한 것임.

를 사용할 줄 아는 사람도 63%에 달하는 것으로 나타나고 있다. 또한 국내 인터넷 보급률은 약 70%대로 세 가구당 두 가구꼴로 인터넷을 사용하고 있는 것으로 조사되고 있다. 이는 작년(2002년)의 보유가구 53.8%에 비해 크게 상승하고 있음을 반영하고 있고, 컴퓨터 사용 가능 인구 또한 30대 미만의 연령층에서는 거의 90%에 달하고 있다. 그리고 이중 초등학생은 85%가 인터넷을 이용할 줄 알고 있는 것으로 조사되고 있다.

우리나라 국민은 하루 평균 2시간을 컴퓨터를 사용하고 있고[3] 이중 1시간 40분 가량을 인터넷을 접속하는데 소요하고 있는 것으로 조사되고 있다. 인기 인터넷 이용 부문은 게임 · 오락이 60.6%로 가장 높았고, 전자우편(59.5), 정보검색(34.6), 교육(28.3), TV · 음악감상 등 여가활동(27.7) 등이 뒤를 이었다. 남자는 게임 · 오락, 전자우편, 정보검색 등의 순으로 활용빈도가 높은 반면, 여자는 전자우편, 게임 · 오락, 여가활동 순이었다. 지난 6개월 동안(2003.6~12) 인터넷 이용자 중 25.2%가 인터넷상거래를 통해 상품(서비스)을 구입해 작년 동기간(2002.6~12)에 비해 9.9%포인트가 증가했다. 인터넷상거래 이용시 대금결제 방법은 신용카드가 67.3%로 가장 높았고, 온라인입금(31.5), 전자화폐(0.7) 등의 순으로 나타났다. 인터넷상거래를 이용하지 않는 이유는 '제품을 신뢰할 수 없어서'가 가장 많았고, '이용이 불편해서', '전자상거래 불안', '개인정보 유출 염려' 등이 뒤를 이었다.

또한, 컴퓨터 보유가구 중 지난 6개월 동안(2003.6~12) S/W를 구입한 가구의 비율이 35.7%로 나타나고 있으며,[4] 프로그램 구입을 위해 5만원 미만을 지출한 가구가 16.9%로 가장 많았고, 50만원 이상 지출하는 가구도 1.5%나 되었다.

---

3) 컴퓨터 사용시간이 남자 2시간 20분, 여자 1시간 40분, 초등학생 1시간 30분, 대학생 2시간 40분으로 조사됨(통계청, 전국정보화실태조사, 2003).
4) 연령별로는 30대가 39.2%, 40대가 37.9%, 20대가 36.0% 등의 순으로 높았음.

한편, 정화화 격차가 가장 큰 전남지역 섬주민들의 정보활용 실태를 분석해 보면 다음과 같다. 전남의 섬지역은 280개의 유인도에 24만3천969명(8만5천25세대)이 거주하고 있다. 정부에서는 지난 2000년부터 섬지역에 초고속인터넷 시설을 공급하기 시작해 2003년 12월말 현재 69개 섬(유인도의 24.6%) 6천793세대(섬지역 세대의 7.9%)에서만 초고속인터넷 검색이 가능하고, 나머지 211개 섬 거주 주민 92%(7만8천여 세대)들은 아직 인터넷 사용을 못하는 정보화 소외지역으로 되어 있다.5) 이처럼 섬 지역 인터넷 보급률이 낮은 이유는 섬지역의 경우 전송로 구축방법이 무선전송로를 이용할 수밖에 없어 육지에 비해 4~5배에 달하는 설치비용이 소요되어 투자효율이 떨어질 뿐만 아니라 섬주민의 노령화로 인터넷이 설치되었다고 하더라도 이용자가 많지 않을 것이란 전망도 시설투자를 어렵게 하고 있는 요인으로 작용한 것으로 보인다. 섬지역은 정부 차원의 적극적인 지원 대책이 없는 한 당분간 정보화 소외지역으로 남을 수밖에 없는 실정이다.

또한, 정보활용 수준면에서도 크게 뒤떨어진 것으로 분석되고 있다. 연구결과에 따르면 소득수준이 육지의 일반 농촌지역에 비해 결코 뒤떨어지지 않는 곳의 섬주민들의 경우에도 컴퓨터 보급이나 활용도, 정보화마인드에서 아주 낮게 나타나고 있는 것으로 되어 있다. 국립공원에 속해 있어 풍광이 좋아 관광객이 많이 드나들고 청정해역을 이용한 양식업 등으로 소득이 높은 소안도를 대상으로 정보활용실태연구를 한 결과에 따르면,6) 정보획득을 위해 이용하는 정보원은 TV나 신문과 같은 대중매체가 인터넷을 훨씬 능가하고 있으며, 컴퓨터 구입 및 보유가 60% 정도에 머물고 있고, 육지와는 달리 보유여부가 연령, 학력, 직업, 소득 수준에 따라 큰 영향을 끼치는 것으로 나타났다. 또한 성인보다는 자녀 위주로 구입 및 사용 패턴이 이루어진다는 것도 큰 특색을 보였다. 뿐만 아니라 컴퓨터 교육을 받을 기회

---

5) KT전남본부, '도서지역의 정보화실태'에 관한 보도자료(2004.1).
6) 조광호·문병채, 2003 참조.

또한 대단히 열악한 나머지 거의 대다수 주민들이 온라인 교육사이트나 육지의 교육기관을 이용하고 있는 것으로 조사되었다. 끝으로, 통신망 인프라 측면에서도 내륙에 비해 아직은 속도가 느리고, 정보 이용률이나 정보전달 체제 구축 면에서도 크게 뒤지고 있다. 시설기준으로 원래는 300 Kbpps 정도가 되어야 하나 현재 보통 80~70 Kbpps, 최대 100 Kbpps 속도가 나오고 있다. 이는 동영상서비스를 위해서 최소한 300 Kbpps나 E1급(2M급)이 요망됨을 볼 때, 시설확충이 요구된다고 할 수 있다.

Ⅲ. 대도시와 섬 주민의 격차

1. 컴퓨터 구입과 정보수집의 차이

컴퓨터 구입 및 보유에 영향을 미치는 요인을 알아보기 위해 연령과 학력, 직업, 소득수준 등으로 나누어 이들과의 관련성 여부를 분석하여 보았다.7) 관련성을 알아보는데는 교차분석을 하여 카이제곱 검정을 실시하였다.

분석결과, 광주시 주민들의 컴퓨터 보유여부는 연령, 학력, 소득수준 등과는 거의 관련성이 없는 것으로 보이고 있으며, 다만 직업과 컴퓨터 보유여부 간에 어느 정도 관련성이 있는 것으로 나타나고 있다<표 1, 2, 3, 4>. 이는 현재 광주시와 같은 대도시에 거주하는 일반가구들에 컴퓨터가 없는 가구가 거의 없다는 점에 비추어 볼 때 이해가 가는 사항이기도 한다.

---

7) 관련성 정도의 파악을 위해 교차분석(cross-analysis)을 하여 카이제곱(chi-square) 검정을 실시하였음.

〈표 1〉 연령*컴퓨터 보유여부(광주)

연령	컴퓨터 보유여부		전체
	보유	미보유	
20대	1	0	1
30대	9	0	9
40대	83	1	84
50대이상	6	0	6
합계	99	1	100

* 검정통계량 0.192

〈표 2〉 학력*컴퓨터 보유여부(광주)

학력	컴퓨터 보유여부		전체
	보유	미보유	
초등학교	1	0	1
중학교	7	0	7
고등학교	52	1	53
전문대이상	39	0	39
합계	99	1	100

* 검정통계량 0.896

〈표 3〉 직업*컴퓨터 보유여부(광주)

직업	컴퓨터 보유여부		전체
	보유	미보유	
농업	3	0	0
어업	1	0	1
상업	10	1	11
서비스업	29	0	29
기타	56	0	56
합계	99	1	100

* 검정통계량 8.173(*)

〈표 4〉 소득수준*컴퓨터 보유여부(광주)

소득수준	컴퓨터 보유여부		전체
	보유	미보유	
1000만원 미만	18	1	19
1000~2000만원	21	0	21
2000~3000만원	24	0	24
3000만원 이상	36	0	36
합계	99	1	100

* 검정통계량 4.306

***: 1%수준에서 유의,   **: 5%수준에서 유의,   *: 10%수준에서 유의

반면에, 소안면에서는 연령과 컴퓨터 보유여부, 학력과 컴퓨터 보유여부, 소득수준과 컴퓨터 보유여부 간에는 상당한 관련성이 있는 것으로 보이고, 직업과 컴퓨터 보유여부 간에는 어느 정도 관련성이 있는 것으로 나타나고 있다<표 5, 6, 7, 8>.

〈표 5〉 연령*컴퓨터 보유여부(소안)

연령	컴퓨터 보유여부		전체
	보유	미보유	
20대	4	0	4
30대	13	0	13
40대	11	7	18
50대이상	8	16	24
합계	36	23	59

〔참고〕 검정통계량 18.594(***)

〈표 6〉 학력*컴퓨터 보유여부(소안)

학력	컴퓨터 보유여부		전체
	보유	미보유	
초등학교	2	18	10
중학교	5	10	15
고등학교	21	5	26
전문대이상	8	0	8
합계	36	23	59

〔참고〕 검정통계량 21.282(***)

〈표 7〉 직업*컴퓨터 보유여부(소안)

직업	컴퓨터 보유여부		전체
	보유	미보유	
농업	0	2	2
어업	18	16	34
상업	4	1	5
서비스업	5	0	5
기타	10	4	14
합계	37	23	60

〔참고〕 검정통계량 8.696(*)

〈표 8〉 소득수준*컴퓨터 보유여부(소안)

소득수준	컴퓨터 보유여부		전체
	보유	미보유	
1000만원 미만	7	12	19
1000~2000만원	11	7	18
2000~3000만원	13	3	16
3000만원 이상	5	1	6
합계	36	23	59

〔참고〕 검정통계량 8.678(**)

*** : 1% 수준에서 유의, ** : 5% 수준에서 유의, * : 10% 수준에서 유의

컴퓨터를 구입한 목적으로는, 광주의 경우 자녀교육이나 자녀가 이용하기 위해서가 67%, PC통신이나 인터넷을 이용하기 위해서가 17%, 문서작성 등 일상생활 이용이 14%, 농업용 프로그램 이용이 1%, 기타가 1%이다<표 9>. 소안지역과 마찬가지로 자녀교육과 인터넷을 통한 정보 검색, 문서작성 등 일상 생활에 이용하기 위해 컴퓨터를 구입하는 경우와 크게 다르지 않았다<표 10>.

이는 각 지역이 업무나 농어업 등에 활용목적으로 구입하는 경우가 낮은 이유는 도시의 경우 대부분이 직장에 컴퓨터가 구비되어 있다는 점과 농어촌의 경우는 아직 영농·영어 프로그램을 이용할 만한 여건이 되어 있지 않다는 점이 작용된 듯하다.

〈표 9〉 컴퓨터 구입 목적(광주)

컴퓨터 구입 목적	합계(%)
자녀교육 또는 자녀이용	67
PC통신이나 인터넷 이용	17
문서작성 등 일상생활 이용	14
농업용 프로그램 이용	1
기타	1
합계	100

* 숫자는 빈도수, ( )안은 %임.

〈표 10〉 컴퓨터 구입 목적(소안)

컴퓨터 구입 목적	합계(%)
자녀교육 또는 자녀이용	33
PC통신이나 인터넷 이용	29
문서작성 등 일상생활 이용	20
게임 등 오락에 이용	9
기타	9
합계	100

〔참고〕 숫자는 빈도수, ( )안은 %임

주민들은 정보 획득을 위해 주로 이용하는 정보원으로는, 광주시

의 경우 TV가 29.9%, 인터넷이 24.3%, 신문이 19.9%, 라디오가 10.0%, 전화 · 팩스가 7.6%, 잡지가 5.3%, 관공서회보가 1.0%, 행정주보나 월보가 1.7%, 기타 0.3% 등의 순을 보였다. 일반적으로 농어촌 지역이 인터넷 이용에 의한 것이 15%대 인 것과 비교해 보면8) 상당히 높은 비중을 차지하고 있는 것으로 파악된다. 특히 인터넷이 신문보다 높게 나타나고 있는 것은 주목할만 하다<표 11>. 반면에 소안면에서는 TV(43.5%)가 높고, 대신에 인터넷(18.3%)이 상대적으로 낮게 나타나고 있다<표 12>.

<표 11> 주요 이용 정보원(광주)

정보원	응답 순위					합계
	1순위	2순위	3순위	4순위	5순위	(%)
TV	34	43	13	0	0	29.9
인터넷	3	14	21	18	17	24.3
신문	60	0	0	0	0	19.9
라디오	1	7	16	6	0	10.0
전화 · 팩스	0	2	9	10	2	7.6
잡지	2	14	0	0	0	5.3
행정월보	0	1	3	1	0	1.7
기관회보	0	0	1	2	0	1.0
기타	0	1	0	0	0	0.3
합계	100	82	63	37	19	100.0

<표 12> 주요 이용 정보원(소안)

정보원	응답 순위					합계
	1순위	2순위	3순위	4순위	5순위	(%)
TV	38	9	3	0	0	43.5
인터넷	4	6	8	3	0	18.3
신문	17	0	0	0	0	14.8
라디오	0	4	1	2	0	6.1
전화 · 팩스	0	4	2	1	0	6.1
농수협회보	1	3	1	1	0	5.2
행정월보	0	0	2	0	1	2.6
잡지	0	3	0	0	0	2.6
기타	0	0	0	1	0	0.9
합계	60	29	17	8	1	100.0

---

8) 조광호 · 문병채, 전게서, 참조.

　　정보 획득을 위해 주로 이용하는 정보원에 대한 만족도[9]를 알아보면, 광주시의 경우 전체 평점은 3.51로 대체로 보통 이상의 만족을 느끼고 있는 것으로 나타났다. 특히 소안도 지역에서는 제일 낮았던 전화·팩스(평점 3.57)는 전체 평점 이상의 만족을 느끼는 것으로 나타났고, 행정주보나 월보(평점 3.80)는 제일 높은 만족을 느끼고 있는 것으로 나타났다. 반면에 농수협 등 각종 기관의 회보(평점 3.33), 잡지(평점 3.31), 기타(평점 3.00)는 전체 평점에 비하여 낮은 만족을 느끼는 것으로 나타났다<표 13, 14>.

<표 13> 정보원에 대한 만족도(광주)

정보원	정보원 만족도					평점
	매우 불만족	대체로 불만	보통	대체로 만족	아주 만족	
TV	0	6	32	51	1	3.52
인터넷	0	5	25	42	1	3.53
신문	0	6	20	33	1	3.48
라디오	0	2	11	17	0	3.50
전화·팩스	0	1	9	12	1	3.57
잡지	0	2	8	5	1	3.31
행정주보	0	0	1	4	0	3.80
기관회보	0	0	2	1	0	3.33
기타	0	0	1	0	0	3.00
합계	0	22	109	165	5	3.51

---

9) 「{(매우 불만족×1)×빈도수+(대체로 불만×2)×빈도수+(보통×3)×빈도수+(대체로 만족×4)×빈도수+(아주 만족×5)×빈도수}/전체도수」를 이용하여 평점을 산출하였음.

〈표 14〉 정보원에 대한 만족도(소안)

정보원	정보원 만족도					평점
	매우 불만족	대체로 불만	보통	대체로 만족	아주 만족	
TV	1	9	22	16	1	3.14
인터넷	0	3	10	6	0	3.16
신문	1	2	8	4	1	3.13
라디오	0	1	4	2	0	3.14
전화 · 팩스	1	1	3	1	0	2.67
기관회보	0	1	3	1	1	3.33
행정주보	1	0	0	1	1	3.33
잡지	0	1	1	1	0	3.00
기타	0	0	0	1	0	4.00
합계	4	18	51	33	4	3.14

현재 주로 이용하는 정보로는, 광주시의 경우 상품가격 등 유통정보가 27.9%, 기상자료가 19.9%, 생업 자재 정보가 11.4%, 기술정보가 10.45%, 경영정보가 10.45%, 해외정보가 6.0%, 기타가 13.9%로 기상자료와 유통 정보를 주로 이용하는 경향을 보인다<표 15>. 반면에 소안에서는 기상정보(46.2%)가 높은 비주을 차지하고 있는 것으로 나타났다<표 16>.

〈표 15〉 현재 주로 이용 정보(광주)

이용정보	응답 순위				합계
	1순위	2순위	3순위	4순위	(%)
가격정보	28	20	8	0	27.9
기상자료	39	0	1	0	19.9
자재정보	4	8	6	5	11.4
기술정보	10	11	0	0	10.45
경영정보	5	9	6	1	10.45
해외정보	0	5	3	4	6.0
기타	14	9	2	3	13.9
합계	100	62	26	13	100.0

<표 16> 현재 주로 이용 정보(소안)

이용정보	응답 순위				합계
	1순위	2순위	3순위	4순위	(%)
기상 자료	43	0	0	0	46.2
가격정보	5	8	6	0	20.4
기술정보	4	11	0	0	16.1
경영정보	2	2	1	0	5.4
자재정보	0	3	0	2	5.4
해외정보	0	1	0	0	1.1
기타	4	1	0	0	5.4
합계	58	26	7	2	100

또한, 현재 주로 이용하는 정보와 대응하여 앞으로 이용하고 싶은 정보로는 광주시의 경우 상품가격 등 유통정보가 21.4%, 기상자료가 7.9%, 생업 자재 정보가 13.4%, 기술정보가 12.2%, 경영정보가 16.5%, 해외정보가 14.6%, 기타가 14.0%의 경향을 보이고 있다<표 17>. 반면에 소안에서는 기상자료가 29.2%, 농수산물 가격 등 유통정보가 29.2% 순으로 가격정보에 큰 관심을 보이고 있었다<표 18>.

위의 두 자료를 비교해 볼 때, 광주의 경우는 주로 이용하는 정보인 기상자료와 상품가격 등 유통정보에 대한 이용은 현재와 비교하여 앞으로 비율이 줄어들 것으로 보인 반면, 그 이외의 정보 이용은 현재와 비교해서 그 비율들이 점차 증가하는 경향을 보이고 있고, 소안은 기상 자료에 대한 이용은 현재와 비교하여 크게 줄어든 반면, 농수산물 가격 등 유통정보에 대한 이용은 크게 늘어났음을 알 수 있다. 그러나 전체에 대한 이 두 가지 정보의 이용은 현재 66.6%에서 앞으로 58.4%로 줄어들었고, 농어업 경영 정보와 해외 농어업 정보에 대한 비율이 조금씩 증가하였다. 또한 경영 및 해외정보를 보다 많이 이용하겠다는 경향이 두 지역 모두 두드러지게 나타나고 있다.

<표 17> 차후 이용하고 싶은 정보(광주)

정보	응답 순위				합계
	1순위	2순위	3순위	4순위	(%)
가격정보	18	14	3	0	21.4
기상자료	13	0	0	0	7.9
생업정보	7	3	8	4	13.4
기술정보	16	4	0	0	12.2
경영정보	13	8	5	1	16.5
해외정보	14	6	3	1	14.6
기타	18	3	1	1	14.0
합계	99	38	20	7	100.0

<표 18> 차후 이용하고 싶은 정보(소안)

정보	응답 순위				합계
	1순위	2순위	3순위	4순위	(%)
기상 자료	28	0	0	0	29.2
가격정보	10	14	4	0	29.2
기술정보	9	8	0	0	17.7
경영정보	4	3	1	1	9.4
자재 정보	0	1	2	2	5.2
생업정보	0	1	2	0	3.1
기타	5	1	0	0	6.3
합계	56	28	9	3	100.0

2. 컴퓨터이용자 특성과 차이

컴퓨터를 주로 이용하는 자에 대한 특성을 알아보았다. 광주 주민은 주로 자녀 65.1%, 아버지 16.4%, 어머니 13.0%, 관리인이 1.4%, 기타 4.1%의 순으로 이용자가 분석되고 있다. 반면에 소안은 자녀 48.3%, 아버지 26.7%, 관리인이 8.3%, 어머니 8.3%, 기타 3.3% 순이었다. 이로 보아, 도시는 자녀 및 어머니의 비율이 월등히 높은 데 비해 농어촌은 아버지나 관리인의 비율이 상대적으로 높다는 것을 알 수 있다. 이는 농어촌지역의 경우 대부분이 영농·영어용으로 많이 쓰이고 있음을 알 수 있다. 또한 이 결과를 위의 컴퓨터 구입 목적과 연관

지어 생각해 보면, 컴퓨터 구입 목적 중 가장 큰 비중을 차지하고 있는 것이 자녀교육이고, 실제로 컴퓨터 주 이용자 중 상당수가 자녀임을 볼 때, 컴퓨터 사용은 자녀와 연관이 깊음을 알 수 있다.

〈표 19〉 컴퓨터 주 이용자(광주)

주 이용자	응답순위		합계(%)
	1순위	2순위	
자녀	83	12	95(65.1)
경영주	8	16	24(16.4)
경영주 부인	8	11	19(13.0)
관리인	0	2	2(1.4)
기타	0	6	6(4.1)
합계	99	47	146(100.0)

〈표 20〉 컴퓨터 주 이용자(소안)

주 이용자	응답순위		합계(%)
	1순위	2순위	
자녀	18	11	29(48.3)
경영주	13	3	16(26.7)
관리인	4	4	8(13.3)
경영주 부인	2	3	5(8.3)
기타	0	2	2(3.3)
합계	37	23	60(100.0)

다음으로, 이용자의 컴퓨터 지식습득 방법에 대해 알아보았다. 이를 위해서 우선 컴퓨터교육을 받은 경험을 조사·분석해 보았다.

광주 주민의 경우 전체 응답자 100명 중 77명이 컴퓨터 교육을 받은 경험이 있다고 응답하였다. 그리고 교육받은 기관은 학원이 33.8%, 자녀로부터가 18.2%, 독학이 13.0%, 시·구청 등 행정기관이 13.0%, 학교가 11.7%, 농·공·상업기술 센터 등의 지도기관이 10.4%의 순으로 나타났다. 교육기관에 대한 만족도는 전체 평점10)이 2.83

---

10) 평점산출={(모르겠다×1)×빈도수+(불만족×2)×빈도수+(보통×3)×빈도수

으로 각 교육기관에 대해 대체로 불만족스러운 것으로 나타나고 있
다<표 21>. 그 이유로는 짧은 교육기간(37.0%), 실습시간의 부족
(21.7%), 빠른 강의 속도(19.6%), 좋지 않은 교육 환경(13.0%), 좋지 않
은 강의 방법(8.7%)의 순으로 나타났다. 한 가지 특이한 것은 그래도
학원이나 관공서에서 이루어지는 교육에 대해서는 그런 대로 만족도
가 높게 나타나고 있다는 사항이다.

소안지역의 경우, 독학 41.7%, 자녀로부터 배운 것이 12.5%, 학원
과 농업기술원 등 기술센터 및 행정기관 4.2%의 순이었다. 교육기관
에 대한 만족도는 전체 평점 2.67로 불만족스러움을 느끼는 것으로
나타났다. 그 이유는 교육기간이 짧고(46.2%), 실습시간의 부족
(23.1%), 좋지 않은 강의 방법과 빠른 강의 속도, 좋지 않은 교육 환경
이 각각 7.7%를 차지하였다. 위 컴퓨터 활용 교육기관에 대한 만족도
의 결과와 비교해볼 때, 독학으로 공부한 경우에는 보통 이상의 만족
을 느끼는데 비해 다른 교육기관을 이용하는 경우에는 이러한 이유
들 때문에 불만족을 느끼는 것으로 보인다.

<표 21> 교육기관에 대한 만족도(광주)

교육기관	만족도				평점
	모름	불만족	보통	만족	
독학	2	2	6	0	2.40
학교	2	2	4	1	2.44
학원	0	0	20	6	3.23
기술센터 등	0	2	5	1	2.88
행정기관	0	0	10	0	3.00
자녀로부터	3	1	10	0	2.50
합계	7	7	55	8	2.83

+(만족×4)×빈도수}/전체도수.

<표 22> 교육기관에 대한 만족도(소안)

교육기관	만족도				평점
	모름	불만족	보통	만족	
독학	0	1	0	2	3.33
학교	0	2	5	0	2.71
학원	1	0	0	0	1.00
기술센터 등	0	1	0	0	2.00
행정기관	0	1	0	0	2.00
자녀로부터	1	0	1	1	2.67
합계	2	5	6	3	2.63

위의 분석결과를 종합해 보면, 교유기관에 대한 만족도가 도시 (2.83)보다 농어촌(2.63)이 더 떨어짐을 알 수 있고, 그 가장 큰 이유는 짧은 교육기간과 실습부족으로 나타나고 있다.

주로 교육받았던 내용을 알아보았다. 광주시의 경우는 문서작성 33.6%, 윈도우 등 컴퓨터 기초 30.4%, PC 통신 및 인터넷 이용 24.0%, 프로그램 제작과 홈페이지 작성 4%, 상업·농어업용 프로그램 3.2%, 전자상거래 0.8% 순이었다. 반면에 소안의 경우, 문서작성 44.0%, 윈도우 등 컴퓨터 기초 28.0%, PC 통신 및 인터넷 이용 16.0%, 농어업용 프로그램 이용과 프로그램 제작, 게임 및 오락이 각각 4%를 차지했다. 결론적으로 농어촌으로 갈수록 문서작성이나 운용체제 기초가 더 필요한 반면, 도시로 갈수록 프로그래밍이나 통신 및 전자상거래 등 인 것으로 나타나고 있다.

<표 23> 컴퓨터 교육받은 내용(광주)

교육받은 내용	응답순위		합계
	1순위	2순위	
한글 등 문서작성	20	22	42(33.6)
윈도우 등 컴퓨터 기초	37	1	38(30.4)
PC 통신 및 인터넷	7	23	30(24.0)
프로그램 제작	3	2	5(4.0)
업무용 프로그램	1	3	4(3.2)
전자상거래	0	1	1(0.8)
합계	69	56	125(100.0)

<표 24> 컴퓨터 교육받은 내용(소안)

교육받은 내용	응답순위		합계
	1순위	2순위	
한글 등 문서작성	6	5	11(44.0)
윈도우 등 컴퓨터 기초	7	0	7(28.0)
PC 통신 및 인터넷	1	3	4(16.0)
업무용 프로그램 이용	1	0	1(4.0)
프로그램 제작	0	1	1(4.0)
게임, 오락	0	1	1(4.0)
합계	36	33	69(100)

차후 교육받고 싶은 분야로는 광주시의 경우, 29.3%가 홈페이지 작성이라고 응답하여 가장 높았고, 2순위는 PC통신 및 인터넷 이용 18.8%, 프로그램 제작 15.8%, 한글 등 문서작성 10.5%, 전자상거래와 홈뱅킹 6.8%, 경영장부 6.0% 순이었다<표 25>. 농어촌의 경우, 25.0%가 PC 통신 및 인터넷 이용이라고 응답하여 가장 높았고, 다음으로 문서작성 20.8%, 홈페이지 작성 18.8%, 프로그램 제작 12.5% 순이었다<표 26>.

결론적으로, 양 지역 모두 지금까지 받아왔던 교육과 비교해서 윈도우 등의 컴퓨터 기초에 대한 교육보다는 문서 작성, 인터넷 정보 이용, 홈페이지 작성과 운영, 프로그램 제작과 이용 등 실제 생활에 이용할 수 있는 분야에 대한 교육의 욕구가 높아지고 있는 것으로 보인다. 그밖에 경영장부나 전자상거래, 홈뱅킹 등 지금까지는 교육이 이루어지지 않았던 분야에 대한 교육의 욕구도 높아지고 있는 것으로 보인다. 따라서 앞으로의 교육도 위에서 검토한, 향후 이용하고 싶은 분야, 컴퓨터 이용에 대해 교육받고 싶은 분야를 참고로 농민의 욕구에 맞는 교육을 실시하는 것이 효율적일 것으로 보인다.

<표 25> 교육을 받고 싶은 내용(광주)

차후 교육	응답순위		합계
	1순위	2순위	
한글 등 문서작성	12	2	14(10.5)
운영체제	5	0	5(3.8)
PC 통신 및 인터넷	18	7	25(18.8)
프로그램 제작	19	2	21(15.8)
홈페이지 작성	13	26	39(29.3)
업무용 프로그램	2	1	3(2.2)
전자상거래	1	8	9(6.8)
경영장부	3	5	8(6.0)
홈뱅킹	2	7	9(6.8)
합계	25	23	48(100)

<표 26> 교육을 받고 싶은 내용(소안)

차후 교육	응답순위		합계
	1순위	2순위	
한글 등 문서작성	9	1	10(20.8)
운영체제	2	0	2(4.2)
PC 통신 및 인터넷	5	7	12(25.0)
영업용 프로그램	2	1	3(6.3)
프로그램 제작	3	3	6(12.5)
홈페이지 작성	3	6	9(18.8)
경영장부	0	2	2(4.2)
전자상거래	1	1	2(4.2)
홈뱅킹	0	2	2(4.2)
합계	25	23	48(100)

3. 정보활용 분야와 성향

요인분석을 통해 컴퓨터 활용패턴을 알기 위해 유형화를 시도해 보았다. 두 지역 모두 요인분석(factor analysis)[11] 결과, 두 개로 나누어졌다[12]. 광주시의 경우 제1요인(제1성분)으로는 인터넷 및 PC통신, 한

---

11) 공통요인분석(common factor analysis) 방법을 사용하였고, 로테이션(rotation)은 직각회전방식으로 varimax 방식을 이용하였음.

12) 요인분석 방법 중 공통요인분석(common factor analysis)을 하였으며,

글 등 문서작성, 게임, 전자우편, 동호회 활동, 홈페이지 작성 및 운영, 홈쇼핑, 홈뱅킹, 전자상거래가 높게 적재되었고, 제2요인(제2성분)으로는 경영장부 및 가계부, 업무용 프로그램이 높게 적재되었다<표 27>. 농어촌의 경우 제1요인으로는 전자우편, 문서작성(한글 등), 동호회 활동, 홈쇼핑, 홈뱅킹, 전자상거래, 인터넷 및 PC통신, 홈페이지 작성 및 운영이 높게 적재되었고, 제2요인으로는 경영장부 및 가계부, 영농·영어용 프로그램, 게임이 높게 적재되었다<표 28>.

또한, 광주시를 사례로 두 요인간에 어떻게 작용하고 있는지를 알아보기 위해, 보다 요인점수를 가지고 산포도를 그려보았다. 그림에서 보는 바와 같이 제1요인의 측면만을 보면 전체적으로 고른 분포를 보이며, 제2요인의 측면만을 보면 전체 응답자 가운데 절반 이상이 3사분면과 4사분면에 나타나고 있다. 이는 도시 지역 조사 가구의 컴퓨터 활용에 있어 제1요인은 그다지 영향을 끼치지 않는다고 볼 수 있으며, 경영장부 및 가계부, 업무(영업)용 프로그램과 같은 제2요인의 활용 정도는 낮다는 것을 알 수 있다<그림 1>.

---

rotation은 직각회전방식은 varimax 방식을 이용하였다. 분석 결과 추출된 요인은 2개로 고유값이 1이상인 것들만 추출되었음. 도시지역의 경우 제1요인은 전체 변량의 32.046%를 설명하고, 제2요인은 17.610%를 설명하여 이들 두 개의 요인이 전체 변량의 49.657%를 설명하였음. 농어촌의 경우 제1요인은 전체 변량의 37.652%를 설명하고, 제2요인은 19.018%를 설명하여 이들 두 개의 요인이 전체 변량의 56.670%를 설명하였음.

〈표 27〉 활용분야의 요인분석(광주)

	성분	
	1	2
인터넷 및 PC통신	0.829	0.110
한글 등 문서작성	0.735	3.946E-02
게임	0.668	2.869E-02
전자우편	0.636	0.352
동호회 활동	0.512	7.099E-02
홈페이지 작성 및 운영	0.502	0.308
홈쇼핑,홈뱅킹,전자상거래	0.439	0.368
경영장부 및 가계부	-0.119	0.872
업무(사무)용 프로그램	0.291	0.671

〈표 28〉 활용분야의 요인분석(소안)

	성분	
	1	2
전자우편	0.802	0.231
문서작성(한글 등)	0.785	0.141
동호회 활동	0.764	-0.161
홈쇼핑,홈뱅킹,전자상거래	0.723	2.468E-02
인터넷 및 PC통신	0.708	0.344
홈페이지 작성 및 운영	0.637	-0.327
경영장부 및 가계부	5.127E-02	0.848
영농·영어용 프로그램	-0.129	0.612
게임	0.312	0.541

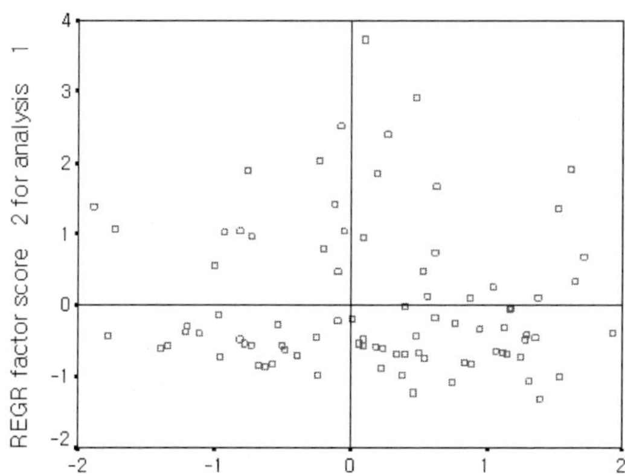

〈그림 1〉 요인분석 산포도

 향후 희망 활용분야를 알아보기 위해 향후 이용하고 싶은 분야를 순위별로 2개까지 선택하도록 하여 이를 순위별 가중치 「(1순위×2)×빈도수+(2순위×1)×빈도수」를 적용하여 비율을 계산해 보았다. 그 결과 도시지역은 홈페이지 작성 및 운영 24.9%, 인터넷 및 PC통신 16.9%, 경영장부 및 가계부 14.1%, 홈쇼핑·홈뱅킹·전자상거래 13.0%, 한글 등 문서작성 10.1%, 전자우편 7.6%, 업무 혹은 사무용프로그램 6.5%, 동호회 활동 5.8%, 게임 1.1% 순으로 나타났다<표 29>. 반면에 농어촌 지역은 문서작성이 응답의 45.2%, 인터넷 등 정보이용이 28.8%, 전자우편 12.3%, 홈페이지 작성 및 운영 11.0%, 경영장부 2.7% 순으로 되었다<표 30>.

 도시지역에서 모두 문서작성이나 업무처리, 게임 등이 낮게 나타나는 점은 조사가 주민이 거주하는 가구를 중심으로 이루어졌기 때문이 아닌가 하는 생각이 든다. 대부분이 직업과 관계되는 사무나 업무는 회사에서 처리하고 가정해서는 일상적인 PC통신이나 전자상거래 및 취미활동 등이 이루어지는 공간으로 활용하기 때문인 것으로 파악된다. 또한 교육적으로 좋지 않는 게임 등도 삼가 하고 있는 것도 작용한 것으로 보인다.

<표 29> 향후 이용 분야(소안)

| | 응답순위 | | 합계 |
	1순위	2순위	
홈페이지 운영	26	17	69(24.9)
인터넷 정보검색	22	3	47(16.9)
경영장부	11	17	39(14.1)
문서작성	13	2	28(10.1)
전자우편	6	9	21(7.6)
합계	94	89	277(100)

<표 30> 향후 이용 분야(광주)

	응답순위		합계
	1순위	2순위	
문서작성(한글 등)	10	13	33(45.2)
인터넷 정보검색	6	9	21(28.8)
전자우편	3	3	9(12.3)
홈페이지 운영	2	4	8(11.0)
경영장부	0	2	2(2.7)
합계	21	31	73(100)

　　광주시 주민을 대상으로, 향후 이용하고 싶은 분야에 대한 각 집단 간에 차이가 있는지를 검정해 보았다.13) 그 결과는 연령은 20대, 30대, 40대, 50대 이상 집단 간에 문서작성(한글 등), 인터넷 및 PC통신, 경영장부 및 가계부는 어느 정도 통계적으로 유의한 차이가 존재하는 것으로 나타났고, 그 외의 것들은 연령별로 차이가 없는 것으로 나타났다. 또한 학력 수준별로는 초등학교, 중학교, 고등학교, 전문대 이상 집단 간에 인터넷 및 PC통신을 제외한 모든 분야에 통계적으로 유의한 차이가 없는 것으로 나타났다<표 31>.

<표 31> 향후 이용분야에 대한 분석결과

	처리(F통계량)	
	연령	학력별
문서작성(한글 등)	2.375(*)	1.921
인터넷 및 PC통신	2.766(*)	2.385(*)
홈페이지 작성 및 운영	1.154	1.622
전자우편	0.182	0.552
경영장부 및 가계부	2.934(**)	0.278
홈쇼핑,홈뱅킹,전자상거래	0.995	0.857
영농·영어용 프로그램	0.541	1.378
게임	0.266	0.205
동호회 활동	0.848	0.959

〔참고〕 ** 5% 수준에서 유의 * 10% 수준에서 유의

　　컴퓨터활용에 따른 도움을 주는 분야에 대해서 알아보았다. 먼저

---

13) 이를 위해 분산분석을 실시하였음.

광주의 경우, 정보획득 37.9%, 자녀교육 36.8%, 자료획득 23.6%, 노동력 절감 1.1% 순이었으며 도움된 바 없다고 응답한 사람도 0.6% 있었다<표 32>. 농어촌 지역의 경우 자녀교육 43.5%, 정보획득 32.3%, 자료획득 14.5%, 노동력 절감과 생산성 향상3.2%이었으며, 도움된 바 없다고 응답한 사람도 3.2% 있었다<표 33>.

이는 컴퓨터가 자녀교육과 정보와 자료획득에 도움이 되었다는 의견이 대부분으로 앞에서 알아본 컴퓨터 주 이용자와 컴퓨터 구입 목적과도 일치하고 있는 점에 주목할 필요가 있다.

<표 32> 컴퓨터 도움 분야(광주)

컴퓨터 도움 분야	1순위	2순위	합계
정보획득	56	10	66(37.9)
자녀교육	33	31	64(36.8)
자료획득	8	33	41(23.6)
노동력 절감	1	1	2(1.1)
도움된 바 없음	1	0	1(0.6)
합계	99	75	174(100)

<표 33> 컴퓨터 도움 분야(소안)

컴퓨터 도움 분야	1순위	2순위	합계
자녀교육	17	10	27(43.5)
정보획득	18	2	20(32.3)
자료획득	2	7	9(14.5)
노동력 절감	1	1	2(3.2)
도움된 바 없음	0	2	2(3.2)
합계	38	24	62(100)

인터넷 및 PC통신 이용패턴을 알아보기 위해 유형화를 시도해 보았다. 이를 위해 공통요인을 찾아보았다. 요인분석(factor analysis)[14] 결과 추출된 요인은 6개로 나타났다.[15] 제1요인으로는 자녀 학습관련과 음악·비디오·영화·여행·전자우편·기술정보가 적재되었고, 제2요인으로는 컴퓨터 기술관련지식·정부정책·기상정보·신문 및 방송 등 뉴스, 제3요인으로는 홈쇼핑·홈뱅킹·전자상거래 및 증권 등

---

14) 요인분석 방법 중 공통요인분석(common factor analysis)을 하였으며, rotation은 직각회전방식은 varimax 방식을 이용하였다. 분석 결과 추출된 요인은 6개로 고유값이 1이상인 것들만 추출되었음
15) 제1요인은 전체 변량의 15.271%를 설명하고, 제2요인은 13.190%, 제3요인은 11.114%, 제4요인은 10.134%, 제5요인은 9.376%, 제6요인은 7.664%를 설명하여 이들 6개의 요인이 전체 변량의 66.753%를 설명하였음.

경제정보가 적재되었다. 제4요인으로는 가격·유통정보와 생활정보 (병원·교통 등)·취미(낚시, 오락, 바둑 등)·동호회 활동이 적재되었고, 제5요인으로는 해외 업무지식·경영정보, 제6요인으로는 채팅이 각각 적재되었다<표 34>.

<표 34> 인터넷 PC 이용가구 요인분석(광주)

	성분					
	1	2	3	4	5	6
자녀 학습관련	0.799	0.130	5.583E-02	-3.8E-03	-1.1E-02	1.042E-02
음악, 비디오, 영화, 여행	0.714	-5.6E-022	0.193	0.179	0.308	-0.108
전자우편	0.643	0.384	-4.0E-02	0.361	4.605E-02	0.176
기술정보	0.506	0.230	0.110	0.348	-1.5E-02	7.078E-02
컴퓨터 기술관련	0.183	0.773	3.113E-02	0.110	0.183	7.600E-02
정부정책	8.599E-02	0.675	0.225	0.247	-0.112	-0.117
기상정보	0.129	0.614	0.114	-0.188	0.313	0.233
신문, 방송 등 뉴스	0.430	0.467	0.313	5.293E-02	0.224	-0.317
홈쇼핑, 홈뱅킹, 전자상거래	0.382	4.760E-02	0.726	-0.116	-0.120	0.240
증권 등 경제정보	-0.110	0.149	0.721	0.224	0.299	-0.220
가격, 유통정보	0.420	0.259	0.548	0.178	-0.178	0.240
생활정보(병원, 교통 등)	1.983E-02	0.417	0.465	0.205	0.190	0.154
취미(낚시, 오락, 바둑 등)	0.101	0.179	0.108	0.807	0.115	-7.5E-02
동호회 활동	0.310	-3.0E-02	9.206E-02	0.713	-1.0E-02	0.326
해외 농어업	-1.2E-02	0.113	-5.4E-02	2.378E-02	0.873	0.137
경영정보	0.310	0.238	0.278	0.127	0.587	-8.6E-02
채팅	8.572E-03	8.639E-02	9.999E-02	0.117	0.103	0.869

소안지역의 경우, 요인분석 결과[16] 제1요인으로는 해외 농어업, 농어업 경영정보, 농어업 기술정보, 생활정보가 적재되었고, 제2요인으로는 전자우편, 동호회 활동, 음악, 비디오, 영화, 여행과 취미생활이, 제3요인으로는 자녀 학습관련과 가격, 유통정보가 적재되었다. 제4요인으로는 경제정보, 컴퓨터 기술관련, 뉴스, 농어업 기상정보가 적재되었고, 제5요인으로는 정부정책과 채팅, 제 6요인으로는 홈쇼핑, 홈

---

16) 제1요인은 전체 변량의 17.881%를 설명하고, 제2요인은 15.189%, 제3요인은 12.801%, 제4요인은 12.290%, 제5요인은 1.971%, 제6요인은 9.003%를 설명하여 이들 6개의 요인이 전체 변량의 78.756%를 설명하였음.

뱅킹, 전자상거래가 각각 적재되었다<표 35>.

<표 35> 인터넷 PC 이용가구 요인분석(소안)

	성분					
	1	2	3	4	5	6
해외 농어업	0.871	-0.122	-0.171	4.898E-03	0.224	-0.196
농어업 경영정보	0.813	5.566E-02	0.281	0.101	2.251E-02	9.650E-02
농어업 기술정보	0.747	0.151	8.377E-02	0.149	0.366	-9.49E-02
생활정보	0.624	0.158	-2.81E-02	0.367	-0.420	0.358
전자우편	-0.159	0.873	-4.04E-02	-1.28E-02	8.178E-02	0.202
동호회 활동	9.368E-02	0.855	-0.167	0.118	-0.173	-0.249
음악, 비디오, 영화, 여행	0.185	0.674	0.120	5.447E-02	0.383	0.241
취미생활	0.294	0.453	0.246	0.259	0.142	0.353
자녀 학습관련	-5.59E-03	9.761E-02	0.816	0.249	0.189	-7.37E-02
가격, 유통정보	0.426	8.532E-03	0.711	8.760E-02	-0.154	0.224
경제정보	0.316	0.409	-0.646	0.434	8.738E-02	6.213E-02
컴퓨터 기술관련	-5.64E-02	0.143	-0.583	-0.418	2.037E-02	0.430
뉴스	-1.93E-02	-1.11E-02	0.211	0.855	0.248	0.146
농어업 기상정보	0.366	0.221	0.103	0.783	9.997E-03	9.051E-02
정부정책	0.303	-0.111	-7.57E-02	0.112	0.849	7.936E-02
채팅	3.039E-02	0.312	2.510E-02	0.138	0.721	0.184
홈쇼핑, 홈뱅킹, 전자상거래	-6.60E-02	8.847E-02	-6.06E-02	0.174	0.193	0.863

광주지역을 사례로, 각 요인(주성분)별로 컴퓨터활용에 각각 어떻게 작용하고 있는지를 알아보기 위해 요인점수를 가지고 산포도를 파악해 보았다. <그림 2>에서 보는 바와 같이 제1요인, 제2요인, 제3요인, 제4요인을 쌍을 이루어 그려진 산포도는 치우침이 없이 전체적으로 고른 분포를 보이고 있다. 그러나 제5요인과 제6요인이 쌍을 이룬 산포도는 어느 한 쪽으로 치우치는 것이 보인다. 종합해보면, 제1요인, 제2요인, 제3요인, 제4요인과 제5요인, 제6요인을 쌍으로 이루어 그려진 산포도를 보면 제1요인과 제2요인, 제3요인, 제4요인은 조사가구의 인터넷 검색내용에 그다지 큰 영향을 끼치지 않는 것으로 볼 수 있고, 제5요인과 제6요인이 극단적으로 음수 값으로 치우친 것으로 보아 이용 정도가 현저히 낮은 것으로 볼 수 있다. 이는 제5요인과 제6요인을 쌍으로 이루어 그린 산포도에서 두 요인의 값이 모두 음수인 3사분면에 요인점수가 나타나는 것은 이를 반영한 것이다<그림 2>. 채팅 이

용이 적은 것은 아직 부정적인 면이 없지 않아 가정에서 활용하기에
는 부적절한 것이 작용한 결과로 해석할 수도 있다고 본다.

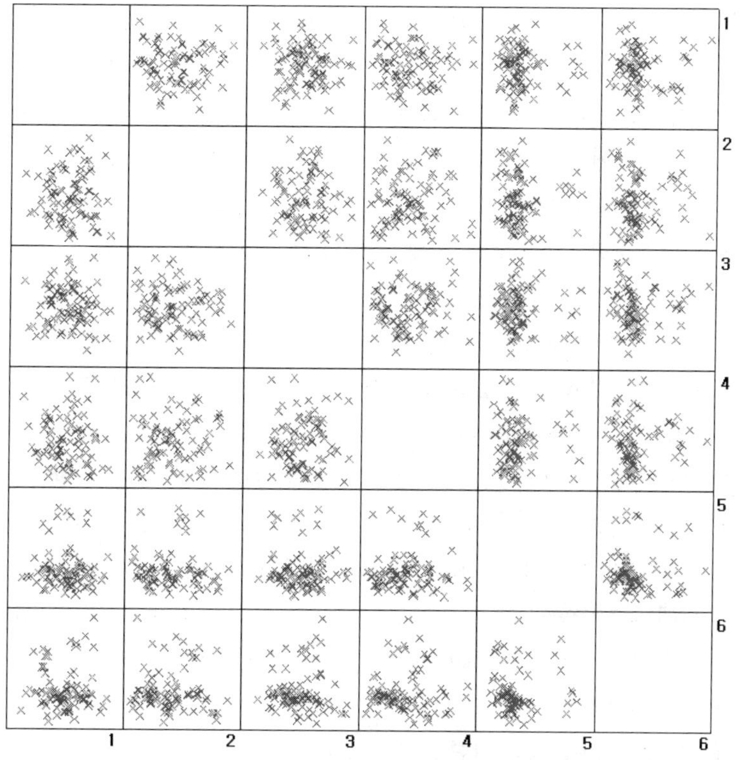

<그림 2> 인터넷 PC 이용가구 요인분석 행렬 산포도

IV. 맺음말

본 논문은 도시는 물론 정보화 낙후지역인 농어촌지역의 정보화
정책수립 및 정보격차 해소 방안 마련을 위한 기초자료 제공목적으

로 정보활용 측면에서 정보화 실태를 현지조사를 토대로 파악하고 실제적으로 어느 영역에서 얼마만큼 격차가 발생되며 추세가 어떤 형태로 이어져 가고 있으며, 또한 그 원인이 어디에 있는가를 분석해 본 것이다. 본 연구를 통해 얻어진 결과를 정리하면 다음과 같이 요약될 수 있다.

첫째, 2003년 말 현재 우리나라 컴퓨터 보유가구 비율이 60.1%에 이르고 6세 이상 인구 중 컴퓨터를 사용할 줄 아는 사람도 63%에 달하고, 국내 인터넷 보급률은 약 70%대로 세 가구당 두 가구꼴로 인터넷을 사용하고 있으며, 하루 평균 2시간을 컴퓨터를 사용하고 있는데 이중 1시간 40분 가량을 인터넷을 접속하는데 소요하고 있는 것으로 나타나고 있다. 뿐만 아니라 컴퓨터 보유가구 중 지난 6개월 동안 (2003.6~12) S/W를 구입한 가구의 비율이 35.7%로 나타나고 있다.

둘째, 지역간 정보화 격차가 매우 커지고 있는 것으로 분석되었다. 정보화 수준이 가장 미약한 전남의 도서(섬)지역을 상대로 한 연구결과를 정리하며, 지난 2000년부터 초고속인터넷 시설을 공급하기 시작해 2003년 12월말 현재 69개 섬(유인도의 24.6%) 6천793세대(섬지역 세대의 7.9%)에서만 초고속인터넷 검색이 가능하고, 나머지 211개 섬 거주 주민 92%(7만8천여 세대)들은 아직 인터넷 사용을 못하는 정보화 소외지역으로 남아 있다. 또한, 컴퓨터 보급이나 활용도, 정보화 마인드에서 아주 낮게 나타나고 있는 것으로 나타나고 있다.

셋째, 도시의 경우 컴퓨터 구입 및 보유에 영향을 미치는 요인에 연령, 학력, 소득수준 등은 거의 관련성이 없고, 다만 직업만이 어느 정도 관련성이 있는 것으로 나타나고 있다. 또한 컴퓨터를 구입한 목적으로는 자녀교육이나 자녀가 이용하기 위해서가 67%, PC통신이나 인터넷을 이용하기 위해서가 17% 등이 높게 나타나고 있고, 도움을 받은 것으로도 자녀교육, 정보획득 등을 높은 비중으로 들고 있다. 그러나 농어촌의 경우는 컴퓨터 구입 및 보유는 전체 어가의 약 60%가 보유하고 있는 있었으며(면소재지 마을만을 대상으로 했을 경우), 컴퓨터 보유 여부는 연령, 학력, 직업, 소득 수준이 영향을 끼치는 것으로 나타났다. 젊은 농업인(50세 미만)이 주로 컴퓨터 보유하고 있었으며, 학력별로는 고등학교 이상의 학력 소지자가 대부분 보유자를 차지했다. 주민들은 주로 자녀 교육을 목적으로 구입(그러나 인터넷 이용, 문서작성도 상당수 차지)한 경우가 대부분이었고, 생업활동 활용에 대한 컴퓨터 구입율은 현저히 낮게 분석되었다.

넷째, 도시의 경우는 정보획득을 위해 주로 이용하는 정보원으로 TV가 29.9%, 인터넷이 24.3% 순을 보이고 있어 인터넷이 신문보다 높은 것으로 보아 주민 삶의 도구로 깊숙이 파고들고 있음을 알 수 있다. 특히 만족도에 대한 평가에서는 TV나 신문보다도 높았다. 반면에 농어촌지역은 TV나 신문과 같은 대중매체와 인터넷을 이용하고 있으며, 각 정보원에 대한 만족도는 보통 이상으로 나타나고 있다. 현재 주로 이용하는 정보와 앞으로 이용하고 싶은 정보간에 변화가 있는 것으로 나타났고, 이용 정보 중 가장 비율이 높은 기상 자료와 농수산물 가격 등 유통정보에 대한 비율은 감소로 나타났다.

다섯째, 도시에서 현재 주로 이용하는 정보로는 상품가격 등 유통정보가 27.9%, 기상자료가 19.9%가 높게 나오고 있으나, 앞으로 희망은 기술, 경영, 해외정보 등 보다 전문적인 것들에 대해 선호도 높은 성향을 보이고 있다. 반면에 농어촌 지역에서는 기상자료가 가장 많이 이용되고 있음을 알 수 있었다.

여섯째, 광주와 같은 대도시 가구원 중 컴퓨터를 주로 이용하는 자는 자녀와 아버지의 비율이 가장 높으며, 컴퓨터 지식습득은 사용자 77%가 교육을 받은 경험을 갖고 있고, 학원이 가장 많은 비중을 차지하고 있으며, 뿐만 아니라 시 운영기관과 더불어 가장 만족스런 교육효과를 얻어낸 것으로 분석되고 있다. 반면에 농어촌 지역에서는 컴퓨터 사용이 보다 자녀와 연관이 깊은 것으로 나타나 컴퓨터 구입 목적, 컴퓨터 주 이용자, 컴퓨터 도움 분야의 순서와 일치하였다. 또한 향후 이용하고 싶은 분야는 연령과 학력간에 차이가 거의 없는 것으로 분석되어졌다.

일곱째, 도시에서 교육받은 내용은 현재까지는 한글 등 문서작성이나 윈도우 등 컴퓨터 기초 및 인터넷 활용 등이 대부분이었으나 앞으로는 프로그램 제작 및 홈페이지 작성, 그리고 전자상거래 등의 교육을 필요로 하는 성향을 보였다. 반면에 농어촌 지역에서는 앞으로도 당분간 컴퓨터 기초 및 문서작성 등의 교육을 필요로 하고 있다. 또한 두 지역 모두 지속적인 교육 및 실습부족을 문제점으로 지적하고 있으며 컴퓨터 교육 전반에 대해 전체적으로 불만족스러워하는 경향이 강했고 농어촌에서 더욱 컸다.

여덟째, 도시는 컴퓨터 이용분야에 대한 분석결과 제1요인(인터넷 및 PC통신, 한글 등 문서작성, 게임, 전자우편, 동호회 활동, 홈페이지 작성 및 운영, 홈쇼핑, 홈뱅킹, 전자상거래)과 제2요인(경영장부 및 가계부, 업무수행)으로 클러스터링 되었으며, 컴퓨터 활용에 제1요인은 그다지 영향을 끼치지 않고 있고, 제2요인은 아직 활용정도가 낮은 것으로 분석되고 있다. 또한, 향후에 인터넷을 통해 이용하고 싶은 분야로는 홈페이지 운영, 정보검색, 홈뱅킹 등 전자상거래 등의 순을 보였다. 반면에 농어촌 지역은 제1요인 농어업 정보, 제2요인 여가·생활정보, 제3요인 학습정보, 제4요인 경제정보, 제5요인 정부정책 정보, 제6요인 홈쇼핑·홈뱅킹·전자상거래 정보로 구분되어졌다. 향후 이용 분야로는 역시 홈페이지 운영에 관심이 많았다.

아홉째, 인터넷 활용 요인분석을 해 본 결과, 6개로 클러스터링되었다. 제1요인은 자녀 학습관련과 음악·비디오·영화·여행·전자우편·기술정보, 제2요인은 컴퓨터기술 관련 지식·정부정책·기상정보·신문 및 방송 등 뉴스, 제3요인은 홈쇼핑·홈뱅킹·전자상거래 및 증권 등 경제정보, 제4요인은 가격·유통정보와 생활정보(병원·교통 등)·취미(낚시, 오락, 바둑 등)·동호회 활동, 제5요인은 해외 업무지식·경영정보, 제6요인은 채팅이 각각 적재되었다. 그리고 각 요인별로 인터넷 활용에 미치는 영향을 분석해 본 결과 제1요인과 제2요인, 제3요인, 제4요인은 조사가구의 인터넷 검색내용에 그다지 큰 영향을 끼치지 않는 것으로 볼 수 있고, 제5요인과 제6요인이 극단적으로 음수 값으로 치우친 것으로 보아 이용 정도가 현저히 낮은 것으로 분석되어졌다.

 이상과 같은 내용을 종합해 볼 때, 우리나라 대도시 지역의 정보활용 수준은 상당히 높은 것으로 파악되고 있고, 따라서 이제는 이미 기초적 활용 단계를 넘어섰다고 보여지며, 향후 보다 고급 정보 취득 및 가공을 지향하는 성향을 보이고 있는 것으로 이해된다. 또한 텔레비전이나 신문 등 기존의 주요 정보원과 함께 인터넷이 새로운 정보원으로 생활 깊이 파고들고 있음에 비추어 생활양식의 변화와 함께 새로운 생활 패턴에 적응이 요해지는 시대에 살고 있음을 느낀다. 그러나 농어촌의 경우 아직도 통신망 인프라 측면에서도 내륙에 비해 속도가 느리고, 정보이용률이나 정보전달 체제 구축 면에서도 크게 뒤지고 있을 뿐만 아니라 주민들의 정보활용 면에서도 컴퓨터 기초지식이 많이 부족한 것으로 파악되고 있다. 낙후지역(도서지역)의 정보화는 신속하고 편리한 의사소통을 통해 지역경쟁력 향상과 삶의 질 향상을 위해 보다 적극적으로 추진할 필요가 있다고 본다.

【참고 문헌】

강용중, 2000, "지역간 디지털 격차의 확대", 현대경제연구소.
류석상, 2000, "미국의 정보격차 해소 추진정책과 전망", 한국전산원.
박세권, 2001, "농촌의 정보격차 실태 및 극복 전략", 한일농업경영·
        정보화포럼, 농촌진흥청 농업경영자료, 제88호.
서이종, 2000, "정보격차와 정보 불평등: 개념과 대책의 필요성", 서
        울대.
신순식, 2000, 『국내 정보격차 해소정책』, 정보통신부.

조광호·문병채, 2003.12, "소안도 주민들의 정보활용 실태에 관한 연구", 한국도서(섬)학회, 『한국도서연구』 제15권 제2호.

조광호·서종석, 2001, "양돈어가의 정보이용과 S/W활용에 대한 연구", 『농업정보과학』 제3권 제1호.

조정문, 2000, "정보격차 현황 및 해소정책 개발", 한국전산원 저략개발부.

한국전산원, 2002, 「국가 정보화 백서」.

한국정보통신진흥협회, 2003, 「2002년 한국컴퓨터보급현황」.

라

사

자

하

K

M

P

S

섬과 바다 -역사와 자연 그리고 관광-

강봉룡(목포대학교 역사문화학부 교수)
고석규(목포대학교 역사문화학부 교수)
박종철(목포대학교 사회과학부 교수)
이헌종(목포대학교 역사문화학부 교수)
이덕안(초당대학교 호텔관광경영학과 교수)
김경옥(목포대학교 도서문화연구소 연구교수)
문병채(목포대학교 도서문화연구소 연구교수)

섬과 바다 -역사와 자연 그리고 관광- 정가 17,000원

2005년 9월 20일 인쇄
2005년 9월 30일 발행

편집·발행 : 목포대학교 도서문화연구소
제작·판매 : 경인문화사
서울특별시 마포구 마포동 324-3
전화 : 718-4831~2
팩스 : 703-9711
등록번호 : 제10-18호
등록연월일 : 1973. 11. 8.

도서문화연구소 : 534-729 전남 무안군 청계면 도림리 61번지
목포대학교 도서문화연구소(교수회관 4층)
전화 : 061-450-2952／팩스 : 061-453-2958
홈페이지 : http://islands.mokpo.ac.kr

* ISBN 89-499-0338-5 94380
* 파본 및 훼손된 책은 교환해 드립니다.